W0257264

Schnellaufende Dieselmaschinen

Beschreibungen, Erfahrungen, Berechnung
Konstruktion und Betrieb

Von

Prof. Dr.-Ing. O. Föppl
Marinebaurat a. D., Braunschweig

Dr.-Ing. H. Strombeck
Oberingenieur, Leunawerke

und

Prof. Dr. techn. L. Ebermann
Lemberg

Dritte, ergänzte Auflage

Mit 148 Textabbildungen und 8 Tafeln
darunter Zusammenstellungen von Maschinen von A E G
Benz, Daimler, Danziger Werft, Deutz, Germaniawerft
Görlitzer M. A., Körting und M A N Augsburg

Springer-Verlag Berlin Heidelberg GmbH
1925

Alle Rechte, insbesondere das der Übersetzung
in fremde Sprachen, vorbehalten.

Copyright by Springer-Verlag Berlin Heidelberg

Ursprünglich erschienen bei Julius Springer, Berlin in 1925

Additional material to this book can be downloaded from http://extras.springer.com

ISBN 978-3-662-28251-9   ISBN 978-3-662-29769-8 (eBook)
DOI 10.1007/978-3-662-29769-8

Vorwort zur zweiten und dritten Auflage.

Der Umfang des Buches ist gegenüber der 1. Auflage vergrößert durch Erweiterung bzw. Neuaufnahme der Abschnitte I, II 5, 9, 10, 11 und IV. Ferner sind die bisherigen Abschnitte durch einige Zeichnungen — vor allem von Ausführungsformen der MAN, Werk Augsburg und Gebr. Körting, Hannover — bereichert worden, wobei wie schon bei den Zeichnungen der 1. Auflage darauf Bedacht genommen wurde, daß nur neueste Konstruktionen (nicht die für die Verfolgung des Entwicklungsganges ebenfalls oft sehr lehrreichen veralteten Ausführungen) im Buch enthalten sind. Die in Abschnitt II 11 niedergelegten Ausführungen verdanke ich Herrn Baurat Schmeißer.

Da einerseits die 1. Auflage nur Unvollständiges dem Dieselmaschinenkonstrukteur geboten hat, so daß das Buch nach dieser Richtung eine erhebliche Lücke aufwies und da anderseits weder Herr Strombeck noch ich genügend mit Berechnung und Konstruktion vertraut waren, um diese Lücke ausfüllen zu können, habe ich Herrn Prof. Ebermann, der bis zum Jahre 1918 bei der MAN, Werk Augsburg unter der Direktion von Dr. I. Lauster, des verdienten Mitarbeiters von Diesel, in bevorzugter Weise an der Ausbildung der schnellaufenden Dieselmaschinen mitgearbeitet hat, gebeten, sich an der Herausgabe der neuen Auflage zu beteiligen. Herr Ebermann hat die Abfassung des 4. Kapitels „Berechnung und Konstruktion" übernommen.

Es leidet zweifellos die Gruppierung des Stoffes und die Einheitlichkeit der Abfassung darunter, daß 3 Bearbeiter nebeneinander an der Niederschrift des Buches tätig waren. Dieser Mangel wird aber vielleicht dadurch wieder wettgemacht, daß jetzt die Erfahrungen und Kenntnisse von 3 verschiedenen Seiten in dem Buch vereinigt sind.

Die 3. Auflage ist gegenüber der 2. vor allem durch Aufnahme einer Einleitung und eines Abschnittes über verdichterlose Dieselmaschinen ergänzt worden. Die Unterlagen für den letzteren Abschnitt wurden von der Motorenfabrik Deutz und der MAN Augsburg zur Verfügung gestellt.

Einige Fehler, die in den vorausgehenden Auflagen enthalten sind. wurden verbessert und die Abschnitte II 1 und II 8 bis 11 ergänzt. Besondere Beachtung verdienen die Ausführungen auf S. 102, in denen die neuen Gesichtspunkte für die Berechnung von Wellen vorgebracht sind.

Braunschweig, im Dezember 1924.

O. Föppl.

Vorwort zur ersten Auflage.

Wie auf manchen anderen Gebieten hat der Krieg auch auf dem Gebiete des Dieselmotorenbaues eine wesentlich beschleunigte Entwicklung hervorgebracht. Durch den U-Bootskrieg entstand plötzlich ein großer Bedarf an raschlaufenden Dieselmaschinen, an die hohe Anforderungen in bezug auf Leistungsfähigkeit und Betriebssicherheit gestellt wurden. Ein großer Teil der deutschen Maschinenfabriken schaffte mit Hochdruck am Bau der Dieselmaschinen. Der Massenlieferung entsprachen rasche Fortschritte, die noch besonders durch den regen Verkehr zwischen den Ölmaschinen bauenden Fabriken und den an den Maschinen Erfahrungen sammelnden Marinedienststellen gefördert wurden.

Am Bau und der Entwicklung der U-Boots-Viertaktdieselmaschinen haben sich die Firmen: Maschinenfabrik Augsburg-Nürnberg Werk Augsburg, Gebr. Körting, Hannover, Benz Mannheim, Germaniawerft Kiel, Daimler Zweigniederlassung Berlin-Marienfelde und AEG Berlin beteiligt; nach Zeichnungen der MAN haben außerdem noch einige Werften (Vulkan, Blohm und Voß, Weser) gebaut. Die Zweitaktmaschine ist vor allem von der Germaniawerft entwickelt worden. Man sieht aus der Namennennung, daß die leistungsfähigsten deutschen Maschinenfabriken an dem steten Wettbewerb, die beste U-Boots-Dieselmaschine zu schaffen, beteiligt gewesen sind. Der große Aufwand zeitigte große Ergebnisse: Die schnellaufenden Dieselmaschinen sind in kurzer Zeit zu einer hohen Vollkommenheit gebracht worden, so daß sie neben geringem Gewicht und Platzbedarf bei gegebener Leistung auch eine hohe Stufe der Betriebssicherheit erreicht haben.

Der Zweck, für den die Maschinen ursprünglich bestimmt gewesen sind — als Antriebsmaschinen für U-Boote —, ist durch den unglücklichen Ausgang des Krieges hinfällig geworden: Deutschland hat für die nächsten Jahrzehnte keinen Bedarf mehr an U-Booten. Die hoch vervollkommneten Dieselmaschinen können aber nach kleinen Abänderungen für andere Zwecke Verwendung finden. Das ist vor allem deshalb nötig, weil viele Hunderte von diesen Maschinen in allen Größen von 300—3000 PS (vor allem 300-, 530-, 1200-, 1750- und 3000-PS-Maschinen) fertig sind und auf einen Käufer im In- oder Auslande warten, der sie friedlichen Zwecken dienstbar macht. Wenn diese Maschinen untergebracht sind, werden sie neue Freunde in der Praxis finden und die Maschinenfabriken werden die im Krieg gewonnenen Erfahrungen für den Bau von neuen, den verschiedenen Verwendungszwecken von vornherein angepaßten Maschinen verwerten können.

Die im Krieg an den schnellaufenden Dieselmaschinen gewonnenen Erfahrungen haben unter diesen Umständen besonderen Wert für die Praxis, die die schnellaufenden Dieselmaschinen weiter verwenden soll. Das Reichsmarineamt in Berlin und die Unterseebootsinspektion in Kiel haben in Würdigung der neuen Lage meine Bitte, die Genehmigung zur Veröffentlichung dieses Buches zu erteilen, erfüllt. Ihnen sowie den Firmen AEG, Benz, Daimler, Germaniawerft, Görlitzer Maschinenbauanstalt, Körting und MAN, die durch die Erlaubnis zur Veröffentlichung von Zusammenstellungszeichnungen den Inhalt des Büchleins wesentlich bereicherten, sage ich meinen besonderen Dank.

Auf meine Bitte hin hat sich Herr Dr. Strombeck, der mit mir und anderen Herren zusammen auf der Werft Wilhelmshaven die Instandsetzungsarbeiten an den maschinenbaulichen Anlagen der U-Boote während des Krieges ausgeführt hat, bereit gefunden, sich an der Abfassung des Buches zu beteiligen. Herr Strombeck hat die Abfassung des III. Kapitels „Erfahrungen" übernommen.

Wilhelmshaven, im Oktober 1919.

O. Föppl.

Inhaltsverzeichnis.

Einleitung.

„Dieselmaschinen" oder „Ölmaschinen"?

Zu der Zeit, als dies Buch verfaßt wurde, war vielfach das Bestreben vorhanden, die Bezeichnung „Dieselmaschine" durch „Ölmaschine" zu ersetzen. Die Anhänger dieser Bestrebung wiesen darauf hin, daß weder die Einspritzung des Brennstoffs mit Luft, noch die hohe Kompression, noch die Selbstzündung von Diesel erstmalig verwendet seien, daß Diesel tatsächlich etwas ganz anderes — nämlich die Kohlenstaubmaschine — habe erfinden wollen und daß endlich die heutige Dieselmaschine gegenüber dem von Diesel gebauten Motor weit vervollkommnet sei, so daß sie z. B. heute nur ein Bruchteil des Gewichtes auf 1 PS der alten Maschine gegenüber habe.

All diese Erwägungen scheinen mir aber nicht stichhaltig zu sein. Es kommt nicht darauf an, was Diesel erfinden wollte oder wie seine Patentschrift lautete, sondern allein darauf, was er tatsächlich geschaffen hat. Und Diesel hat tatsächlich eine Maschine geschaffen, die seiner Zeit weit voraus eilte. Das geht schon daraus hervor, daß selbst die MAN seiner Zeit die größten Schwierigkeiten zu überwinden hatte, um die Maschine, deren Betriebsfähigkeit Diesel bewiesen hatte, marktfähig zu machen und daß 15 Jahre später, als das Patent abgelaufen war, eine Reihe erstklassiger deutscher Maschinenfabriken gescheitert sind bei dem Versuch, die Dieselmaschine nachzubauen. Unwesentlich ist auch, daß einzelne im Verborgenen wirkende Erfinder Einzelheiten der Dieselmaschine schon vor Diesel versuchsweise, aber ohne Erfolg, verwendet haben. Bekannt war alles, aber das Bekannte so zusammenzusetzen, daß daraus eine neue Maschinengattung wurde, die einen doppelt so hohen Wirkungsgrad wie die vor ihr bekannten Kraftmaschinen hatte und die späterhin ihren Siegeszug über die ganze Welt antrat, das war eine Tat, die es berechtigt erscheinen läßt, das Werk noch heute nach ihrem Schöpfer zu benennen.

Welche Schwierigkeiten Diesel seiner Zeit bei der Ausbildung des Dieselverfahrens zu überwinden hatte, wird der nachfühlen können, der sich — wie der Verfasser — an den Versuchen, Teeröl in der Dieselmaschine zu verbrennen, beteiligt hat. Wie viele Versuche wurden damals vergeblich gemacht, welche Irrwege wurden eingeschlagen — in Büchern wurde von Autoritäten erklärt: es geht nicht — und doch, wie einfach

war die Aufgabe, die ja inzwischen längst befriedigend gelöst ist, im
Vergleich zu Diesels Leistung, der eine neue Maschine schuf! Man
brauchte ja nur vom Gasöl zu Teeröl umzuschalten, wenn die Maschine
im besten Gange war, konnte zuerst mit einem Gemisch von Teeröl
und Gasöl Versuche machen und Erfahrungen sammeln usw., während
Diesel erst einmal einen Betriebszustand hervorbringen mußte, bis er
die Erfahrungen sich nutzbar machen konnte.

Die vorstehenden Überlegungen waren der Grund, aus dem der
Strömung der Zeit entgegen als Titel des Buches „Dieselmaschinen"
gewählt wurde. Aus den oben genannten Gründen wollen wir allen
wohlgemeinten Ratschlägen zuwider auch fernerhin an diesem Titel
festhalten.

I. Beschreibung der schnellaufenden Dieselmaschinen.

Die von den verschiedenen Maschinenfabriken während des Krieges gebauten schnellaufenden Dieselmaschinen, die ursprünglich ziemlich stark voneinander abwichen, sind mit der Zeit mehr und mehr einander ähnlich geworden, da jede Firma durch Verbesserungen der bestmöglichen Lösung zustrebte. Die so entstandene moderne schnelllaufende Dieselmaschine ist der nachfolgenden Beschreibung zugrunde gelegt, in der die wichtigsten Eigenheiten der Maschine — vor allem die Eigenheiten, durch die der tatsächlich erreichte hohe Grad der Betriebssicherheit gewährleistet ist — mitgeteilt und beschrieben werden. Wichtige Angaben für die Konstruktion, die sich auf Grund von Betriebserfahrungen ergeben haben, sind an den Stellen eingefügt, an denen erfahrungsgemäß leicht Konstruktionsfehler gemacht werden. Auf die Einzelheiten der Bauteile (namentlich auf die allgemein im Maschinenbau üblichen Maschinenteile) wird nicht erschöpfend eingegangen werden. Die Formgebung der Hauptbauteile, wie sie sich auf Grund der neuesten Erfahrungen herausgebildet hat, ist großenteils aus den beigegebenen Zusammenstellungszeichnungen zu ersehen. Über Berechnung und Konstruktion findet man im IV. Kapitel nähere Angaben.

1. Allgemeine Angaben.

Eine schnellaufende U-Boots-Dieselmaschine entwickelt bei voller Drehzahl eine Kolbengeschwindigkeit von 5—7 m/sec. Bei sehr kleinen Leistungen (25 PSe in einem Zylinder und darunter) ist die Kolbengeschwindigkeit, die proportional Hub h mal Drehzahl n ist, etwas unter der angegebenen Grenze, da in diesem Falle der Kolbenhub klein und die Drehzahl entsprechend groß ist und da die Beschleunigungskräfte, die mit $h \cdot n^2$, also mit dem Quadrate der Drehzahl anwachsen, keine zu großen Werte annehmen dürfen. Die obere Grenze von 7 m/sec wird nur in seltenen Fällen und nur bei den größten Leistungen (250—300 PSe/Zyl.) erreicht.

Die angegebenen Leistungen sind Höchstleistungen, die die Maschine für einige Zeit bei gewissenhafter Bedienung mit schwach sichtbarem Auspuff leisten kann. Für die Marine war die Angabe der maximalen Leistung wichtig, da der Wert eines U-Boots davon abhängig war, wie rasch es einem entfliehenden Gegner unter Aufbietung der äußersten Kräfte nacheilen konnte. Für diese kurzen Zeiten — eine oder mehrere Stunden — der äußersten Anspannung mußten die Maschinen berechnet und gebaut werden, während dieselben Maschinen im gewöhnlichen Betrieb — Anmarsch und Rückmarsch — mit viel geringeren Drehzahlen und Belastungen umliefen. Bei den meisten anderen Verwendungsgebieten der schnellaufenden Dieselmaschinen, wo man an den für beschränkte Zeit erreichbaren Leistungen im allgemeinen kein Interesse hat, wird es nötig sein, andere Leistungsangaben als die bei der Marine üblichen vorzusehen. Bei den Leistungsangaben der Marine ist bei Viertaktmaschinen ein mittlerer indizierter Druck (p_i) von 8—8,4 kg/qcm und ein mittlerer effektiver Druck (p_e) von 5,5—6 kg/qcm zugrunde gelegt. Die Leistung wurde bei einer Kolbengeschwindigkeit von 5—7 m/sec erreicht. Für Maschinen industrieller Anlagen, wo vor allem größter Wert auf die Betriebssicherheit der Anlage gelegt wird und wo die Maschinen ununterbrochen mit der aus dem Leistungsschild ersichtlichen Belastung laufen müssen, darf nur mit einer Kolbengeschwindigkeit von 4—5,5 m/sec gerechnet werden; bei Dauerlast werden etwa 7 kg/qcm indizierter Druck ($p_i = 7$ kg/qcm) und 5 kg/qcm effektiver Druck ($p_e = 5$ kg/qcm) erreicht. Eine Belastung über diese Grenzen hinaus beeinträchtigt die Lebensdauer und die Betriebssicherheit der Maschinen.

Auch die angegebene Marineleistung bedeutet noch nicht die höchst erreichbare Leistung der Maschine; sie gibt nur ein Höchstmaß dessen an, was bei vollständiger Verbrennung des eingespritzten Brennstoffes eben noch erreicht werden kann. Wenn der Zylinder noch mehr Brennstoff zugeführt erhält, läßt sich die Leistung gewöhnlich bis zu einem mittleren indizierten Druck von 10—10,5 kg/qcm unter gleichzeitiger Minderung des indizierten Wirkungsgrades steigern. Bei diesen außergewöhnlich hohen Belastungen können aber die Maschinen nur kurze Zeit in Betrieb gehalten werden, da die Innenteile rasch verschmutzen. Bei der Marineleistung tritt dagegen bei richtig eingestellter Maschine noch keine außergewöhnliche Verschmutzung ein.

Im nachfolgenden wird unter der Leistung der Maschine weiterhin die Marineleistung (Dauerhöchstleistung) verstanden. Die Bezugszahlen sind hierfür aufgestellt. Um die in industriellen Betrieben mit schnellaufenden Dieselmaschinen erreichbare Dauerleistung zu erhalten, ist es nötig, die gemachten Leistungsangaben etwa mit 0,7 zu multiplizieren.

Wie schon erwähnt, beziehen sich die Zahlenangaben auf schnelllaufende Viertaktmaschinen, die auch in erster Linie den nachfolgenden Betrachtungen zugrunde gelegt sind, da sie weit mehr Bedeutung erlangt und Verwendung gefunden haben als die Zweitaktmaschinen. Das Wichtigste über die letzteren sowie ein Vergleich der beiden Maschinengattungen wird in einem besonderen Abschnitt S. 45 gebracht werden.

Beim Bau der schnellaufenden Dieselmaschinen sollte das Bedürfnis befriedigt werden, eine leichte, betriebssichere und ökonomische Maschine mit geringem Platzbedarf zu erhalten. Man hat deshalb alle Teile so leicht und schwach wie möglich bemessen und das Gewicht der gesamten Maschine ohne Auspuffanlage und ohne Schmieröl-

und Treibölvorratsbehälter sowie ohne Kühlwasser und Öl auf 20 bis 28 kg/PSe herabgedrückt. Die gesamte Länge einer solchen sechszylindrigen Maschine bis zum Kupplungsflansch kann für rohe Überschlagsrechnungen mit $L = 14{,}5\,d$ angegeben werden, wobei mit d der Zylinderdurchmesser bezeichnet ist.

Die im nachfolgenden beschriebenen Maschinen sind sämtlich stehend ausgeführt. Liegende Maschinen eignen sich im allgemeinen nicht für Schiffsantrieb; überdies lönnen liegende Maschinen wegen der erheblichen Kolbenreibung nicht so gut als Schnelläufer ausgebildet werden wie stehende.

2. Anordnung und Aufbau.

Eine Dieselmaschine, die im Viertakt angelassen wird[1]), muß wenigstens 6 Zylinder haben, damit sie in jeder Stellung sicher anspringt. Die sechszylindrige Bauart ist deshalb bei fast allen Maschinen durchgeführt worden, sofern nicht außergewöhnlich große Leistungen die nicht in 6 Zylindern bewältigt werden können, eine Abweichung von der Regel vorschreiben. Für das Anlassen und mit Rücksicht auf ein gleichmäßiges Drehkraftdiagramm ist es nötig, die Zündungen, in den Zylindern in gleichen Abständen aufeinander folgen zu lassen; die Kurbeln der Sechszylinder-Viertaktmaschinen müssen deshalb gegeneinander um $2 \cdot 360° : 6 = 120°$ versetzt sein. Infolgedessen sind je 2 Kurbeln — deren Zylinder in der Zündfolge um 360° auseinander stehen — gleichgerichtet. Unter diesen Umständen liegt es nahe, die Kurbelwelle symmetrisch auszubilden, da bei dieser Anordnung die Massenkräfte und die Kippmomente restlos ausgeglichen sind.

Damit die sechszylindrige Viertaktmaschine aus jeder Stellung sicher angelassen werden kann, muß jedes Anlaßventil mehr als 120° Eröffnungsdauer haben. Bei sechszylindrigen Zweitaktmaschinen genügt eine halb so große Eröffnungsdauer der Anlaßventile, da jeder Arbeitskolben bei jeder Umdrehung einen Arbeitshub ausführt. Zum sicheren Anlassen würde deshalb schon eine dreizylindrige Anordnung oder — mit Rücksicht darauf, daß ein erheblicher Teil des Kolbenarbeitshubes durch die Anlaßschlitze fortfällt — wenigstens eine vierzylindrige Anordnung genügen. Mit Rücksicht auf Platzverhältnisse und auf Massenausgleich werden aber auch schnellaufende Zweitaktmaschinen vielfach in Sechszylinderanordnung gebaut.

Um die Maschinen niedrig zu bauen und um die bewegten Massen zur Ermöglichung eines raschen Laufes gering zu bemessen, wird bei schnellaufenden Dieselmaschinen kein besonderer Kreuzkopf vorgesehen. Der Zapfen für das obere Schubstangenlager ist im Arbeitskolben angeordnet. Jedes Lager, besonders die umlaufenden, sind mit Rücksicht auf Gewichtsersparnis so klein wie möglich bemessen.

---

[1]) Die neueren Viertaktmaschinen werden im Viertakt, die Zweitaktmaschinen im Zweitakt angelassen. Das früher vielfach angewendete Anlassen von Viertaktmaschinen im Zweitakt (siehe Kämerer, Z. d. V. d. I. 1912, S. 89) ist aufgegeben worden, da es verschiedene Steuerung der Einlaß- und Auslaßventile für Anlassen und Betrieb nötig machte.

Kleine Lager bedingen aber starke Schmierung, damit das Lager durch immer wieder frisch zutretendes Öl gekühlt wird. Für schnellaufende Dieselmaschinen ist deshalb die Verwendung von Umlaufschmierung unbedingt erforderlich. Das Öl spritzt mit großer Geschwindigkeit von den rasch umlaufenden Maschinenteilen ab. Um größere Ölverluste zu vermeiden, ist das Getriebe in eine allseits verschlossene, mit Schaudeckeln versehene Kurbelwanne eingekapselt. Das abfließende Öl wird in der Kurbelwanne gesammelt und dem Kreislauf nach erfolgter Rückkühlung und Reinigung wieder zugeführt.

Die Steuerung der Ventile erfolgt durch eine gemeinsame Nockenwelle, die in Höhe der Zylinderdeckel in der Nähe der Ventile angeordnet ist. Die Nockenwelle wird gewöhnlich durch eine lotrechte Zwischenwelle, die am Ende der Maschine sitzt, angetrieben. Die Kraftübertragung von der Kurbelwelle auf die Zwischenwelle und von dieser auf die Nockenwelle erfolgt durch Schraubenräder, die bei Viertaktmaschinen die Drehzahl im Verhältnis 2 : 1 verringern. Die Nockenwelle wird gewöhnlich an der einen Seite der Zylinderdeckel längs geführt. Um möglichst kurze Übertragungsgestänge von der Nockenwelle zu den Ventilen zu erhalten, wird mitunter die Nockenwelle über den Deckeln zwischen den Ventilen angeordnet (Abb. 3). Das Brennstoffventil wird dann unter einer bestimmten Neigung zur Zylinderachse eingesetzt. Auf der Zwischenwelle oder auf der Nockenwelle ist ein Sicherheitsregler angeordnet, der auf die Brennstoffpumpe einwirkt und Überschreitungen der Höchstdrehzahl verhindert.

Die Maschine soll so aufgestellt sein, daß sie von allen Seiten gut zugänglich ist. Der Maschinistenstand, an dem sämtliche Manometer und Bedienungsgestänge (Regelung der Brennstoffmenge, des Einblase-, Schmieröl- und Kühlwasserdruckes, Bedienung der Entwässerung, Anlaß und Umsteuerhebel usw.) zusammenlaufen, ist entweder in der Mitte der Maschine oder besser am Maschinenende auf der Seite des Luftverdichters angebracht.

3. Kurbelwelle, Kurbelwanne und Gestänge.

Die Kurbelwelle einer schnellaufenden Dieselmaschine wird für kleinere und mittlere Maschinengrößen aus einem Stück hergestellt. Bei größeren Maschinen wird häufig der Teil zum Antrieb für den Luftverdichter für sich hergestellt und an einen Flansch der Kurbelwelle angeschraubt. Wellen- und Kurbelzapfen werden zur Gewichtsersparnis und für die Schmierölführung hohl gebohrt. Die Bohrungen werden nach der Seite zu abgedichtet und untereinander durch Bohrungen in den Kurbelarmen verbunden. Durch die hohle Kurbelwelle wird das Schmieröl, das durch Bohrungen in den Lagerzapfen aus den Grundlagern in die Welle übertritt, den Schubstangenlagern und von diesen aus den Kreuzkopflagern zugeführt. Zwischen je zwei nebeneinanderliegenden Zylindern ist ein Wellenlager vorgesehen. Die Lagerböcke sind durch Streben gestützt, die die Kräfte vom Lager auf die Kurbelwanne und die Massenbeschleunigungskräfte von der Wanne aufs Fundament übertragen. Ein Wellenlager ist als Paßlager mit seitlichem

Anlauf ausgebildet, um kleine Kräfte in der Richtung der Wellenachse aufnehmen zu können. Hierfür wird zweckmäßig das Wellenlager, das neben dem Schraubenrad zum Antrieb der Nockenwelle gelegen ist, ausgewählt. Die übrigen Wellenlager haben nach beiden Seiten hin mehrere Millimeter Spiel, so daß sich die Welle zur Kurbelwanne bei der Erwärmung um kleine Beträge ausdehnen kann. Die Lagerschalen sind zweiteilig, die Oberschale kann nach Lösen der Schrauben mit dem Deckel abgehoben werden. Die Unterschale sitzt drehbar im Lagerbock, so daß sie nach abgebauter Oberschale herausgedreht oder herausgedrückt werden kann. Wichtig ist dabei, daß die Herausnahme einer Unterschale ohne Hochnehmen der Kurbelwelle erfolgen kann.

Am Ende der Kurbelwelle sitzt eine Drehvorrichtung, durch die die Welle gedreht werden kann. Die Drehung geschieht mittels Handhebel durch Sperrad und Klinke, bei größeren Maschinen durch Schnecke und Schneckenrad. An Bord von Schiffen ist vielfach neben der Handdrehvorrichtung noch eine pneumatische oder elektrische Drehvorrichtung vorgesehen, die mit wenigen Handgriffen eingeschaltet und wieder abgenommen werden kann. Mit der Drehvorrichtung sollen sich Drehungen der Maschine nach beiden Richtungen vornehmen lassen.

Die Kurbelwanne ist entweder als ganzes Stück gegossen (Stahlguß oder Bronze) oder sie besteht aus einem gegossenen Gestell, an dessen Rippen die die eigentliche Wanne bildenden Bleche angenietet oder angeschweißt sind. Die letztere Ausführung hat geringeres Gewicht, sie wird vor allem bei größeren Maschineneinheiten verwendet. Bei genieteten Wannen kommen mitunter lecke Stellen vor, durch die das Öl aus der Kurbelwanne herausfließt. Die Kurbelwanne ist auf die Fundamentträger — gewöhnlich U- oder L-Eisen — mit starken und zuverlässig gesicherten Schrauben festgezogen. Zwischen Fundamentträgern und Kurbelwanne werden Beilagscheiben von 20 bis 50 mm Stärke gelegt, die bei der Montage der Maschine durch Einzelbearbeitung mit der Feile auf das richtige Maß gebracht werden, so daß die Maschine allseits fest auf dem Fundament aufsitzt. Die Fundamentschrauben sind entweder alle oder wenigstens zur Hälfte als Paßschrauben ausgebildet, die durch gemeinsames Aufreiben der Schraubenlöcher im Fundamentträger und im Kurbelwannenfuß einzeln eingepaßt werden.

Das Kurbelgehäuse muß abgeschlossen sein, damit kein Öl nach außen spritzen kann. Es ist zweckmäßig, vor jeder Kurbel einen leicht losnehmbaren Deckel am Kurbelkasten vorzusehen, damit das Getriebe rasch bloßgelegt und die Erwärmung der Laufstellen durch Befühlen mit der Hand geprüft werden kann.

In der Kurbelwanne wird die Luft infolge des aus den Lagern spritzenden Öls mit warmen Öldämpfen angereichert, so daß Explosionen — namentlich bei ungekühlten Kolben — eintreten können. Um zu verhüten, daß die mit Öl geschwängerte Luft aus dem Kurbelkasten nach dem Maschinenraum austritt und die Bedienungsmannschaft belästigt, wird gewöhnlich ein Teil der von den Arbeitszylindern angesaugten Frischluft aus der Kurbelwanne entnommen, so daß in die Kurbelwanne immer wieder frische Luft einströmt. Die Absaugung der Luft aus der Kurbelwanne, die nicht unbedingt genügt, um Kurbelwannenexplosionen unmöglich zu machen, ist früher teilweise in der Art durchgeführt worden, daß jeder Arbeitszylinder seine Luft aus dem Raum zwischen zwei benachbarten Zylindern saugte. Dieser war als Kasten ausgebildet und mit der Kurbelwanne durch einen Schlitz verbunden. Die Anordnung hat den großen Nachteil, daß bei Undichtwerden eines Zylindermantels innerhalb des Saugekastens — Porosität oder Riß — Wasser durch den Schlitz in die Kurbelwanne übertritt, ohne daß man das von außen bemerken kann. Mehr zu empfehlen ist deshalb eine Anordnung, bei der ein Zylinder seinen gesamten Bedarf an Frischluft oder einen Teil derselben einer unmittelbar an die Kurbelwanne angeschlossenen Luftsaugeleitung entnimmt. Es besteht allerdings in diesem Falle die Gefahr, daß der ausgezeichnete Zylinder viel Öldämpfe aufnimmt und deshalb besonders volle Diagramme entwickelt.

Um die Folgen einer Explosion in der Kurbelwanne einzudämmen, werden die Schaudeckel am Kurbelkasten vielfach mit Flitterblech belegt, das bei unzulässig hohen Drucksteigerungen, ohne weitergehende Beschädigungen hervorzurufen, durchgeschlagen wird. Bei ungekühlten Kolben wird mitunter der Innenteil des Kolbenbodens durch ein vorgeschraubtes Blech, das über dem Kreuzkopflager sitzt, geschützt, damit kein Öl an den heißen Kolbenboden spritzen und dort verdampfen kann.

Da die Kurbelwanne bei Schiffsmaschinen so tief liegt, daß oft nur ein geringes Gefälle für den Abfluß des Öles aus der Wanne nach dem Ölvorratsbehälter zur Verfügung steht, muß das Ölabflußrohr reichlich groß bemessen sein. Es darf nie so viel Öl in der Kurbelwanne stehen, daß die Kurbel bei der Umdrehung in das Öl hineinschlägt und es auf diese Weise stark verspritzt. Die Kurbelwanne muß deshalb nach dem Ende zu, das den Ölabfluß trägt, geneigt sein oder es müssen Ölabflußrohre an beiden Enden vorgesehen sein.

Bei manchen Maschinen ist das Kurbelgetriebe mit Ölspritzblechen abgedeckt, die mit einem Schlitz für die Schubstange versehen und über der Arbeitskurbel so angeordnet sind, daß das aus dem Schubstangenlager herausspritzende Öl nach der Wanne abgeleitet wird. Diese Ölspritzbleche wurden mitunter nachträglich bei Maschinen eingebaut, bei denen sich herausgestellt hatte, daß im Betrieb zuviel Öl in der Kurbelwanne herumspritzte — Folgeerscheinungen des Herumspritzens waren Ölexplosionen in der Kurbelwanne oder Hochsaugen von Schmieröl durch die Kolben in die Verbrennungsräume der Arbeitszylinder verbunden mit scharfen Verbrennungen und qualmendem Auspuff. Die Spritzbleche sollen vor allem den vom Kolben freigelegten Teil der Arbeitszylindergleitfläche schützen, wenn der Kolben in der oberen Totlage steht. Mit dem Einbau der Ölspritzbleche ist der Nachteil verbunden, daß das rasche Befühlen der Lager auf Erwärmung bei kurzen Betriebspausen erschwert ist, da die Ölspritzbleche die Zugänglichkeit zu den Lagern beschränken.

Die gebräuchlichsten Formgebungen der Schubstangen sind aus den Zusammenstellungszeichnungen zu ersehen. Da bei schnellaufenden Maschinen so leicht wie möglich gebaut werden muß, versuchten einige Maschinenfabriken ursprünglich eine ungeteilte Schubstange zu verwenden, deren beide Enden als Schubstangenlager bzw. Kreuzkopflager ausgebildet waren. Die Anordnung hat sich nicht bewährt, da in diesem Falle die Veränderung des Kompressionsraumes im Arbeitszylinder zu umständlich ist. Der Kolben mußte zur Veränderung des Totraums ausgebaut, die Schubstange vom Kolbenbolzen gelöst und in ihrer wirksamen Länge durch Beilegen von Blechen unter das Kolbenbolzenlager oder gar durch Neuausgießen des Lagers verändert werden. Man ist deshalb allgemein auf die Schubstange mit aufgesetztem Schubstangenlager zurückgekommen (Abb. 1 a). Zwischen beiden Teilen liegen Beilagplatten, durch deren Veränderung der Totraum des Arbeitszylinders und damit der Kompressionsenddruck eingestellt werden kann.

Die Schubstange wird gewöhnlich zur Gewichtsersparnis hohl ausgeführt. Durch die Höhlung wird das Schmieröl dem Kreuzkopfzapfen zugeführt. Am Schubstangenkopf war bei den ersten Konstruktionen ein kleines Rückschlagventil angebracht, das Öl in die hohle Schubstange eintreten, aber nicht ins Lager zurücktreten ließ (Abb. 1 a). Da die Schubstange mit Rücksicht auf die Gewichtsersparnis eine Bohrung von erheblichem Durchmesser erhalten muß, dauerte es nach dem Ansetzen der Ma-

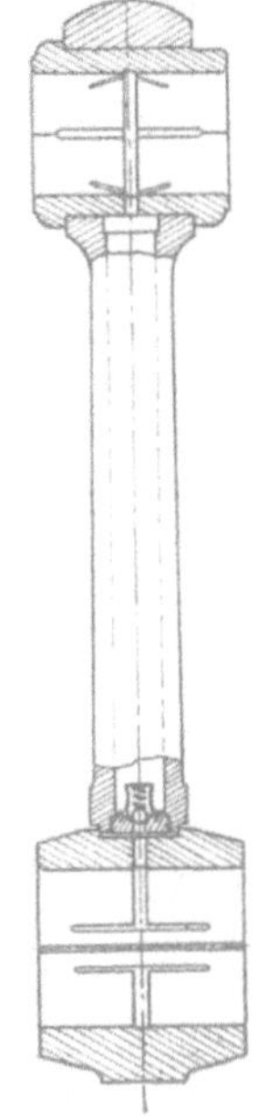

Abb. 1a. Schubstange.

schinen oft lange Zeit, bis die Schubstange mit Öl gefüllt und das Öl bis zu den Kreuzkopfbolzen vorgedrungen war. Diese Zeit hat mitunter genügt, um das Lager warm laufen zu lassen. Für die Ölzuführung zum Kreuzkopflager ist deshalb späterhin gewöhnlich ein enges Röhrchen in der Höhlung oder außen an der Schubstange befestigt worden. Die letztere Konstruktion (Abb. 1 b) hat den Nachteil, daß das Röhrchen beim Ausbau der Kolben usw. leicht beschädigt wird, was dann erst am Warmlaufen des Kreuzkopflagers, der kein Öl mehr zugeführt bekommt, in die Erscheinung tritt. In beiden Fällen müssen die Befestigungsschrauben für das Steigröhrchen gut gesichert

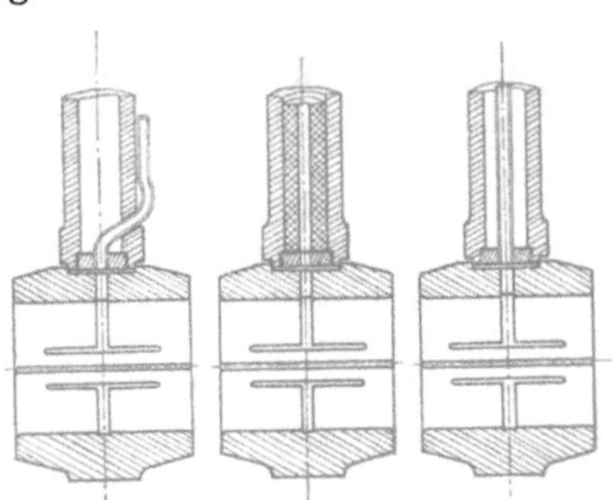

Abb. 1 b—d. Schubstangen.

sein, damit eine Lösung der Befestigung durch die Erschütterungen im Betrieb ausgeschlossen bleibt. Bei der in Abb. 1 d dargestellten Schubstange ist in die Höhlung ein Einsatz von niedrigem spezifischen Gewicht — Aluminium oder nicht splitterndem Pockholz —

eingezogen, der in der Mitte auf den nötigen Durchmesser aufge-
bohrt ist.

Auch bei der kleinsten Dieselmaschine sollte die Möglichkeit, jeden
Arbeitszylinder zu indizieren, nicht fehlen. Das Indiziergestänge wird
gewöhnlich bei den kreuzkopflosen Maschinen an den Kolben oder die
Schubstange angelenkt und durch eine Stopfbüchse aus der öldicht
abgeschlossenen Kurbelwanne herausgeführt. (Siehe Abb. 8.)

4. Arbeitszylinder, Kolben und Deckel.

Im Gegensatz zu den Landdieselmaschinen werden die Arbeitszylinder bei schnellaufenden Schiffsdieselmaschinen in der Regel aus
Stahlguß mit eingesetzter gußeiserner Büchse — besonders wider-
standsfähiges Spezialgußeisen — hergestellt. Die Anordnung hat gegenüber den aus einem Gußstück
bestehenden Zylindern den Vorteil des geringeren Gewichtes
und der Auswechselbarkeit der
Büchse, wenn einmal ein Kolben
gefressen hat; ferner kann sich
die Zylinderbüchse, die im
Betrieb wärmer wird, als der
Mantel frei ausdehnen, so daß
Wärmespannungen vermieden
werden. Bei kleineren Maschinen — unter 20 PSe/Zyl. — werden vielfach die Zylinder auch
bei schnellaufenden Maschinen
aus einem Stück aus Gußeisen
hergestellt. Besondere Sorgfalt
muß bei Zylindern mit eingezogener Büchse auf die Abdich-

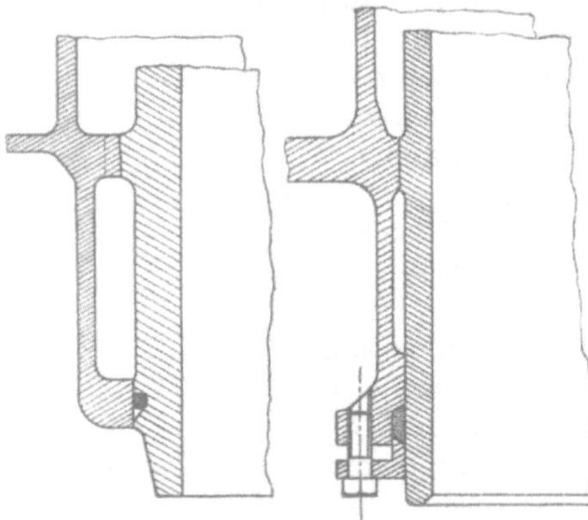

Abb. 2a u. b. Abdichtung des Zylinderkühlwasserraumes nach der Kurbelwanne zu
(Anordnung nach Abb. 2a unzweckmäßig).

tung des Kühlmantels gegen die Büchse nach der Kurbelwanne verwandt
werden, damit nicht bei Undichtigkeit Kühlwasser in die Kurbelwanne
gelangt. Es ist anfangs versucht worden, die Abdichtung durch einen
um die Büchse gelegten Gummiring zu bewirken (Abb. 2a), der vor dem
Einziehen der Büchse in eine Nut gelegt wird. Die Anordnung hat sich
nicht bewährt, da es kaum gelingt, den Ring beim Einsetzen der Büchse
unbeschädigt bis an die gewünschte Stelle zu bringen. Eine zuverlässige Abdichtung wird nur durch eine Stopfbüchse erzielt, die von
Zeit zu Zeit nachgezogen werden kann (Abb. 2b).

Wesentlich für die Ausbildung der Arbeitszylinder ist der Umstand, ob ein besonderes Kastengestell zwischen Kurbelwanne und
Arbeitszylinder vorgesehen oder die Arbeitszylinder unmittelbar auf
die Kurbelwanne gesetzt werden sollen. Erstere Anordnung ist in
den Tafeln I und III, die je eine 550-PS-Benz- und Körting-Maschine
darstellen, wiedergegeben und bedarf keiner näheren Beschreibung.
Bei der Anordnung ohne Kastengestell, die bei den MAN-Maschinen
(Abb. 3) angetroffen wird, ist die Kurbelwanne so hoch heraufgezogen

daß die Schaudeckel einen Teil der Kurbelwanne bilden. Die Arbeitszylinder sind mit einem den Zylinder kastenartig umfassenden Fuß ausgerüstet, mit dem sie auf die Kurbelwanne aufgesetzt werden. Die Füße der einzelnen Zylinder bilden untereinander verbunden den oberen Abschluß der Kurbelwanne. Da die Füße der Arbeitszylinder mit breiten Flächen aneinandergepreßt sind, sind die Zylinder selbst gut gegeneinander abgestützt. Der Aufbau macht deshalb den Eindruck besonders guter Versteifung. Bei der Daimlermaschine (Tafel II) sind die Zylindermäntel so weit heruntergezogen, daß in ihren Füßen

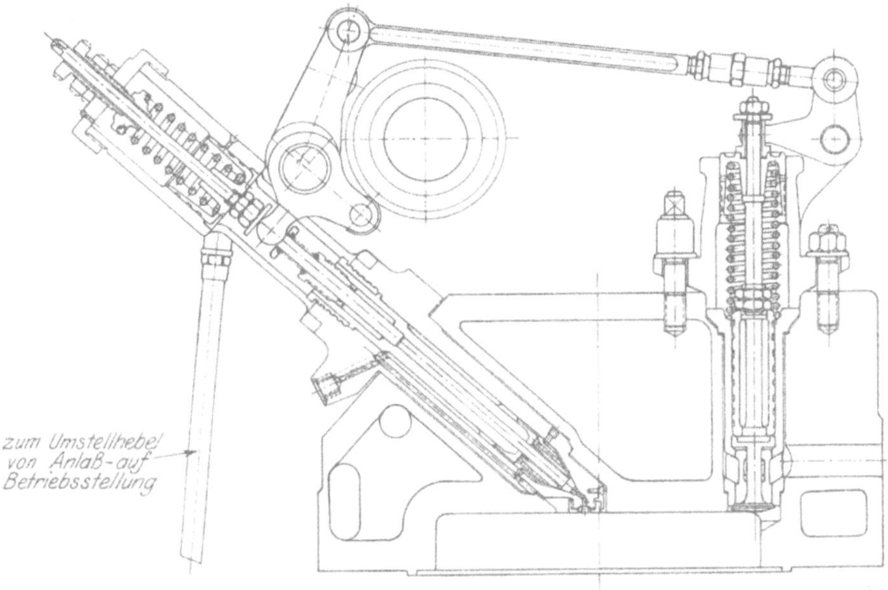

Abb. 3. Zylinderdeckel mit schrägliegendem Brennstoffventil
und mit Anlaßventil (G. M. A.).

die Schaudeckel für die Kurbelwanne untergebracht sind. Bei der zuerst erwähnten Anordnung mit Kastengestell Tafeln I und III ist vorteilhaft, daß das Auswechseln eines Arbeitszylinders bei Beschädigungen, die allerdings gerade an diesem Stück nur selten eintreten, kürzere Zeit in Anspruch nimmt als bei einer Maschine ohne Kastengestell.

Die Zylinderdeckel werden durch das aus den Arbeitszylindern abfließende Kühlwasser gekühlt. Die Ausbildung des Übergangs zwischen beiden Teilen erheischt besondere Beachtung. Vor allem muß die Möglichkeit ausgeschlossen sein, daß bei Undichtigkeit Wasser in den Totraum des Arbeitszylinders übertreten kann. Wenn also die Kühlwasserräume der Maschine unter Druck gesetzt werden, darf bei Undichtigkeiten nur Wasser am Zylindermantel ablaufen, aber nie ins Zylinderinnere eintreten können. Eine Konstruktion, die gegen diesen Grundsatz verstößt, ist in Abb. 4 dargestellt. Ein Kupferring dichtet den Arbeitszylinder gegen den Kühlraum, ein Gummiring den Kühlraum gegen außen ab. Der Raum zwischen beiden Ringen steht durch Bohrungen sowohl mit dem Zylinderkühlwasserraum als auch mit dem Deckelkühlwasserraum in Verbindung. Die Deckelschrauben werden so stark angezogen, daß der Kupferring allseitig anliegt. Wenn mit der Zeit der Kupferring lose wird, so tritt, da er von außen her unter dem Druck des Kühlwassers steht, Wasser in den Arbeitszylinder über. An zwei sechszylindrigen Maschinen, die mit einer Deckelabdichtung nach der Figur ausgerüstet waren, mußten schon im ersten Betriebsjahr infolge von Wasserschlägen insgesamt acht Zylinder ausgewechselt werden.

Das Kühlwasser wird zweckmäßig entweder durch Krümmer (Abb. 5) oder durch mit Gummiringen abgedichtete Röhrchen (Abb. 6)

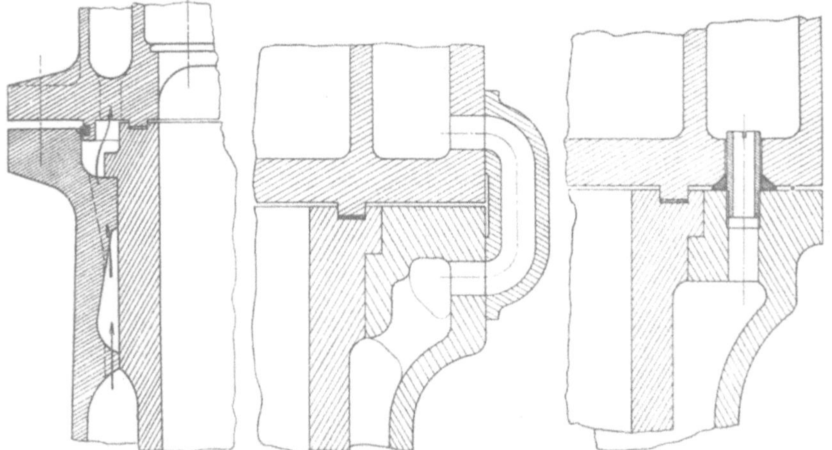

Abb. 4—6. Überleitung des Kühlwassers vom Zylinder nach dem Deckel (Anordnung nach Abb. 4 unzweckmäßig).

vom Arbeitszylinder nach dem Deckel übergeleitet. Die Röhrchen sind in den Zylindermantel eingeschraubt und in den Deckel mit einem oder einigen Millimetern Spiel eingepaßt; die aus Rundgummi bestehenden Abdichtungsringe werden vor Aufsetzen der Deckel über die Röhrchen gestülpt und durch Anziehen der Deckelschrauben allseits angepreßt. In beiden Fällen (Abb. 5 und 6) läuft das Wasser bei Undichtigkeiten nach außen ab, da der den Totraum abdichtende Kupferring, der in die Nut zwischen Zylinderdeckel und Laufbüchse eingelegt ist, von außen nicht unter dem Druck des Kühlwassers steht. Bei der Anordnung mit den Röhrchen muß der Deckel beim Aufsetzen und Hochnehmen sehr vorsichtig nach oben geführt werden, damit die vorstehenden Röhrchen nicht beschädigt werden. Mit Rücksicht auf die Wärmebeanspruchung des Deckels ist es vorteilhaft, wenn das Wasser in möglichst gleichmäßiger Verteilung vom Zylinder nach dem

Deckel überströmt und im Deckel so geführt ist, daß sich an keiner Stelle der Unterseite des Deckels tote Ecken bilden.

Die Kühlwasserräume von Zylinder und Deckel sind bei größeren Maschinen mit Schaudeckeln oder Verschraubungen versehen, nach deren Abnahme die Räume innen gereinigt werden können. Bei Kühlung mit Salzwasser werden vielfach in die Innenräume der Zylinder und Deckel Zinkschutzplatten eingesetzt, um die Wände vor galvanischen Anfressungen zu schützen. Der innere Teil des Kühlwassermantels der Arbeitszylinder, durch den keine Wärme abgeleitet zu werden braucht, wird vielfach aus dem gleichen Grunde mit Rostschutzfarbe angestrichen.

Die Kolben werden einteilig oder zweiteilig ausgeführt. Bei zweiteiliger Ausführung dient das gekühlte obere Stück der Abdichtung des Verbrennungsraumes; es ist mit 4—6 selbstspannenden Ringen versehen. Das ungekühlte untere Stück dient der Führung und trägt den Kolbenzapfen. Am Führungsstück sind 1—2 Ölabstreifringe vorgesehen, die das überschüssige Öl von der Zylinderwandung abnehmen. Die beiden Teile sind durch Paßflächen gut zentriert und gewöhnlich durch einen in die Teilfuge gelegten Kupferring abgedichtet. Das Führungsstück wird stets aus Gußeisen hergestellt, das obere Stück kann aus Gußeisen oder (zur Steigerung der Haltbarkeit) aus Schmiedeeisen hergestellt werden. Im letzteren Falle muß es mit besonders großem Spiel in den Zylinder eingepaßt sein, da Schmiedeeisen auf der gußeisernen Zylinderwandung schlecht läuft und leicht festfrißt.

Bei kleineren Maschinen ist es nicht nötig, eine besondere Kolbenkühlung vorzusehen. Es wird genügend Wärme vom Kolbenboden an die Kolbenwandung abgeführt. Überdies ist ein kleiner Kolben steifer und gegen Temperaturspannungen unempfindlicher als ein großer Kolben. Sobald aber in einem Arbeitszylinder über 60—70 PS Marineleistung (über 50 PS Dauerleistung) umgesetzt werden, ist es nötig, den Kolben besonders zu kühlen. Die Kühlung braucht sich nur auf den Kolbenboden zu beschränken. Es genügt, wenn ein Teil der an den Kolbenboden während des Verbrennungsvorganges abgegebenen Wärmemenge durch das Kühlmittel abgeleitet wird, da die übrige Wärme von der Zylinderwandung und von der Luft in der Kurbelwanne bei der raschen Bewegung des Kolbens aufgenommen wird. Eine Kühlung des Kolbens mit Seewasser ist mit dem Nachteil verbunden, daß Salzwasser bei jeder Undichtigkeit in den Kühlgutzu- und -abführungsleitungen in die Kurbelwanne gelangen kann. Zur Kühlung wird deshalb in neuer Zeit fast allgemein Öl verwendet, das von der Maschinenschmierölleitung hinter dem Ölkühler abgezweigt wird.

Um die Ölmenge, die zum Kühlen eines Kolbens erforderlich ist, zu bestimmen, kann folgende Überlegung angestellt werden: Zur Erzeugung einer PSe-Stunde werden etwa 200 g Brennstoff oder 2000 Cal aufgewendet. An die gekühlten Wandungen werden davon 30%, also 600 Cal/PSe-Stunde, abgegeben. Etwa 30% der gesamten durch die Kühlung abgeführten Wärmemenge wird im Kolbenkühlöl aus der Maschine fortgeleitet. Der Unterschied zwischen den Temperaturen

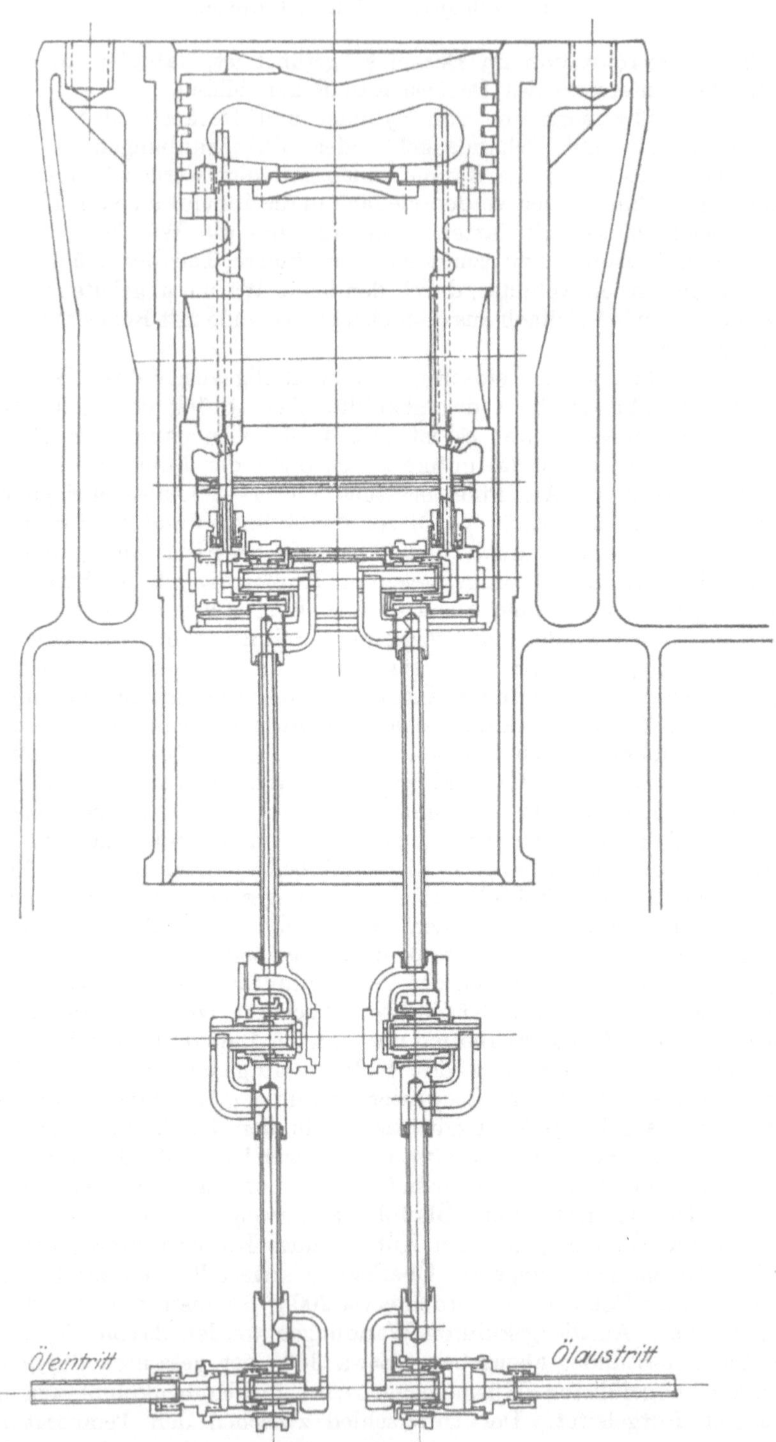

Abb. 7. Kolben mit Gelenken für Kühlölzuführung (G. M. A.).

des vom Kolben abfließenden und zum Kolben zufließenden Öles kann bei Vollast zu 20° gewählt werden. Die spezifische Wärme des Öls beträgt 0,46 $\frac{\mathrm{Cal}}{\mathrm{kg}\cdot°}$ und das spez. Gewicht 0,88 kg/l. Die Menge K des umlaufenden Öls für eine Pferdestärke und eine Stunde ist demnach

$$K = 0,3\cdot 600\cdot\frac{1}{20\cdot 0,46\cdot 0,88}$$
$$= \sim 20 \text{ lit/PSe-Stunde.}$$

Für die Preßschmierung der Lager einer vollständig geschlossenen Maschine wird etwa $^1/_3$ jener Ölmenge gebraucht.

Das Kühlöl wurde früher den Kolben vielfach durch Posaunenrohre zugeführt. Die Verwendung von Posaunenrohren zu diesem Zweck hat den Nachteil, daß diese beim Ausziehen und Zusammengehen das von ihnen eingeschlossene Volumen verändern und deshalb ähnlich einer Pumpe wirken, die bald saugt und bald drückt. In den Kühlleitungen entstehen große Druckschwankungen, die selbst durch Anbringung von Windkesseln vor und hinter dem Kolben nicht vollständig beseitigt werden können. Bei Gelenkrohren, die im Betriebe keine Volumänderungen durchmachen, treten diese Schwierigkeiten nicht auf. Trotz-

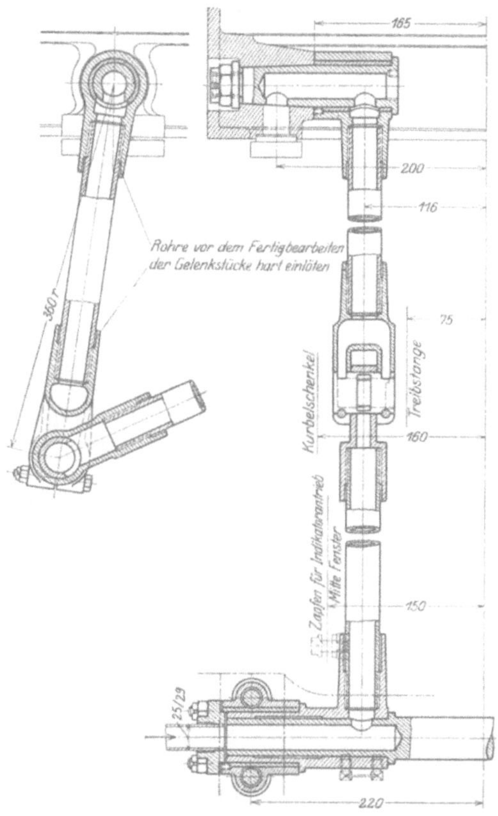

Abb. 8. Kolbenkühlölgelenke einer 1750 PSe-MAN-Viertaktmaschine.

dem empfiehlt es sich, auch bei Schmierung mittels Gelenkrohren, die in letzterer Zeit fast allgemein eingeführt worden sind, Windkessel vorzusehen, da durch die Beschleunigung des Kolbeninhalts bei der Bewegung des Kolbens Druckschwankungen im Öl — wenn auch nicht in dem Maße wie bei Posaunenrohren — entstehen.

Die Gelenkrohre halten oft in den Gelenken nicht ganz dicht. Es tropfen namentlich nach längerer Betriebszeit kleine Mengen Kühlgut durch die Gelenkbüchsen in die Kurbelwanne. Wenn für Schmierung und Kolbenkühlung dasselbe Öl verwendet wird, kann durch das Durchtropfen kein Schaden entstehen. Wenn aber die Kolben mit Rücksicht

auf die großen abzuführenden Wärmemengen mit Wasser gekühlt werden
müssen — zu dieser Maßnahme wird man vor allem bei Zweitaktmaschinen von erheblichem Zylinderdurchmesser gezwungen —, können
wegen des Durchtropfens keine Gelenkrohre Verwendung finden. In
Abb. 7 ist die Kühlölzu- und -ableitung eines Kolbens, die durch Gelenke erfolgt, dargestellt. Die Zu- und Ableitungs-
rohre münden in der Nähe des Kolbenbodens.

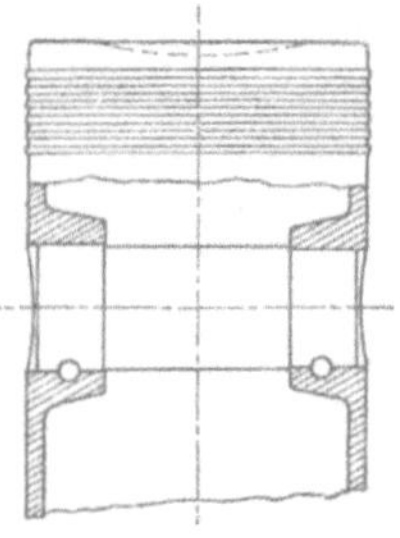

In Abb. 8 ist die Werkstattzeichnung der Kol-
benkühlölzuführung einer 1750 PSe-MAN-Maschine
wiedergegeben. Durch die zentrische Ausführung
der Kniestücke ist dafür gesorgt, daß kein Ecken
in den Gelenken auftritt.

Da sich in den Kühlräumen der Kolbenkappen
bei hoher Belastung mitunter Ablagerungen ab-
scheiden, die die Kühlwirkung verringern, empfiehlt
es sich, die Kühlräume von Zeit zu Zeit mit Preßluft
durchzublasen. In die Kühlölableitungen am Sam-
melkasten sind Dreiweghähne eingebaut (Abb. 29),
mit denen die jedem Kolben zufließende Ölmenge an Hand der Thermo-
meterangaben geregelt werden kann. Um einen Kolben mit Druckluft
auszublasen, werden sämtliche Dreiweghähne bis auf einen geschlossen
und Druckluft von der Anlaßflasche auf den Kühlölkasten gegeben.
Die Luft fegt durch den Kolben und entweicht an einer in der Öldruckleitung freigelegten Stelle und reißt dabei die Ablagerungen mit.

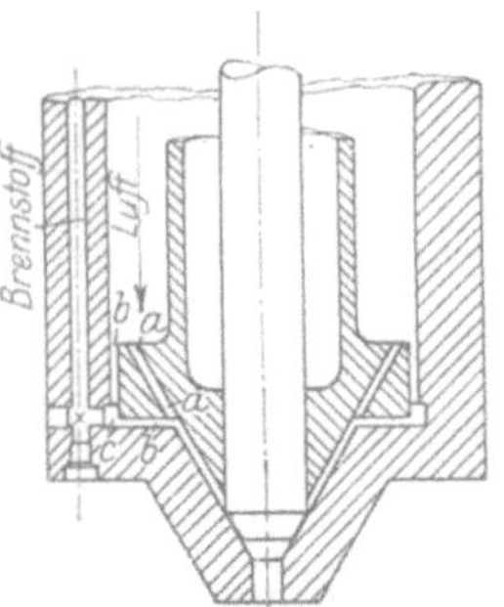

Abb. 9. Befestigung
des Kolbenbolzens.

Bei kreuzkopflosen Maschinen muß besondere Sorgfalt auf die Befestigung des Bolzens
im Kolben verwendet werden, da ein zu stram-
mer Sitz ein Verziehen der Nabe und ein zu
loser Sitz mit der Zeit ein Ausschlagen der
Nabe zur Folge haben kann. Gegen Drehung
und seitliche Verschiebung wird der Bolzen
häufig durch einen oder zwei Rundstifte — siehe
Abb. 9 — gesichert, eine Anordnung, die sich
gut bewährt hat.

5. Ventile.

Abb. 10.
Schlitzzerstäuber.

Im Brennstoffventil ist der früher ausschließlich verwendete Plattenzerstäuber in
den letzten Jahren mehr und mehr durch den
Schlitzzerstäuber, der in Abb. 10 schematisch dargestellt ist, verdrängt
worden. Beim Schlitzzerstäuber wird der Weg der Einblaseluft kurz
vor dem Eintritt in den Zylinder geteilt. Auf dem einen Weg a—a
gelangt die Luft bei geöffneter Brennstoffnadel ungehindert in den
Zylinder. Auf dem anderen Weg b—b trifft sie auf den während des
Auspuff-, Ansauge- oder Kompressionshubes vorgelagerten Brennstoff c
und treibt ihn vor sich her. Der Brennstoff wird auf diese Weise an
der Vereinigungsstelle der beiden Luftwege in die auf dem ersten Wege
mit rascher Geschwindigkeit vorbeistreichende Einblaseluft eingespritzt;

er wird von der Luft mit in den Zylinder gerissen. Der Schlitzzerstäuber ist etwa gleichzeitig von der MAN und dem schwedischen Ingenieur Hesselmann ausgebildet worden. Die Firma Benz-Mannheim führt bei den von ihr gebauten Dieselmaschinen Zerstäuber der Hesse-

mannschen Konstruktion in Verbindung mit besonderen Düsenplatten (D. R. P. 206923 u. 209886) aus, die sich gut bewährt haben. Wesentlich für den Schlitzzerstäuber ist, daß der Zerstäubungsvorgang in nächster Nähe des Nadelsitzes stattfindet, was nicht nur in der in Abb. 10 dargestellten Weise, sondern auch durch ähnliche Konstruktionen erreicht werden kann. Da das Brennstoffluftgemisch nur einen kurzen Weg nach der Zerstäubung zurückzulegen hat, ist der günstigste Zerstäubungsdruck beim Schlitzzerstäuber weniger stark von Drehzahl und Belastung der Maschine abhängig und der Verbrennungsvorgang ist gegen Abweichungen vom günstigsten Zerstäubungsdruck weniger empfindlich als beim Plattenzerstäuber.

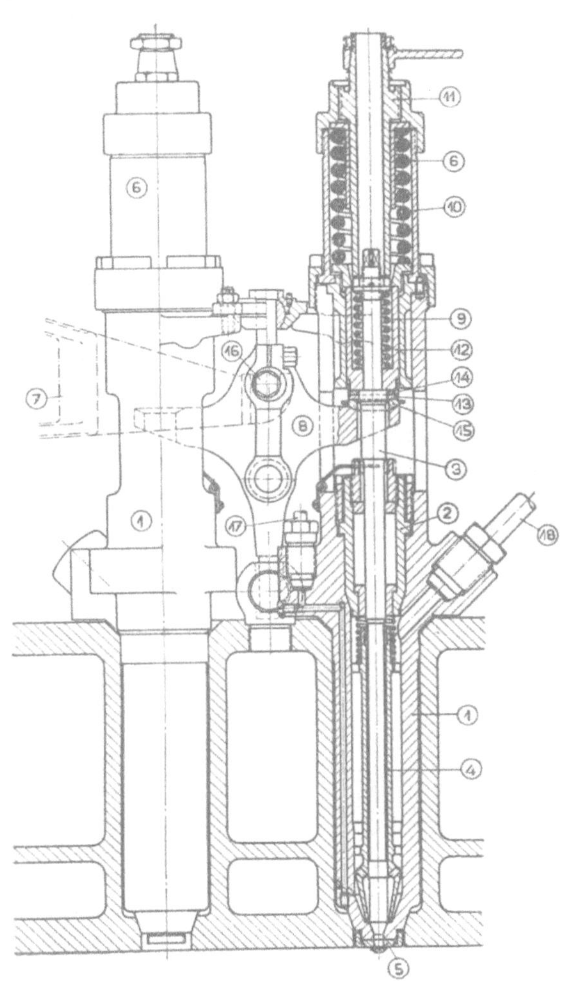

Abb. 11. Doppelbrennstoffventil einer 1750 PSe-MAN-Maschine.

Abb. 11 stellt ein Doppelbrennstoffventil einer 1750 PSe-MAN-Maschine dar. Der Brennstoff wird hier auf zwei Ventile verteilt, da die Verbrennungsluft im Totraum mit einem Ventil allein nicht genügend gleichmäßig in der kurzen, für die Verbrennung zur Verfügung stehenden Zeit mit Brennstoff beschickt werden kann. Die beiden Ventilnadeln *3* werden von einem Nocken und Ventilhebel *7* gesteuert. *7* wirkt mittels Gelenkstange *16* auf den zweiarmigen, in Kugelgelenkschalen geführten Hebel *8* ein, der die Bewegung durch Vermittlung der kugeligen Gelenkringe *15* an die Nadel *3* weitergibt. (Näheres über die Bedeutung des Zwischenstücks *12* und der Hilfsfeder *9* siehe S. 58.)

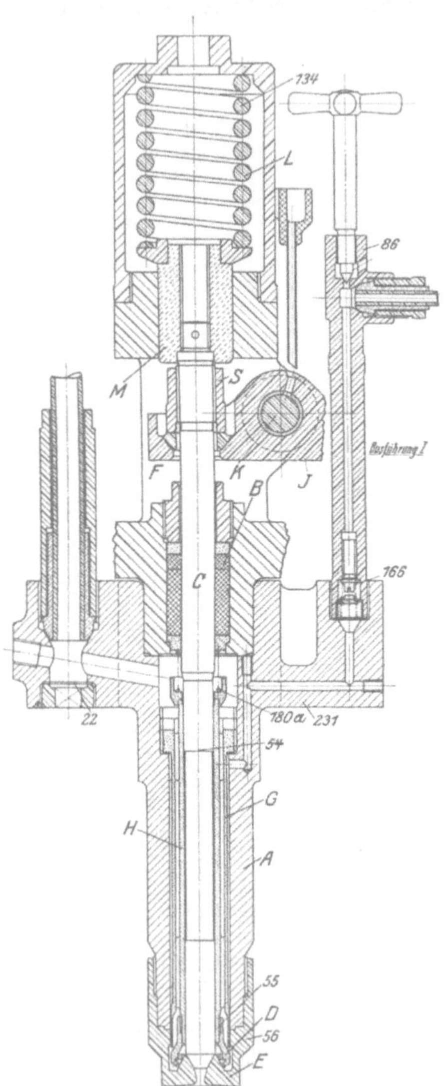

Abb. 12. Brennstoffventil einer Körting-Maschine.

Der Ventilkörper *1* umschließt den Ventileinsatz *4*, durch den die Nadel *3* hindurchgeht. Die Luft, die durch Leitung *18* eintritt, gelangt zum Teil durch den Spalt am untersten Ende von *4* unmittelbar zum Nadelkonus und zum anderen Teil durch die etwas höher gelegenen Bohrungen in *4* zum letzten zylindrischen Stück der Nadel, um von diesem Raum aus bei Nadeleröffnung ebenfalls durch den Nadelkonus in. den Zylinder einzutreten. Die auf dem zuerst beschriebenen Weg strömende Luft reißt den Brennstoff mit, der durch Leitung *17* an den untersten Teil des Einsatzes *1* geführt ist. An der Vereinigungsstelle der beiden Luftwege kurz vor dem Nadelkonus wird der Brennstoff von den Luftteilchen, die den zu zweit genannten Weg eingeschlagen haben, zerstäubt in der Weise, wie das an Hand der Abb. 10 oben dargelegt worden ist. Die Düsenplatte *5* ist dem Ventileintritt in den Zylinder vorgelagert, um das Brennstoffluftgemisch in mehrere Strahlen aufzulösen.

In Abb. 12 ist ein Brennstoffventil der Maschinenfabrik Gebr. Körting dargestellt, bei dem ebenfalls die Zerstäubung im Gegensatz zum Plattenzerstäuber ganz in der Nähe des Nadelsitzes stattfindet. In die Ventilbohrung des Zylinderdeckels ist der Einsatz *A* eingesetzt.

Er trägt an seinem unteren Ende die Einspritzdüse *E*, die durch die Ventilhalteschrauben auf den konischen Sitz in der Ventilbohrung gepreßt wird. In die Bohrung des Einsatzes ist die Hülse *G* eingeschraubt,

in deren Nut der Brennstoff von der Rohranschlußstelle *166* bis zum
Zerstäuber *D* in nächster Nähe des Nadelsitzes geführt wird. Innerhalb
der Hülse *G* ist die eigentliche Zerstäuberhülse *H* mit aufgeschraubtem
Zerstäuber *D* angeordnet. Die Einblaseluft tritt durch die Zuleitung
links in das Brennstoffventil und strömt, sobald die Nadel von ihrem
Sitz abgehoben wird, unter Mitreißen des Brennstoffs durch den Zerstäuber in den Zylinder ein. Die Stopfbüchse *B*, die mit einer Packung
von Bleispänen ausgefüllt und durch einen Vulkabestonring nach oben
abgeschlossen ist, dichtet den Luftraum nach außen ab. Die Stopf-
büchsenmutter darf nur leicht angezogen werden, damit sie der Bewegung der Nadel nur geringe Reibungskräfte entgegensetzt. Die
Nadel wird durch die Feder *L* auf den Sitz gepreßt. Der gegabelte
Ventilhebel überträgt die vom Nocken vorgeschriebene Bewegung
durch das Zwischenstück *J* auf die Nadel. Mittels Aufsteckschlüssel
kann die Nadel von außen gedreht werden, wenn
sie im Betrieb hängen bleibt oder wenn sie bei
abgestellter Maschine auf den Sitz aufgeschliffen
werden soll. In die Einblaseluftleitung ist eine
Bruchplatte *22* eingebaut, die bei Rückschlagen
der Entzündung in die Einblaseluftzuleitung
und dadurch bedingter erheblicher Drucksteigerung durchgeschlagen wird. Wenn die Platte
durchgeschlagen wird, werden die abfliegenden
Trümmer von dem darübergesetzten Fangkorb
aufgenommen.

    Das Anlaßventil hat insofern mit dem Brenn-
stoffventil Ähnlichkeit, als bei beiden der Innen-
raum des Ventils — im Gegensatz zu Ein- und
Auslaßventil — unter hohem Luftdruck steht
und die Ventilspindel aus diesem Raum nach
außen durch eine Abdichtung geführt werden

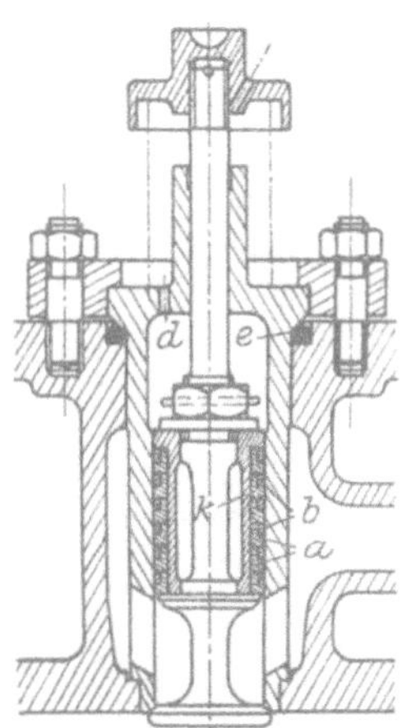

Abb. 13. Anlaßventil.

muß. Beim Brennstoffventil wird die Ventilnadel
durch eine Packung hindurchgeführt; beim Anlaßventil dagegen kann
keine Packung verwendet werden, da sonst die Ventilspindel, die erheblich stärkeren Durchmesser hat als eine Brennstoffnadel, zu schwer
zu bewegen wäre. Die Abdichtung wird deshalb vielfach durch selbst-
spannende Kolbenringe bewirkt (Abb. 13).

    Das Anlaßventil muß vor allem sicher schließen, da durch ein
beim Anlassen hängenbleibendes Ventil große Luftmengen in den Zylinder eintreten, die weitgehende Zerstörungen zur Folge haben können.
Das Ventil ist gegen den Anlaßluftdruck durch den Entlastungskolben *k*
entlastet, durch den das Ventil bei einem Federbruch selbsttätig geschlossen wird. *k* ist mit Ringen *a* versehen, die als Führungen für die ge-
schlitzten, selbstspannenden Ringe *b* dienen. Der Raum hinter dem Entlastungskolben steht durch Bohrungen *d* mit dem Maschinenraum in Verbindung. Der Spalt zwischen Ventilgehäuse und Deckelwandung ist durch
Gummiring *e* oder — mit Rücksicht auf den hohen Luftdruck im Spalt —
durch eine genau in der Stärke passende Klingeritpackung abgedichtet.

2*

In Abb. 14 ist ein Schnitt durch ein Anlaßventil der MAN wiedergegeben. Der Luftraum im Deckel ist nach außen durch den Beilag-
ring *a* abgedichtet, der auf 2 in einer Ebene liegenden Flächen gleichzeitig aufgepreßt wird.

Das Einlaßventil (Abb. 15) weist weite Durchlaßquerschnitte
für die Luft und gute Luftführung auf, um den Druckabfall vom Maschinenraum nach dem Zylinderinnern während der Einsaugeperiode

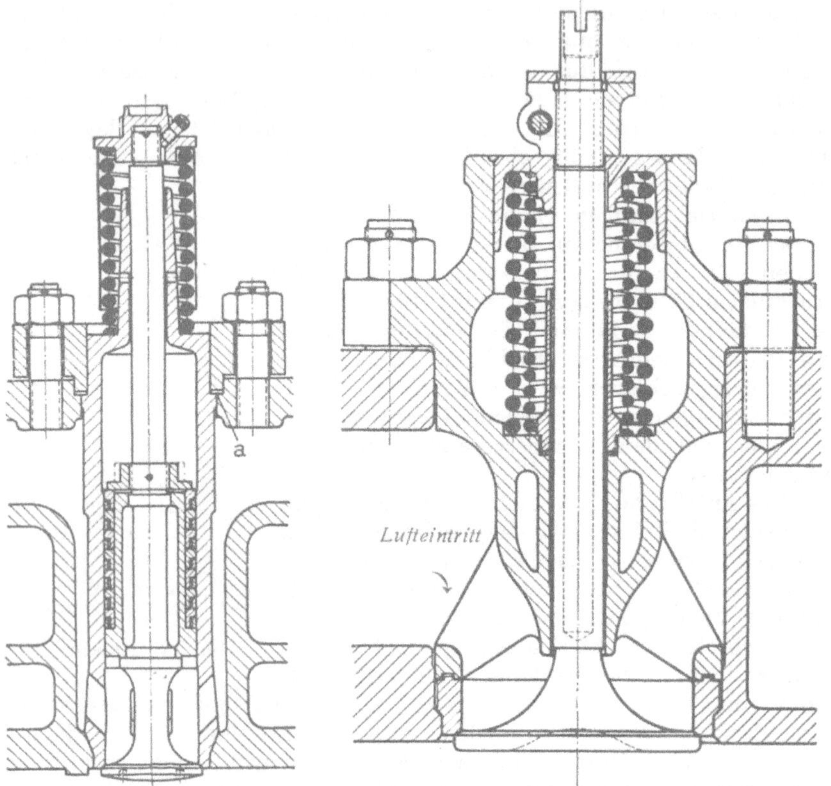

Abb. 14 u. 15. Anlaßventil und Einlaßventil einer 1750 PSe-MAN-Maschine.

auf ein möglichst niedriges Maß zu beschränken. Eine starke Drosselung
hätte zur Folge, daß die Leerlaufarbeit vergrößert und das zu Beginn
der Verbrennung im Zylinder eingeschlossene Luftgewicht verringert
würde. Die Luftwege im Einlaßventil sind deshalb weit und mit gehörigen Abrundungen versehen.

Die Ausbildung eines geeigneten Auslaßventils hat besondere
Schwierigkeiten bereitet, da bei den ungekühlten Ventilen vielfach die
Ventilsitze von den heißen Abgasen angefressen wurden. Es hat sich
deshalb als nötig herausgestellt, bei Leistungen eines Zylinders von
etwa 30 PSe an die Auslaßventilgehäuse und von 60 PSe an Gehäuse

und Kegel mit Wasser zu kühlen. Bei den ungekühlten Auslaßventilen der kleineren Maschinen müssen die Ventilkegel aus besonders widerstandsfähigem Material hergestellt sein. Hierfür eignet sich entweder Gußeisen — der gußeiserne Ventilteller wird auf die schmiedeeiserne Spindel aufgeschraubt — oder am besten hochwertiger Nickelstahl. Im Auslaßventil können erheblich höhere Geschwindigkeiten und deshalb

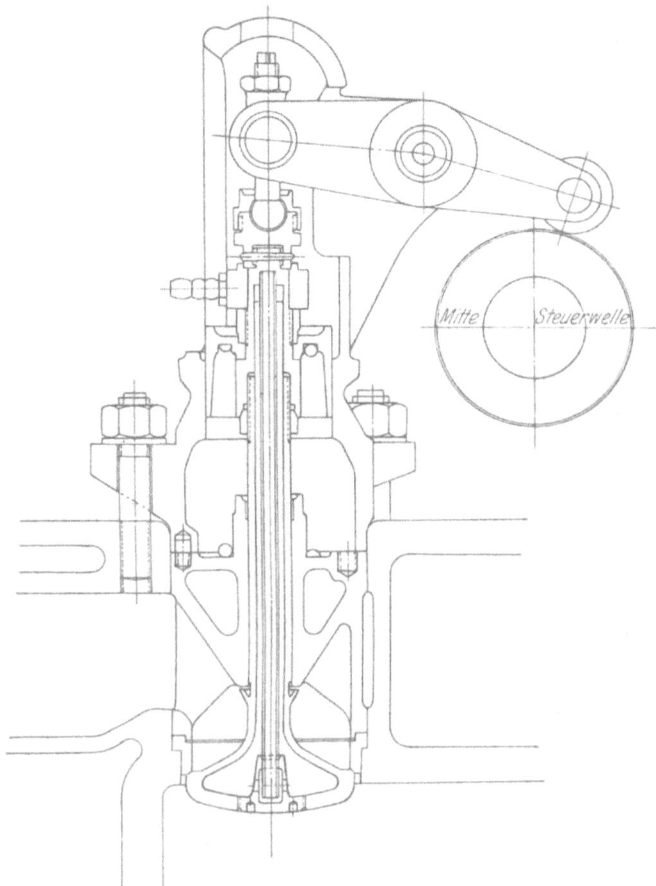

Abb. 16. Auslaßventil mit gekühltem Ventilkegel (G. M. A.).

ein größerer Druckabfall zugelassen werden als im Einlaßventil. Trotz des mehrfach so großen Volumens der durch das Auslaßventil tretenden Gasmengen genügen für dieses etwa gleiche Abmessungen wie für das Einlaßventil. Man führt deshalb vielfach die beiden Ventile gleich aus bis auf das Material, aus dem der Ventilkegel besteht, und bis auf ein kleines Kennzeichen, durch das Verwechslungen vorgebeugt wird. Ein Auslaßventil mit gekühltem Kegel ist in Abb. 16 dargestellt, während Abb. 17 ein Auslaßventil mit gekühltem Gehäuse zeigt.

Abb. 18 stellt das Auslaßventil einer großen MAN-Viertakt-maschine dar. Hier ist sowohl der Ventilkegel als auch das Gehäuse durch Wasser gekühlt. Die Ventilspindel ist hohl und mit einem eingesetzten Röhrchen 5 versehen. Das Wasser wird durch das Rohr bis in den hohlen Ventilkegel geführt und fließt durch den Ringraum zwischen Rohr und Spindelwandung wieder ab. Am unteren Ende ist das Rohr zum Schutz der Wandungen gegen Anfressungen mit einem Zinkschutzring umkleidet, der von Zeit zu Zeit herausgenommen und abgeklopft bzw. erneuert werden muß.

Für die Kühlung des Auslaßventils wird gewöhnlich das aus den Zylindern bzw. Zylinderdeckeln abfließende Kühlwasser verwendet. Da die Strömungsquerschnitte im Ventil ge-

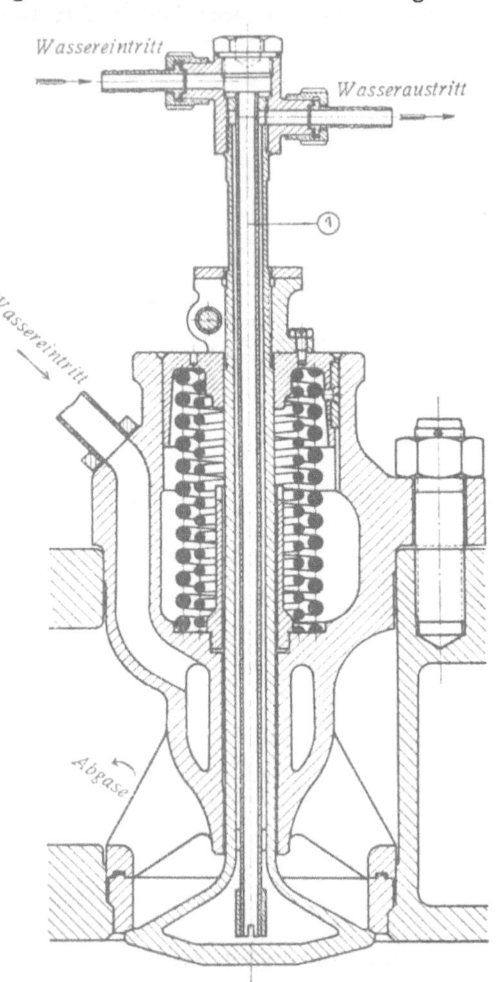

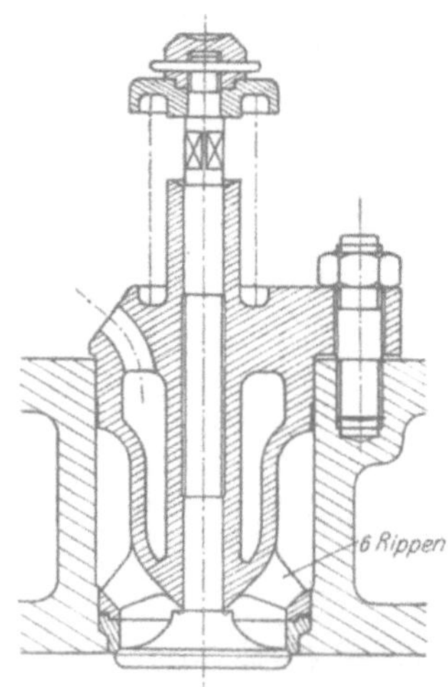

Abb. 17. Auslaßventil mit gekühltem Gehäuse.

Abb. 18. Auslaßventil einer 1750 PSe-MAN.-Maschine.

ringer sind als im Zylinder, wird der abfließende Strahl gewöhnlich geteilt und der eine Teil durch das Gehäuse, der andere durch den Kegel geführt.

An keinem Zylinder darf das Sicherheitsventil fehlen, das bei 50 bis 60 kg/qcm abblasen soll. Der kleinere Druck von 50 kg/qcm genügt bei großen Maschinen, bei denen man mit 28—30 kg/qcm Endkompressionsspannung auskommt. Bis 60 kg/qcm Abblasedruck wird bei kleinen Maschinen gewählt, bei denen hoher Kompressionsenddruck (35 bis 37 kg/qcm) mit Rücksicht auf sichere Zündung beim Ansetzen nötig ist. Das Sicherheitsventil am Arbeitszylinder soll so ausgebildet sein, daß die bei seiner Betätigung austretenden Abgase nicht zufällig in der Nähe stehendes Bedienungspersonal verletzen können.

In Abb. 19 ist das Sicherheitsventil einer 1750 PSe-MAN-Maschine dargestellt, das zugleich auch als Entspannungsventil während des Umsteuerungsvorgangs verwendet wird. Die Feder *4* drückt den Ventilteller und den mit ihm durch eine Umführung verbundenen Ventilkegel *1* auf die Sitzfläche im Ventileinsatz. Wenn der Druck auf die Ventilfläche größer wird als die Federkraft, hebt sich das Ventil und läßt einen Teil der überschüssigen Luft oder Verbrennungsgase aus dem Zylinder entweichen. Der Federteller *3* ist hohl und drückt mit einem Stempel auf den Kolben *6*, der leicht beweglich in die Zylinderbüchse *5* eingesetzt ist. Während des Umsteuervorganges wird Druckluft unter den Kolben geleitet, um die Druckkraft der Feder *4* zu überwinden und den Zylinderraum zu entlüften.

6. Steuerung und Umsteuerung.

Zum Steuern der Ventile von Dieselmaschinen werden heute ausschließlich mit Rollen versehene Hebel, die von umlaufenden Nockenscheiben betätigt werden, verwendet. Die von außerdeutschen Maschinenfabriken mehrfach verwendete Exzentersteuerung mit aufgesetzten

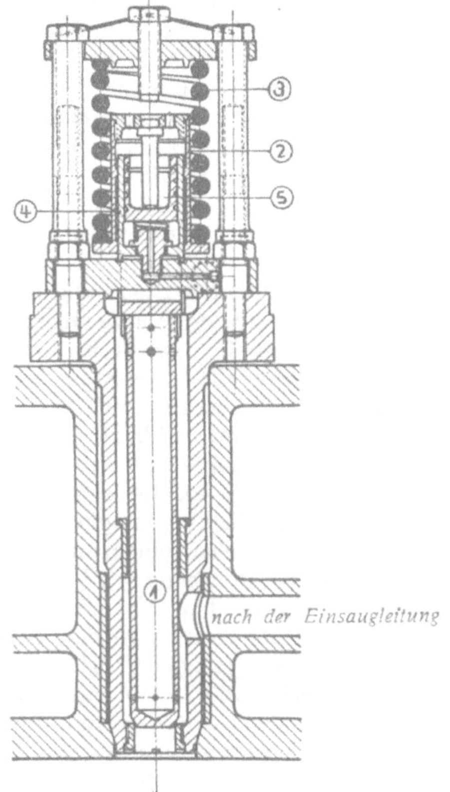

Abb. 19. Sicherheitsventil (bzw. Entspannungsventil) einer 1750 PSe-MAN-Maschine.

Nocken[1]) hat sich in Deutschland nicht einbürgern können. Die Maschine muß einerseits mit Preßluft — während des Anfahrens —, anderseits mit Brennstoff — während des Betriebs — umlaufen. Im ersteren Falle wird das Anlaßventil bei abgeschaltetem Brennstoffventil, im letzteren Falle das Brennstoffventil bei abgeschaltetem Anlaßventil betätigt. Einlaß- und Auslaßventil müssen in beiden Fällen in gleicher Weise

---

[1]) Siehe z. B. Beschreibung der Sulzerlokomotive. Z. d. V. d. I. 1913, S. 1327

arbeiten. Die Aufgabe wird — wie schon bei den ersten Dieselmaschinen — in der Weise gelöst, daß die Ventilhebel für Brennstoff- und Anlaß- ventil auf eine gemeinsame exzentrische Büchse gesetzt sind. Durch Verdrehen der Büchse kann entweder die Rolle des Anlaßventils oder die Rolle des Brennstoffventils in den Bereich des zugehörigen Nockens gebracht werden. In der Mittelstellung sind beide Rollen außer Eingriff.

Bei den vielzylindrigen Schiffsmaschinen ist es vorteilhaft, die Zylinder in zwei Gruppen von Anlassen auf Betrieb schalten zu können. Die beiden Gruppen der Steuerung werden zweckmäßig durch zwei Handhebel betätigt, die gemeinsam — infolge Verblockung — auf Anlaßstellung gebracht und getrennt in Betriebsstellung gelegt werden. Das gruppenweise Umschalten von Anlassen auf Betrieb ist nament- lich dort nötig, wo geringe Schwungmassen auf der Welle sitzen. Wenn in diesem Falle alle Zylinder gemeinsam von Anlassen auf Betrieb umgeschaltet würden, würde die Maschine, sofern nicht sofort einige Zylinder zu zünden anfangen, nach wenigen Umdrehungen stehen- bleiben. Durch das gruppenweise Umschalten wird das Anlassen sehr erleichtert.

Beim Entwurf der Steuerung einer nicht umsteuerbaren Maschine ist es dem Konstrukteur anheimgegeben, ob er die exzentrische Lage- rung für die Anlaß- und Brennstoffhebel auf eine gemeinsame Welle setzen und die Welle im ganzen verdrehen will, oder ob er für jeden Zylinder eine besondere auf der Steuerwelle drehbar angeordnete exzentrische Büchse (Abb. 20 „m") vorsieht, von denen jede durch eine besondere Stange mit der Anlaßsteuerung in Verbindung steht. Wenn die Maschine umsteuerbar sein soll, ist nur die Anordnung mit den getrennten Büchsen möglich, da die Möglichkeit, die Hebelwelle im ganzen zu verdrehen, einem anderen Zwecke vorbehalten bleiben muß.

Für die Umsteuerung wird allgemein die Nockenwelle verschoben, wobei die Ventilrollen, die ursprünglich im Bereiche der Vorwärts- nocken gestanden hatten, in den Bereich der entsprechend versetzten Rückwärtsnocken gelangen. Eine Verdrehung der Nockenwelle relativ zur Kurbelwelle, die früher vielfach vorgesehen war, ist nicht nötig, da sämtliche Ventile von getrennten und gegeneinander entsprechend versetzten Vorwärts- oder Rückwärtsnocken gesteuert werden. Die Verschiebung der Welle bereitet Schwierigkeiten, solange die Auslaß- und Einlaßventil-Hebelrollen auf den Nocken aufliegen. Bei der seit- lichen Verschiebung der Nockenwelle ohne weitere Vorkehrung würden die Rollen oder die Hebel der Ventile, die bei der augenblicklichen Kurbelstellung für Vorwärtsgang geschlossen und für Rückwärtsgang geöffnet sein sollen, abbrechen. Die Rollen müssen deshalb während der Verschiebung der Nockenwelle von den Nocken abgehoben sein, oder die Nocken müssen mit einem seitlichen Anlauf versehen sein, damit die Rollen, die nach der Verschiebung zufällig gerade auf einem Nocken aufliegen, bei der Nockenwellenverschiebung allmählich angehoben werden. Die letztere Anordnung wird öfters bei Zweitakt- maschinen mit reiner Schlitzspülung gewählt, während bei Viertakt- maschinen gewöhnlich die Nockenwelle verschoben wird, nachdem

vorher die Rollen für Ein- und Auslaßventil von den Nocken abgehoben
sind. Da die Umsteuerung nur in der Stopplage der Maschine, in der
Brennstoff und Anlaßrollen ebenfalls von den Nocken abgehoben sind,
betätigt werden kann, stehen der Wellenverschiebung keine Hindernisse
im Wege. Es ist zur Vermeidung von Bedienungsfehlern unbedingt erforderlich, daß das Abheben der Rollen von den Nocken, das Verschieben der Welle und das Wiederaufsetzen der Rollen durch die gleiche
Vorrichtung betätigt wird.

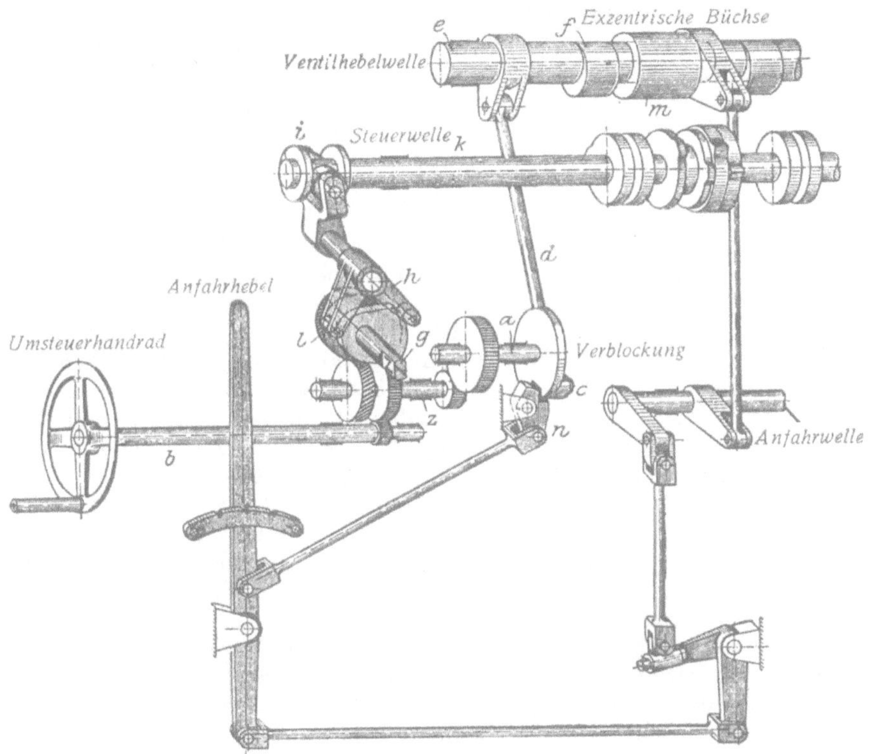

Abb. 20. Schematische Darstellung der Umsteuerung einer
550 PSe-Daimlermaschine.

Eine schematische Darstellung der in neuerer Zeit gewöhnlich
verwendeten Umsteuerung ist in Abb. 20 gegeben, die die Umsteuerung
einer 550 PSe-Daimlermaschine darstellt. Die eigentliche Umsteuer-
welle a wird zum Zwecke der Umsteuerung um einen bestimmten
Betrag — etwa 270° — gedreht. Sie hat einen Anschlag, durch den
die beiden Endlagen der Umsteuerung — für „Voraus" und „Zurück"
begrenzt sind. Die Welle a wird durch ein Handrad b unter Zwischenschaltung einer Übersetzung ins Langsame angetrieben. Die Übersetzung wird zweckmäßig so groß gewählt, daß das Handrad für eine
Umsteuerung 3—8 mal — je nach der Größe der Maschine — um-

gedreht wird. Mit Welle a ist eine Kurbel c verbunden, die mittels
Stange d auf die Hebelwelle e einwirkt. Die Einlaß- und Auslaßventilhebel sitzen auf den exzentrischen Wellenverdickungen f; sie werden
beim Drehen der Wellen a und e gehoben, bis c den höchsten Punkt
erreicht hat. Bei noch weiterem Drehen der Welle a werden die Hebel
wieder gesenkt. Die Hebel für Brennstoff- und Anlaßventil sitzen auf
der exzentrischen Büchse m, die durch den Anfahrhebel gedreht werden
kann. In der einen Endlage des Anfahrhebels ist die Rolle des Brenn-
stoffventilhebels, in der anderen die Rolle des Anlaßventilhebels in den
Bereich der zugehörigen Nocken gebracht. In der Mittellage des Anfahrhebels sind beide Ventilhebel aus dem Bereiche der Nocken ent-
rückt. Durch die Verblockung n wird erreicht, daß das Umsteuerrad
nur gedreht werden kann, wenn der Anfahrhebel in der Mittellage
steht und daß der Anfahrhebel nur ausgelegt werden kann, wenn die
Umsteuerung voll auf „Voraus" oder „Zurück" eingestellt ist.

Von Welle a aus wird ferner durch Schraubenradübersetzung
(in der Figur ist eine Zwischenwelle z eingeschaltet) die Welle g angetrieben, die durch Rollenscheibe h und Schiebemuffe i die Nockenwelle k verschiebt. Durch geeignete Ausbildung der Rollenscheibe h
ist erreicht, daß die Nockenwelle
nur bei abgehobenen Ventilhebeln
verschoben wird. Während die Ventilhebel abgehoben und während sie
gesenkt werden, überträgt die Rollenscheibe keine Bewegung auf die
Schiebemuffe. Zu beachten ist, daß
im Maschinenbetrieb nur die Nocken-

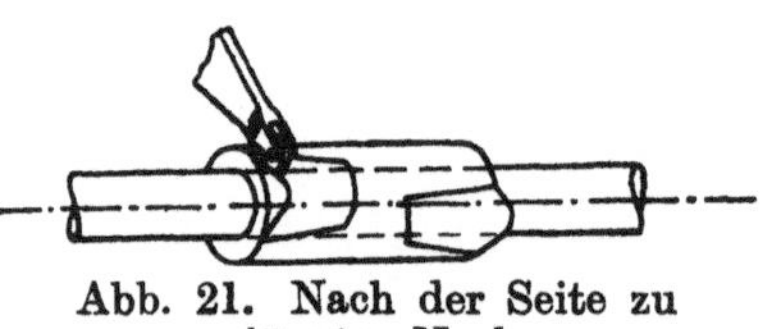

Abb. 21. Nach der Seite zu
verjüngter Nocken.

welle k umläuft, alle übrigen Wellen der Abb. 20 stillstehen. Für den
Umsteuervorgang werden alle Wellen gedreht bis auf die Nockenwelle,
die ohne Drehung verschoben wird.

Bei Zweitaktmaschinen, bei denen der Auspuff durch Schlitze gesteuert wird, wird gewöhnlich die Nockenwellenverschiebung ohne Abheben der Hebelrollen durchgeführt. Die Brennstoffventilrolle und die
Anlaßventilrolle sind beim Umsteuern von ihren Nocken abgehoben,
da die Nockenwellenschiebung nur in der Stoppstellung der Maschine
ausgeführt werden kann. Dagegen kann der Einlaßventilnocken bei der
Verschiebung in eine Lage kommen, in der das Ventil, das vor der Verschiebung geschlossen war, geöffnet ist. Der Einlaßventilnocken muß
deshalb mit einem seitlich verjüngten Ansatz versehen sein, damit eine
auf dem Nocken zur Auflage kommende Rolle bei der Wellenverschiebung nur ganz allmählich gehoben wird (Abb. 21). Genügender Platz
nach der Seite für die Ausbildung des Nockens ist bei Zweitaktmaschinen
vorhanden, da der Auslaßventilnocken in Wegfall kommt.

Ein wichtiger Umstand, der bei der Gestaltung der Steuerung
zu beachten ist, ist die leichte Einstellbarkeit des Rollenabstandes.
Vor allem muß die Steuerung des Brennstoffventils in einfachster
Weise im Betrieb eingestellt werden können. Die Einstellung des Rollenabstandes mittels Spekulanten (siehe Abb. 135) genügt beim Brennstoff-

ventil nicht, da Abweichungen in der Steuerung durch Wärmeverziehungen im Betrieb, Abnutzung usw. eintreten, die von Zeit zu Zeit
an Hand der Diagramme berichtigt werden müssen. Diese Feineinstellung der Maschine kann nur während des Betriebes erfolgen. Eine
Maschine, deren Brennstoffventilsteuerung nur bei abgestellter Maschine eingestellt werden kann, wird im praktischen Betrieb stets mit
scharfen Vorzündungen oder Nachzündungen laufen und deshalb wenig
haltbar sein.

Die Steuerhebelwelle von Sechszylindermaschinen wird oft aus
einem Stück hergestellt; die Lagerungen der Welle sind an dem einzelnen Zylinder befestigt. Bei jeder schnellaufenden Dieselmaschine kommt
es von Zeit zu Zeit vor, daß ein Deckel abgenommen werden muß,
um Überholungsarbeiten vorzunehmen. Damit man diese Arbeit in
nicht zu langer Zeit ausführen kann, muß bei der Anordnung der Befestigung der Steuerhebelwellen-Lagerung am Zylindermantel Vorsorge
getroffen werden, daß die Deckel ohne Abbau der Hebelwelle abgenommen werden können. Vielfach wird die Hebelwelle für jeden
Zylinder getrennt ausgeführt und die einzelnen Stücke durch Flanschen
miteinander verbunden, eine Anordnung, bei der der Ausbau von
Ventilen und das Abnehmen eines Zylinderdeckels sehr erleichtert ist.

Die Nockenwelle[1]) soll ebenso wie die Steuerhebelwelle bei größeren
Maschinen zu beiden Seiten eines jeden Zylinders gelagert sein, da
bei der Betätigung der Steuerung große Biegungskräfte auf die Welle
übertragen werden und da keine erhebliche Durchbiegung der Welle
wegen der damit verbundenen Beeinflussung der Ventilsteuerung eintreten darf. Da die Hebel- und die Nockenwelle so oft und in so kurzen
Abständen gelagert sind, müssen sie mit großer Sorgfalt eingepaßt werden, zumal die einzelnen Lager nur geringes Spiel haben dürfen.

7. Der Verdichter.

Die Verdichter der U-Boots-Dieselmaschinen wurden mitunter als Reserveluftpumpen für andere Zwecke benutzt. Sie mußten
in besonderen Fällen Luft bis 160 Atm. aufpumpen und wurden deshalb vielfach vierstufig ausgeführt. In anderen Dieselmaschinenbetrieben, wo man im allgemeinen keinen Bedarf an so hochgespannter
Preßluft hat, genügt eine dreistufige Luftpumpe. Mitunter wurden
auch zweistufige Luftpumpen für schnellaufende Maschinen verwendet;
sie haben sich aus folgendem Grunde weniger gut bewährt: Der maximale
Enddruck im Verdichter beträgt rund 80—100 kg/qcm. Bei zweistufiger Kompression muß also in jedem Zylinder eine 9—10fache Verdichtung vorgenommen werden, die ziemlich hohe Temperaturen zur
Folge hat und die bei der teilweisen Beaufschlagung des Verdichtens
im Betrieb für die obere Stufe noch erheblich höhere Werte annimmt.
Die starke Erwärmung bringt leicht Betriebsstörungen mit sich. Bei

---

[1]) Die Nockenwelle ist gewöhnlich ebenfalls am Zylindermantel gelagert,
wobei die Lagerböcke für Hebel- und Nockenwelle zwecks Ausgleich der Kräfte
von gemeinsamen Armen getragen werden.

langsam laufenden Landmaschinen bestehen diese Bedenken wegen der stärkeren Abkühlung der Luft durch die Wände des Arbeitszylinders während des Verdichtungshubes und wegen des niedrigeren Einblasedruckes nicht, so daß man hier im allgemeinen mit zweistufigen Verdichtern auskommt.

Die drei Stufen des Verdichters einer schnellaufenden Maschine können an eine Kurbel angehängt werden, wenn man (Abb. 22) zwei Stufen (zweckmäßig die erste und dritte) nach oben und eine Stufe nach unten zu anordnet. Der Aufbau hat den besonderen Vorteil, daß die Druckkräfte zum Teil aufgehoben werden, das Schubstangenlager also entlastet ist. Bei der Anordnung nach der Abbildung ist ferner vorteilhaft, daß zu unterst nicht die (zeitweise mit Unterdruck arbeitende) erste Stufe, sondern die zweite Stufe, die auch beim Ansaugen Überdruck hat, gelegen ist. Es ist deshalb ausgeschlossen, daß zuviel von dem an die Zylindergleitfläche gespritzten Schmieröl hochgesogen wird und die Ventile verschmutzt, was mitunter bei den Verdichtern mit zu unterst angeordneter erster Stufe der Fall ist. Die Anordnung nach der Abbildung hat die nicht sehr schwer wiegenden Nachteile, daß der Abbau des Kompressors bei Beschädigungen und der Ausbau des Kolbens, der sich nicht mehr nach unten aus dem Zylinder herausziehen läßt, umständlich ist und daß die schädlichen Räume schwerer eingestellt werden können, da ein Höherbringen des Kolbens nicht nur eine Verkleinerung der schädlichen Räume oben, sondern auch eine Vergrößerung der schädlichen Räume unten zur Folge hat.

Um einen besseren Massenausgleich zu erzielen, wird der Verdichter bei größeren Maschinen geteilt und von zwei unter 180° versetzten Kurbeln angetrieben. Bei Anordnungen dieser Art verschwinden die Massenkräfte erster Ordnung vollständig — unter der Voraussetzung gleicher bewegter Massen in beiden Zylindern —, dagegen addieren sich die Massenkräfte zweiter Ordnung, die von der endlichen Schubstangenlänge herrühren und im doppelten Maschinentakt auftreten.

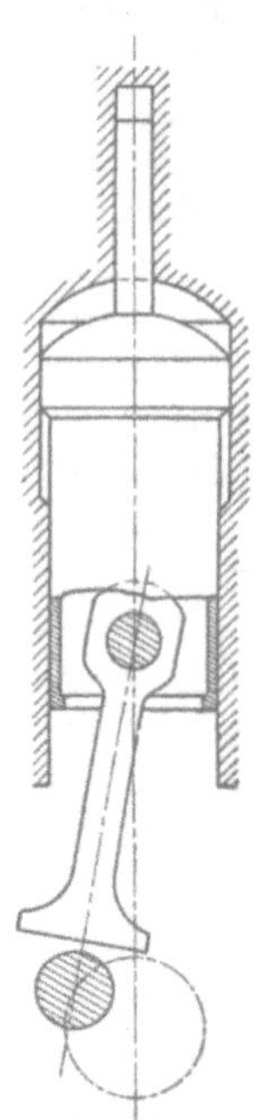

Abb. 22.
Dreistufiger
Verdichter.

Da die Verdichter von den Ölmaschinenfabriken vielfach zu klein bemessen werden, soll einiges über den Einspritzluftverbrauch beigefügt werden.

Der Verdichter schafft bei vollständig geöffneter Drosselklappe in der Saugleitung eine Luftmenge V auf jede Umdrehung, die gleich ist dem Hubvolumen V_K der Niederdruckstufe, multipliziert mit einem Wirkungsgrad η, der ungefähr mit 0,8 eingesetzt werden kann. Die während zweier Umdrehungen geförderte Druckluft wird bei einer sechszylindrigen Viertaktmaschine dazu verwendet, um sechsmal Brennstoff in die im Arbeitszylinder verdichtete Luft einzuspritzen. Die im Arbeitszylinder komprimierte und die für die Einspritzung benötigte Luftmenge stehen in einem bestimmten Verhältnis. Es ist deshalb naheliegend, das Hubvolumen V_K der Niederdruckstufe und das Hubvolumen der vom Verdichter bedienten Arbeitszylinder ΣV_A in Verhältnis — das mit α bezeichnet werden soll — zueinander zu setzen. Es ist also:

$$\alpha = V_K : \Sigma V_A \text{ bei Zweitaktmaschinen}$$

und

$$\alpha = 2\, V_k : \Sigma V_A \text{ bei Viertaktmaschinen.}$$

α soll bei schnellaufenden Dieselmaschinen zwischen 0,16 und 0,18 betragen.

Die volle Leistung des Verdichters wird nur beim Aufpumpen der Anlaßflasche gebraucht. Im Betrieb wird die Ansaugeleitung des Verdichters gedrosselt, um eine geringere Förderung zu erzielen. Die Regelung der vom Verdichter geförderten Luftmenge durch Drosselung ist zwar unökonomisch; sie hat aber den wichtigen Vorzug der Einfachheit. Andere Regelarten — z. B. durch verschließbare Überströmklappen, Vergrößerung des Totraumes, Schieberregelung — haben bei den Verdichtern der Dieselmaschinen keinen Eingang finden können.

Verhältnismäßig am meisten Luft wird im Betrieb bei voller Belastung und bei kleiner Drehzahl verbraucht. Bei hoher Belastung wird hoher Einblasedruck eingestellt, damit die bei jedem Arbeitsprozeß eingespritzte Brennstoffmenge gut zerstäubt wird; bei jeder Brennstoffventileröffnung tritt deshalb mit der größeren Brennstoffmenge auch mehr Einblaseluft in den Arbeitszylinder über als bei niedrigerem Einblasedruck. Bei niedriger Drehzahl ist das Brennstoffventil längere Zeit geöffnet, so daß trotz des niedrigeren Einblasedrucks bei jeder Ventileröffnung mehr Einblaseluft in den Arbeitszylinder übertritt als bei hoher Drehzahl. (Eine Ausnahme tritt ein, wenn die Eröffnungsdauer oder der Eröffnungshub des Brennstoffventils mit der Maschinenbelastung geregelt wird, wie es bei den neueren Maschinen vielfach der Fall ist. Siehe S. 57.) Von der kurzen Zeit des Aufpumpens der Anlaßflaschen abgesehen ist der Verdichter für den Betrieb zu groß bemessen; er arbeitet unwirtschaftlich, da die Luft beim Eintritt gedrosselt und beim Rückgang des Kolbens wieder verdichtet werden muß. Das Bestreben liegt deshalb nahe, den Verdichter mit Rücksicht auf einen günstigen Brennstoffverbrauch so klein wie möglich auszuführen. Tatsächlich schneiden Maschinen mit einem verhältnismäßig kleinen Verdichter ($\alpha = 0,12$ bis 0,14) auf dem Probestand und bei der Abnahme in bezug auf Ölverbrauch ein wenig günstiger ab als Maschinen gleicher Art mit einem reichlichen Verdichter. Im Betrieb stellen sich aber bei ersteren Maschinen oft Schwierigkeiten ein, da der Verdichter bei kleinen Einstellungsfehlern — zu langem Eröffnen der Brennstoffventile, kleinen Undichtigkeiten des Verdichterkolbens, kleinen Undichtigkeiten der Einblaseluftleitung, leichtem Blasen der Brennstoffnadeln — nicht mehr genügend Luft fördert. Es müssen dann oft langwierige Versuche und Nachforschungen angestellt werden, um die für die Betriebssicherheit der Maschine an sich unwesentlichen Störungen, die bei einem von vornherein knapp bemessenen Verdichter die Aufrechterhaltung des

Betriebes infolge ungenügenden Einblasedrucks unmöglich machen, zu beheben. Wenn der Verdichter dagegen reichlich bemessen ist, wird man in einem solchen Falle das Drosselventil der Einblasepumpe etwas über die normale Stellung hinaus öffnen und damit zwar ein wenig unwirtschaftlicher arbeiten, aber doch den Betrieb aufrechterhalten können. Im Interesse der Betriebssicherheit soll deshalb α bei schnelllaufenden Maschinen mindestens 0,16 betragen.

An Bord von Schiffen muß für alle Fälle ein Reserveluftverdichter, mit dem die Anlaßflasche im Notfall aufgeladen werden kann, vorgesehen sein.

8. Brennstoffpumpe mit Schwimmer.

Die Brennstoffpumpe besitzt für jeden Arbeitszylinder einen Plunger, der bei allen Belastungen gleiches Hubvolumen hat, ferner ein Saugventil und zwei Druckventile. Zur Regelung der Fördermenge der Brennstoffpumpe wird das Saugventil während eines Teiles des Plungerdruckhubes durch einen Stößel am Schließen gehindert, so daß der Brennstoff in den Saugraum zurückfließen kann. Der Arbeitshub des Plungers beginnt erst, wenn der Stößel das Saugventil freigegeben hat. Die Regelung der Stößelbetätigung, die das Saugventil je nach der Belastung kürzere oder längere Zeit aufdrückt, ist verschieden. Gewöhnlich wird das Stößelgestänge unmittelbar an die Plungerführung, mit der es sich auf- und abbewegt, angelenkt. Die Regulierung erfolgt durch ein zwischengeschaltetes Glied, gewöhnlich ein Exzenter, durch dessen Verdrehung das auf- und abgehende Stößelgestänge in der Höhenlage eingestellt wird. Die jetzt allgemein verwendete Brennstoffpumpe war ursprünglich durch ein inzwischen abgelaufenes Patent der MAN geschützt.

Es ist für die Zerstäubung des Brennstoffes und für die Verbrennung ziemlich belanglos, zu welcher Zeit der Brennstoff im Brennstoffventil vorgelagert wird, ob also der Plungerdruckhub mit dem Ansauge-, Kompressions-, Arbeits- oder Auspuffhub des Kolbens zusammenfällt.

Beim Bau der Brennstoffpumpe muß darauf geachtet werden, daß in den Arbeitsraum der Pumpe eingetretene Preßluft sofort wieder entweichen kann. Wie die Luft eintritt, soll in einem späteren Abschnitte erklärt werden. Hier genügt die Angabe, daß unter Umständen Druckluft von mehreren Atmosphären Spannung in den Arbeitsraum eintritt und daß sie bei ungeeigneter Konstruktion der Pumpe nicht so leicht wieder entfernt werden kann. Beim Arbeiten des Plungers wird die Luft bald zusammengedrückt, bald entspannt. Durch das Saugventil, das bei jeder Umdrehung der Pumpenwelle einmal aufgedrückt wird, entweicht die Luft, die unter dem Saugventil steht, wenn das Saugventil so angeordnet ist, daß es nach unten zu öffnet (Abb. 24). Die übrige Luft wird beim Plungerdruckhub verdichtet, kommt aber nicht auf eine genügend hohe Spannung, um das Druckventil, das von der anderen Seite her unter dem Druck der Einblaseluft steht, zu öffnen. Die Pumpe fördert nicht. Um solche Versager unmöglich zu machen, soll die Pumpe so gebaut sein, daß die Luft von selbst sofort nach dem Ansetzen

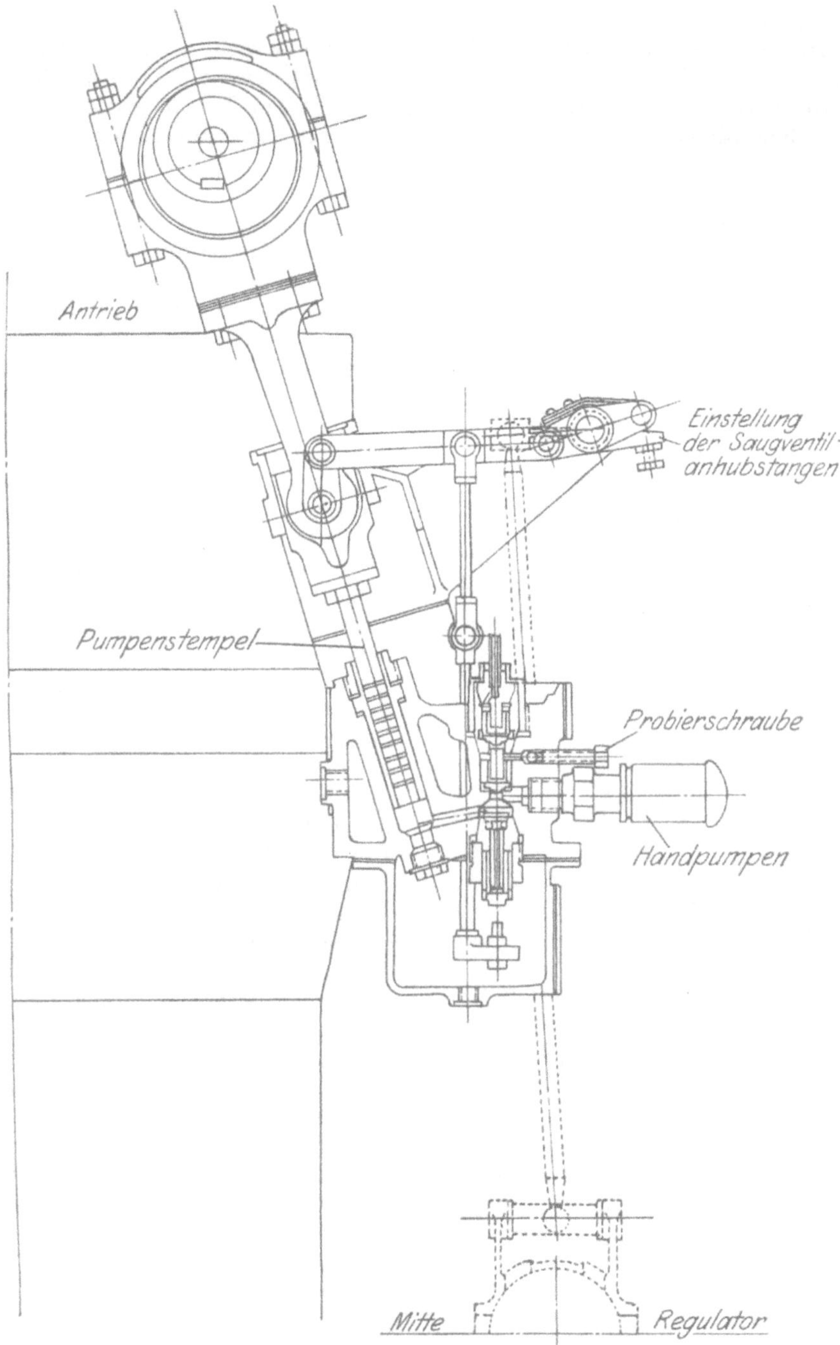

Abb. 23. Brennstoffpumpe der G.M.A.

möglichst vollständig entweichen kann. Um dies zu erreichen, wird das Saugventil, das bei jeder Umdrehung aufgedrückt wird, möglichst an der höchsten Stelle des Pumpenraumes angeordnet, oder es wird eine Entlüftungsschraube im Raum zwischen den beiden Druckventilen vorgesehen, die bei einem Versagen der Pumpe für kurze Zeit geöffnet wird (Abb. 23). An den Pumpenraum ist ferner eine Handpumpe angeschlossen, mit der die Druckleitung vor dem Ingangsetzen der Maschine aufgepumpt wird.

In der schematischen Zeichnung 24 ist *1* der Brennstoffpumpenplunger, der in die Büchse *6* schließend eingepaßt ist, um Brennstoffverluste zu vermeiden. Das Saugventil *2* öffnet sich infolge des Unterdruckes beim Niedergehen des Plungers, und es wird überdies durch den Stempel *13* während eines Teiles des Plungersaug- und Druckhubes aufgedrückt. Zwischen den beiden Druckventilen *3* und *4* ist eine Probierschraube vorgesehen, die zur Kontrolle der Förderung geöffnet wird, wenn die Pumpe beim Ansetzen der Maschine versagt, und durch die evtl. Luft aus dem Pumpendruckraum abgelassen werden kann. Mit der Handpumpe *5* wird eine kleine Brennstoffmenge vor dem Ansetzen der Maschine in das Brennstoffventil gepumpt. Der Stößel *13* wird im Takt des Plungers auf und niederbewegt. In seiner unteren Lage drückt er das Saugventil *2* auf. Die Dauer dieses Offenhaltens wird durch ein von Hand oder vom Regler beeinflußtes Exzenter ge-

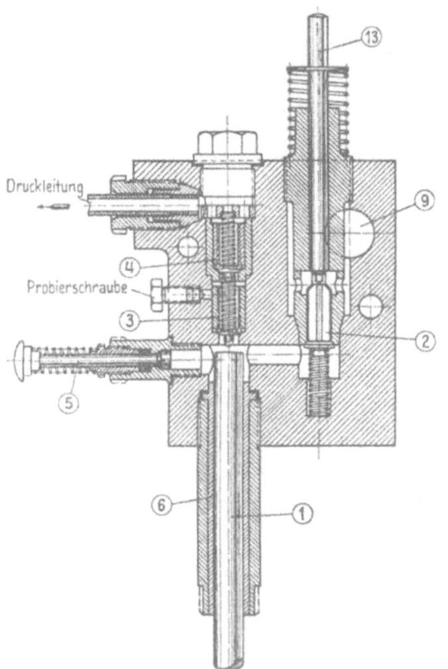

Abb. 24. MAN-Brennstoffpumpe.

steuert, das die mittlere Höhenlage des Stößels einstellt. Durch die Leitung *9* steht die Brennstoffpumpe mit dem Vorratsbehälter in Verbindung.

In die Zuleitung zur Brennstoffpumpe wird vielfach unmittelbar vor die Pumpe ein Schwimmer gesetzt, der gleichen und vor allem nicht zu hohen Zulaufdruck regelt. Bei zu hohem Zulaufdruck — wenn also der Brennstoffvorratsbehälter wesentlich über der Maschine liegt — kann es vorkommen, daß nach dem Abstellen der Maschine Brennstoff durch die Sauge- und Druckventile der Pumpe hindurchfließt und den Zerstäuber im Brennstoffventil anfüllt[1]). Sobald wieder angesetzt

---

[1]) Das unbeabsichtigte Zulaufen des Brennstoffs ins Brennstoffventil kann natürlich nur bei abgestelltem Einblasedruck eintreten.

wird, gelangt die große Menge Brennstoff bei der ersten Öffnung des Brennstoffventils plötzlich in den Zylinder und hat dort eine, scharfe Zündung mit hohem Druckanstieg zur Folge. Die Gefahr wird vermieden, wenn vor der ziemlich tief sitzenden Brennstoffpumpe ein Schwimmer angeordnet ist, der den Flüssigkeitsspiegel tiefer hält als die Brennstoffventile im Zylinderdeckel (Abb. 25). Der Schwimmer soll so ausgebildet sein, daß der Brennstoff bei Undichtigkeit des Schwimmerventils durch ein Entlüftungsloch in den Maschinenraum abfließt und daß das Schwimmerventil durch einen vorragenden Stift oder Knopf, der am Schwimmerkörper angreift, von außen gelüftet werden kann.

Der Brennstoffpumpe bzw. dem Schwimmerkasten soll der Brennstoff unter einem geringen Überdruck zufließen, da sich die Anordnung nicht für Saugbetrieb eignet. Wenn der Brennstoffvorratsbehälter tiefer als die Maschine liegt, muß deshalb eine Zubringpumpe vorgesehen werden, die den Brennstoff aus dem Behälter saugt und der eigentlichen Brennstoffpumpe zuführt. Die Zubringpumpe pumpt den Brennstoff zweckmäßig in einen über der Brennstoffpumpe liegenden Verbrauchsbehälter, der von Zeit zu Zeit durch die Zubringpumpe aufgefüllt wird.

9. Ölpumpe und Schmierung.

Die Ölpumpe saugt das Öl durch eine möglichst kurze gerade Leitung aus dem Ölverbrauchstank, der unter der Kur-

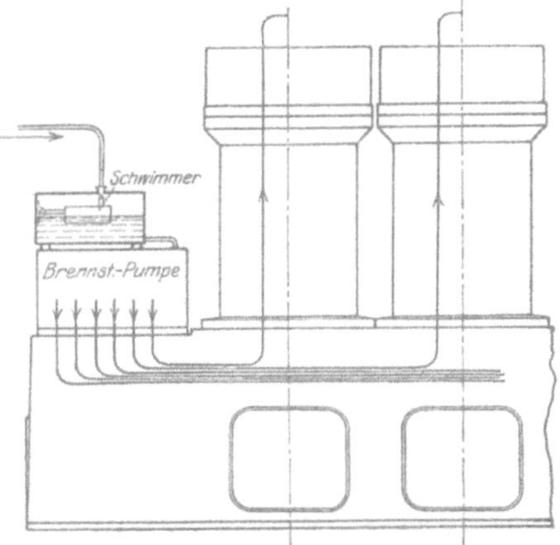

Abb. 25. Schwimmer zur Regelung des Druckes im Brennstoffpumpen-Saugraum.

belwanne angebracht ist, und drückt es durch Ölfilter und -kühler in die Öldruckleitung. Das Schmieröl wird jedem Grundlager getrennt, und zwar gewöhnlich von oben durch ein Zuleitungsrohr, das in der Mitte des Lagerdeckels einmündet, zugeleitet. In der Regel ist der Grundlagerzapfen angebohrt, so daß das Öl aus dem Lager in die hohle Welle und von dieser aus in das untere Schubstangenlager des benachbarten Arbeitszylinders übertreten kann. (Siehe z. B. die in Tafel VIII dargestellte Maschine der Germaniawerft.)

Die Speisung der Kurbelwelle mit Öl für die Schmierung der Schubstangen ist verschiedentlich von einer einzigen am Wellenende befindlichen Zuführungsstelle aus erfolgt. Die Welle war in einem solchen Fall mit einer ununterbrochenen Höhlung versehen, von der aus eine Öffnung nach jedem Schubstangenlager Öl übertreten ließ. Die Anordnung hat sich nicht bewährt, da die verschiedenen Zapfstellen bei einer sechszylindrigen Maschine unter zu sehr verschiedenen Drücken stehen. Die der Zuführungsstelle am nächsten gelegenen Lager werden bei dieser

Anordnung, namentlich sobald sie etwas viel Lose haben und das Öl aus ihnen leicht entweichen kann, wesentlich gründlicher geschmiert als die am weitesten abgelegenen Lager. Bei der vorher genannten Schmierung des Kurbelzapfenlagers vom benachbarten Grundlager aus wird eine gleichmäßigere Schmierung erzielt. Vom Kurbelzapfenlager aus steigt das Schmieröl, soweit es nicht durch das Lager selbst abströmt, durch die hohle Schubstange in der auf S. 9 beschriebenen Weise zum Kolbenbolzenlager empor.

Die Ölpumpe wird gewöhnlich als Zahnradpumpe ausgebildet, die bei unsteuerbaren Maschinen mit Klappen für die Umsteuerung der

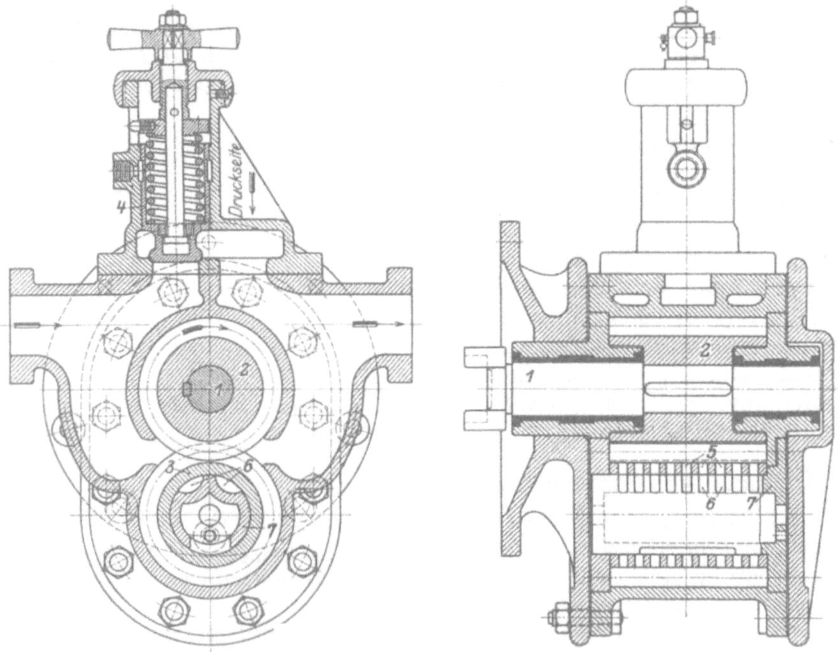

Abb. 26. Zahnradschmierölpumpe der Firma Neidig in Mannheim.

Pumpe ausgerüstet ist. In Abb. 26 ist eine nicht umsteuerbare Pumpe, die von der Maschinenfabrik A. Neidig, Mannheim, vielfach für die Ölmaschinenfabriken geliefert worden ist, dargestellt. Das auf der Antriebswelle *1* sitzende Zahnrad *2* treibt das Zahnrad *3* an und fördert das Öl. Wenn der Druck eine festgesetzte Grenze — etwa 7 Atm. — übersteigt, wird das Sicherheitsventil, auf dessen Entlastungskolben *4* der Öldruck einwirkt, geöffnet; es kann dann Öl aus dem Druckraum nach dem Saugraum abfließen. Bei dieser Pumpe ist die Entlastung der Zahnradzapfen besonders bemerkenswert. Das Zahnrad *3* ist nämlich mit Bohrungen *5* zwischen den Zähnen — aus der Seitenansicht Abb. 26 ersichtlich — versehen, die über entsprechende Vertiefungen *6* des Zapfens *7* hinweggleiten. Durch die Bohrungen kann das Öl, das beim Kämmen der Zahnräder eingeschlossen und komprimiert wird, entweichen, ohne einen Rückdruck auf die Lagerzapfen auszuüben, wie es bei nicht entlasteten Zahnrädern der Fall ist. Die Anordnung ist durch D. R. P. 296 588 geschützt.

Der Antrieb der Pumpe erfolgt entweder unmittelbar von der Kurbelwelle oder von der Steuerwelle aus. Die Pumpe saugt aus einem Vorratsbehälter, in den das in der Maschine verbrauchte (erwärmte) Öl abfließt und drückt durch Ölkühler und Ölfilter in die Schmieröldruckleitung. Es wäre unzweckmäßig, das Ölfilter oder gar den Ölkühler in die Saugleitung der Pumpe zu setzen, da erfahrungsgemäß eine Steigerung des Widerstandes in der Saugleitung, die schon bei geringer Schmutzablagerung eintritt, das Versagen der Pumpe zur Folge haben kann. Die Saugleitung soll vielmehr so kurz wie möglich sein.

Zur Regelung des Öldrucks ist ein Umlaufventil vorgesehen, durch das Öl von der Druckleitung zur Saugleitung abgelassen werden kann. Bei der Pumpe Abb. 26 ist das Sicherheitsventil zugleich als Umlaufventil ausgebildet.

Die Ölfilter bestehen gewöhnlich aus Drahtsieben, die in einen Behälter leicht herausnehmbar (für die Reinigung) eingesetzt sind; sie werden doppelt und umschaltbar ausgeführt. Während die eine Seite gereinigt wird, wird mit der anderen Seite der Maschinenbetrieb aufrecht erhalten. Beim Reinigen des Ölfilters ist gut auf die Beschaffenheit des Rückstandes zu achten, da sich im Ölfilter mitunter Anzeichen für eine bevorstehende Maschinenstörung vorfinden. Die Rückstände im Ölfilter bestehen gewöhnlich aus Sandkörnchen, Koks, Holz- und Baumwollfasern oder Weißmetallkörperchen.

Bei der Konstruktion des Ölkühlers ist zu beachten, daß der Wärmeaustausch zwischen Öl und Wandung viel träger erfolgt als zwischen Kühlwasser und Wandung. Die den Wärmeaustausch vermittelnden Wandungen der Kühlrohre des Ölkühlers haben deshalb Wärmegrade, die wesentlich näher der Kühlwassertemperatur als der Öltemperatur liegen. Um bei einem Kühler mit gegebener Austauschfläche eine möglichst hohe Kühlwirkung zu erzielen, ist es nötig, in erster Linie den Austausch zwischen Öl und Wandung durch günstigste Führung des Öls möglichst zu steigern, während durch Verbesserung der Kühlwasserführung keine nennenswerte Steigerung der Kühlwirkung zu erzielen ist. Das Öl streicht aber an der Wandung beim Strömen durch gerade Rohre infolge seiner großen Zähigkeit in parallelen Strahlen entlang, wobei nur die an der Wandung entlang gleitenden Strahlen am Wärmeaustausch beteiligt sind, während die Strahlen in der Mitte des Rohres ihre Temperatur wenig ändern. Diese Tatsache, die für die Konstruktion des Ölkühlers wesentlich ist, wurde durch folgenden Versuch bestätigt:

In einem Doppelröhrenwärmeaustauscher (Abb. 27) wurde Öl von etwa 60° durch Wasser mit etwa 10° Eintrittstemperatur gekühlt. Der Kühler bestand aus 16 Einzelelementen; das Kühlwasser floß mit 15° ab. Das Öl strömte durch die Innenrohre, das Kühlwasser durch die Mantelrohre. Durch Befühlen der Wandungen wurde festgestellt, daß die Temperatur an der Stelle *a* verhältnismäßig niedrig — etwa 20° — und an der Stelle *b* recht hoch — etwa 50° — war. Die niedrige Temperatur an der Stelle *a* war darauf zurückzuführen, daß die im Innenrohr *c* längs der Wandung hinströmenden Ölfäden vom Kühlwasser stark gekühlt waren. Bei der Umlenkung des Öls im Kniestück *d* trat eine Mischung des Inhalts ein, die die Erwärmung der Wandung an der Stelle *b* zur Folge hatte.

Der Versuch lehrt, daß das Öl im Ölkühler zur Erzielung eines regen Wärmeaustausches oft in der Richtung abgelenkt werden muß. Ein neuzeitlicher Ölkühler, der diesem Erfordernis gerecht wird, ist in Abb. 97 wiedergegeben.

Im Ölkühler soll bei Seewasserkühlung größerer Druck im Öl als im Kühlwasser herrschen, damit bei Undichtheiten Öl ins Kühlwasser, aber kein Kühlwasser ins Öl übertreten kann. Hinter dem Kühler oder schon im Kühler selbst teilt sich bei größeren Maschinen die Ölleitung. Ein Teil wird zum Schmieren der Lager, der Hauptteil aber zum Kühlen der Kolben verwendet.

Die Kühlung der Kolben unterscheidet sich dadurch von der Kühlung der anderen Maschinenteile, daß sie besonders sorgfältig beaufsichtigt werden muß. Infolge der Beschleunigungskräfte, denen der kühlende Inhalt des Kolbens unterworfen ist, treten in den Zu- und Abflußleitungen der Kolben leicht starke Druckschwankungen auf, die die gleichmäßige Verteilung des Kühlöls auf die einzelnen Kolben beeinträchtigen. Die Gefahr des Warmlaufens eines Kolbens ist ferner deshalb besonders groß, weil die Kolben im Betriebe nicht durch Befühlen mit der Hand geprüft werden können.

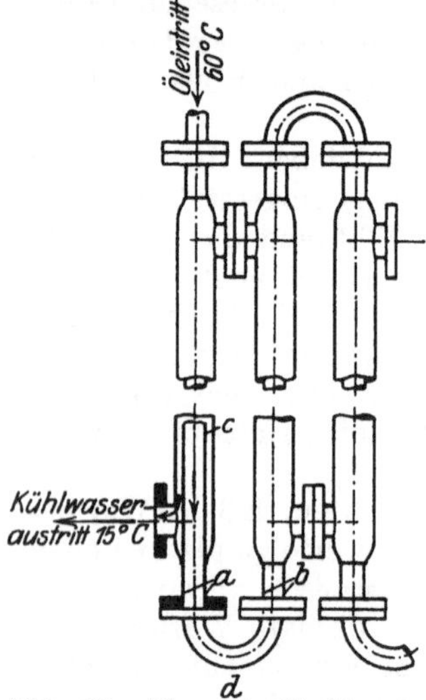

Abb. 27. Versuchsölkühler in Doppelröhren-Anordnung.

Unzulässige Erwärmung eines Kolbens hat sein Festfressen in Zylinder zur Folge. Um dieser Gefahr vorzubeugen, wird das Kolbenkühlöl eines jeden Zylinders getrennt abgeleitet und durch Thermometer, von denen je eines in jede Abflußleitung eingeschaltet ist, auf Temperaturerhöhung geprüft. Ein Kolbenkühlöl-Abflußkasten, in dem die verschiedenen Kühlölabflüsse zusammengeführt und durch eine Glasscheibe sichtbar gemacht sind, ist in Abb. 28 dargestellt, die eine von der Unterseebootsinspektion in Kiel für alle U-Boote entworfene Ausführung wiedergibt. Bei der Anbringung des Kühlölabflußkastens wurde öfters eine nicht genügend weite Ölabflußleitung vom Kasten nach dem Sammelbehälter vorgesehen. Die Folge davon waren Stauungen des Öls im Kasten, die die Beobachtung der vom Kolben kommenden Ölstrahlen unmöglich machen. Die Abflußleitung soll z. B. erfahrungsgemäß bei einer 500 PS-Maschine und bei einem Gefälle von 1,5 m etwa 80 mm l. W. haben, wenn der Sammelbehälter so nahe beim Abflußkasten liegt, daß die Abflußleitung nicht länger als 4 m ist.

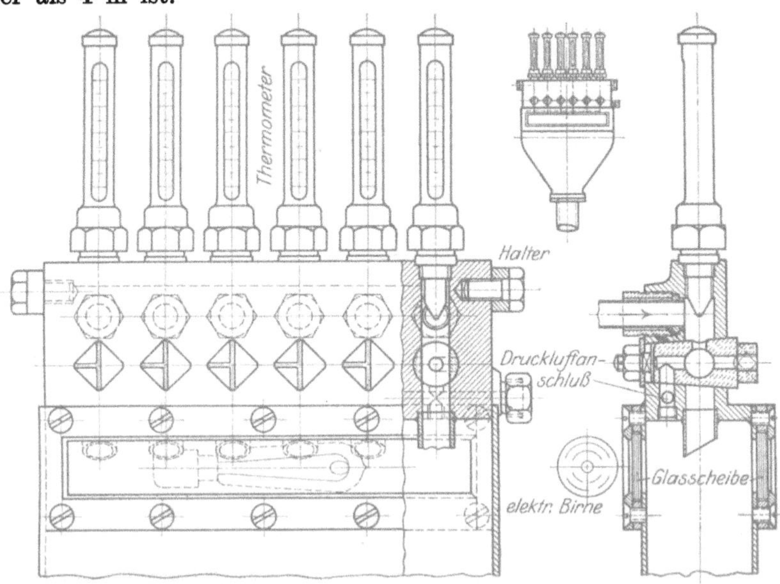

Abb. 28. Kolbenkühlöl-Abflußkasten nach Angaben der U. I., Kiel.

Der Zuleitungsdruck für Kolbenkühlöl darf nicht zu niedrig sein, damit bei den Massenbeschleunigungen an keiner Stelle Unterdruck entsteht. Empfehlenswert ist ein Kolbenkühlöldruck von 3 bis 3,5 Atm. bei Höchstdrehzahl. Andererseits soll in der Schmierölleitung kein zu hoher Druck gehalten werden, da sonst das aus den Lagern heraustretende Öl zu stark in der Kurbelwanne herumspritzt. Der Schmieröldruck mag bei Höchstdrehzahl 2—2,5 Atm. betragen. Zum Einregeln derselben wird ein Drosselventil oder Druckminderventil in die nach den Schmierstellen der Lager abzweigende Leitung gesetzt. An dieser Stelle wird der Druck von etwa 3 Atm. hinter dem Ölkühler auf etwa 2 Atm. in der Schmierölleitung

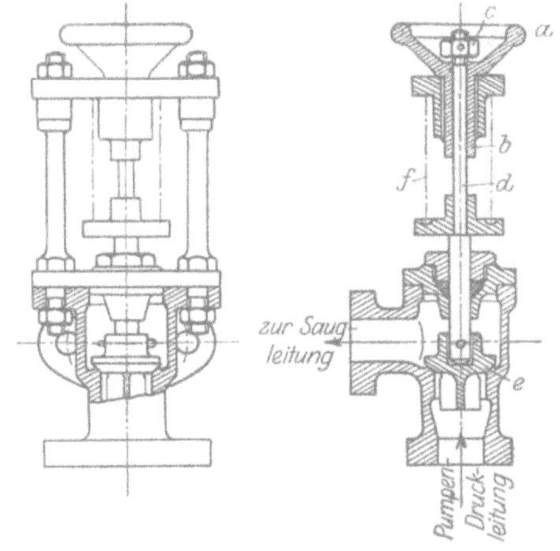

Abb. 29. Vereinigtes Regel- und Sicherheits-ventil für Öl- und Kühlwasserleitungen.

herabgemindert. Der Druck in der Öldruckleitung hinter der Pumpe wird durch ein Sicherheits- und Öldruckregelventil eingestellt, das einen Teil des Öls in die Saugleitung (Nr. 14 Abb. 30) zurückfließen läßt.

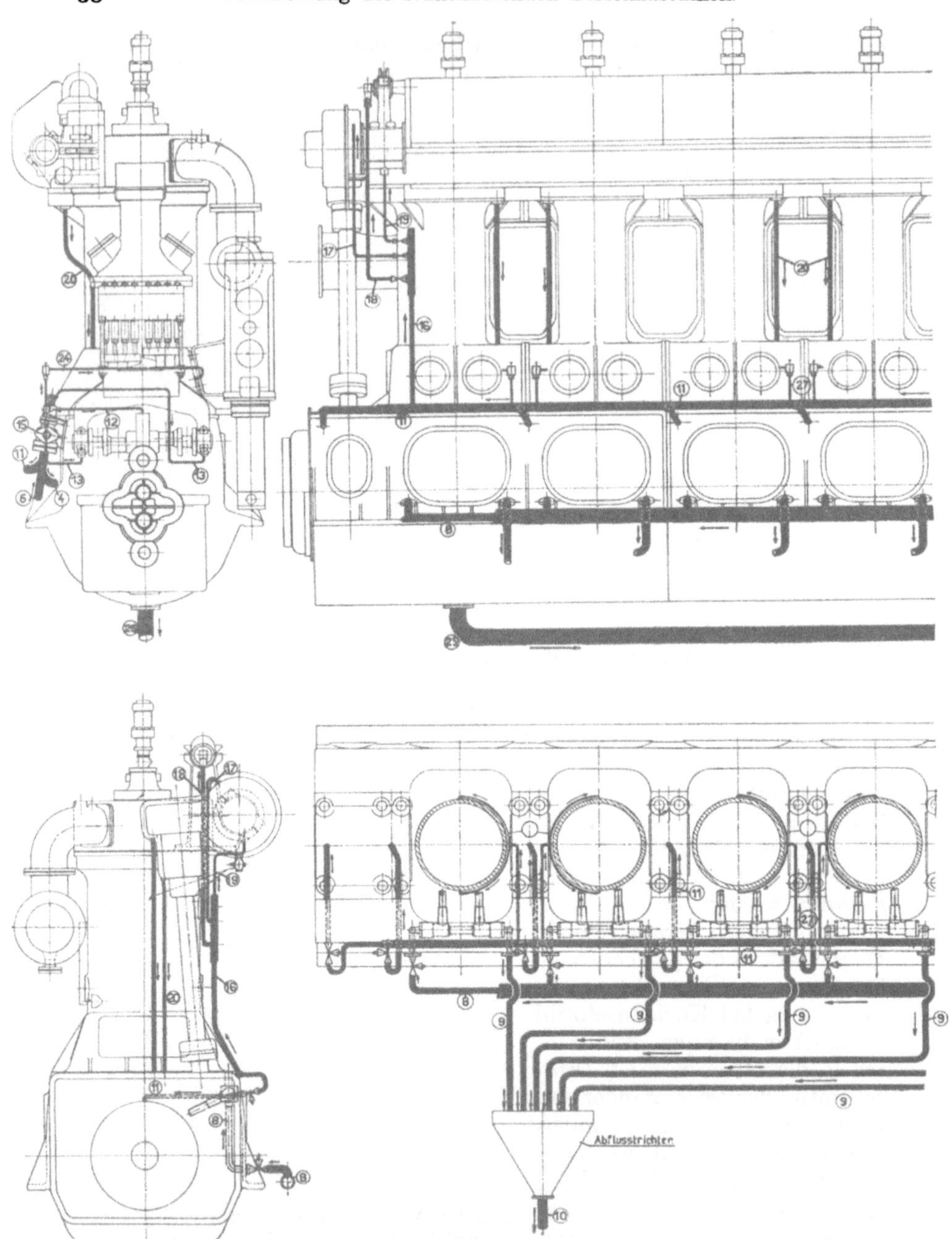

Abb. 30. Schmierölleitungsplan einer 550 PS-MAN-Maschine.

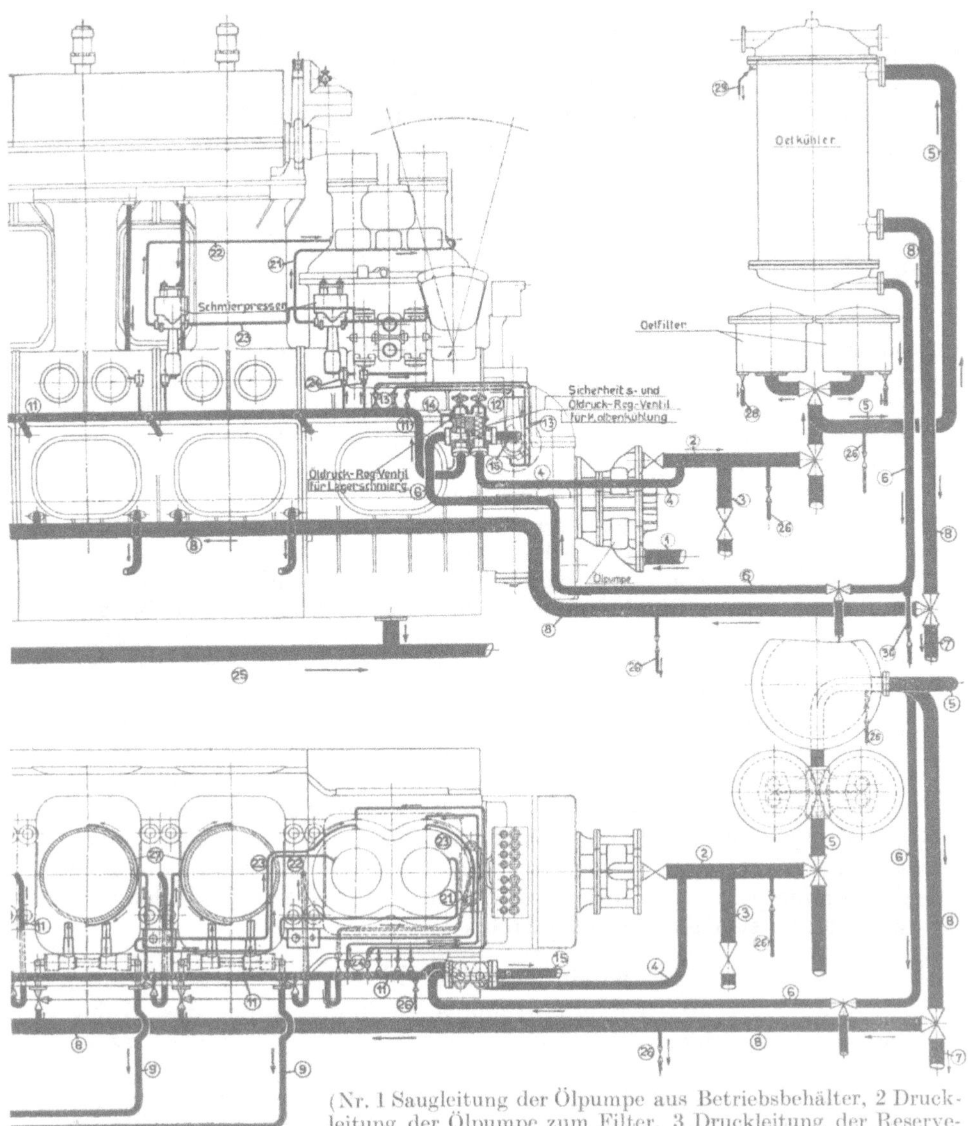

(Nr. 1 Saugleitung der Ölpumpe aus Betriebsbehälter, 2 Druckleitung der Ölpumpe zum Filter, 3 Druckleitung der Reservepumpe zum Filter, 4 zum Sicherheitsventil, 5 vom Ölfilter zum Ölkühler, 6 vom Ölkühler zur Lagerschmierung, 7 Verbindungsleitung von St. B.- nach B. B.-Maschine, 8 vom Ölkühler zu den Kolben, 9 von den Kolben zum Trichter, 10 zum Betriebsbehälter, 11 vom Öldruckregelungs-Ventil zu den Kurbellagern, Kurbeln und Kolbenzapfen. 12 zu den Schraubenrädern, 13 zu den Brennstoffpumpenlagern, 14 Ablauf vom Öldruckregelventil, 15 Abflußleitung vom Sicherheitsventil, 16 Zuflußleitung zum Verteiler, 17 zum Schraubenradgehäuse, 18 zu den Hebelachsen, 19 zu den Steuerwellenlagern, 20 Abfluß von der Steuerwellenverschalung nach der Kurbelwanne, 21—23 von den Schmierpressen zu den Luftpumpenzylindern, 24 von der Zylinderhilfsschmierung zum Luftpumpenzylinder Stufe II, 25 Abfluß von der Kurbelwanne, 26 Manometerleitungen, 27 Hilfsschmierung für Arbeitszylinder, 28 Schlammabfluß vom Ölfilter, 29 Entlüftung des Ölkühlers, 30 Abflußleitung des Ölkühlers.)

Ein Ventil zur Einstellung des gewünschten Druckes in der Öldruckleitung ist in Abb. 29 dargestellt. Durch Drehen des Handrades a wird die Muffe b hochgeschraubt, die durch Vermittlung der Schraubenmutter c auf die Ventilspindel d und den Kegel e einwirkt. Wenn der Druck unter dem Ventilkegel e zu groß wird, wird das Ventil unter Zusammendrücken der Feder f weiter geöffnet.

In Abb. 30 ist der Schmierölleitungsplan einer 550 PS-Maschine der MAN dargestellt. Die Anordnung ist dadurch besonders ausgezeichnet, daß das Kolbenkühlöl nur einen Teil des Ölkühlers durchläuft und dann abgezapft wird, während das Schmieröl das Ende des Ölkühlers allein durchströmt. Das den Lagern zugeführte Schmieröl ist deshalb nach Verlassen des Kühlers stärker abgekühlt als das Kolbenkühlöl. Das Schmieröl soll so stark, wie es die Kühlwassertemperatur zuläßt, gekühlt werden. Das Kolbenkühlöl dagegen braucht nicht so kalt in den Kolben einzutreten, da der Temperaturunterschied zwischen Kolbenbodenwandung und Öl sehr groß ist. Für Kolbenölkühlung und Schmierölkühlung werden deshalb verschieden hohe Temperaturgrade angestrebt, die durch die besondere Ölführung erreicht werden. Die Anordnung ist durch D. R. P. 298 956 geschützt.

Die Gleitflächen der Arbeitskolben von kreuzkopflosen Maschinen mit geschlossener Kurbelwanne werden im allgemeinen im Betrieb nicht durch besondere Leitungen geschmiert, da aus der Kurbelwanne genügend Öl an die Gleitbahn spritzt und vom Kolben verteilt wird. Es ist aber empfehlenswert, die Arbeitskolben vor der Inbetriebsetzung nach längerem Stillstand der Maschine zu schmieren. Eine besondere Hochdruckschmierung ist für den Verdichter vorgesehen. Jede Stufe erhält eine bestimmte durch einen kleinen Schmierölpumpenkolben zugemessene Ölmenge. Die zunächst der Kurbelwanne gelegene Stufe des Verdichters braucht nicht besonders geschmiert zu werden, wenn aus der Kurbelwanne genügend Ölspritzer an die Gleitbahn gelangen. Als Schmierpumpe für den Verdichter werden vielfach Boschöler verwendet, die sich gut bewährt haben.

10. Kühlpumpe und Kühlung.

Eine besondere Kühlwasserpumpe ist nötig, wenn das Kühlwasser der Maschine nicht von selbst unter Druck zufließt. Im Gegensatz zur Schmierölpumpe eignen sich Zahnradpumpen nicht für die Förderung des Kühlwassers, da zu leicht Verschmutzungen eintreten und da die Zahnräder bei eiserner Ausführung verrosten und bei bronzener Ausführung rasch abnutzen würden. Als Kühlpumpen werden deshalb allgemein Kolbenpumpen verwendet, die am Ende der Kurbelwelle angeordnet sind. Bei diesen Pumpen — kleinere Maschinen haben gewöhnlich Plungerpumpen, große Maschinen doppeltwirkende Kolbenpumpen — muß mit besonderer Sorgfalt das Übertreten von Kühlwasser aus dem Arbeitsraum der Pumpe in die Kurbelwanne verhütet werden. Zu diesem Zwecke ist in den Packungsraum des Plungers oder der Stopfbüchse ein Zwischenraum eingeschaltet, der nach außerhalb entwässert ist. Die kleinen durch die Packung tretenden Kühlwassermengen fließen nach außen ab und gelangen nicht in die Kurbelwanne. Die Kühlwasserpumpe soll mit einem Windkessel versehen sein. Nach Vorschriften der U-Bootsinspektion sollte bei U-Boots-Dieselmaschinen die Wassergeschwindigkeit im Saug- und Pumpenraum nicht über 2 m/sec und in den Ringplattenventilen nicht über 4 m/sec betragen.

Das Kühlwasser muß dem Ölkühler, dem Verdichter, den Luftkühlern, den Arbeitszylindern, den Deckeln, bei Schiffsmaschinen der gekühlten Auspuffleitung, bei großen Maschinen den Auspuffventilen und den Auspuffventilkegeln zugeführt werden. Bei geschlossenem, nicht kontrollierbarem Kühlwasserabfluß — z. B. bei Schiffsmaschinen — ist es nicht empfehlenswert, die Kühlwasserleitungen in zu viele Parallelleitungen zu zersplittern, da sonst die Gefahr besteht, daß das Kühlwasser ungleichmäßig verteilt wird. Es ist deshalb üblich, jeden Kühlwasserparallelstrang durch mehrere zu kühlende Körper hintereinander durchzuleiten.

An Bord der U-Boote hatte sich durch die Vermittlung der Inspektion des U-Bootswesens allmählich ziemlich einheitlich etwa die folgende Kühlwasserführung herausgebildet. Das gesamte aus der Pumpe austretende Kühlwasser wird durch den Ölkühler geschickt, nachdem eine nach der Kühlwassersaugeleitung geführte Überströmleitung zur Regelung des Druckes abgezweigt worden ist. Für den Ölkühler ist eine Umgehungsleitung vorgesehen, damit der Ölkühler bei Undichtheiten abgeschaltet werden kann. Hinter dem Ölkühler gabelt sich die Kühlwasserleitung. Ein Strang führt durch die verschiedenen Luftkühlerstufen zum Verdichter, je ein Strang führt zu jedem Arbeitszylinder, von da zum Deckel und dann zum Auslaßventil. Wenn sowohl Auslaßventilgehäuse als auch Auslaßkegel gekühlt werden, ist es empfehlenswert, beide durch zwei parallele Kühlwasserstränge zu kühlen, da das Durchleiten des gesamten Deckelkühlwassers durch den Ventilkegel Schwierigkeiten machen würde. Das gesamte aus dem Verdichter und den Arbeitszylindern abfließende Kühlwasser wird an Bord zur Kühlung der Auspuffleitung verwendet.

Bei Landmaschinen mit ungekühlter Auspuffleitung ist es zweckmäßig, das Kühlwasser eines jeden Stranges getrennt und sichtbar abfließen zu lassen. Man kann dann von Zeit zu Zeit die Menge und die Temperatur nachmessen und durch Unterhalten eines Gefäßes, auf dessen Boden das Abflußrohr mündet, feststellen, ob Luftblasen mit dem Kühlwasser mitgerissen werden. Luftblasen lassen auf eine Undichtigkeit eines unter Luftdruck stehenden Raumes schließen. Das abfließende Kühlwasser soll nicht vor dem Austritt ins Freie ein Abschlußorgan, das beim Stillsetzen der Maschine geschlossen wird, durchströmen dürfen. Wenn ein solches aus einem besonderen Grunde doch nötig ist, muß ein Sicherheitsventil auf die Kühlwasserdruckleitung gesetzt werden, da das Abschlußorgan erfahrungsgemäß beim Ansetzen der Maschine durch Bedienungsfehler zu spät geöffnet wird. Ohne Sicherheitsventil kann ein solcher Bedienungsfehler schlimme Wirkungen zur Folge haben.

Früher sind mitunter die Grundlager am unteren Teil der Lagerschalen mit Wasser gekühlt worden. Mit dieser Anordnung ist die Gefahr verbunden, daß Kühlwasser bei Undichtigkeiten in die Kurbelwanne eintritt. Es ist deshalb zweckmäßig, die Grundlager nicht mit Wasser zu kühlen, sondern durch die Lager soviel Schmieröl durchzupumpen, daß die Reibungswärme in genügendem Maße von dem abfließenden Schmieröl abgeführt wird. Es ist bei Schiffsmaschinen empfehlenswert, eine Reserveschmierung und -kühlung vorzusehen, die bei einem Ausfall der an die Maschine angehängten Pumpen in Tätigkeit gesetzt werden. Die Reserveölpumpe wird bei Maschinen mit ölgekühlten Kolben sofort nach dem Stillsetzen der Dieselmaschine für kurze Zeit angestellt, um die Kolben, die in ihren dicken Böden große Wärmemengen aufgespeichert haben, nachzukühlen. Ohne Nachkühlung wird das in den Kolben zurückgebliebene stagnierende Kühlöl so stark erhitzt, daß sich Koksteilchen am Kolbenboden ablagern, die späterhin den Wärmedurchtritt durch den Kolbenboden erschweren.

Bei der Kühlung mit Seewasser ist zu beachten, daß die vom Kühlwasser umspülten Räume mit der Zeit stark angefressen werden. Die Beschädigungen treten vor allem an den Stellen auf, die im Betrieb am stärksten erwärmt werden; ferner unterstützt wirbelnde Bewegung des Kühlwassers, die bei Richtungsänderungen des Kühlwassers — also bei der Strömung um Ecken oder Kanten — auftritt, das Fortschreiten der Anfressungen. Besonders gefährdet sind ferner die Schweißstellen. Die Erscheinung ist auf elektrische Einwirkungen zurückzuführen. Durch vorbeugende Maßnahmen können die elektrischen Ströme an unschädliche Stellen gebannt werden. Als sehr wirkungsvoll in dieser Richtung hat sich das Anbringen von Zinkschutzplatten in den von Kühlwasser umspülten Leitungen erwiesen. Der Zinkschutz wird zweckmäßig an die zu schützenden Wandungen in etwa 20 mm starken Platten so angeschraubt, daß sie allseitig vom Kühlwasser umspült werden. Zwischen Zink und Wandung soll gute leitende Verbindung hergestellt sein.

Die Zinkschutzplatten zersetzen sich mit der Zeit; an ihrer Oberfläche setzt sich dabei ein schwammiger schlechtleitender Niederschlag ab, der die Wirkung mehr und mehr beeinträchtigt. Die Platten müssen deshalb von Zeit zu Zeit — etwa nach 300—1000 Betriebsstunden — losgenommen und durch Abklopfen mit dem Hammer von Ablagerungen befreit oder erneuert werden; zu diesem Zwecke müssen sie leicht losnehmbar und gut zugänglich angeordnet sein.

Es ist anzunehmen, daß das Cumberlandverfahren[1]), bei dem zum Schutze von Kondensatoren und Kesseln gegen Anfressungen elektrische Gegenströme in die vom Wasser berührten Teile geschickt werden, mit Erfolg auch bei Dieselmaschinen verwendet werden kann. Erfahrungen in dieser Richtung liegen noch nicht vor.

Die nicht durch Zinkschutz usw. gegen Anfressungen geschützten Wandungsteile der Kühlwasserräume — z. B. die Kühlwasserräume der Arbeitszylinder — werden namentlich an den Stellen, die nicht dem Wärmedurchgang dienen, durch Anstreichen mit Lacken, Ölfarben, Teer oder ähnlichen Schutzmitteln vor der Einwirkung des Kühlwassers bewahrt. Kupferne und messingne Teile werden vielfach durch Ver-

---

[1]) Siehe Z. d. V. d. I. 1917, S. 140.

zinnen — Eintauchen in ein flüssiges Zinnbad — widerstandsfähiger gegen elektrische Einwirkungen gemacht. Schmiedeeiserne Teile, die ganz besonders stark angegriffen werden, werden ebenfalls verzinnt oder in Ermanglung eines Zinnbades verbleit.

11. Auspuffanlage.

Bei Schiffsmaschinen werden die Auspuffleitungen und der Auspufftopf gekühlt, da die heißen Rohre bei ungekühlter Ausführung die Bedienung der Maschine erschweren und den Maschinenraum zu stark erwärmen würden. Bei Landmaschinen von größeren Abmessungen werden ebenfalls die im Maschinenraume liegenden Auspuffleitungen gekühlt. Wenn die Auspuffleitung gekühlt ist, wird sie zweckmäßig tiefer gelegt als die Auslaßventile, damit das bei Undichtigkeiten in die Auspuffleitung übertretende Wasser unter keinen Umständen in die Arbeitszylinder gelangen kann. Die gekühlte Auspuffleitung wird aus Gußstücken oder aus geschweißten schmiedeeisernen oder kupfernen Teilen zusammengesetzt. Am meisten bewährt haben sich die kupfernen Leitungen, bei denen kleine Ungenauigkeiten an den Paßflächen — z. B. nach Auswechseln eines Zylinderdeckels — beim Festziehen der Schrauben besser nachgearbeitet werden können als bei schmiedeeisernen und namentlich gußeisernen Leitungen. Die kupfernen Leitungen haben überdies vor den schmiedeeisernen den Vorteil, daß die Kühlräume weniger stark durch das Seewasser angegriffen werden, was gerade bei den heißen Auspuffinnenrohren sehr wichtig ist.

Für die Bemessung der Weite der Auspuffsammelleitung kann folgende Überlegung angestellt werden. Es wird angenommen, daß die Temperatur der vom Arbeitszylinder angesaugten Frischluft etwa 300° absolut und die Temperatur der Abgase im Auspuffrohr etwa 600—700° absolut beträgt. Das sekundliche Volumen V_A der Abgase ist also mindestens doppelt so groß als das sekundliche Volumen V_L der angesaugten Frischluft. Für eine ausgeführte Maschine von der effektiven Leistung N_e und dem effektiven Druck $p_e = 5$ kg/qcm besteht aber folgende Beziehung:

$$N_e = 10\,p_e \cdot V_L \cdot \tfrac{1}{75} = \tfrac{50}{75}\,V_L \quad (N_e \text{ in PS}; \ p_e \text{ in kg/qcm}; \ V_L \text{ in l/sec})$$
$$V_L = 1{,}5\,N_e$$

und $V_A = 3\,N_e$ bis $3{,}8\,N_e$.

Die mittlere Geschwindigkeit v_S in der Auspuffsammelleitung soll bei schnellaufenden Dieselmaschinen keinesfalls über 40 m/sec betragen, da sonst die vom Arbeitskolben während des Auspuffhubes geleistete Arbeit zu groß wird. In dem Anschlußstück, das vom Zylinderdeckel nach der Auspuffsammelleitung führt, soll die mittlere Geschwindigkeit v_A während des Auspuffhubes des betreffenden Kolbens nicht über 50 bis 70 m/sec betragen. Die geringere Geschwindigkeit v_S in der Sammelleitung — tatsächlich ist der Unterschied zwischen den zulässigen Werten von v_A und v_S noch größer als angegeben, da die Abgastemperatur an der Stelle v_A über 600° abs. und an der Stelle v_S infolge der inzwischen erfolgten Abkühlung 600° abs. oder darunter beträgt —

ist durch den Umstand begründet, daß bei engen, langen Sammelleitungen leicht erhebliche Gasschwingungen auftreten, eine Gefahr, die bei den kurzen Anschlußleitungen gewöhnlich nicht besteht. Bei den für U-Boote gebauten Dieselmaschinen war man aus Platzmangel

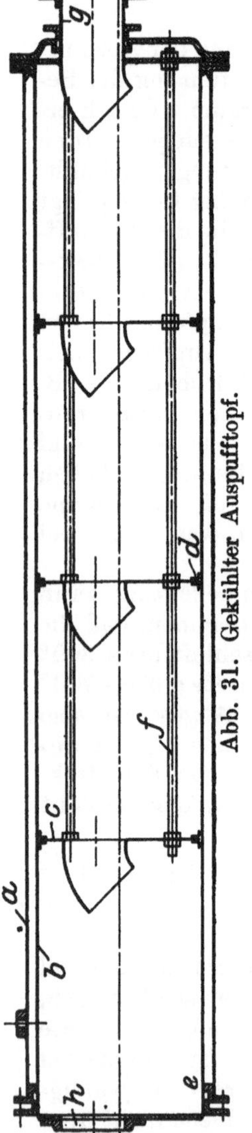

Abb. 31. Gekühlter Auspufftopf.

teilweise auf Werte für v_S von 50 m/sec und für v_A von 100 m/sec bei höchster Belastung, die allerdings immer nur kurze Zeit gefahren wurde, gegangen.

Die Auspuffleitungen der einzelnen Zylinder sollen in die Sammelleitung nach Möglichkeit hosenförmig eingeführt werden. Unter 90° einmündende Leitungen machen hohen Gegendruck für das Abströmen der Abgase erforderlich.

Der gekühlte Auspufftopf wird gewöhnlich mit einer Schiebestopfbüchse versehen, die eine Ausdehnung des im Betrieb erwärmten Innentopfes zum kalten Mantel zuläßt. Über die erforderliche Größe des Auspufftopfs werden die verschiedensten Angaben gemacht. Wenn der Inhalt des Auspufftopfs 3—5 l/PSe beträgt und für mehrfache Ablenkung der durch den Topf strömenden Abgase gesorgt ist, wird bei schnellaufenden Maschinen schon eine genügende Dämpfung des Auspuffgeräusches erzielt. Auf U-Booten begnügte man sich mit 1,5 bis 2 l/PSe Inhalt. Die Ablenkung des Abgasstromes erfolgt gewöhnlich durch mit Durchtrittsöffnungen versehene Zwischenwände, durch die der Auspufftopf in Kammern abgeteilt ist. Die Öffnungen sind gegeneinander versetzt, so daß die Bewegungsenergie der in eine Kammer eintretenden Abgase durch Wirbelungen vernichtet wird und die Strömungsenergie in der Austrittsöffnung jedesmal neu durch den Druckunterschied zwischen dieser und der folgenden Kammer erzeugt werden muß.

Der in Abb. 31 dargestellte Auspufftopf besteht aus dem Mantelrohr a, dem Innenrohr b und dem mit Prallflächen versehenen Eingeweide c. b ist auf der linken Seite durch eine Schiebestopfbüchse e mit a verbunden. Die Prallbleche sind durch 4 Distanzbolzen f untereinander verbunden. c ist am rechten Ende mit dem Auspufftopfdeckel verschraubt und liegt sonst frei beweglich in b. Die Auspuffgase treten bei g in die erste Kammer des Auspufftopfes ein und verlassen ihn bei h.

Sehr nützlich ist es, wenn im Maschinenraum am Auspuffrohr ein Probierröhrchen, das durch einen Hahn abgestellt wird, angebracht ist. Der Maschinist kann dann von Zeit zu Zeit den Auspuff auf Sichtbarkeit und Ruß kontrollieren.

II. Einige Sonderheiten.

1. Zweitakt- oder Viertaktmaschine?

Die Zweitaktmaschine braucht eine Spülpumpe, also eine verhältnismäßig umfangreiche und umständliche Hilfsmaschine. Da bei kleinen Maschinen der Hinzutritt einer besonderen Hilfsmaschine störender ins Gewicht fällt als bei großen Einheiten, werden im allgemeinen nur größere Maschinen nach dem Zweitaktverfahren betrieben.

Die Zweitaktbauart hat aber in bezug auf Einfachheit der einzelnen Bauteile nicht nur Nachteile, sondern auch wesentliche Vorteile vor der Viertaktmaschine. Der Auspuff, der bei jeder Umdrehung einmal erfolgt, kann durch Schlitze abgeleitet werden, die in der Zylinderwandung vorgesehen sind. Die Auspuffventile, die gerade bei größeren Viertaktmaschinen durch die Notwendigkeit der Kühlung besonders umständlich sind, fallen weg. Die Steuerung wird dadurch wesentlich vereinfacht. Bei vielen Zweitaktmaschinen wird nicht nur der Auspuff, sondern auch der Einlaß durch Schlitze, die den Auslaßschlitzen gegenüberliegen, gesteuert. Dann sitzen ·im Zylinderdeckel nur noch zwei gesteuerte Ventile: Brennstoffventil und Anlaßventil. Diese Maschinen mit reiner Schlitzsteuerung lassen sich auf einfachste Weise umsteuerbar ausbilden, da von jedem Zylinder nur zwei Ventile umgesteuert zu werden brauchen. Ein weiterer Vorteil der Maschinen mit reiner Schlitzspülung ist der besonders einfache Zylinderdeckel, in dem nur wenige Durchbohrungen für die Ventile vorhanden sind.

Aber gerade durch die Spülung wird auch wieder die Grenze gesteckt für die Anwendbarkeit der Zweitaktmaschine. Bei der Viertaktmaschine steht ein voller Hub für das Austreiben der Abgase und ein voller Hub für den Eintritt der frischen Luft — im ganzen also 360° — zur Verfügung. Bei den Zweitaktmaschinen müssen beide Vorgänge innerhalb 90—130° Kurbelwellenumdrehung durchgeführt werden. Unter diesen Umständen ist es erklärlich, daß zum Laden der Viertaktmaschinen nur einige Hundertstel Atmosphären Druckunterschied zwischen Außenluft und Zylinderraum nötig sind, während der Spüldruck bei Zweitaktmaschinen mehrere Zehntel Atmosphären beträgt.

Die Schwierigkeit, den Auspuff- und Ladevorgang in der zur Verfügung stehenden Zeit zu bewältigen, wächst mit der Größe des Zylinderdurchmessers d und der Drehzahl n. Bei zwei verschieden großen Zweitaktmaschinen sind in der Zeiteinheit Luftgewichte durch die Schlitze zu blasen, die proportional $d^2 h\, n$ sind. Die freien Schlitzquerschnitte verhalten sich aber bei verschieden großen Maschinen wie

$[d \cdot h]$, wenn bei beiden Maschinen verhältnisgleiche Teile des Gesamthubes h des Arbeitskolbens für die Spülung vorgesehen sind. Die Spüldrucke sind abhängig von dem Verhältnis $\dfrac{d^2\, h\, n}{d\, h} = d \cdot n$. Wenn $d \cdot n$ bei zwei sonst verschiedenen Maschinen das gleiche ist, dann sind bei prozentual gleichen Schlitzlängen gleiche Spüldrucke zu erwarten. Je größer das Produkt $d\, n = z$ — auch Spülungszahl genannt — ist, desto schwieriger ist die Spülung zu beherrschen[1]). Für die höchsten in Frage kommenden Werte von z von $120\,000 - 150\,000$ mm $\cdot \dfrac{\text{Umdr.}}{\text{min}}$ betragen die erforderlichen Schlitzlängen $22-30\%$ des Gesamthubes. Das nutzbare Hubvolumen einer solchen Maschine ist, da die Verdichtung der nach dem Spülvorgang im Arbeitszylinder eingeschlossenen Frischluft erst nach Abschluß der Auslaßschlitze beginnt, nur $78-70\%$ des rechnungsmäßigen Hubvolumens.

Gerade bei schnellaufenden Dieselmaschinen bereitet die Bemessung der Auslaßschlitze und der Spülschlitze erhebliche Schwierigkeiten, da z wegen der hohen Umdrehungszahl immer einen großen Wert hat. Um nicht zu viel vom Gesamthub des Kolbens für Auslaß- und Spülvorgänge opfern zu müssen, hat man öfters Auslaß- und Einlaßschlitze so knapp bemessen, daß die Spülluft bei der höchsten Drehzahl nur mit erheblichem Überdruck ($0,6-0,8$ Atm.) durch den Arbeitszylinder gejagt werden konnte. In diesem Falle erfordert die Spülpumpe einen beträchtlichen Teil der indizierten Maschinenleistung. So war z. B. bei einer bestimmten Maschine, deren Auslaßschlitzlänge 18% des Gesamthubvolumens ausmachten, ein Spüldruck von $0,7$ Atm. und eine indizierte Spülpumpenarbeit von 12% der indizierten Zylinderleistung erforderlich. Hätte man 24% statt 18% vom Hubvolumen für den Auslaß- und Spülvorgang geopfert, so hätte man allerdings ein nutzbares Hubvolumen von nur 76% (statt 82%) des Gesamthubes gehabt. In der Maschine hätte nach der Änderung entsprechend weniger Brennstoff verbrannt werden können als in der Maschine mit den kurzen Schlitzen. Der höchst erreichbare mittlere indizierte Druck wäre deshalb nach der Änderung nur $\dfrac{76}{82}$ mal so groß gewesen wie vorher. Der Spülpumpendruck wäre aber durch die Vergrößerung der Auslaß- und Einlaßquerschnitte von $0,7$ auf $0,3$ Atm., die Spülpumpenarbeit also von 12% auf etwa 6% herabgedrückt worden. Der effektive Wirkungsgrad, der bei der ausgeführten Maschine mit den zu kurzen Schlitzen 62% betrug, wäre auf 68% gesteigert worden, da der Minderarbeitsbedarf der Spülpumpe der Nutzleistung zugute gekommen wäre. Die Maschine hätte also mit größeren Auslaß- und Einlaßquerschnitten bei einem Brennstoffverbrauch vom $\dfrac{76}{82} = 0,93$ fachen das $\dfrac{76 \cdot 68}{82 \cdot 62} = 1,02$ fache geleistet von den entsprechenden Werten der Maschine mit den

---

[1]) Siehe auch O. Föppl: „Berechnung der Kanallängen von Zweitakt-Ölmaschinen mit Schlitzsteuerung". Z. V. d. I. 1913, S. 1939.

zu kurzen Schlitzen. Die Betrachtung verschiebt sich noch weiter zugunsten der Maschine mit den langen Schlitzen, da die Spülluft bei niedrigem Spülluftdruck auch niedrige Temperatur hat. Das bei Abschluß der Schlitze im Zylinder eingeschlossene Luftgewicht ist aber um so größer, je größer das bezogene Gewicht der Luft, je niedriger also die Temperatur ist. — Bei der angeführten Maschine ist diese Überlegung nicht beachtet worden. Die Maschine hat deshalb so ungünstig gearbeitet, daß sie nicht lebensfähig war.

Das Beispiel zeigt, daß die richtige Bemessung von Auslaß- und Einlaßquerschnitten eine Lebensfrage für die Zweitaktmaschine ist. Die genügend große Bemessung macht um so mehr Schwierigkeiten, je größer die Maschine und je größer die Drehzahl ist. Gar manche früher gebaute Zweitaktmaschine ist wegen zu geringen Auslaß- und Einlaßquerschnitten nicht lebensfähig gewesen. Bei richtig dimensionierten schnellaufenden Zweitaktmaschinen sollte der Spüldruck bei der Höchstdrehzahl nicht über 0,2 Atm. für Landmaschinen und nicht über 0,25—0,30 Atm. für Schiffsmaschinen betragen — Werte, die aber bei den zur Zeit im Betrieb befindlichen schnellaufenden Dieselmaschinen vielfach erheblich überschritten werden. Die vorausgehenden Überlegungen haben nicht nur für Zweitaktmaschinen mit reiner Schlitzsteuerung, sondern auch für Maschinen mit Spülventilen Gültigkeit. Bei den letzteren kann man durch Vergrößern der Auspuffschlitze die Eröffnungsdauer der Spülventile entsprechend verlängern und auf diese Weise den Spülluftdruck herabsetzen.

Bei Viertaktmaschinen werden die Abgase beim Auspuffhub des Kolbens bis auf den im Totraum zurückbleibenden Rest — etwa 7% des Gesamtvolumens — aus dem Arbeitszylinder getrieben. Für die nächstfolgende Zündung steht deshalb ein verhältnismäßig sauerstoffreicher Zylinderinhalt zur Verfügung. Bei der Zweitaktmaschine ist die Beschickung des Arbeitszylinders mit Frischluft für den folgenden Arbeitsvorgang wesentlich unvollkommener. In den toten Ecken des Zylinderraums bleiben beim Durchspülen mit Frischluft immer erhebliche Mengen von Abgasen zurück, die die Ladeluft verunreinigen. Infolge der geringeren Qualität der Verdichtungsluft können deshalb in der Zweitaktmaschine bei jeder Betätigung des Brennstoffventils nur geringere Brennstoffmengen verbrannt werden als in einer Viertaktmaschine von gleichen Zylinderabmessungen. Da außerdem bei der Viertaktmaschine ziemlich der volle Kolbenhub, bei der Zweitaktmaschine aber nur der Hub nach Abschluß der Auspuffschlitze zur Verfügung steht, lassen sich im ersteren Falle größere mittlere Drucke erzielen als im letzteren Falle. Der effektive mittlere Druck p_e einer schnelllaufenden Viertaktmaschine bei Marinehöchstleistung beträgt etwa 5—6 kg/qcm ($p_i = 7,5 \sim 8,5$ kg/qcm) und der einer Zweitaktmaschine 3,5—4 kg/qcm ($p_i =$ etwa 6 kg/qcm), d. h. das Hubvolumen der Arbeitskolben ist so bemessen, daß zur Erzielung der vorgeschriebenen Marineleistung die angegebenen Drucke im Zylinder erreicht werden müssen. Wenn noch mehr Brennstoff eingespritzt wird, können noch etwas höhere indizierte Drucke erzielt werden. Die Maschine ist dann aber überlastet und rußt. Die Viertaktmaschine hat unter Berücksichtigung der obigen Angaben für p_e und unter Berücksichtigung des Umstandes, daß bei ihr doppelt so viele Hube wie bei der Zweitaktmaschine für einen Arbeitsprozeß erforderlich sind, ein im Verhältnis 1 : 0,7 größeres Hubvolumen nötig als eine gleich starke schnellaufende Zweitakt- maschine. Trotz dieser erheblichen Unterschiede in den Zylinder- abmessungen läßt sich die schnellaufende Zweitaktmaschine kaum mit geringerem Gewicht für die effektive Pferdestärke bauen als die Vier- taktmaschine, da bei ersterer die Spülpumpen hinzukommen.

Der Verbrauch an Brennstoff für die effektive Pferdestärkestunde ist bei der Zweitaktmaschine etwas größer als bei der Viertaktmaschine. Eine schnellaufende Viertaktmaschine verbraucht bei richtiger Ein- stellung und voller Belastung 200—215 g/PSe-Std. gegen 215 bis 225 g/PSe-Std. der schnellaufenden Zweitaktmaschine. Der Mehr- verbrauch der Zweitaktmaschine ist eine Folge der zusätzlichen Arbeit der Spülpumpe, die nur zum Teil durch geringere Reibungsarbeit — auf jeden Arbeitshub dreht sich die Maschine nur halb so oft um — aus- geglichen wird. Auch der Schmierölverbrauch ist bei der Zweitakt- maschine größer, da in den Spülpumpen eine weitere Verbrauchsstelle vorhanden ist und durch die Spülluft Öl in die Arbeitszylinder geführt und dort verbrannt wird. Außerdem werden kleine Mengen Schmieröl bei jedem Eröffnen der Auspuffschlitze von den Abgasen durch die Schlitze mit fortgerissen. Der Schmierölverbrauch einer guten Zweitakt- maschine beträgt auf dem Probestand bei richtiger Einstellung und Wartung 8—10 g/PSe-Std., der einer guten Viertaktmaschine 5—6 g/PSe- Std. In der Praxis ist mit höheren Verbrauchszahlen zu rechnen. Nament- lich im Schiffsbetrieb werden mitunter größere Schmierölmengen da- durch unbrauchbar, daß z. B. durch Undichtigkeit der Ölkühler See- wasser ins Öl gelangt.

Wegen der größeren Wärmeentwicklung im Zylinder der Zweitakt- maschine — bei gleicher Drehzahl erfolgen doppelt so viele Zündungen wie bei der Viertaktmaschine — muß auf die Konstruktion der Zylinder- deckel besonders große Sorgfalt verwendet werden. Die Deckel der Zweitaktmaschine werden deshalb vielfach nicht aus Gußeisen, sondern aus Stahlguß oder noch besser Schmiedeeisen hergestellt. Durch geeig- nete Wasserführung muß dafür gesorgt sein, daß die Wärme vom Deckelboden gut abgeführt wird. Hoch beansprucht ist ferner der Kolbenboden der Zweitaktmaschine, der ebenfalls zweckmäßig aus Schmiedeeisen hergestellt und auf das gußeiserne Führungsstück auf- geschraubt wird. Wenn irgend möglich sollte der Kolbenboden mit Öl gekühlt werden; bei Wasserkühlung besteht gerade bei schnellaufenden, kreuzkopflosen Maschinen mit geschlossener Kurbelwanne die Gefahr, daß Kühlwasser durch Undichtigkeiten in die Kurbelwanne gelangt und sich mit dem darin befindlichen Schmieröl vermischt, und daß die Abdichtungen der Posaunen leichter Betriebsstörungen zur Folge haben können, als die Gelenkzuführung der ölgekühlten Kolben. — Mit Rück- sicht auf die großen Nachteile, die mit dem Übertritt von Wasser in die Kurbelwanne verbunden sind, kann die Zuführung des Kühlgutes bei wassergekühlten Kolben nicht durch die einfachen, aber stets etwas durchlässigen Gelenke erfolgen, sondern es müssen die für Ausführung und Betrieb wenig erfreulichen Posaunen verwendet werden.

Der Kühlung des Kolbenbodens mit Öl stehen bei Zweitaktmaschinen Schwierigkeiten entgegen, die um so größer sind, je größere Zylinderabmessungen und Drehzahlen in Frage kommen. Da das zur Kühlung verwendete Schmieröl geringe Wärmeleitfähigkeit hat, wird oft gerade bei Zweitaktmaschinen nicht genügend Wärme vom Kolbenboden durch das Kühlöl abgeführt. Die der Bodenwandung entlang streichende Ölschicht verkokt dann und setzt sich als harte Kruste an der Wandung ab. Der Wärmedurchgang durch die Wandung wird dadurch verschlechtert; die Kolbenböden werden nicht mehr genügend gekühlt und bekommen Sprünge. Zur Vermeidung dieses Nachteiles soll das Kühlöl bei Zweitaktmaschinen mit hoher Geschwindigkeit und unter häufiger Richtungsänderung über den Kolbenboden (ähnlich wie bei der Körting-Viertaktmaschine, Tafel III oder der MAN-Viertaktmaschine, Tafel VII) geleitet werden. Bei größeren Maschinenleistungen (über 150 PSe/Zyl.) muß man bei schnellaufenden Zweitaktmaschinen auf die Ölkühlung verzichten und zur Wasserkühlung der Kolben übergehen. Das ist ein sehr folgenschwerer Schritt, der unter Umständen die Betriebssicherheit der ganzen Maschine in Frage stellen kann.

Eine besonders große Schwierigkeit, die beim Bau von Zweitaktmaschinen mit eingesetzter Zylinderbüchse zu überwinden ist, bereitet die Abdichtung des Zylinderkühlwasserraumes gegen die Innenräume. Bei der Viertaktmaschine wird der Spalt zwischen Zylinderbüchse und Zylinderwandung durch eine Stopfbüchse (Abb. 2b) abgedichtet, die im Bedarfsfalle nachgezogen werden kann. Wenn die Stopfbüchse von Zeit zu Zeit nachgesehen und unter Umständen nachgezogen oder neu verpackt wird, ist es ausgeschlossen, daß Kühlwasser in die Kurbelwanne übertritt. Bei der Zweitaktmaschine liegen die Verhältnisse wesentlich ungünstiger, da der Kühlwasserraum in der Mitte durch die Auslaß- und bei einigen Maschinen auch durch die Einlaßschlitze durchbrochen wird[1]). Der Raum unterhalb und oberhalb der Schlitze ist mit Kühlwasser angefüllt. Zwischen Zylindermantel und der eingesetzten Büchse ist in den Schlitzen eine Fuge, durch die bei ungenügender Verpackung Kühlwasser in den Abgasraum eintreten kann. Es besteht deshalb immer die Gefahr, daß Kühlwasser entweder von oben oder von unten in die Auspuffschlitze eintritt. Diese Gefahr war im Kriege besonders groß, da es an gutem Gummi für Abdichtungszwecke fehlte. Aber auch wenn dieser Mangel nicht besteht, ist der Abdichtung des Zylinderkühlwasserraumes bei Zweitaktmaschinen erhöhte Aufmerksamkeit zuzuwenden. Am sichersten würden natürlich nachziehbare Stopfbüchsen wirken, die sich aber kaum an dieser Stelle anbringen lassen.

In bezug auf die Instandhaltungsarbeiten hat die Zweitaktmaschine, sofern sie nicht mit einem der im Vorausgehenden aufgeführten Ge-

---

[1]) Bei Maschinen mit aus einem Gußstück bestehendem Arbeitszylinder — eine Anordnung, die bei langsamlaufenden Zweitaktmaschinen gewöhnlich bevorzugt wird — tritt dieser Nachteil nicht in die Erscheinung.

brechen schwerwiegender Art behaftet ist, manche Vorzüge vor der Viertaktmaschine voraus. Eine große Arbeitsersparnis wird vor allem durch den Fortfall der Auspuffventile erzielt, die bei Viertaktmaschinen wegen der ungünstigen Lage im heißen Abgasstrom mitunter Betriebsstörungen erleiden und oft nachgeschliffen werden müssen. Ferner brauchen die Lager — vor allem Kurbel- und Kolbenbolzenlager — bei der Zweitaktmaschine weniger häufig nachgepaßt zu werden, da der Arbeitskolben im Gegensatz zur Viertaktmaschine während der ganzen Umdrehung durch den Druck im Zylinder belastet ist, so daß bei Lagerlose kein Klopfen des Kolbens eintritt. Die Lagerlose muß erst dann beseitigt werden, wenn aus dem Lager zuviel Schmieröl entweicht und der erforderliche Schmieröldruck nicht mehr gehalten werden kann.

Die Zweitaktmaschine hat ferner vor der Viertaktmaschine den Vorzug des gleichmäßigeren Drehmomentes voraus. Sie kann überdies schon mit 4 Zylindern sicher angelassen werden, während die Viertaktmaschine mindestens 5 Zylinder zum Anlassen aus jeder Stellung heraus nötig hat.

Die vorstehenden Ausführungen kann man dahin zusammenfassen, daß beim Bau von Zweitaktmaschinen größere Schwierigkeiten zu überwinden sind als bei Viertaktmaschinen. Wenn die Schwierigkeiten glücklich gelöst sind, hat die Zweitaktmaschine manchen Vorzug vor der Viertaktmaschine voraus. Wenn das Produkt aus Drehzahl und Zylinderdurchmesser große Werte annimmt, stellt sich dem Bau der Zweitaktmaschine eine besondere Schwierigkeit entgegen: die freien Durchtrittsquerschnitte für Einlaßluft und Auspuffgase erfordern einen erheblichen Prozentsatz des Kolbenhubes. Die Zweitaktmaschine kann deshalb mit der langsamlaufenden Viertaktmaschine leichter in Wettbewerb treten als mit der schnellaufenden. Wenn die kreuzkopflosen Maschinen so groß sind, daß man bei Viertaktmaschinen noch mit ölgekühlten Kolben auskommt, für die Zweitaktmaschine aber schon Wasserkühlung vorsehen muß, ist der Viertaktmaschine unbedingt der Vorzug vor der Zweitaktmaschine zu geben.

Solange deshalb noch die langsamlaufende Viertaktmaschine mit der Zweitaktmaschine im Wettbewerb stehen kann, wird die schnellaufende Viertaktmaschine der schnellaufenden Zweitaktmaschine überlegen sein. Zur Zeit gehen erst die Anstrengungen darauf hinaus, die langsamlaufende Viertaktmaschine zu verdrängen. Erst wenn das geschehen ist, wird der weitere Schritt, die schnellaufende Zweitaktmaschine einzuführen, Aussicht auf Erfolg haben können.

2. Angehängte oder selbständige Hilfsmaschinen?

Die für den Betrieb einer Dieselmaschine nötigen Hilfsmaschinen verbrauchen einen wesentlichen Teil der indizierten Diagrammarbeit. Da oft ein beschränkter Hauptmaschinenraum — namentlich auf Schiffen — zur Verfügung steht, in dem eine möglichst große Dieselmaschine untergebracht werden soll, liegt das Bestreben nahe, die Leistung der Hauptmaschine durch Absonderung der Hilfsmaschinen zu erhöhen und diese in verfügbaren Ecken oder Nebenräumen unterzubringen.

Dies Bestreben wird noch durch den Umstand erhöht, daß die Betriebssicherheit von großen Einheiten zunimmt, wenn die Arbeitszylinderabmessungen durch Abspaltung der Hilfsmaschinen verringert werden können. Es ist deshalb nicht unwahrscheinlich, daß man, sobald man einmal sehr große Einheiten von 5000—10 000 PS betriebssicher bauen kann, die Hilfsmaschinen von der Hauptmaschine trennen wird. Für so große Maschinenanlagen ist ohnehin reichliche Bedienung erforderlich, so daß die rasche Inbetriebnahme der Hilfsmaschinen gleichzeitig mit dem Ansetzen der Hauptmaschinen keine Schwierigkeiten bereiten wird.

In der gegenwärtigen Zeit aber, in der die größten betriebssicheren Dieselmaschinen 2000 bis höchstens 3000 PS zu leisten vermögen, muß die Frage der Abspaltung der Hilfsmaschinen von anderen Gesichtspunkten aus betrachtet werden. Jede abgespaltene Hilfsmaschine muß besonders in Gang gesetzt, beaufsichtigt und der Gangart der Hauptmaschine angepaßt werden. Im Gegensatz dazu erfordert die Bedienung einiger angekuppelten Hilfsmaschinen keine Aufmerksamkeit, und zwar trifft das für alle Hilfsmaschinen zu, die sich ganz von selbst in ihrer Förderung dem der jeweiligen Umdrehungszahl entsprechenden Bedarf anpassen (vor allem Kühlwasserpumpe und Spülpumpe). Für die einzelnen Hilfsmaschinen sind die folgenden Überlegungen maßgebend:

Die Abspaltung der Kühlwasser- und Schmierölpumpe kommt am wenigsten in Frage, da beide Pumpen nur geringe Leistung verbrauchen. Überdies fördern die angehängten Pumpen der Umdrehungszahl verhältnisgleiche Mengen, was dem jeweiligen Bedarf entspricht. Bei sehr kleinen Drehzahlen könnte es allerdings vorkommen, daß die Ölpumpe nicht genügend hohen Druck hält, so daß das Öl aus den Schubstangenlagern abfließt, ohne bis zum Kolbenzapfen aufzusteigen. Die angehängte Ölpumpe muß deshalb so groß bemessen werden, daß sie auch bei kleinen Drehzahlen genügend hohen Öldruck halten kann. Im normalen Betrieb fördert sie dann zu viel Öl. Das überschüssige Öl wird bei hohen Drehzahlen durch ein Regulierventil abgelassen, und die Fördermenge der Pumpe wird nur bei niedrigen Drehzahlen voll ausgenützt. Wenn die Kühlpumpen von der Hauptmaschine getrennt werden, wird der Zylinder bei zurückgehender Leistung der Hauptmaschine zu kalt — sofern nicht mit der Drehzahl der Hauptmaschine auch die Drehzahl der Kühlwasserpumpe sofort verändert wird. Das macht sich namentlich beim Manövrieren störend bemerkbar. Wenn aus irgendeinem Grunde die Trennung der Kühlpumpe von der Hauptmaschine nötig ist, empfiehlt es sich deshalb, die Regelung der Drehzahl der Pumpe mit der Regelung der Brennstoffpumpe starr zu verbinden.

Wegen des geringen Platzbedarfs der Kühlwasser- und Schmierölpumpe und wegen der Wichtigkeit dieser beiden Hilfsmaschinen für den Betrieb der ganzen Anlage ist es zweckmäßig, außer den angehängten Pumpen noch Reserveöl- und -kühlwasserpumpen vorzusehen, die in Gang gesetzt werden, wenn die angehängten Pumpen eine Störung

im Betrieb erleiden. Mit Rücksicht auf den geringen Platz- und Arbeits-
bedarf sollten Schmieröl- und Kühlwasserreservepumpen bei keiner
Schiffsölmaschine von über 400 PS fehlen.

Die Frage, ob man den Verdichter und die Spülpumpe von Zweitaktmaschinen von der Hauptmaschine trennen soll, ist schon oft eingehenden Erwägungen unterzogen worden. Der Verdichter erfordert
8—10%, die Spülpumpe bei rasch laufenden Maschinen oft gar 10—15%
der indizierten Leistung. Durch Abtrennung beider Hilfsmaschinen
wird der effektive Wirkungsgrad einer Zweitaktmaschine von 60—65
auf 75—85%, die effektive Leistung also um ein Drittel erhöht; dafür
muß an anderer Stelle eine Hilfsmaschine aufgestellt werden. Beide
Pumpen erfordern überdies viel Platz; sie machen, wenn sie an die
Hauptmaschine angehängt sind, weitere Kurbelkröpfungen an der
ohnehin schon viel gekröpften Kurbelwelle nötig; um Platz in der Länge
zu sparen, wird oft der angehängte Verdichter seitlich neben die Maschine
gesetzt und durch einen Balancier angetrieben. Diese Anordnung gibt
erst recht keine glückliche Lösung, da der Antrieb des Verdichters große
Kräfte verzehrt. Die Balancierübertragung verbraucht deshalb viel
Reibungsarbeit.

Für den getrennten Antrieb des Verdichters bei Schiffsdieselmaschinen tritt namentlich Professor Meyer-Delft[1]) ein. Den Hauptgrund,
den er für die Trennung anführt — daß die Luftleistung des angehängten Verdichters mit Änderung der Drehzahl stark reguliert werden müsse
—, trifft aber für die modernen schnellaufenden Dieselmaschinen nicht
mehr zu. Der Verdichter fördert eine der Umdrehungszahl der Maschine
proportionale Luftmenge und die neuere Maschine, deren Brennstoff-
nadelbewegung mit der Drehzahl geregelt wird, braucht — im Gegensatz
zu der von Meyer angenommenen Maschine — bei verschiedenen Drehzahlen für jeden Hub (und nicht für die Zeiteinheit) etwa gleiche Luftmengen. Überdies wirkt die Drosselung, die durch die Drosselklappe
in der Saugleitung der Luftpumpe erzielt wird, bei hoher Drehzahl infolge der hohen Eintrittsgeschwindigkeit der Luft stärker als bei niedriger
Drehzahl, so daß gegebenenfalls ein evtl. geringer Mehrverbrauch an
Luft/Hub bei niedrigen Drehzahlen hierdurch ausgeglichen wird. Der
angehängte Verdichter erfordert deshalb fast keine Bedienungsauf-
merksamkeit bei Änderung der Hauptmaschinendrehzahl, während
der selbständige Verdichter bei Drehzahländerung der Hauptmaschine
sofort nachgeregelt werden muß. Bei Abwägung der Vor- und Nachteile kommt man zu dem Schluß, daß es sich selbst bei den größten der
bisher gebauten Dieselmaschinen noch nicht empfiehlt, den Verdichter
von der Hauptmaschine zu trennen. Die Überlegung wird aber vielleicht
zu einem anderen Ergebnis führen, sobald größere Einheiten als die
bisher gebauten in Frage kommen.

Die Spülpumpe der Zweitaktmaschine ist noch weniger für die
Trennung geeignet als der Verdichter, da die Spülluft bei allen Drehzahlen
sehr genau das 1,25—1,40fache des nutzbaren Arbeitszylinderhub-

---

[1]) Z. V. d. I. 1913, S. 1269.

volumens sein muß. Durch Vergrößern der Spülluftmenge über diesen Betrag hinaus, wird sofort die Spülpumpenarbeit wesentlich erhöht, der Wirkungsgrad der Anlage also verkleinert und durch Verringern unter den angegebenen Betrag wird die Spülung verschlechtert, so daß erhebliche Mengen von Rückständen im Arbeitszylinder für den nachfolgenden Arbeitsvorgang zurückbleiben. Die angehängte Spülpumpe wird den Erfordernissen gerecht, da sie unabhängig von der Drehzahl auf jeden Arbeitszylinderhub die gleiche Luftmenge fördert. Die getrennte Spülpumpe dagegen könnte nur sehr schwer den beim Manövrieren an sie zu stellenden Anforderungen angepaßt werden.

Eine Reservespülpumpe kommt selbst für die größten Anlagen kaum in Frage, da sie sehr umfangreiche Vorkehrungen nötig machen würde. Wenn die Spülpumpe versagt, fällt ein so großer Teil der Maschine aus, daß es berechtigt ist, die ganze Maschine daraufhin abzustellen. Dagegen muß namentlich bei Schiffsmaschinen ein Reserveverdichter vorgesehen werden, mit dem die Anlaßflaschen nach Verbrauch der Anlaßluft im Notfall aufgepumpt werden können.

3. Sicherheitsvorkehrungen gegen besonders scharfe Explosionen.

Scharfe Explosionen beeinträchtigen die Lebensdauer einer Dieselmaschine. Sie müssen deshalb nach Möglichkeit vermieden werden. Eine Reihe von Vorkehrungen an den modernen Dieselmaschinen dient dazu, das Auftreten von Fehlzündungen auszuschließen; andere dienen dazu, die scharfen Drücke, die bei Fehlzündungen auftreten, unschädlich zu machen. Für den letzteren Zweck sind die Sicherheitsventile auf den Arbeitszylindern bestimmt, die beim Auftreten von höheren Drücken als 50—60 Atm. abblasen. Im Betrieb treten übermäßig hohe Drücke in den Arbeitszylindern selten und nur unter besonderen Umständen ein. Wenn z. B. eine Brennstoffnadel zu stramm verpackt ist und deshalb in geöffnetem Zustande in der Packung hängen bleibt oder wenn ein Teil an der Steuerung bricht, so daß ein Brennstoffventil während der ganzen Umdrehung offen stehen bleibt, so gelangt der Brennstoff zu früh in den Zylinder und verbrennt schon vor oder im oberen Kolbentotpunkt unter starker Drucksteigerung. Durch das Sicherheitsventil auf dem Zylinder entweicht dann ein Teil der hochgespannten Abgase unter schußähnlichem Knallen. Noch wichtiger als das Vermeiden von starken Drucksteigerungen im Betrieb ist das Verhüten von Fehlzündungen während der Anlaßzeit. Die scharfen Zündungen, die während des Anlassens mit Druckluft mitunter auftreten, sind besonders gefährlich, wenn sie darauf zurückzuführen sind, daß ein Teil der Anlaßluft durch nicht richtiges Arbeiten eines Anlaßventils oder durch Hängenbleiben eines Anlaßventils in geöffneter Stellung im Arbeitszylinder zurückgeblieben ist. Wenn in diese Übermenge an Verbrennungsluft, die ohne Brennstoff schon auf 50—60 Atm. komprimiert wird, Brennstoff eingespritzt wird, so können derartig große Drucksteigerungen entstehen, daß die überschüssigen Gase nicht rasch genug durch das Sicherheitsventil entweichen können und einen Maschinenteil zu Schaden bringen. Es wird dann entweder der Zylinderdeckel abgerissen, oder — ein

Fall, der an Bord eines U-Boots vorgekommen ist — die Kolbenstange wird durchgeknickt, und der Kolben fliegt mit großer Macht aus der Zylinderbüchse in die Kurbelwanne und richtet arge Verwüstungen in der Umgebung an. Oft macht sich zu hoher Druck im Arbeitszylinder bei versagendem Sicherheitsventil in der Weise bemerkbar, daß beim Öffnen des Brennstoffventils die heißen Gase aus dem Zylinder ins Brennstoffventil zurückschlagen und die ölgeschwängerte Einblaseluft zur Entzündung bringen. Die Folge davon sind Zerstörung des Brennstoffventils und Durchschlagen der Einblaseluftleitung.

Zwischenfälle der angegebenen Art, die beim Anlassen der alten Schiffsdieselmaschinen mitunter vorkommen, können nur durch vorbeugende Maßnahmen verhindert werden, wie sie bei den neueren Dieselmaschinen allgemein vorgesehen werden. Solche vorbeugende Maßnahmen sind:

a) **Drosselung der Anlaßluft.** Hinter der Anlaßflasche wird die hochgespannte Luft, bevor sie in die eigentliche Anlaßleitung der Maschine eintritt, durch ein zwischengeschaltetes Druckminderventil auf 12—20 Atm. abgedrosselt. Die Anlaßleitung muß ohnehin so stark bemessen sein, daß die Maschine noch anspringt, wenn der Druck in der Anlaßflasche auf etwa 20 Atm. herabgesunken ist. Es liegt deshalb nahe, einen höheren Druck in der Anlaßleitung, der die Gefahr einer übermäßigen Luftansammlung in einem Arbeitszylinder in sich birgt, durch Einschalten des Druckminderventils auszuschließen. Bei Versagen des Druckminderventils tritt ein auf die Anlaßleitung gesetztes Sicherheitsventil in Tätigkeit.

b) **Die Anlaßleitung wird nur während des Anlassens unter Druck gesetzt, beim Umschalten auf Betrieb aber entlüftet.** Durch irgendeinen unglücklichen Zufall — z. B. Bruch eines Steuerungsteiles — kann es vorkommen, daß das Anlaßventil während des Betriebes plötzlich aufgedrückt wird. Wäre die Anlaßleitung unter Druck, könnte der Arbeitszylinder in einem solchen Fall bei der Einsaugperiode mit vorgespannter Luft angefüllt werden, die bei der nachfolgenden Verbrennung heftige Drucksteigerungen bewirken würde. Solche Fälle werden durch Entlüftung der Anlaßluftleitung ausgeschlossen.

c) **Niedriger Einblasedruck während der Anlaßzeit.** Bei der ersten Brennstoffventileröffnung nach dem Anlassen kann unter Umständen eine übergroße Brennstoffmenge im Brennstoffventil vorgelagert sein. Damit dieser Brennstoff nicht zu plötzlich in den Zylinder übertritt und dort explosionsartig verbrennt, wird während des Anlassens ein niedriger Einblasedruck (40—45 Atm.) eingestellt. Die Einblaseluft treibt dann den Brennstoff infolge des verhältnismäßig geringen Druckunterschiedes zwischen Brennstoffventil und Kompressionsraum langsam in den Zylinder ein. Der niedrige Einblasedruck während des Anlassens ist auch schon deshalb nötig, weil die Maschine während des Anlaßvorgangs langsam umläuft, das Brennstoffventil also verhältnismäßig lange Zeit geöffnet wird. Aus dem gleichen Grunde wird bei manchen Maschinen der Brennstoffnadelhub während des Anlassens vermindert (siehe Nadelhubregelung).

d) **Ausschalten der Brennstoffpumpe während des Anlassens.** Um zu verhüten, daß während des Anlassens mit Preßluft — während dieser Zeit bleibt ja die Brennstoffnadel geschlossen — zuviel Brennstoff in das Brennstoffventil eingepumpt wird, ist die Steuerung der Brennstoffpumpe mit der Anlaßsteuerung gekuppelt. Solange der Anlaßhebel auf „Anlassen" liegt, sind die Saugventile der Brennstoffpumpe angehoben, die Pumpe fördert nicht. Mit dem Legen des Anlaßhebels auf Betrieb wird die Förderung der Pumpe freigegeben.

e) **Entlüften der Arbeitszylinder während des Umsteuerns.** Besonders groß ist die Gefahr des Ansammelns übermäßiger Luftmengen im Arbeitszylinder während des Umsteuerns. Die Maschine, die z. B. nach „Voraus" läuft, wird nach Umlegen der Steuerung durch die für den Rückwärtsgang gesteuerte Anlaßluft gebremst und nach Stillstand rasch auf Rückwärtsgang beschleunigt. Da die Maschine warm ist, kann die Steuerung mitunter nach weniger als zwei Umdrehungen nach dem Stillstand von „Anlassen rückwärts" auf „Betrieb rückwärts" umgelegt werden, ohne daß Aussetzen der Zündung zu befürchten ist. Es ist die Möglichkeit vorhanden, daß noch in einem Zylinder Bremsluft vom Ende des Vorwärtsgangs her vorhanden ist. Die Gefahr ist doppelt groß bei Maschinen, deren Zylinder in zwei Gruppen von „Anlassen" auf „Betrieb" umgeschaltet werden, da bei diesen Maschinen die erste Gruppe schon sehr kurz nach dem Anspringen der Maschine nach „Rückwärts" auf „Betrieb" geschaltet wird. Um die großen Drucksteigerungen infolge der Luftansammlung zu vermeiden, werden vielfach sämtliche Arbeitszylinder während des Umsteuerns entlüftet. (Siehe Abb. 19 mit Entspannungskolben *5*.) Diese Maßnahme ist auch aus dem Grunde nötig, weil Einlaß- und Auslaßventile während des Umsteuervorganges nicht arbeiten. Die Luftmengen, die unter Umständen durch ein undichtes Anlaß- oder Brennstoffventil in den Zylinder übertreten, können also nicht entweichen und haben hohe Spannungen am Ende des Verdichtungshubes zur Folge. Zweitaktmaschinen brauchen während des Umsteuerns nicht entlüftet zu werden, da die Auspuffschlitze im Zylinder unabhängig von der Stellung der Steuerung stets in der äußersten Totlage des Kolbens geöffnet werden.

Im Zusammenhang mit den vorstehend genannten Sicherheitsvorkehrungen zum Schutze der Arbeitszylinder sollen folgende Sicherheitsvorkehrungen an anderen Stellen angeführt werden:

f) **Sicherheitsventile hinter jeder Verdichterstufe.** Durch Bruch eines Ventils oder durch ähnliche Ursachen kann es vorkommen, daß der gesamte Druck der nachfolgenden Verdichterstufe auf die vorausgehende zu wirken kommt. Infolge einer solchen Unregelmäßigkeit treten leicht Beschädigungen am Aufnehmer der niederen Verdichterstufe ein, der nicht für den hohen Druck bemessen ist. Da mit dem zeitweisen Versagen eines Verdichterventils auch bei den besten Maschinen gerechnet werden muß, soll hinter jeder Verdichterstufe ein Sicherheits-

ventil angebracht sein, das die überschüssige Luft bei unzulässig hohen
Drucksteigerungen entweichen läßt.

g) **Sicherheitsventile in den Wasserräumen der Luftkühler.** Sie dienen dazu, um Drucksteigerungen, die durch Bruch
eines Rohres im Kühler, verbunden mit Luftübertritt in den Kühlwasserraum, entstehen können, unschädlich zu machen. Statt dieser Sicherheitsventile werden auch oft Bruchplatten verwendet.

h) **Sicherheitsventile in den Schmieröl- und Kühl-
wasserdruckleitungen.**

i) **Bruchplatten in der Einblaseluftleitung.** Bei Dieselmaschinen, die nicht mit verkleinertem Hube der Brennstoffnadel angelassen werden, ist es mitunter vorgekommen, daß der Druck im Arbeitszylinder bei der ersten scharfen Zündung höher stieg als der Druck
im Brennstoffventil. Infolgedessen schlugen die heißen Gase in das
Brennstoffventil zurück und brachten dort das vorgelagerte Brennstoffluftgemisch zur Entzündung; der Druck in der Einblaseluftleitung
stieg örtlich auf ungewöhnlich hohe Werte und zerstörte den Zerstäuber
und die Einblaseluftleitung. Um eine Übertragung dieser Einblaseluft-
leitungsexplosionen vom einen zum anderen Brennstoffventil unmöglich
zu machen, hat man verschiedentlich Rückschlagventile in die Einblaseluftleitung eingebaut, die die Strömung der Einblaseluft nur in der
Richtung nach dem Brennstoffventil, nicht aber in umgekehrter Richtung zuließen. Die Anordnung hat sich nicht allgemein eingebürgert,
da ihr von ihren Gegnern nachgesagt wird, daß die Drucksteigerung
durch die Rückschlagventile nicht nur örtlich gebannt, sondern zugleich auch an dieser Stelle aufs äußerste gesteigert wird. Empfehlens-
werter ist es, Maschinen, die zu Explosionen in der Einblaseleitung
neigen, durch Sicherheitsventile — oder noch besser durch die schon
von Diesel empfohlenen Bruchplatten, die in die Einblaseluftleitung
in geeigneter Weise eingebaut werden — zu schützen.

Die Rückschlagventile beim Brennstoffventil in der Brennstoff-
leitung dienen nicht zur Sicherung gegen Explosionen, sondern zum
Zurückhalten der Einblaseluft beim Öffnen des Probierventils in der
Brennstoffleitung.

4. Nadelhubregelung.

Zur Zerstäubung des Brennstoffs vor dem Einspritzen in den
Zylinder werden bei den verschiedenen Belastungen und Drehzahlen
verschieden große Einblaseluftmengen benötigt. Die Einblaseluftmenge wird einerseits durch den Einblasedruck geregelt. Je höher
der Einblasedruck ist, desto mehr Luft wird bei jeder Eröffnung der
Brennstoffnadel in den Arbeitszylinder eingepreßt. Bei gleicher Drehzahl mag z. B. der Einblasedruck zwischen 45 Atm. (Leerlauf) und
65 Atm. (Vollast) schwanken. Im ersteren Fall steht für die Einspritzung
ein Druckgefälle von 45 auf 32 Atm. — Verbrennungsdruck zu 32 Atm.
angenommen — und im letzteren Fall ein Gefälle von 65 auf 35 Atm. —
Verbrennungsdruck 35 Atm. — zur Verfügung. Bei Vollast wird deshalb, gleiche Ventileröffnung und gleiche Drehzahl in beiden Fällen

vorausgesetzt, um 30—50% mehr Einblaseluft verbraucht als bei Leerlauf.

Wenn außer der Belastung auch die Drehzahl in weiteren Grenzen geändert wird — wie das z. B. bei Schiffsdieselmaschinen der Fall ist —, dann genügt die Regelung der Einblaseluftmenge durch den Einblasedruck allein in vielen Fällen nicht. Bei den niedrigen Drehzahlen bleibt das Brennstoffventil längere Zeit geöffnet als bei hohen Drehzahlen; es tritt deshalb bei langsamem Lauf mehr Einblaseluft pro Umdrehung in den Arbeitszylinder über als bei voller Drehzahl. Das ist gerade deshalb bei Schiffsmaschinen doppelt ungünstig, weil niedrige Drehzahlen mit kleiner Last zusammenfallen, bei der man mit besonders wenig Einblaseluft die besten Ergebnisse erzielt. Von verschiedenen Dieselmotorenfabriken sind deshalb die Maschinen zwecks Verringerung der Einblaseluftmenge bei niedrigen Drehzahlen mit Vorkehrungen zur Beschränkung der Eröffnungsdauer und des Eröffnungshubes der Brennstoffnadel ausgerüstet worden.

Die nächstliegende und einfachste Vorrichtung zur Beschränkung des Nadelhubes besteht darin, daß die Anlaßbrennstoffsteuerung nicht voll auf Brennstoff ausgelegt wird, so daß die Rolle am Brennstoffhebel nicht in den vollen Bereich des Nocken gebracht wird; der Abstand zwischen Brennstoffrolle und Nockenscheibe beträgt also bei langsamer Drehzahl einen oder mehrere Millimeter gegen etwa 0,4 mm bei voller Drehzahl. Der Erfolg dieser Maßnahme ist, daß die Nadel später eröffnet, früher geschlossen und weniger stark angehoben wird. Die Anordnung, die den wichtigen Vorzug der Einfachheit hat, ist mit folgenden beiden Nachteilen behaftet. Sobald innerhalb weiterer Grenzen reguliert wird, wird leicht der Eröffnungsbeginn zu stark verändert, so daß entweder bei kleiner Last Spätzündungen oder bei großer Last Frühzündungen eintreten. Die Anordnung läßt ferner keine Feinregelungen zu, da die beim Anschlagen der Brennstoffnadeln an die Hebelrollen entstehenden Kräfte einen erheblichen Rückdruck auf die Hubregelung haben, die deshalb in den beiden Endlagen „volle Drehzahl" und „langsame Drehzahl" gut festgeklemmt werden muß.

Bei Maschinen, bei denen die Nockenwelle für die Umsteuerung verschoben wird, ohne daß die Rollenhebel abgehoben werden, wird vielfach neben den Betriebsnocken ein Nocken für langsamen Gang gesetzt; die beiden Nocken sind durch ein verjüngtes Übergangsstück miteinander verbunden. Durch Verschieben der Nockenwelle um einen kleinen Betrag kann bald der eine, bald der andere Nocken in den Wirkungsbereich der Rolle gebracht werden. Diese Anordnung kann im allgemeinen nur bei Zweitaktmaschinen verwendet werden, da bei den Umsteuerungen von Viertaktmaschinen gewöhnlich die Nockenwelle nur verschoben werden kann, nachdem vorher die Hebelrollen abgehoben sind. Während des Betriebes dürfen aber die Hebelrollen nicht zum Übergang von hohen auf niedrigere Drehzahlen von den Nockenscheiben abgehoben werden.

Eine andere Art der Nadelhubregelung, die bei den von der Maschinenfabrik Augsburg-Nürnberg gebauten Maschinen angetroffen wird, ist in Abb. 32 dargestellt[1]). Die Nockensteuerung wird bei den verschiedenen Drehzahlen überhaupt nicht beeinflußt, die Nadel öffnet und schließt also bei allen Drehzahlen zu gleicher Zeit. Die dem Ventilhebel vom Brennstoffnocken mitgeteilte Bewegung wird durch den Kugelsitz a nicht unmittelbar, sondern durch Zwischenschaltung einer stark vorgespannten Feder d an die Brennstoffnadel übertragen. Die Nadel vergrößert ihren Hub nur so lange, bis der Ventilteller von d gegen eine in der Höhe verstellbare Schraube e anschlägt. Wenn der Nocken eine weitere Hebung von a bewirkt, so wird dadurch nur das Zwischenstück b relativ zur Nadel verschoben und die Feder d zusammengedrückt. (In der Abbildung ist die Stellung wiedergegeben, in der der obere Federteller eben den Anschlag e berührt.) Beim Zusammendrücken der Feder d wird das Zwischenstück b vom Nadelbund f abgehoben. Die Schließung erfolgt bei ablaufendem Nocken durch die eigentliche Ventilfeder g, die das Zwischenstück b so lange längs der Nadel verschiebt, bis der Anschlag f erreicht ist. Dann nimmt b die Nadel mit und drückt sie schließlich vermittels der Federkraft g auf ihren Sitz.

Die Abb. 32 stellt eine Versuchsausführung dar, bei der die Anschlagschraube nur mit dem Schraubenschlüssel verstellt werden kann. Bei praktischen Ausführungen ist die Anschlagschraube nach außen mit einem Hebel verbunden, durch dessen Verdrehung der Anschlag in der Höhenlage verstellt wird. (Siehe das Gestänge *49* in Abb. 33 links oben.)

Der Anschlag e wird bei den verschiedenen Drehzahlen in der Höhe verstellt; bei langsamer Drehzahl ist nur ein kleiner Spalt zwischen Nadel c und Anschlag e, um den die Nadel geöffnet werden kann; bei voller Drehzahl ist der Anschlag aus dem Bereiche der Nadelbewegung gebracht, so daß die Nadel ungehindert bis zum vollen Betrage vom Nocken geöffnet wird. Das Diagramm, das den Nadelhub abhängig von der Zeit darstellt, stimmt also bei langsamer Drehzahl im Eröffnungs- und Schließstück mit dem Raschlaufdiagramm überein; das mittlere Stück ist bei langsamer Drehzahl durch eine horizontale Linie, die den Nadelhub bis zum Anschlag mißt, wiedergegeben. Die Vorspannung der Feder d muß größer sein als die Beschleunigungskraft, die auf die Nadel bei der Ventileröffnung übertragen werden muß.

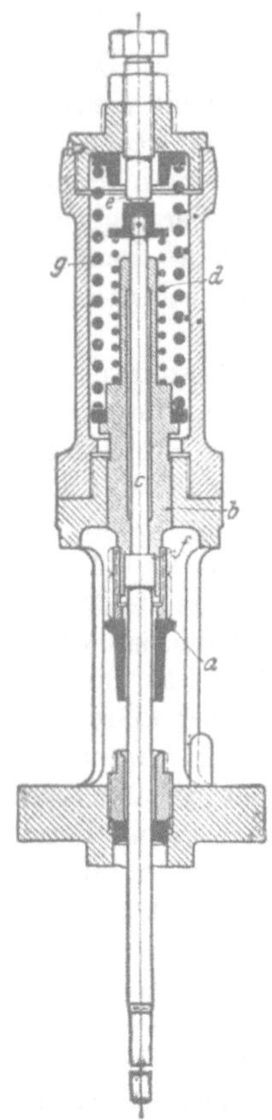

Abb. 32. Nadelhubregelung durch Feder und verstellbaren Anschlag.

---

[1]) Eine eingehende Beschreibung der Vorrichtungen, mit denen der Einspritzvorgang bei Dieselmaschinen beeinflußt werden kann, findet sich in dem Aufsatz von L. Ebermann: „Die Beeinflussung der Brennlinie bei Dieselmotoren". Z. V. d. I. 1920, S. 425.

Die Nadelhubregelung ist mit der Regelung der Brennstoffpumpe starr gekuppelt, so daß bei geringer Last selbsttätig ein geringer Nadelhub eingestellt wird.

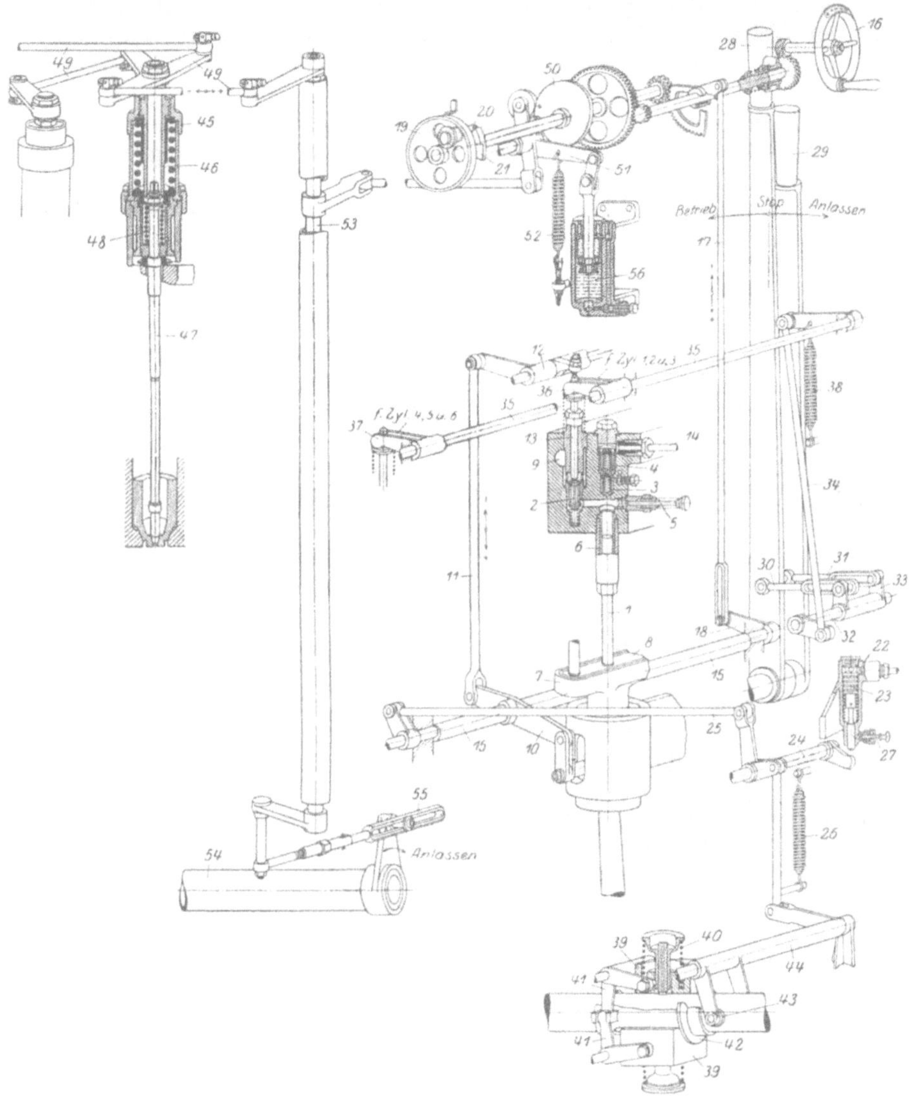

Abb. 33. Brennstoff- und Nadelhubregelung einer 1750-PS-Schiffsdieselmaschine der MAN, Werk Augsburg.

In Abb. 33 ist das Zusammenwirken von Brennstoff und Nadelhubregelung in der an einer 1750-PSe-MAN-Maschine vorgesehenen Anordnung dargestellt. *1* ist der Brennstoffpumpenplunger und *2* das

Saugventil, das in der in Abb. 24 dargestellten Weise vom Plungergestänge aus durch Vermittlung der Teile *10, 11, 12* gesteuert wird. Die Regelung der Brennstoffpumpe erfolgt durch das Handrad *16,* bei dessen Verdrehung die Stange *17* und die Welle *15* bewegt werden. Da der Hebel *10* auf der Welle *15* exzentrisch gelagert ist, wird das Reguliergestänge *11, 12* durch Verdrehung der Welle in der Höhenlage verstellt. Es werden auf diese Weise die Zeitdauern geändert, während deren sich die Saugventile unbelästigt von den Hebeln *12* schließen können. Unabhängig von der Fördermengenregelung werden die Saugventile durch den Hebel *36* dauernd aufgedrückt, solange sich die Steuerung der Maschine in Anlaß- oder Stoppstellung befindet. Zu diesem Zweck ist mit dem Anlaßhebel *28* das Gestänge *30, 32, 35* und der Hebel *36* verbunden, der die Saugventile der Brennstoffpumpe nur frei gibt, wenn die Steuerung auf Betrieb steht. Da die Maschine der Abb. 33 in 2 Gruppen von je 3 Zylindern angelassen werden kann, sind 2 Anlaßhebel vorhanden, von denen jeder auf je 3 Saugventile der Brennstoffpumpe einwirkt. Die Saugventile der Brennstoffpumpe können ferner vom Sicherheitsregler (*39—43*) aus durch Vermittlung des Gestänges *44, 25, 11* dauernd aufgedrückt werden, sobald die Umdrehungszahl der Maschine eine Höchstgrenze überschritten hat. Auf das Gestänge *25, 11* wirkt auch die Fernabstellvorrichtung *22, 23* ein, die durch Druckluft betätigt wird und mit der die Förderung der Brennstoffpumpe unterbrochen und auf diese Weise die Maschine abgeschaltet werden kann.

Das Handrad *16* verstellt gleichzeitig mit der Fördermenge der Brennstoffpumpe auch den Nadelhub in der auf S. 58 beschriebenen Weise. Auf der Gestängewelle sitzt die Nockenscheibe *50,* auf die eine Rolle durch die Feder *52* angedrückt wird. Der Rollenhebel wirkt durch die Welle *53* auf das Gestänge *49* ein und verändert bei der Verstellung die Höhenlage der Anschlaghülse *46* (in Abb. 32 als einfache Schraube *e* dargestellt), um auf diese Weise die Begrenzung des Nadelhubes (*47*) der Belastung der Maschine anzupassen. Das Nadelhubgestänge wird bei Schiffsmaschinen gewöhnlich so eingestellt, daß der kleinste freie Nadelhub bei kleinster Belastung etwa $^1/_2$ mm und der volle Nadelhub bei Belastungen von über $^1/_2$ oder $^2/_3$ Last etwa 2 mm beträgt. Wenn die Steuerwelle *54* auf „Anlassen" gelegt wird, so wird durch das Gestänge *55, 53* unabhängig von der Stellung des Handrades *16* kleinster Nadelhub eingestellt. Die Rolle ist dabei zwangläufig von der Nockenscheibe *50* abgehoben, die Feder *52* also gespannt, Beim Umschalten auf Betriebsstellung bewirkt die Ölbremse *56,* daß die Rolle von der Feder *52* nur allmählich in den Bereich der Nockenscheibe gebracht wird. Bei den ersten Umdrehungen der Anfahrperiode ist deshalb stets kleiner Nadelhub eingestellt, was mit Rücksicht auf die anfänglich vorhandene niedrige Umdrehungszahl sehr erwünscht ist.

5. Einblasedruckregelung.

Zu jeder Drehzahl und jeder Belastung gehört ein ganz bestimmter günstigster Einblasedruck, dessen Höhe bei den verschiedenen Maschinen

von der Gestaltung des Zerstäubers
im Brennstoffventil, dem Grad der
Verdichtung usw. abhängt. Die Regelung des Einblasedruckes erfolgt
entweder von Hand oder durch den
Regler. Bei der letzteren Anordnung
soll stets eine Handregelung zwi-
schengeschaltet sein, mit der man
den Bereich, in dem der Regler wirkt,
einstellen kann. Die Handregulierung muß also betätigt werden,
wenn z. B. ein anderer Brennstoff
oder eine andere Einstellung der
Maschine mit mehr oder weniger
Voreilen höhere oder niedrigere Ein-
blasedrucke bei allen Belastungen
nötig machen.

Gewöhnlich wird der Einblasedruck nur von Hand geregelt. Die
einfachste Art der Regelung ist die,
bei der eine Drosselklappe in der
Saugleitung des Verdichters verstellt
wird. Die Anordnung ist mit dem
Nachteil verbunden, daß der Einblasedruck nur sehr langsam der
Betätigung des Regelorgans folgt,
da sich die Veränderung der angesaugten Luftmenge nacheinander
in den einzelnen Verdichterstufen
bemerkbar machen muß. Um den
Einblasedruck augenblicklich
der Gangart der Maschine anpassen
zu können, wird oft ein Druckminderventil in die Hochdruckleitung hinter dem Verdichter eingeschaltet, das von Hand verstellt
wird (Abb. 34). Das Druckminderventil regelt, solange die Handregulierung an ihm nicht verstellt
wird, konstanten — d. h. vom Enddruck des Verdichters unabhängigen
— Einblasedruck. Die Luft wird
also über den Einblasedruck hinaus
verdichtet und in dem Druckminderventil auf den richtigen Druck her-
untergedrosselt. Vor dem Druckminderventil treten bei raschen
Belastungsänderungen oft starke

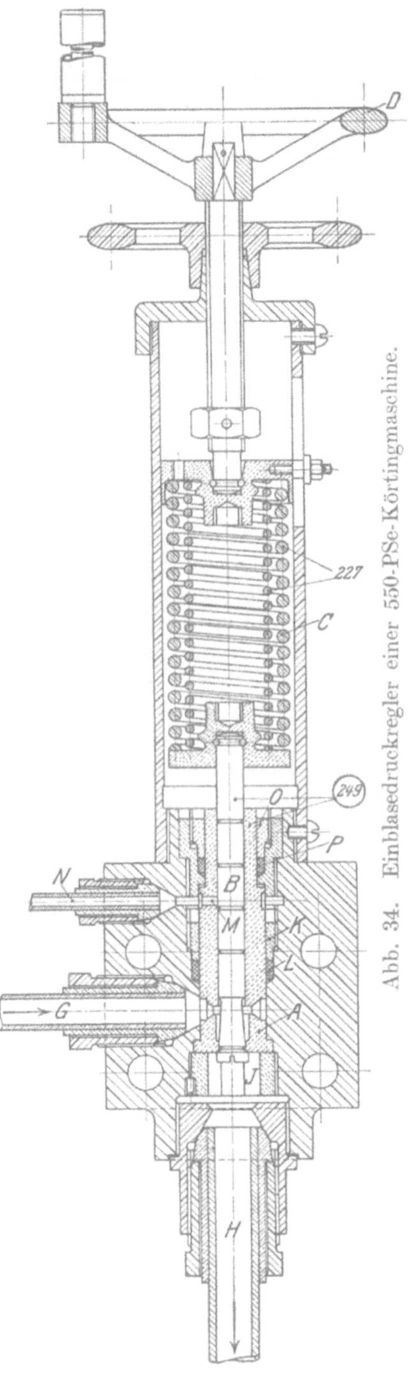

Abb. 34. Einblasedruckregler einer 550-PSe-Körtingmaschine.

Druckänderungen ein, die der Maschinist durch Betätigung der Drosselklappe in der Saugleitung, die auch bei dieser Anordnung nicht fehlen darf, nach Möglichkeit mildert. Ohne das Nachregeln von Hand kann theoretisch die richtige Luftmenge bei den verschiedenen Belastungen überhaupt nicht, praktisch nur unter großen Druckschwankungen vor dem Druckregler erreicht werden. Denn bei einer beliebigen Stellung der Handregulierung regelt das Druckminderventil in der Druckleitung einen ganz bestimmten Einblasedruck; es wird eine ganz bestimmte, von der Förderung des Verdichters unabhängige Luftmenge verbraucht. Wenn die Drosselklappe in der Verdichtersaugleitung etwas weiter geöffnet ist, als dieser Luftmenge entsprechen würde, dann steigt der Verdichterenddruck weiter und weiter an; bei den höheren Drucken hat der Verdichter einen etwas geringeren volumetrischen Wirkungsgrad. Beharrungszustand zwischen geförderter und gebrauchter Luft tritt erst dann ein, wenn die Luftförderung des Verdichters infolge der Verschlechterung des volumetrischen Wirkungsgrades auf den Luftbedarf herabgedrückt ist.

Man hat versucht, die Luftmenge selbsttätig durch Einwirkung des Verdichterenddruckes auf die Drosselklappe — neben der Regelung des Einblasedrucks durch das Druckminderventil in der Hochdruckleitung — zu regeln. Diese Aufgabe bietet aber die Schwierigkeit, daß die Veränderung in der Einstellung der Drosselklappe erst nach geraumer Zeit in der Hochdruckstufe des Verdichters wirksam wird. Es treten deshalb leicht Überregulierungen ein. Das Nachregeln der angesaugten Luftmenge durch Verstellen der Drosselklappe von Hand wird sich deshalb bei Dieselmaschinen kaum vermeiden lassen

Wesentlich verschieden ist die Abhängigkeit des Einblasedrucks von der Drehzahl bei Land- und bei Schiffsmaschinen. Landmaschinen laufen in der Regel bei allen Belastungen mit etwa der gleichen Drehzahl um; bei Vollast ist die niedrigste Drehzahl vorhanden, bei Leerlauf die höchste. Der Unterschied zwischen beiden Drehzahlen ist je nach der Ausbildung des Reglers zwischen 1 und 5%. Bei Vollast — also bei niedrigster Drehzahl — ist der höchste Einblasedruck, bei Leerlauf — höchster Drehzahl — der niedrigste Einblasedruck nötig. Gewöhnlich wird bei Landmaschinen auf den Einblasedruckregler verzichtet; der Maschinist stellt von Hand einen mittleren Einblasedruck ein, der für alle Drehzahlen beibehalten wird.

Bei Schiffsmaschinen treten sehr große Schwankungen in der Drehzahl auf — Höchstdrehzahl: niedrigste Drehzahl etwa = 4 : 1. Im Gegensatz zu den Landmaschinen ist bei niedrigster Drehzahl das kleinste Drehmoment, bei höchster Drehzahl das größte Drehmoment zu überwinden. Da sowohl Drehzahl als auch Belastung in weiten Grenzen geändert werden, ist es bei größeren Schiffsmaschinen immer nötig, den Einblasedruck dem jeweiligen Maschinengang anzupassen, also ein Druckminderventil hinter dem Verdichter einzuschalten. Der Maschinist, der bei Schiffsdieselmaschinen ohnehin stets im Maschinenraum anwesend sein muß, bedient das Druckminderventil von Hand bei Drehzahländerungen. Er sorgt durch Betätigung des Drosselventils in der Saugleitung dafür, daß der Verdichter einen höheren Druck als den für Einblasezwecke nötigen schafft, und er paßt den Einblasedruck mit dem Druckminderventil in der Hochdruckleitung der jeweiligen Gangart unabhängig vom Verdichterenddruck an.

Abb. 34 stellt einen Einblasedruckregler dieser Art in der von der Maschinenfabrik Körting verwandten Ausführung dar. Die Einblaseluft tritt durch Leitung G in das Ventil ein und strömt durch H den Brennstoffventilen zu. Die Druckminderung von G nach H erfolgt durch den Kopf der Ventilspindel B, der je nach der Höhenlage von B größere oder kleinere Querschnitte am Sitz des Ventilkörpers A freilegt. Die Ventilspindel ist aus dem Druckraum nach außen geführt und durch eine Labyrinthdichtung abgedichtet. Um die durch die Labyrinthdichtung entweichenden kleinen Luftmengen wieder der Maschine zuzuführen, ist die Labyrinthdichtung durch die Leitung N an den Druckraum der Niederdruckstufe des Verdichters angeschlossen.

Da der Durchmesser des oberen Teils der Ventilspindel ebenso groß ist wie der engste Durchmesser des Ventilsitzes, ist die Ventilspindel vom Zuleitungsdruck der Einblaseluft in der Leitung G entlastet. Es wirkt auf sie einerseits der Einblasedruck im Raum H nach oben und der Druck der Feder C nach unten. Wenn der Federdruck auf die Spindel größer ist als der Gegendruck der Einblaseluft, senkt sich die Spindel und gibt einen größeren Querschnitt frei. (Voraussetzung ist natürlich, daß der Druck in der Zuleitung G stets höher gehalten wird als in der Einblaseluftleitung H.) Es steigt infolgedessen der Gegendruck in Leitung H so lange, bis sich die an der Spindel angreifenden beiden Kräfte im Gleichgewicht befinden. Auf diese Weise ist erreicht, daß zu jedem Federdruck ein ganz bestimmter Druck der Einblaseluft hinter dem Ventil — unabhängig vom Zuleitungsdruck der Einblaseluft — gehört. Der Druck der Feder C auf die Ventilspindel wird durch das Handrad D, mit dem der Federteller heruntergeschraubt werden kann, dem jeweiligen Maschinengang angepaßt. Das kleinere Handrad unterhalb D dient dazu, um die Druckschraube in der augenblicklichen Stellung festzuklemmen und auf diese Weise zu verhüten, daß sich die Einstellung der Spindel infolge Erschütterungen in unbeabsichtigter Weise während des Maschinenganges verändert. Am oberen Federteller ist — in der Abb. 34 die Schraube auf der rechten Seite — ein Zeiger angebracht, dessen Höhenstellung die Lage des oberen Ventiltellers und damit die Druckluft der Feder und den Gegendruck der Einblaseluft angibt.

Das Druckminderventil kann auch selbsttätig von einem besonderen Regler verstellt werden. Bei den MAN-Schiffsdieselmaschinen erfolgt die Regelung des Einblasedrucks durch eine kleine Pumpe, die mit der Brennstoffpumpe verbunden ist und die den Einblasedruck abhängig von der Drehzahl und der Belastung einstellt (D. R. P. 269 455). Die Anordnung ist in der Literatur eingehend behandelt worden (siehe z. B. Scholz: Schiffsölmaschinen, S. 100 oder Z. V. d. I. 1920, S. 429), so daß an dieser Stelle ein Hinweis auf die vorhandene Literatur genügt.

Eine andere Lösung der gleichen Aufgabe — selbsttätige Regelung des Einblasedrucks — hat die Maschinenfabrik Körting bei ihren größeren, schnellaufenden Dieselmaschinen vorgesehen. Zur Regelung wird hier der statische Druck verwendet, der in einem sich um seine

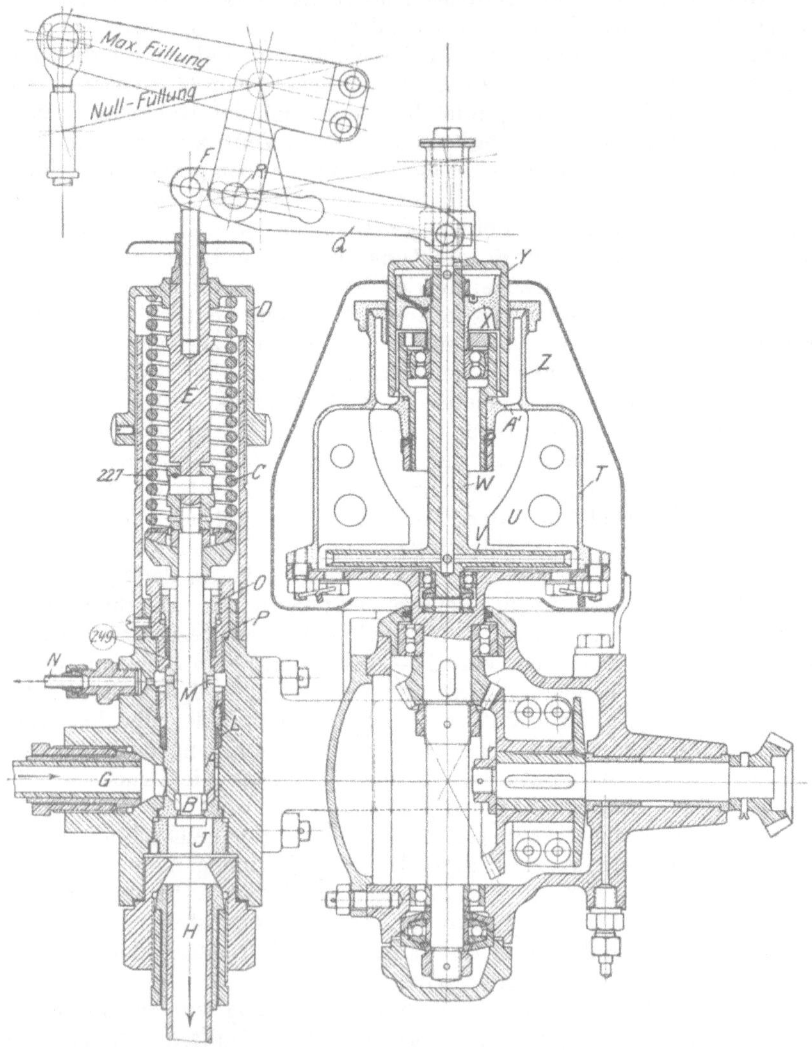

Abb. 35. Selbsttätiger Einblasedruckregler von Gebr. Körting A.-G., Hannover.

Mittellinie drehenden zylindrischen Gefäße, das mit Öl gefüllt ist, auftritt. Die Anordnung ist in Abb. 35 dargestellt.

Das eigentliche Druckregelungsventil besteht, ähnlich wie das in Abb. 34 wiedergegebene, aus einem Stahlkörper, in den die Bronzebüchse A eingesetzt ist. A dient dem Druckminderventilkegel B als

Führung und Abdichtung. Der Ventilkegel hat eine möglichst schmale
Sitzfläche und ist nach oben zu als ein langer, sorgfältig eingeschliffener
Entlastungskolben vom Durchmesser der Sitzfläche des Ventils ausgebildet. Der Kolben ist einerseits durch die Feder C belastet, deren
Spannung durch die Federhülse D eingestellt werden kann, und anderseits durch den mit dem Kegel beweglich verbundenen Stempel E,
welcher an seinem oberen Ende die Öse F trägt. Die Einblaseluft tritt
bei G ein und wird im Ventilsitz auf eine Spannung herabgedrosselt,
die dem Druck der Feder plus Belastung der Öse F entspricht. Da
der Entlastungskolben des Ventilkegels den gleichen Durchmesser
besitzt wie seine Sitzfläche, so ist die Wirkungsweise des Ventils von
dem Druck vor dem Ventile, also von dem Druck in der Einblaseflasche, unabhängig. Die Einblaseluft wird durch die Leitung H zu
den Haupteinblaseluftventilen weitergeleitet.

Die Spannung der Feder C wird normalerweise so eingestellt,
daß die Luft auf einen Druck von 38—40 Atm. herabgedrosselt wird.
Dieser Druck entspricht dem Wert, den der Einblasedruck bei niedrigster Drehzahl haben soll. Da der Einblasedruck mit der Umlaufzahl
und der Belastung zunehmen muß, so muß die zusätzliche Belastung
des Druckminderventils von der Öse F ausgehen. Diese Öse ist mit
dem Hebel Q verbunden, dessen anderes Ende vom Einblasedruckregler
mit wechselnder Kraft gehoben und gesenkt wird. Der Einblasedruckregler erzeugt eine Kraft, die mit der Umlaufzahl der Maschine quadra-
tisch zunimmt. Der Drehpunkt R des Hebels Q ist in dem Schlitze S
des Hebels verschiebbar. Seine Lage wird von dem Brennstoffpumpen-
handrade aus geändert, damit der Einblasedruckregler mit veränder-
lichem Übersetzungsverhältnis auf das Einblasedruckminderventil
wirkt und den Druck der Einblaseluft der Belastung entsprechend erhöht
oder erniedrigt.

Der eigentliche Druckregler besteht aus der Trommel T, die mit
Öl gefüllt ist. Diese Trommel besitzt Radialschaufeln U, welche bei
sich drehender Trommel die Ölfüllung mit sich nehmen. Es entsteht
ein Flüssigkeitsdruck im Öl der Trommel, der durch die Bohrung der
Scheibe V auf den Zylinderraum Y übertragen wird. Der Zylinder
ist am unteren Ende durch den feststehenden Kolben X abgeschlossen
und nach oben zu durch Schlitzführung mit dem Hebel Q verbunden,
durch den er auf das Druckminderventil einwirkt. Eine Drucksteigerung im Raum Y bewirkt eine Hebung des Zylinders und durch die
Hebelübertragung eine weitere Öffnung des Druckminderventils.

Das Druckminderventil kann auch von Hand durch Niederschrau-
ben der Federhülse D betätigt werden.

Bei Land- und Schiffsmaschinen ist es wichtig, beim Ansetzen
der Maschine niedrigen Einblasedruck zu halten, da sonst leicht scharfe
Zündungen auftreten. Da gerade beim Anlassen wegen der vielen
nacheinander vorzunehmenden Betätigungen mitunter Bedienungsfehler vorkommen, werden die Schiffsdieselmaschinen oft mit selbst-
tätigen Vorrichtungen zur Minderung des Einblasedrucks während der
Anlaßperiode ausgerüstet (Abb. 33, Anordnung *49, 53, 55*).

6. Einspritzung ohne Luft.

Der wichtigste Fortschritt, der in der Vervollkommnung der Dieselmaschine in den letzten Jahren erzielt worden ist, besteht in der Durchbildung der luftlosen Einspritzung, bei der der Verdichter gespart wird. Die Verdichtung auf die hohen Drücke, die für die Einspritzung benötigt werden, macht einen mehrstufigen Verdichter (bei kleinen Maschinen 2, bei großen 3 Stufen) erforderlich. Die Luft darf nicht zu stark erhitzt werden, da sonst in der verdichteten Luft Schmierölexplosionen durch Selbstzündung entstehen können und da durch die Erwärmung der Wirkungsgrad des Verdichters erniedrigt wird. Es sind deshalb Luftkühler in die Luftleitung zwischen die einzelnen Stufen und nach der letzten Stufe eingebaut, in denen die bei der Verdichtung erhitzte Luft abgekühlt wird. Die einzelnen Verdichter- und Kühlerstufen müssen von Zeit zu Zeit entlüftet werden. Ferner muß der Einblaseluftdruck der Gangart der Maschine angepaßt werden, was bei größeren Maschinen vom Einblasedruckregler besorgt wird.

Es ist also ein großer Apparat, der zur Lieferung und Regelung der nötigen Einspritzluft aufgewendet werden muß. Und gerade an diesen Teilen treten vielfach Störungen auf, sei es, daß ein Ventil im Verdichter undicht wird oder hängen bleibt und die Luft infolgedessen von der höheren Stufe nach der unteren strömt, oder daß ein Kühler undicht wird und Luft nach außen oder ins Kühlwasser entweichen läßt oder auch Kühlwasser nach außen abfließt, oder daß Kolbenringe, Ventile oder Kühler infolge zu reichlich gegebenen Schmieröls, das von der verdichteten Luft mitgerissen wird, verschmutzen. Bei so vielen Umständen und Störungsmöglichkeiten, die der Verdichter mit sich bringt, liegt es nahe, daß man schon frühzeitig versucht hat, den Verdichter ganz fortzulassen und den Brennstoff unmittelbar in die im Arbeitszylinder verdichtete Luft einzuspritzen.

Man kann das Ziel auf die Weise erreichen, daß man die nötige Einspritzluft aus dem Zylinder abzapft, in einen Hilfsraum mit einer geringen Brennstoffmenge zur Entzündung bringt und mit Hilfe des hochverdichteten Gemisches die Hauptmenge des Brennstoffs durch einen engen Hals in den Zylinder einspritzt, wo er sich mit der Hauptluft mischt und verbrennt. Bei diesen Maschinen, den Vorkammer-Dieselmaschinen, wird die Vorkammer im Betrieb rotglühend und ruft dadurch eine sichere Zündung hervor. Um die Maschine in Gang zu bringen, bedient man sich vielfach einer Anwärmlampe. Der Vorteil der Vorkammer-Dieselmaschine liegt in der einfachen Bauweise, während als Nachteile höherer Brennstoffverbrauch und die Unmöglichkeit, die Maschinen mit Rücksicht auf die Betriebssicherheit in größeren Einheiten zu bauen, gebucht werden müssen.

Man ist in den letzten Jahren noch einen Schritt weiter gegangen, hat auf Zuhilfenahme der Luft für die Zerstäubung ganz verzichtet und den Brennstoff unmittelbar in den Arbeitszylinder eingespritzt. Auf diesem Wege hat man so wesentliche Erfolge erzielt, daß wir an der luftlosen Einspritzung [oder nach Nägel[1]) auch Strahleinspritzung] nicht vorbeigehen können.

Die Zerstäubung des Brennstoffs soll also bei der Dieselmaschine mit Strahleinspritzung einfach dadurch erfolgen, daß man den Brennstoffstrahl in die Verbrennungsluft einspritzt. Es liegt auf der Hand, daß die Zerstäubung um so gründlicher in der zur Verfügung stehenden kurzen Zeit erfolgt, mit je größerer Geschwindigkeit der Strahl in den Zylinder eintritt. Zu diesem Zwecke muß die Düse möglichst eng bemessen sein und der Brennstoff, dessen Menge für jeden Verbrennungsvorgang genau vorgeschrieben ist, auf möglichst hohen Druck gebracht werden. Die Grenzen für den Druck sind durch die Betriebssicherheit der Anlage gegeben; sie liegen augenblicklich bei 200—250 Atm. Ob man die Zerstäubung dadurch verbessern kann, daß man dem austretenden Strahl durch Umlenkung kurz vor der Austrittsstelle eine turbulente Bewegung gibt, entzieht sich meiner Kenntnis.

Weiterhin ist noch wichtig, daß der eingespritzte Brennstoff von der Düse ab einen möglichst großen Weg in der verdichteten Luft zurücklegt. Denn sobald der Strahl gegen eine feste Wandung prallt, wird zwar die mitgerissene Luft abgelenkt, aber der feinverteilte Brennstoff infolge der Zentrifugalkraft an der Wandung ausgeschieden. Durch Umlenken eines Strahles kann man die Luft von den mitgerissenen Flüssigkeitsteilchen befreien, und das muß hier gerade vermieden werden. Bei der verdichterlosen Einspritzung ist deshalb der Ausbildung des Verbrennungsraumes besondere Beachtung zuzuwenden.

Es ist noch ein dritter Punkt, der neben der hohen Brennstoffverdichtung und der geeigneten Ausbildung des Verbrennungsraumes zu beachten ist: die Steuerung der Brennstoffeinspritzung. Bei der Einspritzung mit Luft wird die Maschine durch die Brennstoffnadel gesteuert, die die Brennstoffluftleitung kurz vor dem Eintritt in den Verbrennungsraum abschließt und die auf eine entsprechend bemessene Zeit das Gemisch unter fast unveränderlichem Druck in den Zylinder eintreten läßt. Bei der luftlosen Einspritzung steht der Nadelsteuerung die Schwierigkeit entgegen, daß der Druck der Flüssigkeit während der Einspritzung zu stark abfallen und der Brennstoff deshalb nicht gleichmäßig in den Zylinder eintreten würde. Man könnte vielleicht diese Schwierigkeit dadurch beheben, daß man ein federndes Kissen (z. B. einen Windkessel) in die Brennstoffleitung einschaltet, das beim Austritt von wenigen Kubikzentimetern Brennstoff den Druck nicht zu stark abfallen läßt. Da aber auch dieser Windkessel durch die Regelung des Luftvolumens bzw. durch die Ausbildung eines geeigneten Federkissens erhebliche Schwierigkeiten bereitet, hat man bisher einen anderen Weg beschritten: Man regelt den Verbrennungsvorgang durch die Brennstoffpumpe, und man bedient sich dabei der gewöhnlichen Brennstoffpumpensteuerung mit gesteuertem Saugventil, die bereits auf Seite 32 eingehend beschrieben und in Abb. 24 dargestellt ist. Die

---

[1]) Nägel: Die Dieselmaschine der Gegenwart. Z. V. d. I. 1923. An dieser Stelle ist das Thema eingehend behandelt.

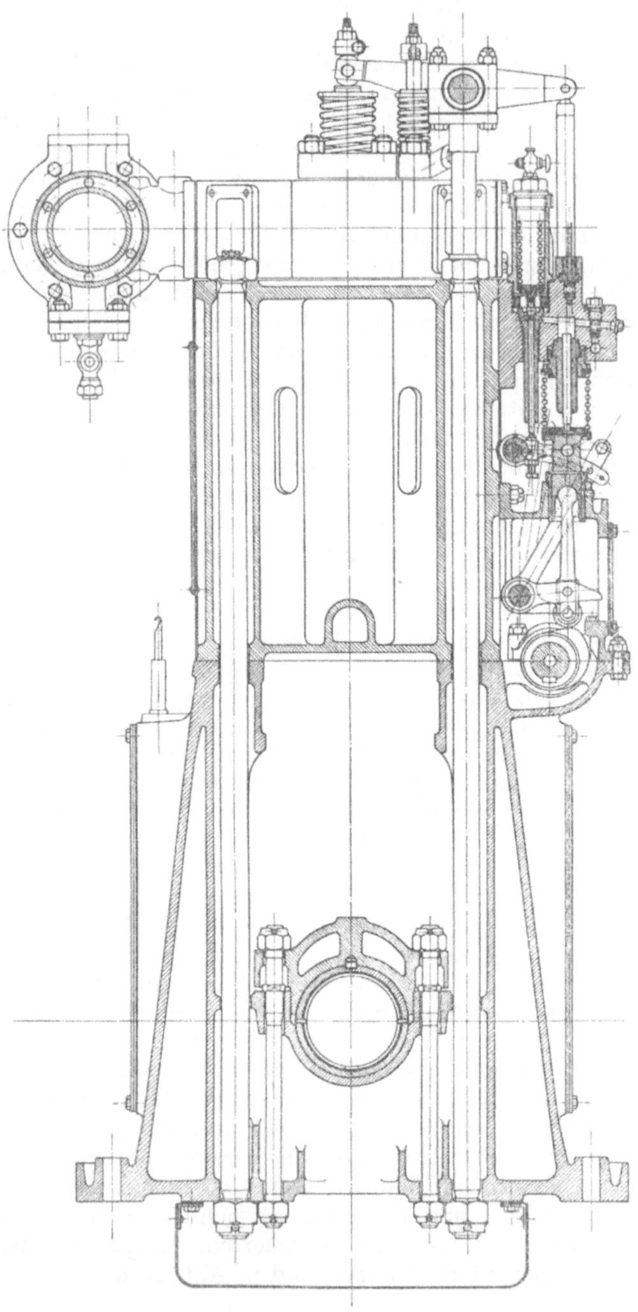

Abb. 36. Verdichterlose Dieselmaschine der MAN.

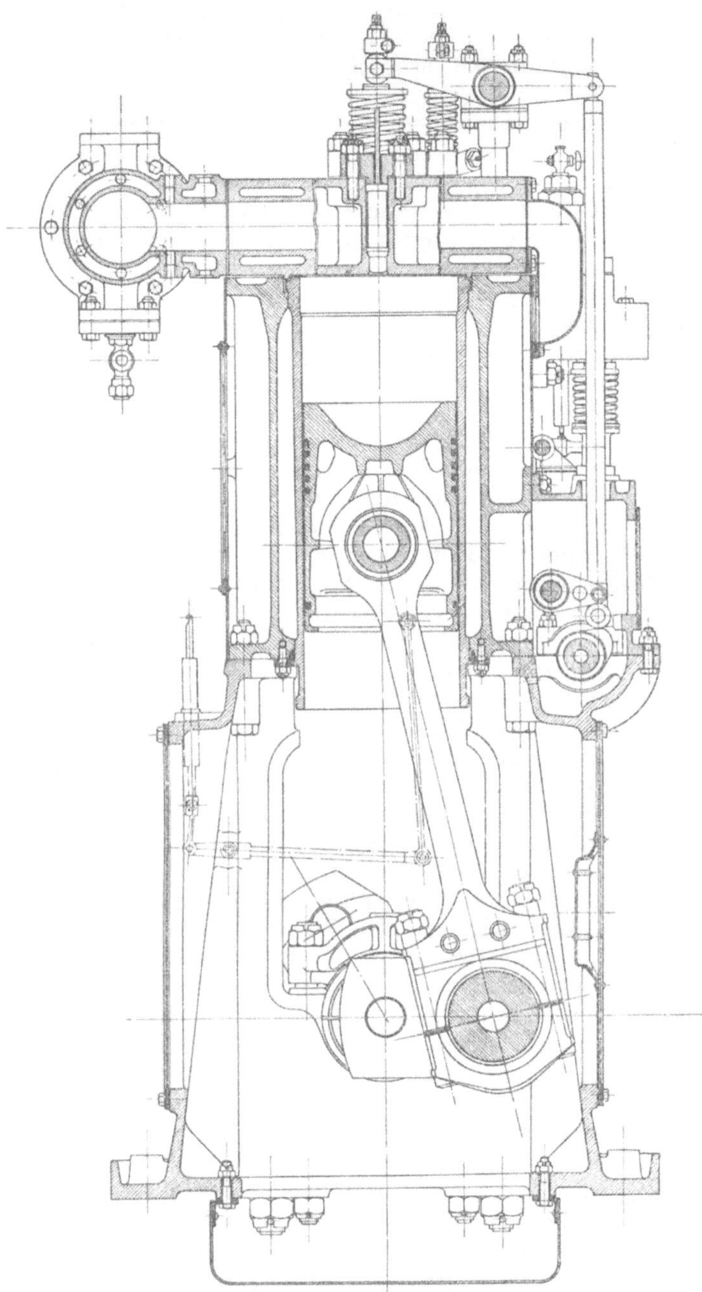

Augsburg. (Siehe dazu auch Abb. 142—144.)

Genauigkeit, mit der der Brennstoffstrahl eingespritzt werden muß, erfordert allerdings eine Änderung in der Stösselbetätigung gegenüber Abb. 24, auf die im nachfolgenden noch eingegangen werden wird.

Bei dieser Anordnung steht die ganze Brennstoffleitung von der Pumpe bis zum Arbeitszylinder dauernd ohne Abschlußvorgang mit dem Zylinderinnern in Verbindung und es besteht die Gefahr, daß entweder nach Abschluß der Verbrennung noch einige Tröpfchen Brennstoff in den Zylinder nachtropfen oder daß Gase aus dem Zylinder in die Brennstoffleitung eintreten und den Brennstoff zurücktreiben. Diese Gefahr kann man aber dadurch, daß man kurze Brennstoffleitungen nimmt und in diesen jedes Luftkissen vermeidet, unschädlich machen. Die Brennstoffeinspritzung wird durch das Aufheben des Brennstoffpumpensaugventils nach der Einspritzung so plötzlich entlastet, daß der Druck in ihr rascher sinkt als im Arbeitszylinder, und wenn dann die Brennstoffsäule durch die Abgase etwas zurückgedrückt wird, so hat das schließlich nur zur Folge, daß der Anstieg des Druckes in der Brennstoffleitung etwas früher ansetzen muß, um zuerst diese Abgasereste auszutreiben. Dieser letztere Gesichtspunkt wird namentlich beim langsamen Gang der verdichterlosen Dieselmaschine eine Rolle spielen. Um das Rückschlagen von verdichteter Luft in die Brennstoffleitung zu verhüten, hat die Motorenfabrik Deutz ein Rückschlagventil vorgesehen, das nur Brennstoff in den Zylinder, nicht aber verdichtete Luft in die Brennstoffleitung eintreten läßt.

Nach diesen Vorbemerkungen wollen wir uns der Besprechung ausgeführter verdichterloser Dieselmaschinen zuwenden, um deren Ausbildung sich die Firmen MAN und Deutz besondere Verdienste erworben haben. In Abb. 36 ist der Schnitt durch eine verdichterlose MAN-Maschine dargestellt. Der allgemeine Aufbau ist ähnlich wie bei Maschinen mit Verdichter. Die Steuerwelle liegt in halber Höhe, da der für den Aufbau schnellaufender Dieselmaschinen mit Verdichter wesentliche Gesichtspunkt, die Steuerung für das Brennstoffventil möglichst kurz zu halten, hier wegfällt. Die Steuerung des Einspritzvorgangs erfolgt durch die Brennstoffpumpe, die deshalb möglichst nahe an die Steuerwelle herangerückt ist. Bei verdichterlosen Dieselmaschinen ist es besonders wichtig, den Beginn des Arbeitens der Brennstoffpumpe und die Plungergeschwindigkeit nach genau festgelegten Gesetzen zu steuern. Die in Abb. 24 dargestellte Brennstoffpumpe genügt diesen Bedürfnissen nicht. Man ist wieder zur Nockensteuerung des Brennstoffplungers übergegangen. Der Steuernocken für die Brennstoffpumpe sitzt auf der Maschinensteuerwelle und er wirkt unmittelbar auf den Plunger ein. Die Einspritzung beginnt 10—15° vor der Totlage des Arbeitskolbens. Das Ende des Pumpendruckhubes wird dagegen ähnlich wie in Abb. 24 durch Öffnen eines Überströmventils hervorgerufen, das durch einen Stössel aufgedrückt wird. Die Einspritzung reißt deshalb plötzlich ab, wie es auch das Diagramm erfordert. Auf die Stösselsteuerung wirkt der Regler ein, der den Zeitpunkt der Beendigung des Druckvorgangs der Belastung anpaßt.

Vom Brennstoffpumpendruckraum führt eine kurze Leitung zur Einspritzdüse (Abb. 37). Es ist darauf Bedacht genommen, daß die Brennstoffleitung so wenig Volumen wie möglich enthält und daß vor allem keine toten Ecken vorhanden sind, in denen sich Luftblasen festsetzen könnten. Die Brennstoffdüse ist auf den Ventilkörper aufgesetzt. Sie enthält mehrere feine Bohrungen, die möglichst gleichmäßig den Verbrennungsraum beschicken. Im Interesse einer möglichst innigen Berührung zwischen Brennstoffstrahl und Verbrennungsluft würde es sich empfehlen, recht viele Bohrungen in der Düse vorzusehen. Da aber der Gesamtquerschnitt der Bohrungen durch die Brennstoffmenge, den Einspritzdruck und die für die Einspritzung zur Verfügung stehende Zeit bestimmt ist, muß der Durchmesser der Bohrungen um so kleiner ausfallen, je größer die Anzahl der Löcher ist. Zu kleine Bohrungen in der Einspritzdüse haben aber den Nachteil, daß sich einzelne Öffnungen durch winzige, dem Brennstoff beigefügte Verunreinigungen verstopfen können. Bei kleinen Einheiten muß man sich deshalb mit einer Bohrung begnügen und man darf auch bei großen Einheiten die Zahl der Bohrungen nicht zu weit steigern.

Am Arbeitskolben der Abb. 36 fällt auf, daß er sehr stark ausgehöhlt ist. Der Verbrennungsraum in der Kolbentotlage hat deshalb angenähert die Form einer Halbkugel, die für eine gleichmäßige Beschickung der Verbrennungsluft mit Brennstoff besonders geeignet ist.

In den Abb. 142 bis 144 sind weitere Einzelheiten der hier beschriebenen MAN-Dieselmaschine dargestellt.

Außer der MAN ist es vor allem die Gasmotorenfabrik Deutz gewesen, die sich um die Ausbildung der verdichterlosen Dieselmaschine Verdienste erworben hat. Deutz war von jeher

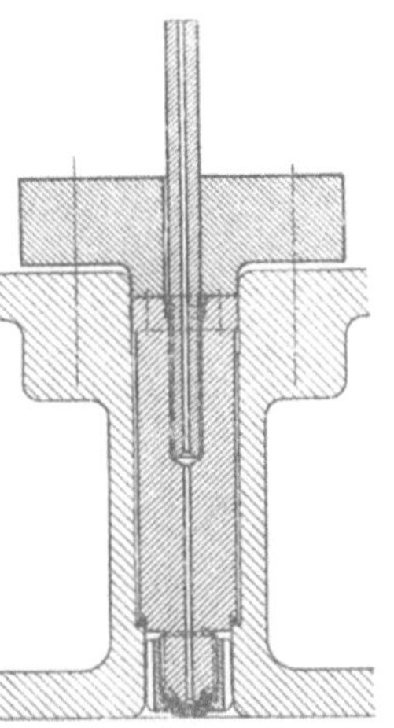

Abb. 37. Offene Düse zur MAN-Maschine, Abb. 36.

führend auf dem Gebiete der Kleinmotoren und der Einführung des Kleindieselmotors stand stets die Umständlichkeit der Bauart, die hohe Preise und gute Wartung zur Bedingung haben, im Wege. Wie vorausgehend erwähnt, werden aber Aufbau und Bedienung durch den Fortfall des Verdichters mit allen seinen Nebeneinrichtungen ganz wesentlich vereinfacht, so daß die Einführung der luftlosen Einspritzung gerade für den Kleinmotorbau ganz wesentliche Vorteile versprach. Es kommt noch hinzu, daß die gleichmäßige Beschickung der Verbrennungsluft im Zylinder mit Brennstoff bei kleinen Abmessungen des Verdichtungsraumes weniger Schwierigkeiten macht als bei großen, so daß die Grenze für die verdichterlosen Dieselmaschinen etwa bei 50 PS/Zyl. liegt.

In Abb. 38 ist die Zusammenstellungszeichnung einer verdichterlosen Maschine der Motorenfabrik Deutz wiedergegeben. Das einzige Abweichende gegenüber den Ausführungen mit Verdichter liegt wieder

im stark gewölbten Kolbenboden, der in der Totlage einen annähernd
halbkugelförmigen Verdichtungsraum einschließt und in den der Brennstoff zentrisch eintritt.

In Abb. 39 ist ein Schnitt durch die im Zylinderdeckel sitzenden
Ventile wiedergegeben. In der Mitte sitzt das Brennstoffventil _1_, dem
sich zu beiden Seiten Einlaß- und Auslaßventil _2_ und _3_ anschließen.
Im Gegensatz zu der von der MAN bevorzugten offenen Düse wird

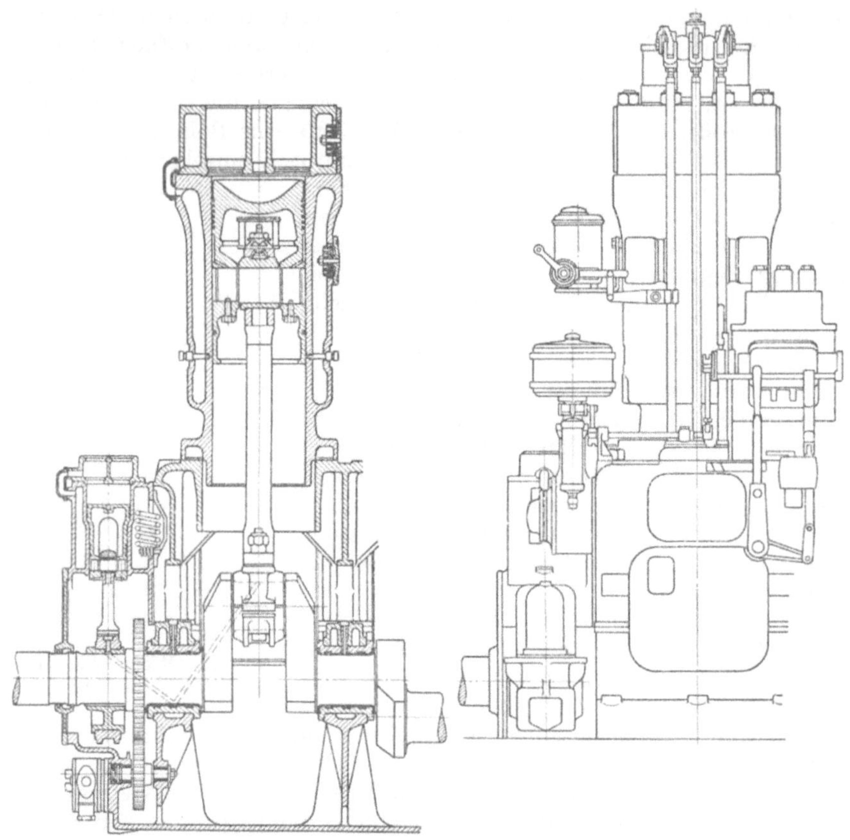

Abb. 38. Verdichterlose Dieselmaschine von Deutz.

hier mit einem Ventil gearbeitet, das die Brennstoffleitung kurz vor
dem Eintritt in den Zylinder abschließt. Das Brennstoffventil wird aber
nicht wie bei den Maschinen mit Verdichter durch einen Nocken gesteuert, sondern es ist als Rückschlagventil ausgebildet, das durch den
Druck der Flüssigkeit (Brennstoff) betätigt wird. Wir sehen, daß die
Nadel _4_ nur eine Bohrung von sehr geringem Durchmesser abschließt
und daß der Nadelschaft oben viel stärker ausgebildet ist. Wenn der
Druck im Brennstofflagerraum _9_ so stark anwächst, daß der Druck der

Feder *8* überwunden wird, hebt sich die Nadel und gibt den Weg für
den Brennstoff frei. Zur Abdichtung gegen den hohen Brennstoffdruck
ist eine verhältnismäßig lange Führung *7* vorgesehen. Die Düsenplatte *5*
ist durch das Verschlußstück *6* mit dem Ventilkörper verbunden; sie
trägt mehrere radiale Bohrungen.

Wenn die verdichterlose Dieselmaschine mittels Teeröls betrieben
werden soll, ist es nötig, einen Zündtropfen vorzulagern. Die Motorenfabrik Deutz sieht dafür die Anordnung nach Abb. 40 vor. Das Teeröl
ist hier ähnlich unter Zwischenschaltung einer Nadel gesteuert wie bei

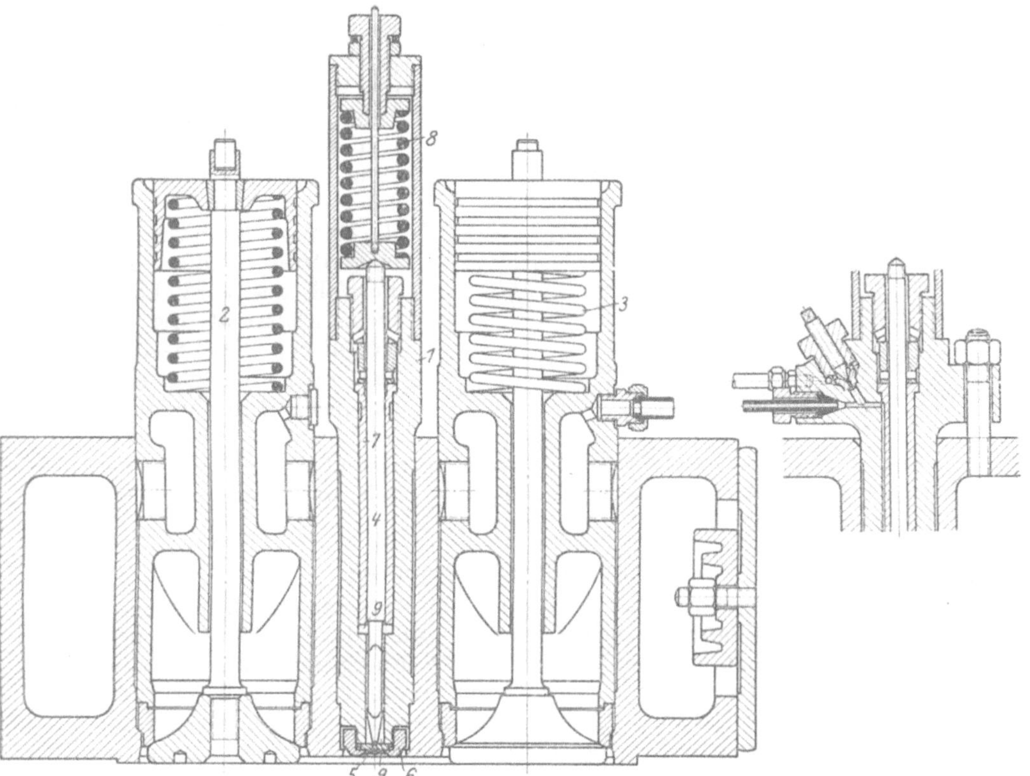

Abb. 39. Schnitt durch den Zylinderdeckel einer verdichterlosen Dieselmaschine
von Deutz. Rechts: Brennstoffzuführung zum Rückschlagventil.

der Anordnung nach Abb. 39. Der Zündtropfen dagegen wird unterhalb
der Nadeldichtung eingeführt; nach dieser Richtung hin ist also die
Düse immer offen. Zu der Anordnung Abb. 40 gehören natürlich zwei
Brennstoffpumpen — eine für Teeröl und eine für Zündöl — die den
Verbrennungsvorgang steuern.

Auf die halbkugelförmige Ausbildung des Verbrennungsraumes
mit zentraler Einführung des Brennstoffs hat Deutz ein Patent angemel-
det. Ein weiteres Patent Nr. 393 178 schützt dieser Firma eine besondere

Kopplung und Verblockung des Anlaß- und Betriebshebels, durch die falsche Schaltungen ausgeschlossen werden.

Zu erwähnen ist noch die verdichterlose Dieselmaschine Bauart Junkers, auf die im Abschnitt II 8 eingegangen wird.

Der Brennstoffverbrauch ist bei den Dieselmaschinen mit Strahleinspritzung um einen kleinen Betrag geringer als bei den Maschinen mit Lufteinspritzung. Es ist zwar der thermische Wirkungsgrad etwas geringer; dafür ist aber der mechanische Wirkungsgrad durch den Wegfall des Verdichters erheblich höher, so daß er die zuerst genannte Verringerung mehr als aufwiegt. Dem Gewicht nach sind die Maschinen mit Strahleinspritzung trotz des Fortfalls des Verdichters nicht leichter als die gewöhnlichen Dieselmaschinen, da sie im allgemeinen nicht so gleichmäßige Verbrennung aufzuweisen

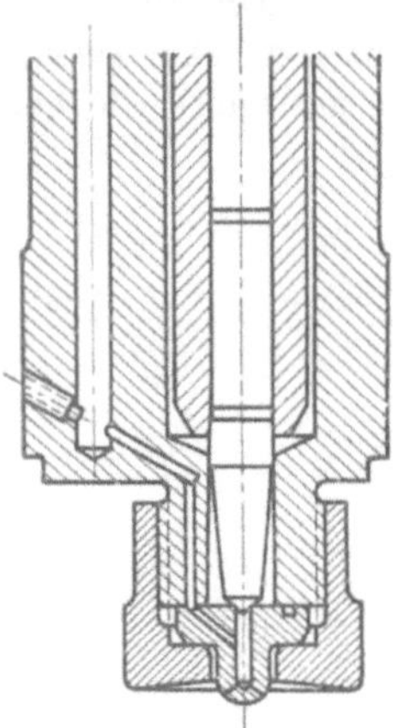
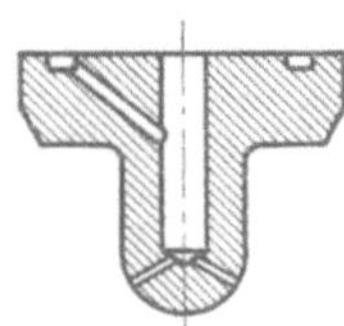

Abb. 40. Einspritzdüse zur Maschine, Abb. 38, für Teerölbetrieb und mit Vorlagerung eines Zündtropfens.

haben und deshalb nicht so hoch belastet werden dürfen. Der wesentlichste Vorteil ist aber zweifellos die Einfachheit, die in vielen Fällen den Ausschlag geben wird.

7. Brennstoffmeßvorrichtung.

Jedem größeren Elektromotor ist ein Amperemeter beigegeben, an dem man ständig die Stromaufnahme und, da die Spannung gewöhnlich ziemlich unverändert bleibt, die Energieaufnahme ablesen kann. Das Instrument ist nicht unbedingt nötig, da die Energiezufuhr nicht nach den Angaben des Amperemeters, sondern nach Umdrehungsanzeiger und Belastung geregelt wird. Trotzdem sind die Angaben des Amperemeters so wertvoll, daß man es bei keiner größeren Anlage missen möchte: das Instrument zeigt es an, wenn zuviel Strom in einem bestimmten Fall gebraucht wird, wenn also der Wirkungsgrad der Anlage durch irgendeine Störung verringert ist.

Bei der Ölmaschine hatte bisher ein ähnlicher Leistungsmesser gefehlt, obwohl ein solcher gerade hier sehr am Platze wäre. Mitunter reiben ein Kolben oder einige Lager stark, die Steuerung ist schlecht eingestellt, das Auspuffrohr ist durch angesetzten Ruß fast verstopft, die getriebene Maschine hat besonders großen Widerstand, ohne daß man die Störung der Ölmaschine anmerkt. Zu Beginn der Störung geht die Drehzahl etwas zurück; der Regler oder der Maschinist regelt durch Weiterauslegen des Brennstoffregulierhebels nach; die Brennstoffpumpe gibt mehr Brennstoff und die Ölmaschine läuft ruhig weiter, bis der Schaden schwerwiegende Folgen nach sich zieht.

Ein selbsttätiger Energieanzeiger für eine Dieselmaschine, der dem Amperemeter des Elektromotors entspricht, ist versuchsweise in der in Abb. 41 dargestellten Weise ausgeführt worden[1]). In der Saugeleitung s der Brennstoffpumpe ist ein Drosselküken d eingeschaltet, das einen Druckabfall im Brennstoffstrom hervorruft. Vor und hinter dem Drosselküken sind zwei Glasrohre g angeschlossen, die oben durch ein Verbindungsstück v miteinander verbunden sind. Bei stillstehender Maschine wird durch das Lufthähnchen h so viel Luft in die Glasrohre eingelassen, daß der Flüssigkeitsspiegel in beiden Gläsern auf 0 steht. Im Betrieb stellt sich ein Druckunterschied $H_1 + H_2$ ein, der dem Quadrate der durchfließenden Menge proportional ist. An dem Apparat kann man sofort die der Maschine zugeführte Brennstoffmenge — also die Energiezufuhr — erkennen.

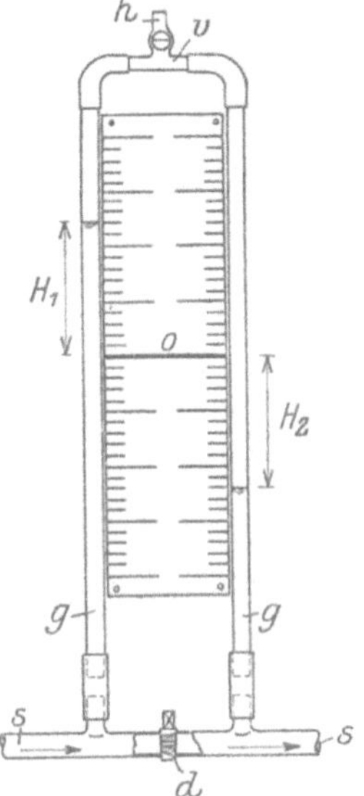

Abb. 41. Selbsttät. Brennstoffmeßvorrichtung.

Die Anordnung, die ja in ähnlicher Ausführung zum Messen von Wassermengen usw. viel verwendet wird, hat sich für den hier betrachteten Zweck nicht voll bewährt. Die Viskosität des Brennstoffes ist bei den verschiedenen Lieferungen verschieden und sie hängt überdies in hohem Maße von der Temperatur des Brennstoffes ab. Die Anordnung ist nur in Verbindung mit einem Thermometer und einer Reihe von Tabellen, die die Eichwerte des Instrumentes für die verschiedenen Temperaturen enthalten, verwendbar; sie kommt deshalb nur für den Probestand einer Ölmotorenfirma, nicht aber für den praktischen Betrieb in Frage.

Während des Krieges ist auf der Werft Wilhelmshaven mehrfach die in Abb. 42 dargestellte Brennstoffmeßvorrichtung mit Erfolg erprobt worden, die gegenüber der eben beschriebenen Anordnung den Vorteil größerer Genauigkeit, Betriebssicherheit und Einfachheit und den Nachteil hat, daß die Ablesung nicht augenblicklich erfolgen kann, sondern 10—15 Sekunden Zeit erfordert. Der Meßzylinder a ist an die Saugleitung der Brennstoffpumpe angeschlossen. Die Leitung b kommt vom Vorratsbehälter, die Leitung c führt zur Brennstoffpumpe. In a ist der Meßkolben d leicht spielend eingesetzt; die mit d verbundene Meßstange e ist durch den Deckel f geführt und mit Meßstrichen x_1, x_2 versehen. Um das Durchtreten kleiner Brennstoffmengen durch den Deckel, solange nicht gemessen wird, zu verhüten, ist das aus dem Deckel hervorragende Ende der Meßstange durch eine aufgeschraubte

---

[1]) Erstmalig ausgeführt in der Großölmaschinen-Versuchsanstalt von Prof. Junkers in Aachen.

Kapsel g abgeschlossen, die während des Meßvorganges abgenommen ist. Die Leitungen b und c sind durch eine mit einem Hahn h abschließbare Parallelleitung zum Meßbehälter verbunden. Solange nicht gemessen wird, ist h geöffnet und der Brennstoff fließt der Pumpe direkt zu. Um die Meßvorrichtung für den Meßvorgang vorzubereiten, wird die Kapsel g abgeschraubt und die Meßstange am Knopf i bei geöffnetem Hahn h hochgezogen. Dann wird h dicht gedreht und der Kolben freigelassen. Der Kolben senkt sich, da der unter ihm befindliche Brennstoff der Pumpe zufließt. Die Messung beginnt, sobald der Meßstrich x_1, und sie endet, sobald x_2 in der Deckelbohrung verschwinden. Das effektive Hubvolumen des Meßkolbens ist vorher durch Ausmessen der Meßlänge und des Zylinderdurchmessers bestimmt worden. Während des Meßvorgangs werden die Maschinenumdrehungen oder bei Viertaktmaschinen die Umdrehungen der Steuerwelle gezählt, und zwar wird mit dem Zählen beim Verschwinden von x_1 begonnen und beim Verschwinden von x_2 aufgehört. Es wird auf diese Weise festgestellt, auf wieviel Umdrehungen die geeichte Brennstoffmenge der Pumpe zugeführt wird. Wenn der Kolben in seiner unteren Endlage angelangt ist, gibt er die Hilfsöffnung k frei, durch die der Brennstoff der Maschine unter Umgehung des Kolbens zufließen kann. Eine ähnliche Hilfsöffnung l ist beim Brennstoffeintritt in der oberen Kolbenlage vorgesehen.

Das Hubvolumen des Meßzylinders soll etwa so bemessen sein, daß der Meßvorgang in 30—60 Umdrehungen der Steuerwelle beendet ist. Da die Vorrichtung dicht verschraubt ist, solange nicht gemessen wird, wird im Betrieb kein Brennstoff durch Undichtigkeiten verloren.

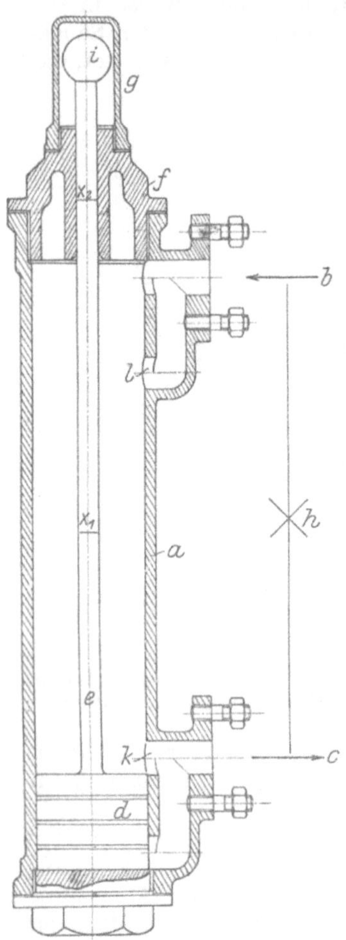

Abb. 42. Vorrichtung, die zum Messen des Brennstoffs in die Saugleitung zur Brennstoffpumpe eingeschaltet wird.

Die Messung ist sehr genau, weil kaum Brennstoff von der Oberseite des Kolbens nach der Unterseite mit Rücksicht auf die geringe Druckdifferenz übertreten kann. Es ist darauf zu achten, daß keine größeren Luftsäcke im Brennstoffpumpensaugraum vorhanden sind. Wenn die Saugräume der Brennstoffpumpe für jeden Zylinder getrennt sind, ist es zweckmäßig, die Meßvorrichtung durch Zwischenschaltung von Hähnen auf jeden Zylinder schaltbar zu machen. Man kann dann in raschester Weise die Brennstoffverteilung auf die einzelnen Zylinder nachkontrollieren.

Messungen, die mit der beschriebenen Vorrichtung an verschiedenen Schiffsdieselmaschinen im praktischen Betrieb vorgenommen worden sind, haben ergeben, daß die Brennstoffverteilung auf die einzelnen Zylinder stets ungleich war; die Abweichungen betrugen immer, solange die Brennstoffpumpe nicht auf Grund der Meßergebnisse nachgestellt worden war, mindestens 15%, in vielen Fällen 30%, vereinzelt sogar bis 50%. Die ungleichmäßige Belastung der einzelnen Zylinder ist mit eine der Hauptursachen für die Störungen an Schiffsdieselmaschinen. Ihr muß deshalb große Aufmerksamkeit zugewandt werden.

8. Die Junkers-Dieselmaschine.

Die Junkersmaschine ist eine im Zweitakt arbeitende Dieselmaschine mit gegenläufigen Kolben; sie hat in den letzten Jahren in der Öl-maschinenindustrie viel Beachtung gefunden. Es muß gleich darauf hingewiesen werden, daß die Junkersmaschine nicht die Erwartungen erfüllt hat, die man etwa im Jahre 1912 auf sie setzte, als eine stattliche Reihe von deutschen und außerdeutschen Firmen von Professor Jun-kers Lizenz nahm und mit dem Bau dieser Maschine begann. Dem großen Aufwand von damals sind nur wenige brauchbare Ergebnisse gefolgt. Das hat vor allem seinen Grund darin, daß die sämtlichen Firmen, die seinerzeit den Bau von Junkersmaschinen aufnahmen, keinerlei Erfahrungen im Bau von Dieselmaschinen besaßen. Sie hätten ebensolche Enttäuschungen erlebt, wenn sie damals statt der Junkers-Dieselmaschine normale Viertaktdieselmaschinen zu bauen angefangen hätten. Für den Bau der Junkers-Dieselmaschine sind vor allem die Erfahrungen nötig, die man beim Bau einer normalen Dieselmaschine sammelt. Die Sondererfahrungen, die außerdem erforderlich sind, sind nicht sehr umfangreich.

Erst in den letzten Jahren ist es der Forschungsanstalt von Prof. Junkers in Dessau unter der Leitung von Dr. O. Mader gelungen, eine Gegenkolbenmaschine herauszubringen, die in kurzer Zeit eine rasche Verbreitung gefunden hat. Bevor wir auf diese Maschine eingehen, wollen wir uns kurz mit den Gegenkolbenmaschinen der früheren Bauarten befassen.

Die verhältnismäßig größte Verbreitung hat die von der A.E.G. gebaute Gegenkolbenmaschine (Abb. 43) gefunden. Die Maschine ist stehend angeordnet; der untere Kolben trägt den Schubstangenzapfen; der obere Kolben ist mit einem Querhaupt verbunden, dessen beide Enden als Schubstangenzapfen ausgebildet sind. Durch die kreuzkopf-lose Anordnung ist die Maschine verhältnismäßig niedrig gebaut. Die hin- und hergehenden Massen sind ebenfalls auf ein Mindestmaß beschränkt, so daß diese Maschine mit im Vergleich zu anderen Gegenkolbenmaschinen verhältnismäßig hoher Kolbengeschwindigkeit umlaufen kann. Aber auch die A.E.G. hat mit der in Abb. 43 dargestellten Gegenkolbenmaschine keine dauernden Erfolge erzielen

können; sie hat deshalb im Jahre 1918 den Bau von Gegenkolbenmaschinen ganz aufgegeben.

Die Gegenkolben-Dieselmaschine hat eine Reihe von Vorzügen; die
wichtigsten sind:

1. Die Einlaßventile, die bei Zweitaktmaschinen nötig sind, mit
   der umständlichen Steuerung fallen weg. Gegenüber den Ein-
   kolben-Zweitaktmaschinen mit reiner Schlitzsteuerung besteht
   der Vorteil einer viel gründlicheren Austreibung der Abgase.
2. Die Zylinderdeckel, die gerade bei Zweitaktmaschinen vielfach
   Betriebsstörungen veranlassen, fallen weg.

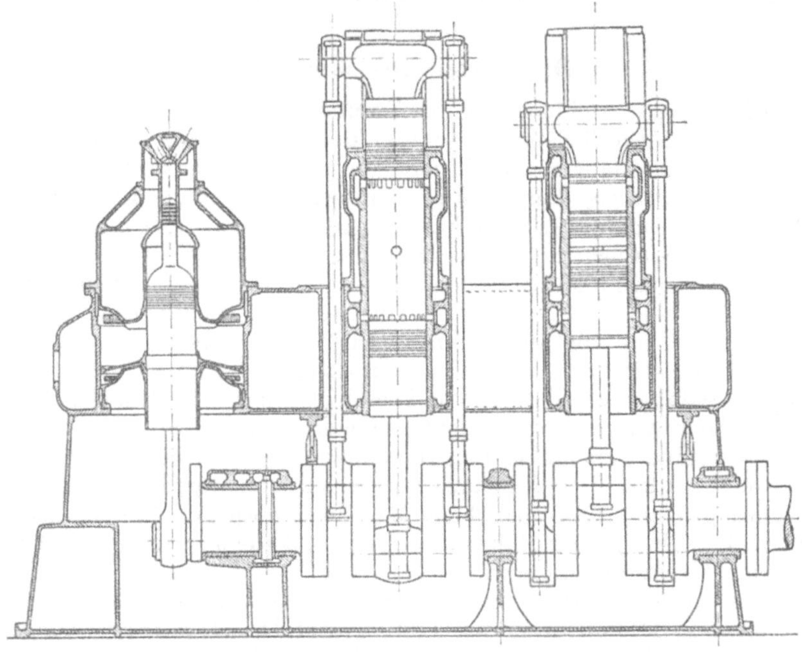

Abb. 43.   Gegenkolbenmaschine (Schnelläufer) der A. E. G.

3. Die Spülung ist infolge des glatten Zylinderraumes bei aus-
   gefahrenen Kolben ausgezeichnet.
4. Die Massenkräfte erster Ordnung sind in jedem Zylinder großenteils ausgeglichen; es bleibt nur die Differenz der mit dem
   äußeren und dem inneren Kolben verbundenen Massen zu
   berücksichtigen.
5. In der inneren Totlage der Kolben ist die abkühlende Wandungsfläche im Vergleich zum Totraumvolumen wesentlich kleiner
   als bei Einkolbenmaschinen. Der ungünstige Einfluß der Wandung, der sich vor allem bei kalter Maschine — beim Anlassen —
   und bei langsamer Drehzahl bemerkbar macht, tritt deshalb
   bei der Gegenkolbenmaschine nicht so stark in die Erscheinung

wie bei Einkolbenmaschinen. Mit Rücksicht auf das Anlassen kann deshalb bei der Junkersmaschine eine niedrigere Verdichtungsendspannung gewählt werden, oder bei gleicher Verdichtungsendspannung springt sie sicherer an als die Einkolbenmaschine.

Die beiden schwerstwiegenden Nachteile der Junkers-Dieselmaschine gegenüber der Einkolbenmaschine sind:

1. Das Gewicht der bewegten Teile, die mit dem oberen Kolben verbunden sind, ist wesentlich größer als das Gewicht der mit dem unteren Kolben verbundenen Teile. Die Massenbeschleunigungskräfte sind deshalb — gleichen Hub beider Kolben vorausgesetzt — für den oberen Kolben größer als für den unteren Kolben. Die Höchstdrehzahl, mit der die Maschine umlaufen kann, ist durch die Massenkräfte des oberen Kolbens beschränkt; das untere Gestänge würde noch höhere Drehzahlen vertragen. (Um auch das untere Gestänge voll auszunützen und vollen Massenausgleich in je

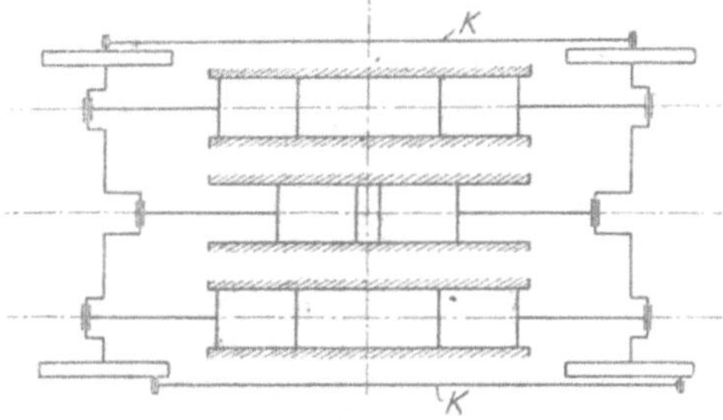

Abb. 44. Gegenkolbenmaschine mit 2 getrennten Kurbelwellen.

dem Zylinder zu haben, würde es sich empfehlen, den Hub des oberen Kolbens entsprechend kleiner als den des unteren Kolbens zu wählen, eine Anordnung, die erst bei den neueren Junkersmaschinen zur Verwendung gekommen ist.)

2. Durch das seitliche Herabführen der Schubstangen für den oberen Kolben muß zwischen zwei Zylindern ein verhältnismäßig großer Abstand vorhanden sein. Die Junkersmaschine baut sich deshalb sehr lang.

Die angegebenen Nachteile bewirken, daß sich die Junkersmaschine in der alten Ausführungsform für gleiche Leistungen schwerer und geräumiger baut als die Einkolbenmaschine. Beide Nachteile können aber vermieden werden, wenn die gegenläufigen Kolben auf zwei Wellen arbeiten, die miteinander gekuppelt sind. Eine Anordnung dieser Art würde sich besonders gut für den Antrieb von Lokomotiven eignen, da bei Lokomotiven ohnehin eine oder mehrere Blindwellen zwischen Kraftquelle und Laufachse geschaltet werden müssen, um die beim Fahren auftretenden Stöße, die von der Schiene auf das Rad übertragen werden, möglichst vom Zylinder, Kolben und Gestänge fernzuhalten. Die beiden Wellen sind bei der Zweiwellenmaschine (Abb. 44) durch zwei um 90° gegeneinander versetzte Kuppelstangen k miteinander verbunden. Bei dieser Anordnung ist voller Massenausgleich — also im Gegensatz zur gewöhnlichen Junkersanordnung auch von der zweiten Ordnung — in jedem Zylinder vorhanden. Die Zweiwellenanordnung eignet sich allerdings nicht für stehende Ausführung, da sonst die Beseitigung des Schmieröls aus den oberen Kolben große Schwierigkeiten machen würde.

Wie schon eingangs erwähnt, hat die Junkersmaschine in den letzten Jahren eine ganz wesentliche Umgestaltung erfahren. Die neue Ausführungsform ist in Abb. 45 dargestellt. Es sind zwei in der Zündung um 180° gegeneinander versetzte Zylinder vorgesehen. Der obere Kolben eines jeden Arbeitszylinders trägt einen Spülluftkolben, der nach oben zu wirkt. Statt der seitlich liegenden Spülpumpe ist also

Abb. 45. Gegenkolben-Dieselmaschine, gebaut von der Junkers-Motorenbau-Anstalt zu Dessau.

hier eine auf dem Arbeitszylinder sitzende Pumpe angebracht, die nur wenig Platz in der Höhe einnimmt, aber — wie ein Vergleich mit Abb. 43 zeigt — viel Platz nach der Seite zu spart. Diese Maschine hat auch keinen Hochdruckverdichter nötig, da der Brennstoff ohne Einblaseluft eingespritzt wird. Es läßt sich vermuten, daß gerade der einfach gestaltete Verbrennungsraum der Junkersmaschine für die luftlose Einspritzung besonders geeignet ist, da der Strahl genügend Ausbreitungsmöglichkeit hat.

Nach der Seite zu ist die Maschine dadurch zusammengedrängt worden, daß die mittlere Kurbelwange zugleich als Traglager ausgebildet worden ist. Da durch die Kolben hauptsächlich Drehmomente auf die Welle übertragen werden, sind die Traglager im Vergleich zu denen der Einkolbenmaschinen nur wenig belastet. Der besonders reichliche Durchmesser des mittleren Lagers wird deshalb unbedenklich in Kauf genommen werden können. Das Gewicht der hin- und hergehenden Massen ist beim oberen Kolben wegen der längeren Treibstangen und des aufgesetzten Pumpenkolbens um etwa $^1/_3$ größer als beim unteren. Im umgekehrten Verhältnis stehen die beiden Kolbenhube zueinander, so daß bewegte Masse mal Weg der beiden Gestänge einander gleich sind. Die Massenkraft 1. Ordnung ist deshalb in jedem Zylinder für sich ausgeglichen. Es bleibt nur die Massenkraft 2. Ordnung zurück.

Der obere Kolben steuert die Spülschlitze, die unmittelbar in das als Aufnehmer ausgebildete Gehäuse münden. Der untere Kolben steuert die Auspuffschlitze. Die Zylinderbüchse ist eingezogen und der Kühlwasserraum allseits durch Stopfbüchsen abgedichtet. Wie diese Aufgabe unten bei den Auspuffschlitzen konstruktiv gelöst ist, kann aus der schematischen Darstellung in Abb. 45 allerdings nicht entnommen werden.

Die Geschwindigkeit des oberen Kolbens beträgt im Normalbetrieb 3 m/sec, die des unteren Kolbens 4 m/sec. Die schematische Abbildung weist schon darauf hin, daß die Maschine wenig Platz benötigt; auch ihr Gewicht ist besonders gering (32 kg/PSe).

9. Massenkräfte und Massenausgleich.

Es ist gerade bei Schnelläufern sehr wichtig, daß die hin- und hergehenden Massen in bezug auf Beschleunigungskräfte und Momente ausgeglichen sind; und zwar wird angestrebt, daß die in den Arbeitszylindern hin- und hergehenden Massen vollständig ausgeglichen werden, während Massenkräfte, die von den angehängten Hilfsmaschinen — Verdichter, Kühlwasserpumpe, Brennstoffpumpe — herrühren, wegen der geringen Größe der bewegten Massen in Kauf genommen werden können. Wenn man sich mit den Überlegungen vertraut machen will, die beim Ausgleich der Massenkräfte angestellt werden, muß man sich näher mit den theoretischen Grundlagen befassen.

Die auf den Massenausgleich bezüglichen Überlegungen gründen sich auf den Impulssatz. Bekanntlich bleibt der Schwerpunkt eines beliebig abgegrenzten Körpers in Ruhe, solange keine äußeren Kräfte wirken. Die Begrenzung des betrachteten Körpers kann beliebig gezogen sein; sie kann also z. B. aus einer gedachten Trennungsfläche bestehen, die durch das Material hindurchgeht, wenn man nur die Kräfte, die durch die Trennungsfläche übertragen werden, mit berücksichtigt. In Abb. 46 ist durch die Schnittflächen $c—c$, die durch den Baugrund unter der Maschine gehen, ein Körper K (Maschine einschl. Fundament tierung) abgegrenzt worden, auf den man den Impulssatz anwenden kann. An K wirkt einerseits das Eigengewicht, anderseits eine gleich große, entgegengesetzt gerichtete Auflagerungskraft, die durch die wagerechte Trennungsfläche $c_2 c_3$ hindurchgeht. Da sich beide Kräfte gegeneinander aufheben, können sie aus den Betrachtungen fortgelassen werden, so daß man in diesem Sinne sagen kann, an K wirkt keine äußere Kraft, solange die Maschine ruht.

Durch Kräfte innerhalb K wird die Maschine in Bewegung gesetzt bzw. in Bewegung erhalten. Dabei führt das Gestänge (Kolben, Kolben-stange) Bewegungen in senkrechter Richtung aus. Da die Gestängemassen zum Schwerpunkt von K beitragen, der Schwerpunkt der Ma-schine also nicht mehr in Ruhe ist, müssen nachdem Impulssatz entweder durch die Schnittflächen c äußere Kräfte übertragen wer-den oder der Restteil von K (ohne Gestänge) muß entgegengesetzte Bewegungen wie das Ge-stänge ausführen, so daß der Gesamtschwer-punkt der Maschine einschl. Fundament in Ruhe bleibt. Wenn man die Schnittflächen c in genügender Entfernung von der Ma-schine zieht, wird der letztere Fall eintreten, d. h. es werden keine äußeren Kräfte auf K übertragen, und der Schwerpunkt bleibt in Ruhe. Der Restteil von K muß dabei Bewegungen ausführen, die den Bewegungen des Gestänges entgegengesetzt gerichtet sind, da $\sum m v = 0$ ist.

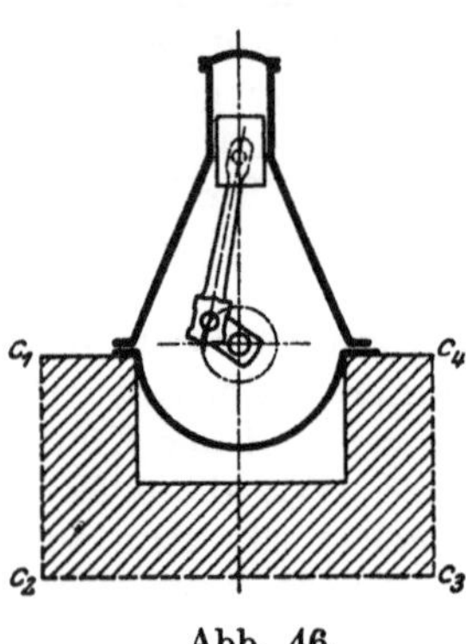

Abb. 46.

Man darf sich aber das Fundament nicht als starre Masse vorstellen, die gemeinsam gleichgerichtete Bewegungen ausführt. Wir haben ja vorausgesetzt, daß die Massenteilchen in den Trennungsflächen in Ruhe bleiben, da hier keine Kräfte übertragen werden sollen. Die Annahme, daß ein Teil der Fundamentierung die Schwerpunktsbewegung des Gestänges durch entgegengesetzte Bewegungen ausgleicht und jen-seits dieses Teiles alles in Ruhe ist, kann deshalb auch nicht vollständig befriedigen. Man muß sich den Bewegungsvorgang vielmehr so vor-stellen, daß das Maschinengestell mit der nächsten Umgebung besonders starke Bewegungen ausführt, die um so mehr abnehmen, je näher man an die Trennungsflächen herankommt.

Eine solche Vorstellung würde wenigstens den Bedingungen, die der Impulssatz stellt, genügen. Die tatsächliche Bewegung wird aber aus Gründen, die hier nicht erörtert werden können, nicht durch die Annahme von Trennungsflächen, innerhalb deren die Massenteilchen des Fundamentes gleichzeitig nach gleicher Richtung schwingen und außerhalb deren die Massenteile in Ruhe sind, wiedergegeben. Die tatsächliche Bewegung der Erdmassen in der Umgebung des Funda-mentes erfolgt vielmehr als eine fortlaufende Schwingung, bei der Energie ständig von der Maschine ins Fundament und von diesem in den Erdboden gesteckt wird. Die Energie wird durch die Schwingungen fortgeleitet und in Reibungswärme verzehrt. Um einen Augenblickszustand (Abb. 47) zu untersuchen, kann man Trennungsflächen d ziehen, innerhalb deren alle Fundamentmassen zu jedem bestimmten Zeitpunkt nach der gleichen — der Gestängebewegung entgegengesetzten — Richtung schwingen, wobei die Fundamentmassenteile in den Trennungsflächen selbst in Ruhe sind. In der Momentaufnahme der Abb. 47 würden sich also z. B. die Gestängemassen nach rechts und die Fundamentmassen innerhalb d nach links bewegen. Durch die Trennungsflächen $d_1\, d_2\, d_3\, d_4$ werden aber die Kräfte hindurchgeleitet, die zur Unterhaltung der schwingenden Bewegung innerhalb des abgegrenzten Teiles nötig sind, und diese Kräfte bewirken, daß sich die schwingende Bewegung auch außerhalb der Abgrenzung weiter fortpflanzt.

Wenn wir das Momentbild Abb. 47 in einem späteren Augenblick aufnehmen, so finden wir, daß die Knotenpunkte d an anderer Stelle liegen; man nennt die Geschwindigkeit, mit der sie fortschreiten, die Fortschrittsgeschwindigkeit v der Welle. Der Wert von v ist unabhängig von der Umlaufzahl der Maschine; er

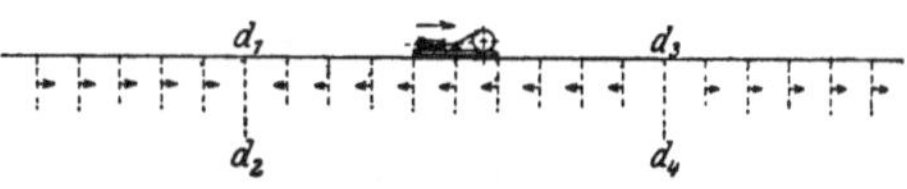

Abb. 47. Fortpflanzung der Schwingungen.

hängt nur von der bezogenen Masse und dem Elastizitätsmodul des Erdbodens ab. Über die Berechnung der Größe von v und des Energiebetrages, der von der Maschine ins Fundament gesteckt wird, findet man Näheres in O. Föppl, Grundzüge der Techn. Schwingungslehre, Springer, Berlin 1923.

Da die Fundamentbewegung eine fortlaufende Schwingung ist, liegen keine ausgezeichneten Punkte (Knotenpunkte) räumlich fest. Diese Tatsache wird in der Praxis oft nicht genügend beachtet, und man sagt z. B. von einem Bauwerk, das in der Nähe einer umlaufenden Maschine steht und besonders starke Schwingungsausschläge ausführt, das Haus stehe auf einem Schwingungsbauch. Tatsächlich rühren aber die besonders großen Ausschläge nicht von der besonderen Lage des Bauwerks, sondern davon her, daß eine Eigenschwingungszahl des Bauwerks mit der Periodenzahl der Fundamentschwingung zusammenfällt.

Man erkennt aus den vorstehenden Überlegungen weiter, daß die Fundamentbewegungen in der Umgebung einer Maschine, hervorgerufen durch freie Massenkräfte, nicht durch statische Maßnahmen am Fundament beseitigt werden können, da die Bewegung des Baugrundes eine Folge der Kräfte ist, die nach dem Impulssatz bei der Schwerpunktsbewegung der umlaufenden Maschine auftreten. In Unkenntnis dieser Tatsache hat man mehrfach versucht, Maschinen, die beim Laufen störende Schwingungserscheinungen in der Umgebung hervorriefen, mit einem tiefen Graben zu umgeben (siehe z. B. Z. d. V. d. I. 1920, S. 759, Aufsatz von Gerb), ohne den geringsten Erfolg zu erzielen. Wenn man die Störungen, die von freien Massenkräften herrühren, beseitigen will, muß man die Massenkräfte innerhalb der

Maschine durch entsprechende Kurbelversetzung oder durch Hilfsmaßnahmen ausgleichen.

Besonders groß sind die Massenkräfte bei schnellaufenden
Maschinen, da bei ihnen große Beschleunigungen auftreten. Man darf
deshalb schnellaufende Maschinen, wenn man nicht schlimme Erfahrungen machen will, nicht ohne weitgehende Berücksichtigung der
freien Massenkräfte bauen.

Der Massenausgleich von Kraftmaschinen (auch Schlickscher
Massenausgleich zu Ehren des Hamburger Ingenieurs Dr. O. Schlick
genannt) ist anfänglich auf mehrkurbelige Dampfmaschinen, vor allem
auf Schiffsmaschinen, angewendet worden. Man kann bei einer umlaufenden Dampfmaschine nicht verhüten, daß das Gestänge eines
Zylinders Schwerpunktsbewegungen erleidet, aber man kann bei mehrzylindrigen Dampfmaschinen durch geeignete Bemessung der Abstände
und der Aufkeilwinkel zwischen den einzelnen Kurbeln und der Bemessung der Gestängemassen die bei der Bewegung der einzelnen Gestängemassen frei werdenden Kräfte und Momente so innerhalb des Maschinen-
gestells ausgleichen, daß der Schwerpunkt der gesamten Maschinen-
anlage stets in Ruhe bleibt.

Bei einer Dieselmaschine liegen die Verhältnisse wesentlich anders
als bei der Dampfmaschine, da man bei ihr mit Rücksicht auf das Drehkraftdiagramm an gleiche Kurbelversetzung gebunden ist. In den
einzelnen Zylindern werden gleiche Leistungen aufgebracht, und deshalb wird man den Zylindern und den in ihnen bewegten Kolben mit
Gestänge gleiche Abmessungen geben. Man kann dann die Massenkräfte nicht mehr durch geeignete Bemessung der Massenwege gegeneinander ausgleichen. Auch die Abstände zwischen je zwei benachbarten Zylindern macht man bei mehrkurbeligen Dieselmaschinen
gleich und verzichtet auf die Beeinflussung der Momente durch die
Wahl der Längen. Es bleibt dann nur noch die Reihenfolge, in der
die Zylinder zur Zündung kommen, um die Momente möglichst weit-
gehend zum Ausgleich zu bringen.

In der bekannten graphischen Darstellung des Massenkraft-
diagramms erscheinen deshalb bei der mehrkurbeligen Dieselmaschine
alle Massenkräfte von gleicher Größe, die zur Feststellung der resultierenden Massenkraft 1. Ordnung unter den zugehörigen Kurbel-
versetzungswinkel aneinandergereiht werden müssen. Die Massen der
in einem Zylinder bewegten Gestängeteile können dabei zerlegt werden in die mit der Welle umlaufenden Massen $\frac{G_1}{g}$ (Kurbelwange, Kurbelzapfen und den auf den Kurbelzapfen bezogenen Teil der Schubstange) und die in Richtung der Zylindermittellinie bewegten Massen
$\frac{G_2}{g}$ (Kolben mit Kreuzkopfzapfen zuzüglich den auf den Kreuzkopfzapfen bezogenen Teil der Schubstange). Die Schwerpunktsbewegung
der ersteren Massen $\frac{G_1}{g}$ kann, wenn es sich als nötig herausstellt, durch
eine Gegenkurbel vollständig ausgeglichen werden. Die Massen $\frac{G_2}{g}$ in

einem Zylinder geben dagegen eine Massenkraft $\dfrac{G_2}{g} \cdot r \cdot \omega^2 \, cos \, \varphi$ von der 1. Ordnung und $\dfrac{G_2}{g} r \omega^2 \lambda \, cos \, 2 \, \varphi$ von der 2. Ordnung, wobei r den Kurbelradius, ω die Winkelgeschwindigkeit, φ den Winkel, den die Kurbel mit der Zylindermittellinie einschließt, und λ das Verhältnis Kurbelradius zu Schubstangenlänge bezeichnen.

Bei einer dreizylindrigen Dieselmaschine mit je 120° Kurbelversetzung ergibt sich durch Zusammensetzen der Massenkraftvektoren der 1. Ordnung das Schaubild der Abb. 48 mit der resultierenden Massenkraft

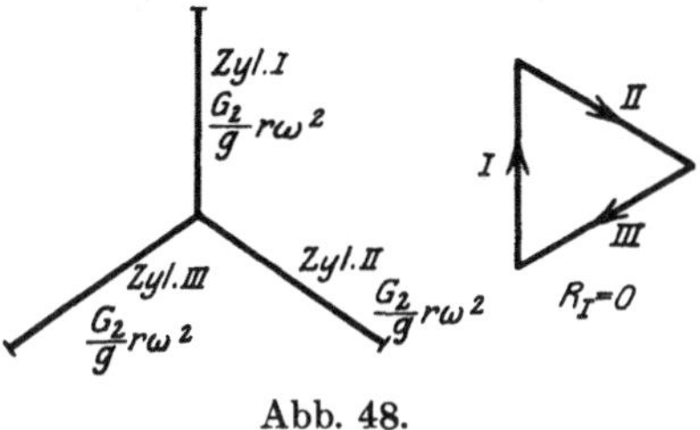

Abb. 48.

Null. Die in der Luftpumpe bewegten Gestängemassen sind dabei vernachlässigt.

Die Resultierende der Massenkräfte 2. Ordnung, die von der endlichen Länge der Schubstange herrühren, erhält man durch Zusammensetzung der Einzelkräfte unter dem doppelten Kurbelwinkel. Es sind z. B. bei der vierzylindrigen Maschine der Abb. 49 die Kurbel II unter 90°, III unter 180° und IV unter 270° gegen I versetzt. Demnach sind die Massenkräfte 2. Ordnung von Kurbel II unter 180°, III unter 360° und IV unter 540° gegen I

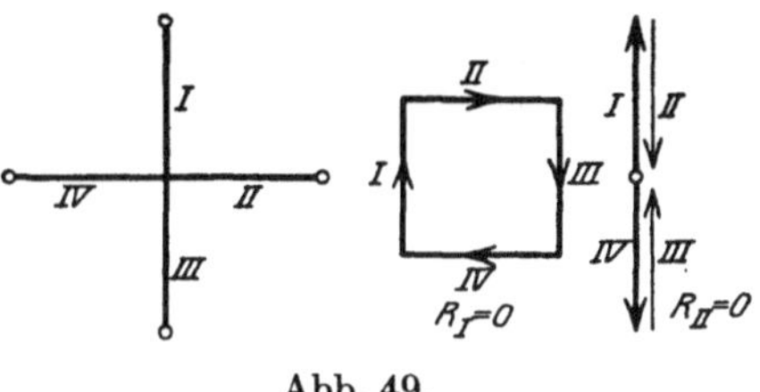

Abb. 49.

versetzt, und die Resultierende wird wieder $R = 0$. Bei einer vierzylindrigen Viertaktmaschine wird oft, um gleichmäßiges Drehkraftdiagramm zu bekommen, die Versetzung der Arbeitskurbeln $\dfrac{2 \cdot 360°}{4} = 180°$ vorgesehen (Abb. 50). Dann verschwinden die Massenkräfte 1. Ordnung, dagegen sind die von den einzelnen Gestängemassen herrührenden Massenkräfte 2. Ordnung alle gleichgerichtet, und die Resultierende ist gleich dem Vierfachen des Beitrags, den jeder Zylinder liefert.

Bei den verschiedenen möglichen Kurbelanordnungen läßt sich über die freien Massenkräfte folgendes angeben:

Abb. 50.

1. Bei Einzylindermaschinen tritt die volle freie Massenkraft 1. und 2. Ordnung auf.

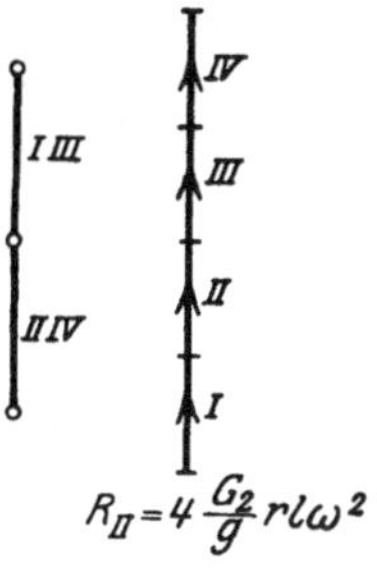

2. Bei 2 Zylindern, Anordnung Abb. 51a, ist keine freie Massenkraft 1. Ordnung vorhanden, dagegen addieren sich die von der 2. Ordnung. Bei Anordnung Abb. 51b ist keine Massenkraft 2. Ordnung vorhanden, während die Resultierende der Kräfte von der 1. Ordnung gleich dem $\sqrt{2}$-fachen der Einzelkraft ist.

3. Bei Anordnungen mit mehr als 2 Kurbeln und gleichen Kurbelwinkeln (Abb. 51c und d) ist keine freie Kraft 1. und 2. Ordnung vorhanden.

Wenn die in den Arbeitszylindern bewegten Massen vollständig ausgeglichen sind, bleibt immer noch die freie Massenkraft des Verdichtergestänges zurück, die in der Regel wegen des geringen Gewichtes und des kleineren Hubes des Verdichtergestänges nicht sehr groß ist. Durch besondere Zusatzmassen, die an einzelnen Arbeitskolben angebracht werden, kann man auch die vom Verdichter herrührende Massenkraft ausgleichen nach einer Anordnung, die der MAN durch Patent geschützt ist.

Die beiden Kräfte *1* und *2* in Abb. 52, die die beiden Massenkräfte in 2 Arbeitszylindern vorstellen mögen, sind gleich groß und entgegengesetzt gerichtet. Ihre Resultierende ist Null. Sie liefern aber zusammen ein Drehmoment, das die Maschine, an der die beiden Kräfte angreifen, zu kippen sucht. Die gefürchteten Erschütterungen des Fundamentes können nicht nur durch Massenkräfte, sondern auch durch Massenkippmomente hervorgerufen werden. Es genügt deshalb

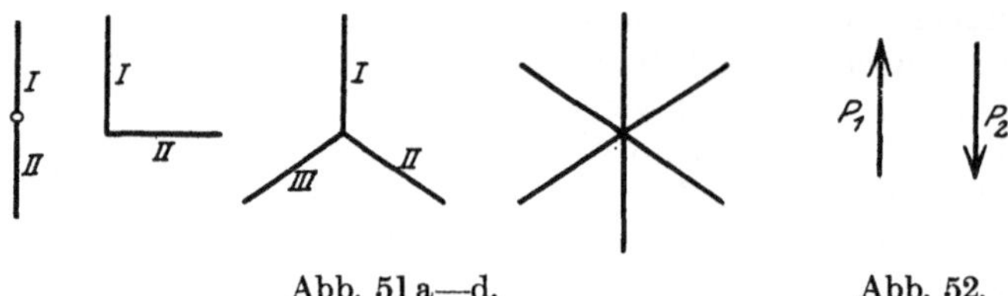

Abb. 51 a—d.
Abb. 52.

nicht, durch geeignete Anordnungen die Resultierende der Massenkräfte zu Null zu machen, man muß vielmehr auch auf die Massenkippmomente Rücksicht nehmen.

Bei symmetrischen Anordnungen tritt kein resultierendes Kippmoment auf, da jeder Massenkraft auf der einen Seite der Maschine eine gleich große, gleichgerichtete Massenkraft in gleichem Abstand auf der anderen Seite der Symmetrielinie entspricht, die sich beide zu einer Resultierenden in der Symmetrieebene (also zu einer Kraft ohne Hebelarm in bezug auf die Symmetrielinie) zusammensetzen lassen. Für die übrigen Anordnungen gelten folgende Bemerkungen:

Bei zweizylindriger Anordnung sind die Kippmomente klein gegen die Massenkräfte, da die Hebelarme klein sind.

Bei dreizylindriger Anordnung mit 120° Kurbelversetzung bleiben Kippmomente erster und zweiter Ordnung unausgeglichen zurück.

Bei vierzylindriger Anordnung mit Versetzung der Kurbelzapfen um 90° (Zweitaktmaschinen) sind die Kippmomente zweiter Ordnung ausgeglichen, wenn die Zündungen in den einzelnen Zylindern in der Reihenfolge 1, 2, 4, 3 oder 1, 3, 4, 2 stattfinden. Die Kippmomente 1. Ordnung bleiben unausgeglichen.

Bei vierzylindriger symmetrischer Anordnung mit 180° Kurbelzapfenversetzung (Viertaktmaschine, Abb. 50) sind die Kippmomente ausgeglichen.

Bei Maschinen mit 6 symmetrisch angeordneten Arbeitszylindern (Viertaktmaschinen mit 120° Kurbelzapfenversetzung) sind Massenkräfte und Kippmomente restlos ausgeglichen; ebenso bei Acht- oder Zehnzylindermaschinen mit symmetrischer Anordnung. Bei den Sechszylindermaschinen erfolgen die Zündungen in den einzelnen Zylindern gewöhnlich mit Rücksicht auf eine zeitlich möglichst gleichmäßige Belastung der beiden symmetrischen Kurbelwellenhälften in der Reihenfolge 1, 5, 3, 6, 2, 4 oder 1, 4, 2, 6, 3, 5.

Bei Sechszylindermaschinen mit 60° Kurbelversetzung (Zweitaktmaschinen) sind die Kippmomente erster Ordnung bei der Zündfolge 1, 5, 3, 4, 2, 6 oder 1, 6, 2, 4, 3, 5 ausgeglichen. Es bleibt ein resultierendes Kippmoment zweiter Ordnung zurück, das für diese Anordnung von der Größe

$2\sqrt{3}\,m\,r\,\omega^2\lambda\,a$ ist, wobei a den Abstand zwischen 2 benachbarten Zylindern, m die gradlinig bewegte Gestängemasse in einem

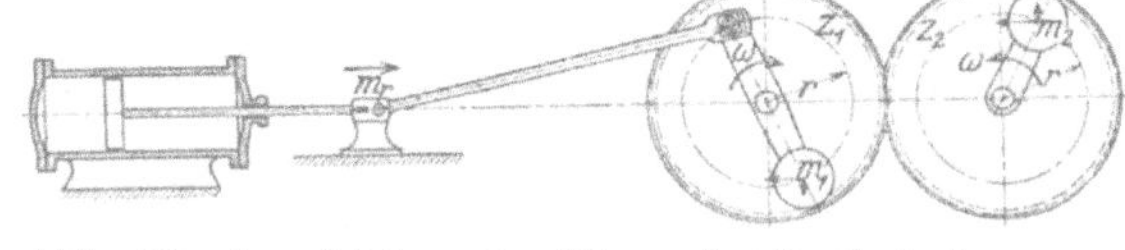

Abb. 53. Ausgleichen der Massenkräfte I. Ordnung.

Zylinder, λ das Schubstangenverhältnis, ω die Umdrehungsgeschwindigkeit und r den Kurbelradius bezeichnen.

Oft zeigen sich an ausgeführten Maschinen störende Fundamentschwingungen, die auf ungenügenden Ausgleich zurückzuführen sind, sei es, daß infolge der geringen Zylinderzahl kein Ausgleich vorgesehen werden konnte oder daß sich die im Verdichter bewegten Massen unliebsam bemerkbar machen. Man kann dann mittels nachträglich an der Maschine anzubringenden Hilfsmaßnahmen zusätzliche Massenkräfte erzeugen, die den von der Maschine herrührenden Massenkräften entgegengesetzt gerichtet sind. Eine solche Anordnung ist für die Herbeiführung des Ausgleichs 1. Ordnung in Abb. 53 und für den der 2. Ordnung in Abb. 54 dargestellt.

Die Abb. 53 zeigt links eine Einzylindermaschine, deren Gestänge beim Umlauf Massenkräfte 1. Ordnung in wagerechter Richtung hervorruft. Die hin und her gehenden Massen kann man sich auf den Kreuzkopfbolzen bezogen und zur Gesamtmasse m vereinigt denken. Bei jeder halben Umdrehung verschiebt sich m um den Betrag $2\,r$; oder $2\,r\,m$ ist der Massenweg, der durch einen gleich großen, entgegengesetzt gerichteten Massenweg ausgeglichen werden muß.

m_1 und m_2 sind 2 in einander entgegengesetzter Richtung mit der Maschinendrehzahl w umlaufende Massen. Ihr Schwerpunktsabstand

vom Drehpunkt ist r, und die Größe der Masse ist $m_1 = m_2 = \dfrac{m}{2}$. Bei

der Anordnung nach der Abbildung bewegt sich die eine Masse nach oben, wenn die andere nach unten geht, so daß sich die Massenkräfte in senkrechter Richtung gegeneinander aufheben. In wagerechter Richtung dagegen addieren sich die von m_1 und m_2 herrührende Massenwege; ihre Summe $(m_1 + m_2)r$ ist entgegengesetzt gerichtet und von gleicher Größe wie $m\,r$. Beim Umlauf ist demnach die Resultierende der Massenkräfte von m, m_1 und m_2 nach jeder Richtung Null. Die Massenkraft 2. Ordnung, die von der endlichen Länge der Schubstange herrührt, bleibt dagegen unausgeglichen zurück. m_1 darf dabei nicht mit der Gegenkurbel verwechselt werden. Um die umlaufenden Massen — z. B. den Schubstangenkopf — auszugleichen, muß vielmehr noch außer m_1 eine besondere Gegenkurbelmasse vorgesehen werden.

Die Abb. 54 zeigt eine Maschine mit 2 nebeneinanderliegenden Zylindern, deren Kurbeln um 180° versetzt sind. In jedem Zylinder werden gleich schwere Gestängemassen m bewegt. Nach den vorausgehenden Betrachtungen tritt bei dieser Anordnung eine resultierende Massenkraft 2. Ordnung auf, die gleich ist der Summe der beiden Einzelkräfte, also $2\,m\,\dfrac{r^2}{l}$, und die die doppelte Periodenzahl der Maschine aufweist. Sie wird ausgeglichen durch die mit der doppelten Drehzahl $2\,w$ in entgegengesetzter Richtung umlaufenden Massen m_1 und m_2, deren senkrechte Massenwege sich gegeneinander aufheben, wenn $m_1\,r_1 = m_1\,r_2$ ist. Der resultierende Massenweg von m_1 und m_2 in wage-

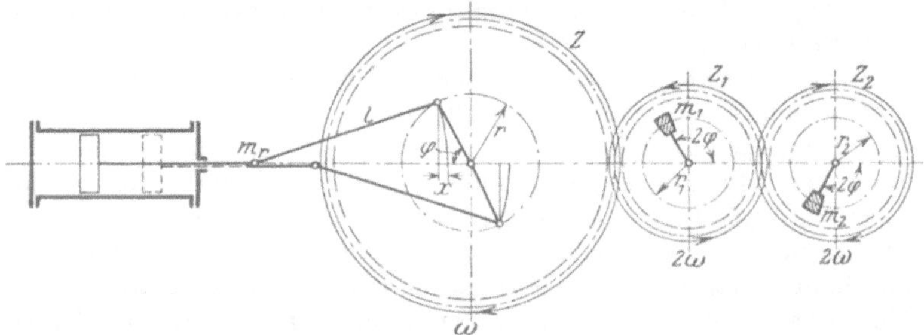

Abb. 54. Ausgleichen der Massenkräfte 2. Ordnung durch 2 gegenläufig mit doppelter Maschinendrehzahl umlaufende Schwungmassen.

rechter Richtung ist $m_1\,r_1 + m_2\,r_2 = 2\,m_1\,r_1$. Die Massen sind so aufgekeilt und so bemessen, daß der Massenweg $2\,m_1\,r_1$ gleich und entgegengesetzt gerichtet ist wie $2\,m\,\dfrac{r^2}{l}$. Die Massenkräfte 2. Ordnung heben sich bei dieser Anordnung gegeneinander heraus.

Die Anordnung nach Abb. 54, die schon seit langer Zeit bekannt ist[1]), wird in der Praxis öfters mit gutem Erfolg verwendet. So hat z. B. die MAN, Werk Augsburg, mehrfach störende Schwingungserscheinungen an liegenden Viertaktmaschinen und Prof. Junkers, Versuchsanstalt in Aachen, an einer liegenden Junkersmaschine mit nachträglich an den Maschinen nach Art der Abb. 54 angebrachten Schwungmassen beseitigt.

Die Anordnung ist erstmalig von der MAN zum Auswuchten einer Dieselmaschine, die in einem Kraftwerk in Bunzlau aufgestellt ist, verwendet worden. Die dort vorgesehene Anordnung ist in Abb. 55

---

[1]) Näheres darüber siehe bei M. Tolle, „Regelung der Kraftmaschinen". 3. Aufl. S. 385.

dargestellt. Die beiden umlaufenden Schwungscheiben sitzen am Kopfende der liegenden Dieselmaschine. Der Antrieb erfolgt von der Kurbelwelle aus durch Schraubenräderübertragung, die Schwungmassen werden durch 2 Stirnräderpaare zu gleichförmigem Umlauf veranlaßt.

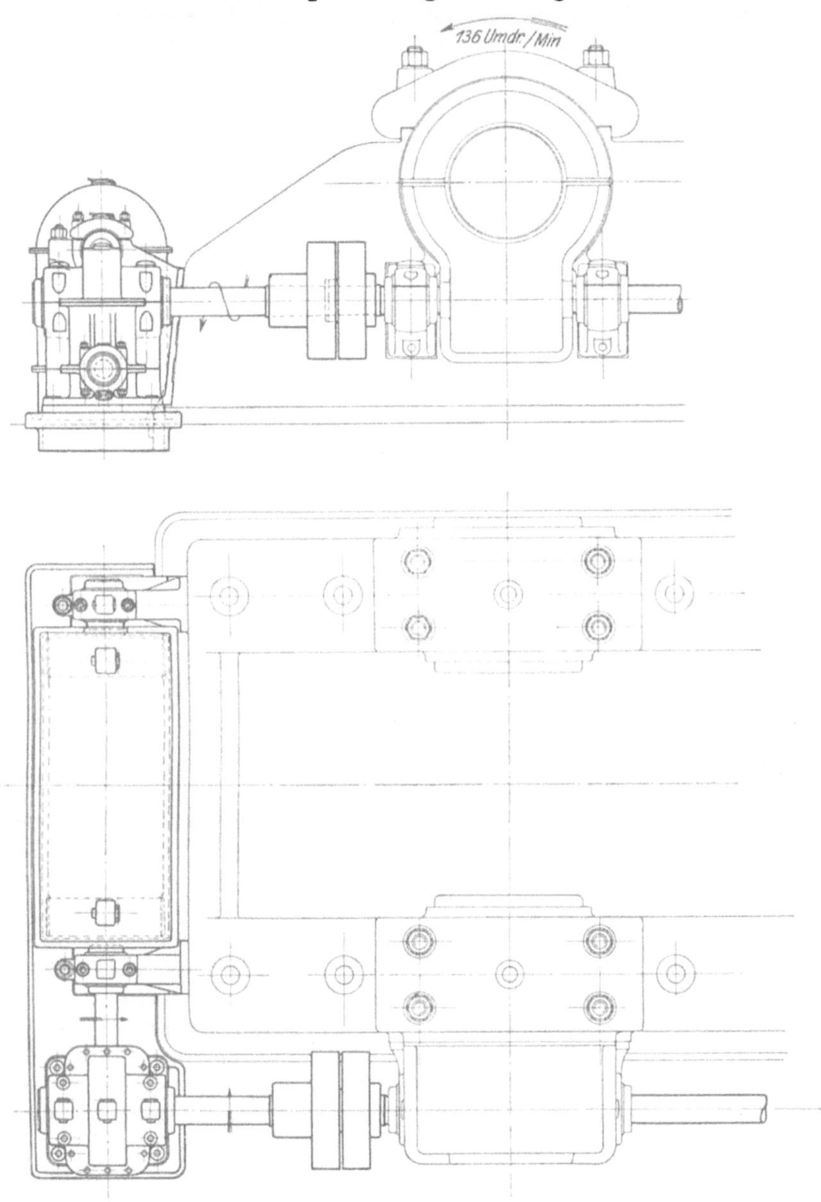

Abb. 55. Vorrichtung zum Auswuchten der Massenkräfte 2. Ordnung. Aufriß und Grundriß. (Ausgeführt an einer MAN-Viertakt-Dieselmaschine in Bunzlau.)

Es gibt noch einen zweiten Weg, der eingeschlagen werden kann, wenn man die Fortleitung von Schwingungen durch das Fundament unterbinden oder wenigstens verringern will. Man kann das Fundament geeignet ausbilden. Hierbei sind zwei Fälle zu unterscheiden:

1. Es wird eine stark elastisch nachgiebige Unterlage aus geeigneten Holz- oder Stahlfederverbindungen zwischen Fundament und Unterlage vorgesehen, die bei verhältnismäßig starken Auslenkungen nur kleine Kräfte hervorruft. Dann führt das Fundament mit dem Maschinengestell in erster Annäherung entgegengesetzt gerichtete Bewegungen wie die hin und her gehenden Massen aus — der Weg der ersteren verhält sich zum Weg der letzteren umgekehrt wie die mitschwingenden Massen —, und es findet auf diese Weise ein Ausgleich der Massenwege zwischen Getriebe und Fundament statt. Bei dieser Anordnung finden aber große Verschiebungen statt; bei einer Einzylindermaschine von

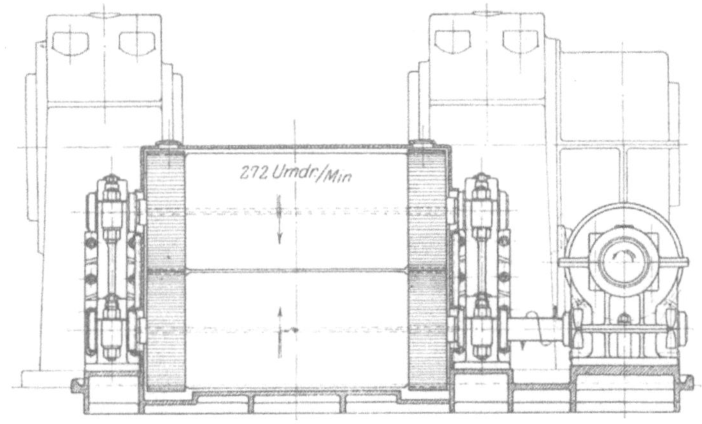

Zu Abb. 55. Ansicht von der Stirnseite.

200 mm Kolbenhub und einem Verhältnis der Getriebemassen zu den mitschwingenden Fundamentmassen wie $1:100$ wäre z. B. eine Fundamentbewegung von 1,5 mm nötig, wenn man die Fundamentschwingung der 1. Ordnung auf $^1/_4$ des Ausschlages oder $^1/_{16}$ der Energie herunterdrücken wollte. Bei den meisten Kraftmaschinen, vor allem auch bei Dieselmaschinen ist aber eine derartig große wechselnde Verschiebung zwischen Maschinen und festem Erdboden nicht zulässig, da sonst alle Rohrleitungen in kürzester Zeit abreißen würden. Dieser Weg verbietet sich deshalb bei großen Maschinen aus praktischen Erwägungen, und er kann nur für kleine Maschinen, bei denen man im Vergleich zur Kolbenmasse große Fundamentmassen mitschwingen lassen kann, in Frage kommen.

2. Es wird zwischen Fundament und Erdboden eine dämpfende Zwischenlage (Kautschuk, Kork oder ähnliches) angeordnet, die die Schwingungsenergie zum Teil in Wärme umsetzt und dadurch unschädlich macht. Die dabei auftretenden Vorgänge und die Größe der Dämp-

fungswirkung der einzelnen Baustoffe sind von Dr. Ing. E. Schmidt (München) eingehend untersucht worden. Den Bericht über die Versuche findet man im „Gesundheitsingenieur 1923, Heft 6, S. 61". An dieser Stelle wird auch auf die Theorie der Dämpfung und der Federung eingehend eingegangen.

Das zu zweit genannte Verfahren wird vielfach zur Verringerung der Fortpflanzung von störenden Maschinenschwingungen bei nicht zu großen Anlagen verwendet. Es gehören aber sicher viel Erfahrungen dazu, um die dämpfenden Zwischenlagen richtig zu bemessen.

10. Wellenschwingungen und Wellenbrüche.

Wie schon an anderer Stelle mitgeteilt, sind Wellenbrüche an Dieselmotorenanlagen entweder auf Verdrehungsschwingungen oder auf ungewöhnlich große Biegungsbeanspruchungen zurückzuführen. Die Verdrehungsschwingungen treten auf, wenn große Schwungmassen auf der Welle angeordnet sind; sie sind an bestimmte Drehzahlen — kritische Gebiete — gebunden und sie haben bei längeren Wellenleitungen (z. B. bei Schiffen) im allgemeinen Brüche in der Wellenleitung zwischen den Hauptschwungmassen (also nicht in der Kurbelwelle) zur Folge. Im Gegensatz dazu sind die Biegungsbeanspruchungen innerhalb der Kurbelwelle einer Dieselmaschine für gewöhnlich nicht Folge von Schwingungen, sondern von ungenauen Lagerungen; sie sind an keine Drehzahl gebunden und sie verursachen Brüche in der Kurbelwelle.

Wir wenden uns zuerst den Verdrehungsschwingungen zu. Eine Verdrehungsschwingung tritt z. B. an der durch Abb. 56a gegebenen Anordnung auf. Die beiden Massen m_1 und m_2 sitzen auf einer Welle w, deren Masse vernachlässigt werden kann. Durch Verdrehen von m_1 gegen m_2 wird die Welle elastisch gespannt. Die elastischen Kräfte suchen die Massen in der der Verdrehung entgegengesetzten Richtung zu bewegen. Die Massen werden, wenn keine entgegengesetzten äußeren Kräfte wirken, von den elastischen Kräften bis zu einem Höchstwert beschleunigt und dann wieder unter Verdrehung der Welle nach der anderen Richtung hin verzögert. Es findet ein Energiewogen zwischen der kinetischen Energie der Massen und der Verdrehungsenergie der Welle statt. Die Schwingungsdauer für eine solche Schwingung ist

$$T = \frac{2}{a^2}\sqrt{\frac{2\,\pi\,l}{G}}\cdot\sqrt{\frac{J_1\,J_2}{J_1+J_2}}\,, \tag{1}$$

wobei a den Halbmesser der Welle, l die wirksame Länge der Welle, G den Schubelastizitätsmodul und J_1 bzw. J_2 die Trägheitsmomente der Massen bezeichnen.

Sobald mehr als zwei Massen auf der Welle sitzen, können sich verschiedenartige Schwingungen ausbilden. In Abb. 56b sitzen z. B. drei Massen m_1, m_2 und m_3 auf der Welle, und zwar ist $J_1 = J_3 = \dfrac{J_2}{2}$.

Die Wellenabstände zwischen den Massen sind gleich l. Die erste

Schwingungsart ist in diesem Beispiel dadurch gekennzeichnet, daß m_1 und m_3 in entgegengesetzter Richtung gegeneinander schwingen. m_2 bleibt dabei in Ruhe, da durch die beiden Wellenstücke von m_1 und m_3 her jederzeit gleich große, entgegengesetzt gerichtete Drehmomente auf m_2 übertragen werden, die sich gegeneinander aufheben. Die Schwingungsdauer ist für diesen Fall

$$T_1 = \frac{2}{a^2} \sqrt{\frac{2\pi l J_1}{G}}. \tag{2}$$

Man nennt diese Schwingung die Schwingung 1. Ordnung. Es können aber auch die Massen m_1 und m_3 parallel miteinander und gegen m_2

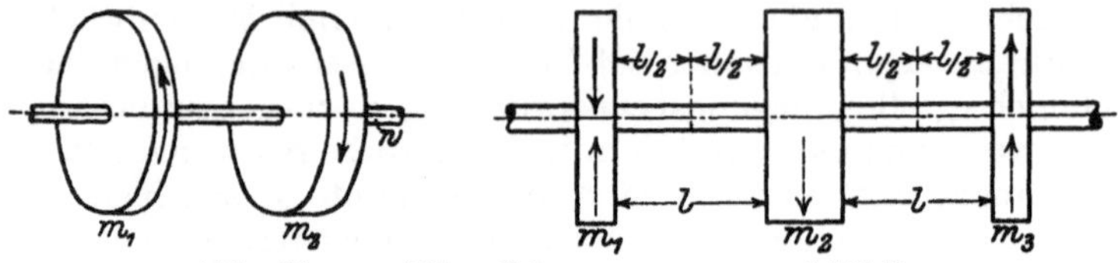

Abb. 56a u. 56b. Schwungmassen auf Wellen.

schwingen (durch die gestrichelten Pfeile angedeutet). Es ist dies die Schwingung 2. Ordnung. Die Schwingungsknoten sind von m_2 um das Stück $\frac{l}{2}$ entfernt. Die Schwingungsdauer T_2 ist unter Zugrundelegung der obigen Größenangaben:

$$T_2 = \frac{2}{a^2} \sqrt{\frac{\pi l J_1}{G}}. \tag{3}$$

In diesem besonderen Falle dauert die Schwingung $T_1 \sqrt{2} = 1{,}42$ mal so lange als T_2. Wenn das Trägheitsmoment J_2 bei Gleichbleiben aller übrigen Größen vergrößert wird, nimmt die Schwingungsdauer 2. Ordnung zu, während die Schwingungsdauer 1. Ordnung dieselbe bleibt; im Grenzfall nähert sie sich mit unendlich groß werdendem J_2 dem Wert T_1. Wenn J_2 kleiner wird, nimmt die Schwingungsdauer 2. Ordnung ab; sie würde mit $J_2 = 0$ den Wert $T = 0$ erreichen. An diesem Beispiel sieht man, daß das Verhältnis $T_1 : T_2$ keinen festen Wert hat. T_2, das der Schwingung mit den zwei Schwingungsknoten angehört, ist aber immer kleiner als T_1. Die Welle mit drei Schwungmassen kann nur die angeführten beiden Drehschwingungen ausführen, von denen der Knotenpunkt für die Schwingung 1. Ordnung bei unsymmetrischer Anordnung im allgemeinen nicht innerhalb der mittleren Masse liegt. Wenn statt der drei Massen deren beliebig viele auf der Welle sitzen, sind entsprechend viele Schwingungsformen möglich.

Da die Welle einer Dieselmotorenanlage mit vielen Massen behaftet ist, können an ihr die verschiedensten Schwingungsformen auftreten. Auf die Haltbarkeit des Materials hat aber gewöhnlich nur die Schwingung 1. Ordnung und vereinzelt auch die 2. Ordnung Einfluß.

Die Schwingungen höherer Ordnung haben so hohe Periodenzahlen, daß keine Resonanz mit den während des Maschinenumlaufs auftretenden Kräften eintritt. Die Schwingung 1. Ordnung entspricht der in Abb. 56a gegebenen Anordnung. Die Schwierigkeit bei der Ausrechnung der Eigenschwingungszahl einer ausgeführten Wellenleitung besteht nur darin, die verschiedenen umlaufenden und bewegten Massen zu den beiden reduzierten gegeneinander schwingenden Schwungmassen m_1 und m_2 zusammenzufassen. Eine Angabe, wie durch ein Annäherungsverfahren die Eigenschwingungszahlen von Wellen, die viele Schwungmassen tragen, gefunden werden kann, habe ich in der Zeitschrift für angew. Mathematik und Mechanik 1921, Heft 5 und in der Schweizerischen Bauzeitung vom 4. 2. 1922 gegeben[1]). Den Angaben liegen folgende Überlegungen zugrunde:

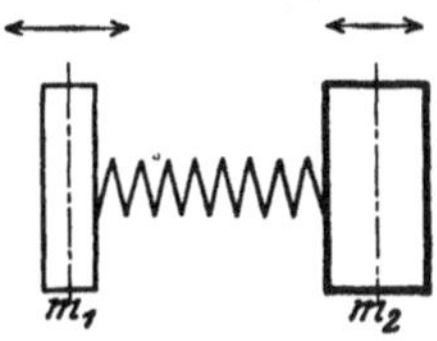

Die Verdrehungsschwingung einer Welle mit Schwungmassen kann man immer durch die geradlinige Schwingung einer Anordnung von Massen, die zwischen Federn gehalten sind, ersetzen. So kann

Abb. 57.

man z. B. zu der Anordnung der Abb. 56a die Anordnung Abb. 57 so abstimmen, daß beide Anordnungen gleiche Schwingungsdauer haben, und daß die Knotenpunkte auf der Welle und der Feder an entsprechender Stelle liegen. Man muß der Übertragung nur einen bestimmten Maßstab zugrunde legen, also z. B. angeben, daß ein Trägheitsmoment J in Abb. 56a durch die Masse $m = e\,J$ in Abb. 57 wiedergegeben werden soll, wobei e eine mit einer Dimension behaftete Größe ist. Wenn die Welle der Abb. 56a bei der Verdrehung um den Winkel 1 ($= 57{,}3°$) das Drehmoment c cm/kg gibt, muß die ihr entsprechende Feder der Abb. 57 so gewählt sein, daß sie bei einer Längenänderung die Kraft von $c \dfrac{\text{kg}}{\text{cm Längenänderung}}$ auslöst. Die Dimension von e ist demnach $\dfrac{1}{\text{cm}^2}$. Da sich die Anordnungen für gradlinige Schwingungen leichter graphisch darstellen und übersehen lassen, behandelt man zweckmäßig nur diese und wendet die Ergebnisse ohne weiteres auf Drehschwingungen an.

Die Schwingungsdauer hängt nur ab von der Kraft, die bei einer Längenänderung der Feder um 1 cm auftritt. Man kann deshalb eine beliebige Feder auch durch eine Bezugsfeder von bestimmtem Windungsdurchmesser und Drahtstärke ersetzen, wenn man die Länge l der Bezugsfeder so wählt, daß sie bei der Längenänderung um 1 cm die gleiche Kraft c liefert wie die tatsächliche Feder. Dieser Ersatz der tatsächlichen Feder durch eine Bezugsfeder ist namentlich dann zweckmäßig, wenn mehrere Schwungmassen und Federn mit verschie-

---

[1]) Weitere Ausführungen über das gleiche Thema siehe bei J. Geiger, „Über Verdrehungsschwingungen von Wellen". Diss., Berlin, Techn. Hochsch. 1914 M. Tolle, „Regelung der Kraftmaschinen", 3. Aufl. 1921 und H. Wydler, „Drehschwingungen in Kolbenmaschinenanlagen", Berlin 1922.

denen Federdurchmessern, Drahtstärken usw. zu einer schwingenden Anordnung zusammengesetzt sind. Dann kann man bestimmte Abmessungen für eine Bezugsfeder zugrunde legen und jede tatsächliche Feder durch eine Bezugsfeder mit der besonderen für den jeweiligen Fall in Frage kommenden Länge ersetzen, so daß sich die verschiedenen Anordnungen außer durch die Masse nur noch durch die Federlängen unterscheiden. Zur Bestimmung der Schwingungsdauer der Anordnung

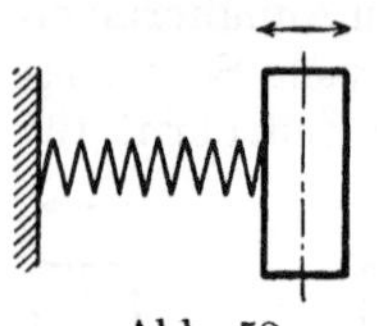

Abb. 58.

nach Abb. 58 ist also nur die Kenntnis der Länge l der Bezugsfeder und der Masse m nötig. Man kann die Anordnung nach Abb. 59 durch die Strecken l und m graphisch wiedergeben.

Wenn man Federn von verschiedenen Längen, sonst aber gleichen Abmessungen um den gleichen Betrag — etwa um 1 cm — zusammendrückt oder auseinanderzieht, so lösen sie Kräfte c aus, die im umgekehrten Verhältnis zu den Längen l der Federn stehen. Das c in der bekannten Schwingungsgleichung für eine Anordnung nach Abb. 59:

$$T = 2\,\pi\,\sqrt{\frac{m}{c}} \tag{4}$$

kann also durch eine von der Wahl der Bezugsfeder abhängige Konstante geteilt durch die Federlänge l ersetzt werden, oder man kann schreiben:

$$T = a\,\sqrt{m\,l} \tag{5}$$

wobei a durch die Bezugsfeder festgelegt ist.

Der einfachste Fall einer Verdrehungsschwingung ist durch die in Abb. 59 dargestellte Anordnung gegeben, bei der das eine Ende

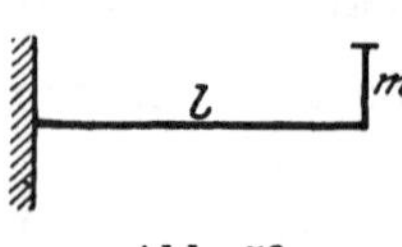

Abb. 59.

der Feder festgehalten und das andere Ende mit der Schwungmasse behaftet ist. Es kann gezeigt werden, daß verwickeltere Anordnungen, bei denen viele Schwungmassen durch Federn untereinander verbunden sind, stets auf diesen einfachsten Fall zurückgeführt werden können. Man sieht das am leichtesten ein, wenn man die höchste Schwingung einer z. B. mit 4 Massen behafteten Anordnung betrachtet. Die höchste Schwingung — in diesem Fall auch Schwingung 3. Ordnung genannt — ist dadurch ausgezeichnet (Abb. 60), daß zwischen je zwei aufeinanderfolgenden Massen m_n und m_{n+1} ein Knotenpunkt K_n liegt. Der Knotenpunkt K_1 z. B. teilt die Länge l_1 in die beiden Teile l_{11} und l_{12} usw. Man kann außer den Federn auch die zwischenliegenden Massen — bei uns m_2 und m_3 — je in 2 Teile unterteilen:

$$l_1 = l_{11} + l_{12}; \quad l_2 = l_{22} + l_{23}; \quad l_3 = l_{33} + l_{34} \tag{6}$$
$$m_2 = m_{21} + m_{22}; \; m_3 = m_{32} + m_{33}\,.$$

Die Unterteilung der Federlängen und Massen wird so vorgenommen, daß

$$m_1\,l_{11} = m_{21} \cdot l_{12} = m_{22} \cdot l_{22} = m_{32}\,l_{23} = m_{33}\,l_{33} = m_4\,l_{34}\,. \tag{7}$$

Dann besteht die Gesamtanordnung der Abb. 60 aus 6 Einzelanordnungen der Abb. 59, die mit Rücksicht auf Gl. (5) alle gleiche Schwingungsdauern haben. Wenn man sich die Knotenpunkte festgehalten und die Einzelanordnungen so in Schwung gesetzt denkt, daß zusammengehörende Massenteile m_{21} und m_{22} in entsprechendem Rhythmus schwingen, so hat man die höchste Schwingung der Gesamtanordnung, deren Schwingungsdauer T_3 gleich ist der Schwingungsdauer einer Einzelanordnung, also nach Gl. (5):

$$T_3 = a \sqrt{m_1\, l_{11}} = a \sqrt{m_{21}\, l_{12}} = \cdots. \tag{8}$$

Die Schwingungsdauer T_3 wird bestimmt durch Auflösen der Gleichungen (7) und Einsetzen des Ergebnisses in Gl. (5). Die Gl. (7) haben aber mehrere Lösungen — bei 4 Massen 3 in Betracht kommende Lösungen —, die die sämtlichen Schwingungen der Anordnung Abb. 60 enthalten. Bei den Schwingungen von den niedrigeren Ordnungen treten bei der

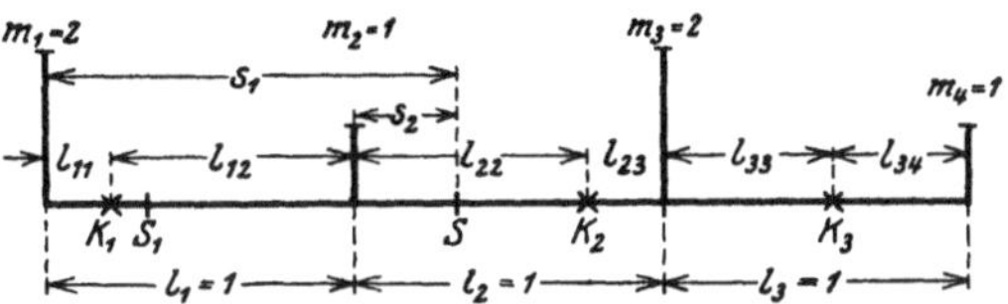

Abb. 60. Anordnung von Massen, die zwischen Federn schwingen.

Unterteilung der Massen und Längen zum Teil negative Größen auf. Die Strecke l_1 wird also z. B. unterteilt in l_{11} und l_{12}, wobei l_{12} negativ ist, also:

$$l_{11} - l_{12} = l_1 \text{ usw.}$$

Man spricht dann von außenliegenden Knotenpunkten.

Da die Bestimmung der Schwingungsdauern auf analytischem Wege durch Auflösen der Gl. (6) und (7) erhebliche Schwierigkeiten bereitet, wenn eine größere Anzahl von Schwungmassen zu berücksichtigen ist, so wird in der Praxis die Gleichung gewöhnlich durch Probieren gelöst.

Vor allem wird man versuchen, die Schwingungsdauer 1. Ordnung T_1 durch Probieren zu finden. Man hat dabei zu beachten, daß bei der Schwingung 1. Ordnung einer Anordnung nach Abb. 60 ein innenliegender — also als Ruhepunkt tatsächlich in die Erscheinung tretender — Knotenpunkt K auftritt. Man weiß ferner, daß bei der Schwingung der Schwerpunkt S in Ruhe bleibt, da keine äußeren Kräfte auftreten. Man nimmt nun an, daß S und K zusammenfallen, eine Annahme, die bei 2 Massen genau und bei mehreren Massen wenigstens annähernd zutrifft. Wenn aber die Lage von K durch die Lage von S bekannt ist, kann man sich die Gesamtanordnung durch K in 2 Teile zerlegt denken, von denen jeder bei festgehaltenem K Einzelschwingungen von der Schwingungsdauer T_1 der Gesamtanordnung ausführt. Man denkt sich nun die Massen etwa des linken Teiles in ihrem Schwerpunkt S_1 vereinigt und bildet das Produkt $m_s \cdot s$, wobei mit s der Schwerpunktsabstand von K bezeichnet ist. Dann weiß man, daß das $[m\,l]$, das in Gl. (5) eingesetzt T_1 ergibt, kleiner ist als $m_s \cdot s$ und größer als $\dfrac{m_s\, s}{2}$ also

$$[m\,l] = \gamma \cdot m_s\, s = B, \tag{9}$$

wobei γ ein echter Bruch ist. Das eckige Klammerzeichen gibt an, daß irgend einer der Ausdrücke in Gl. (7) für $m\,l$ eingesetzt werden soll. Als erste Annäherung setzt man für $\gamma = 0{,}85$ oder $[m\,l] = 0{,}85\,m_s l_s = B'$ und kann damit einen Wert für T_1 ermitteln, der im allgemeinen weniger als 5 v. H. vom tatsächlichen T abweicht.

Die 2. Annäherung erhält man, wenn man den 1. Annäherungswert für $[m\,l]$ zur Auflösung der Gl. (7) benutzt. Man berechnet zuerst l_{11} nach Gl. (7) zu

$$l_{11} = \frac{B'}{m_1}. \tag{10}$$

Dann m_{21} aus dem 2. Glied, der Gl. (7) zu:

$$m_{21} = \frac{B'}{l_1 - l_{11}} \tag{11}$$

und erhält aus dem letzten Glied der Gl. (7):

$$m_4'\,(l_3 - l_{33}) = B_1'. \tag{12}$$

Da l_{33} schon aus dem vorausgehenden Ansatz bekannt ist, liefert Gl. (12) einen Wert für m_4', der von den vorausgehenden Annahmen abhängt und der nicht mit dem bestimmten Wert von $m_4 = 1$ der Anordnung nach Abb. 60 übereinstimmen wird. Wir erhalten also den Wert, den die Masse m_4 haben müßte, wenn der Ansatz $m_1 l_{11} = B'$ wirklich die Lösung der Gl. (7) wäre.

Tabelle 1.

1	2	3	4	5	6	7	8	9	10	11	12	13
s_1	$\sum ms$	γ_1	B_1	l_{11}	m_{21}	l_{22}	m_{32}	l_{33}	m_4'	s_1'	$\sum ms'$	γ_2
1,33	3,0	0,850	2,55	1,275	−9,27	0,248	3,39	−1,835	0,900	1,30	2,90	0,880
—	—	0,880	2,64	1,32	−8,25	0,2855	3,695	−1,558	1,032	—	—	—

$$B = 2{,}55 + 0{,}09\,\frac{1 - 0{,}900}{1{,}032 - 0{,}900} = 2{,}55 + 0{,}068 = 2{,}618;$$

also $2{,}55 + 0{,}068 = 2{,}618$; $\gamma = 0{,}873$.

Nach diesen Überlegungen ist die 1. Zeile der Tabelle 1 berechnet. Man erhält hier für m_4' den Wert 0,900 statt des gegebenen 1,0. Für die Anordnung mit den Massen m_1, m_2, m_3 und m_4' kennt man einerseits B und damit nach den Formeln 5 und 9 die Schwingungsdauer $T_1 = a\sqrt{B}$; anderseits kann man hierfür den Schwerpunkt S und $m_s s$ links von S berechnen. Man kann also nach Gl. (9) rückwärts das γ ermitteln (Spalte 11—13).

Für die Berechnung der 2. Annäherung nimmt man an, daß die Anordnung mit der Masse m_4 das gleiche γ habe wie die Anordnung mit der Masse m_4' und rechnet die 2. Zeile der Tabelle mit $\gamma_2 = 0{,}880$ wieder unter Benützung der Gl. (7) durch. Man erhält so ein $m_4'' = 1{,}03$, das dem $\gamma = 0{,}880$ entspricht und das dem wirklichen Wert $m = 1{,}0$ schon beträchtlich näher liegt als m_4'. Die verschiedenen Werte, die für m_4 erhalten werden, kann man in einer Kurve auftragen, von der die beiden Punkte m_4', B' und m_4'', B'' bekannt sind. Um das B zu berechnen, das zum tatsächlich vorhandenen m_4 gehört, denkt man sich das Kurvenstück durch eine Gerade ersetzt und extra- bzw. intrapoliert nach der Formel:

$$B = B' + (B'' - B') \frac{m_4 - m_4'}{m_4'' - m_5'}, \qquad (13)$$

die in der Tabelle den Wert $B = 2{,}618$ liefert.

Wie man sieht, ist in diesem Falle das $\gamma = 0{,}880$, das in der 1. Zeile erhalten wird, eine gute Annäherung an das tatsächliche Ergebnis ($\gamma = 0{,}873$). Das ist aber in diesem besonderen Falle darauf zurückzuführen, daß die Massenverteilung verhältnismäßig gleichmäßig ist. Im allgemeinen Falle, z. B. bei der Berechnung einer Schiffswelle auf Drehschwingungen, kann es vorkommen, daß die letzte Schwungmasse, z. B. die Schiffsschraube, ein im Vergleich zu den übrigen Massen kleines Trägheitsmoment hat. Dann ist es, wenn man eine rasche Annäherung an den wahren Wert haben will, empfehlenswert, die Berechnung unter Benützung des $\gamma' = 0{,}85$ und B' von beiden Seiten zu beginnen und bei jener Masse m_r, deren statisches Moment auf S (Schwerpunkt der gesamten Anordnung) bezogen — also $m_r s_r$ — den größten Wert hat, endigen zu lassen.

Nach Tabelle 1 und Formel (7) würde sich die Schwingungsdauer 1. Ordnung berechnen zu

$$T = a \sqrt{B}. \qquad (14)$$

Die Größe von a ist in einem bestimmten Fall durch die Abmessungen der Bezugsfeder gegeben.

Durchrechnung eines Zahlenbeispiels.

Die auf einer Schiffswelle sitzenden Schwungmassen mögen durch die in Abb. 61 eingeschriebenen Zahlenwerte gegeben sein. Die Trägheitsmomente sind Massenträgheitsmomente, also von der Dimension $kg\ cm\ sec^2$. Wir haben

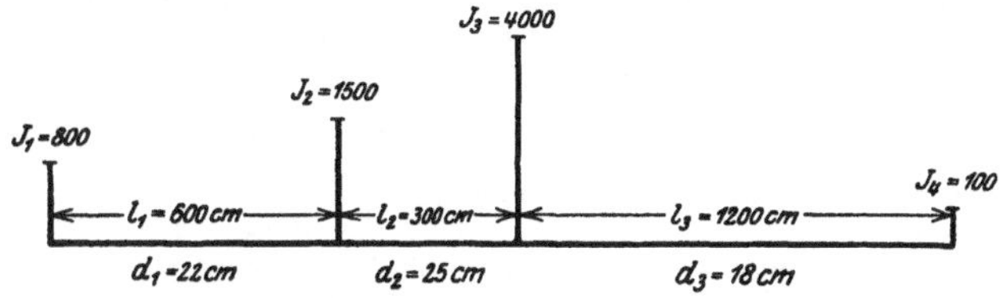

Abb. 61. Welle mit 4 Schwungmassen.

die Anordnung zuerst auf einheitliche Bezugsfedern, d. h. gleiche Wellendurchmesser, umzurechnen, und zwar wählen wir als Bezugswelle ganz willkürlich jene Welle, die bei der Länge von 1 cm und dem Drehmoment von 1 cmkg die Verdrehung $\frac{1}{10^8}$ (oder $57{,}3° \cdot 10^{-8}$) liefert. Die 3 in der Abbildung auftretenden Wellenstücke von den Längen l werden auf die Längen $l_{bez.}$ der Bezugswelle so umgerechnet, daß die tatsächlichen Wellenstücke und die zugehörenden Bezugs-

wellenstücke bei gleichem Drehmoment gleiche Verdrehungswinkel ergeben. Nach
einer bekannten Formel der Festigkeitslehre ist:

$$\varDelta \varphi = \frac{M\,l}{G\,i_p}, \tag{15}$$

wobei i_p, das polare Trägheitsmoment des Wellenquerschnitts, gleich ist $\frac{\pi\,r^4}{2}$
G ist der Schubelastizitätsmodul, der für Stahl $0{,}8 \cdot 10^6$ kg/qcm beträgt. Da
Wellenstück und Bezugswellenstück bei gleichem Drehmoment gleichen Verdrehungswinkel haben sollen. ist:

$$\frac{l}{i} = \frac{l_{\text{bez.}}}{(i_p)_{\text{bez.}}} \quad \text{oder} \quad l_{\text{bez.}} = \frac{l\,(i_p)_{\text{bez.}}}{i_p} \tag{16}$$

wobei das Trägheitsmoment der Bezugswelle mit $(i_p)_{\text{bez.}}$ bezeichnet ist. Es ist
aber nach Gleichung 15 und den bestimmten, für die Bezugswelle gemachten Annahmen:

$$(i_p)_{\text{bez.}} = \frac{10^8}{0{,}8 \cdot 10^6} = 125\ \text{cm}^4 \tag{17}$$

und

$$l_{\text{bez.}} = 125\,\frac{l}{i_p} \tag{18}$$

nach dieser Formel sind die 3 Stücke $l_{1\,\text{bez.}}$, $l_{2\,\text{bez.}}$ und $l_{3\,\text{bez.}}$ der Bezugswelle berechnet und in Abb. 62 eingetragen.

Die Schwingungsdauer der Anordnung wird, wie im vorausgehenden ausgeführt ist, nicht geändert, wenn man sich die Schwungmassen vom Trägheits-

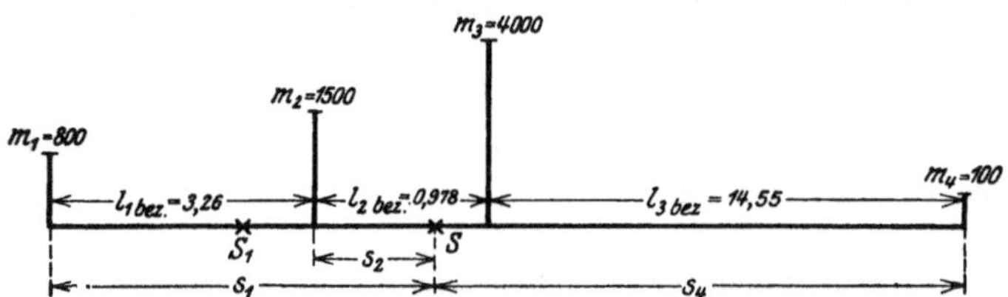

Abb. 62. Massen zwischen Federn entsprechend der Anordnung Abb. 61
Federlängen sind auf Einheitsfeder bezogen.

moment J durch geradlinig schwingende Massen m und die Wellenstücke durch
Zug- und Druckfedern ersetzt denkt. Die Bezugsfeder ist dabei in Anlehnung
an die Wahl der Bezugswelle so gewählt, daß sie bei der Länge von 1 cm und der
Zusammendrückung um $\frac{1}{10^8}$ cm die Kraft von 1 kg auslöst. Für die Anordnung
mit den gradlinig schwingenden Massen kann man sich den Schwerpunkt S berechnen, wenn man überdies noch voraussetzt, daß die Massen keine Breite haben,
also in je einem Massenpunkt vereinigt sind (Schwingungsschwerpunkt).

Der Abstand s_1 der Masse m_1 vom Schwerpunkt S wird berechnet nach der
Formel:

$$m_1 s_1 + m_2 (s_1 - l_1) = m_3 (l_1 + l_2 - s_1) + m_4 (l_1 + l_2 + l_3 - s_1) \tag{19}$$

$$s_1 = \frac{m_2 l_1 + m_3 (l_1 + l_2) + m_4 (l_1 + l_2 + l_3)}{m_1 + m_2 + m_3 + m_4}.$$

Der Wert von $\sum ms$ der Massen rechts oder links von S ist für die in Abb. 62
gemachten Zahlenangaben:

$$\sum ms = m_1 s_1 + m_2 s_2 = 3625\ \text{cmkg}\,\frac{\text{sec}^2}{\text{cm}}. \tag{20}$$

Der 1. Annäherungswert für die Schwingungsdauer 1. Ordnung ist demnach unter Benutzung des Wertes $\gamma_1 = 0,85$:

$$T_1 = 2\pi\sqrt{\frac{\gamma_1 \cdot 3625}{10^8}} = 0,0346 \text{ sec} \qquad (21)$$

und

$$n_1 = \frac{60}{T_1} = 1725 \frac{1}{\min}.$$

Zahlentafel.

1	2	3	4	5	6	7	8	9	10	11	12	13	14	15	16	17	18
s_1	$\sum ms$	γ_1	B_1	l_{11}	l_{12}	m_{21}	m_{22}	l_{22}	l_{23}	m_{32}	l_{34}	l_{33}	m_{33}	m_3'	s_1'	$\sum_l ms$	γ_2
3,70	3625	0,850	3080	3,85	−0,59	−5260	6760	0,456	0,522	5930	30,8	−16,2	−190	5740	3,82	3900	0,790
—	—	0,790	2862	3,58	−0,82	−9090	10590	0,270	0,708	4060	28,6	−14,05	−203	3860			

$$B = 3080 - (3080 - 2862)\frac{5700 - 4000}{5740 - 3860} = 2880.$$

Unter Benutzung der Formeln (6) und (7) ist die Zahlentafel berechnet worden. Da die am weitesten rechtsgelegene Masse m_4 in Abb. 62 nur geringes Gewicht — also ein kleines statisches Moment auf S bezogen — hat, ist bei der Aufstellung der Tabelle die Masse m_3, die das größte statische Moment in bezug auf S hat, als Schlußmasse angenommen worden. In Spalte 12—14 ist deshalb von rechts mit der Lösung der Gleichung begonnen und in Spalte 15 m_3 als Summe der Ergebnisse der Spalten 11 und 14 eingesetzt worden. Hätte die Anordnung der Abb. 62 statt der Masse $m_3 = 4000$ kg $\frac{\text{sec}^2}{\text{cm}}$ die Masse $m_3' = 5740$ kg $\frac{\text{sec}^2}{\text{cm}}$ aus der 1. Reihe der Tabelle, so wäre der angenommene Wert $B = 3080$ der richtige Wert zur Bestimmung von T_1. Für diese Anordnung mit m_3' ist in Spalte 17 wieder der Schwerpunkt und das $\sum ms$ links vom Schwerpunkt berechnet worden. Daraus erhält man in Spalte 18 das tatsächliche $\gamma = 0,790$ für die Anordnung mit den Massen m_1, m_2, m_3' und m_4, das in der 2. Zeile als neuer Annäherungswert für die Anordnung nach Abb. 62 verwendet worden ist. Mit $\gamma = 0,790$ erhält man in der 2. Zeile das B für eine Anordnung mit der Schwungmasse $m_3'' = 3850$ kg $\frac{\text{sec}^2}{\text{cm}}$, die der gegebenen Anordnung mit der Masse $m_3 = 4000$ kg $\frac{\text{sec}^2}{\text{cm}}$ schon recht ähnlich ist. Durch Interpolation wird nach Gl. (13) der Wert B für die durch Abb. 62 gegebene Anordnung und daraus $n_1 = 1785$ als minutliche Periodenzahl für die Schwingung 1. Ordnung erhalten.

Die Eigenschwingungszahl 1. Ordnung für die Welle einer U-Boots-Dieselmaschine mit Wellenleitung, elektrischer Maschine und Schiffsschraube lag gewöhnlich bei $1500-2500 \frac{1}{\min}$; die Umlaufzahl dagegen betrug im Höchstfalle $450 \frac{1}{\min}$. Während jeder Umdrehung erfolgen bei einer sechszylindrigen Viertaktmaschine drei Zündungen in gleichen Abständen; auf die Welle werden deshalb Impulse mit der Periode der dreifachen Drehzahl übertragen. Besonders ausgezeichnet wäre demnach eine Umlaufzahl, die gleich dem dritten Teil der Eigenschwingungszahl ist. Auf U-Booten fiel dieses Gebiet gewöhnlich außerhalb der Betriebsdrehzahlen. Resonanz entsteht aber auch dann, wenn die Eigenschwingungszahl ein ganzes Vielfaches der Drehzahl ist, und zwar sind nach Geiger[1]) besonders starke Schwingungsausschläge bei sechszylindrigen Dieselmaschinen zu erwarten, wenn die Verhältniszahl durch 3 teilbar ist, wenn also die Drehzahl $\frac{1}{3}$, $\frac{1}{6}$, $\frac{1}{9}$ oder auch $\frac{1}{4,5}$ oder $\frac{1}{7,5}$ der Eigenschwingungszahl beträgt.

Bei einer Maschine, deren Betriebsdrehzahlen in weiten Grenzen verstellt werden, wird es sich nicht umgehen lassen, daß kritische Schwingungsgebiete innerhalb des Betriebsbereiches liegen. Es ist nötig, daß diese Gebiete durch Versuche mit einem Torsionsindikator[2] festgestellt und für längere Benutzung gesperrt werden. Die Versuche sind namentlich dort vorzunehmen, wo lange Wellenleitungen vorhanden sind und große Schwungmassen auf ihnen sitzen. Besonders gefährdet sind demnach Schiffswellen, die zur Verringerung des Un-

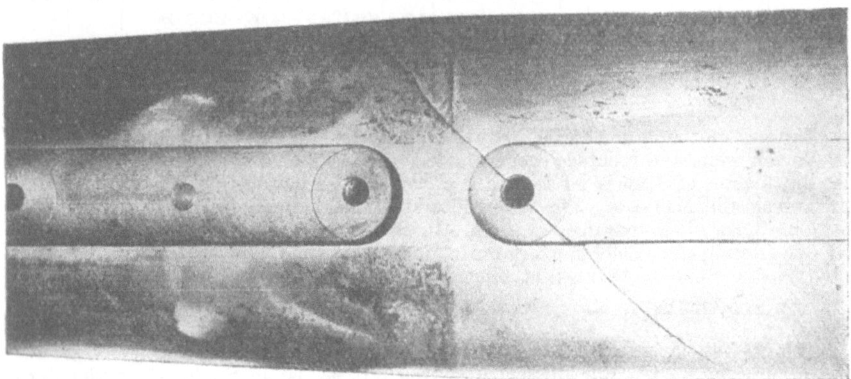

Abb. 63. Wellenbruch.

gleichförmigkeitsgrades mit einem Schwungrad ausgerüstet sind (siehe z. B. die Werkspormaschine in der Z. d. V. d. I. 1912, S. 383). Wenn die Maschine aus Unkenntnis des Personals viel in den kritischen Gebieten gefahren wird — kritische Verdrehungsschwingungen können oft am Geräusch und an sonstigen äußeren Anzeichen nicht festgestellt werden —, ist es gewöhnlich nur eine Frage der Zeit, wann die Welle bricht. Die experimentelle Bestimmung der kritischen Gebiete und die im Anschluß daran folgenden Vorbeugungsmaßnahmen machen sich deshalb immer bezahlt[3]).

---

[1]) Geiger, C., Augsburg: „Über Verdrehungsschwingungen von Wellen." Verlag von Walch, Augsburg (Diss. Techn. Hochschule Berlin 1914).

[2]) Geigerscher Torsionsindikator, beschrieben in der Z. d. V. d. I. 1916, S. 811. Frahmscher Torsionsindikator, beschrieben in der Z. d. V. d. I. 1918, S. 177. Der Geigersche Torsiograph, der sich vielseitig verwenden läßt, hat sich in der Praxis gut eingeführt. Er wird von Lehmann & Michels A.-G. Hamburg hergestellt und vertrieben.

[3]) Bei raschlaufenden Vielzylindermaschinen können unter Umständen auch die Biegungsschwingungen, die durch periodische Drehzahlschwankungen hervorgerufen werden, Bedeutung gewinnen. Diese Schwingungen treten an ungleich-

In Abb. 63 ist eine infolge von Verdrehungsschwingungen gebrochene Welle wiedergegeben. Das Bruchstück entstammt der Wellenleitung eines durch Dieselmaschinen angetriebenen Schiffes. Von den beiden Keilnuten diente die linke zur Befestiguug des Kupplungsflansches; die Anfressungen an dem schwach konischen Wellenende lassen erkennen, wie weit der Kupplungsflansch aufgezogen war. Der Keil in der rechten Nut bildete die Führung für eine Schiebemuffe, die für die Kraftübertragung keine Bedeutung hat. Der Riß geht mitten durch das Loch für die Halteschraube des Keiles und er verläuft — ein Kennzeichen für Brüche, die auf Verdrehungsbeanspruchungen zurückzuführen sind — unter 45° zur Wellenmitte.

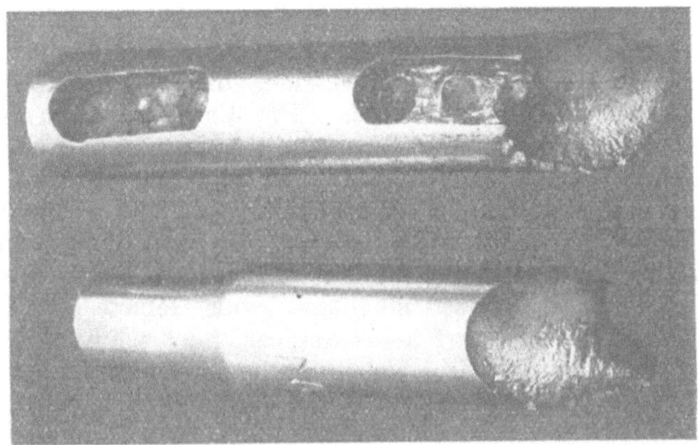

Abb. 64. Verdrehungsschwingungsbruch, ausgehend vom Bohrgrund einer mangelhaft hergestellten Keilnut.

Abb. 64 zeigt einen Verdrehungsschwingungsbruch an einem Versuchsstab, der in einer Maschine für Gütebestimmung von Baustählen auf Verdrehungsschwingungen beansprucht worden ist. Hier war die Keilnut recht mangelhaft hergestellt worden mit Hilfe von Bohrlöchern, die ausgekreuzt wurden. Bei diesem Stab geht der Bruch durch die Spitze der Bohrlöcher hindurch und er verläuft ebenfalls wieder unter 45° zur Wellenachse. Die Keilnut ist 10 mm breit und 3 mm tief. Der

---

förmig umlaufenden Wellen auf, wenn die Periodenzahl der Drehzahlschwankung δ (Perioden/Umdr.) und die kritische Biegungsschwingungszahl u_k (Perioden/min) mit der Umlaufzahl u (Umdr./min) in der Beziehung stehen, daß $u = \dfrac{u_k}{\delta + 1}$ ist. Bei einer sechszylindrigen Viertaktmaschine mit $\delta = 3$ sind demnach Biegungsschwingungen zu erwarten, wenn $u = \dfrac{u_k}{4}$ oder $\dfrac{u_k}{2}$ beträgt und bei einer sechszylindrigen Zweitaktmaschine mit $\delta = 6$, wenn $u = \dfrac{u_k}{7}$ oder $\dfrac{u_k}{5}$ ist. Bei den U-Bootsdieselmaschinen sind Biegungsschwingungen dieser Art nicht aufgetreten, da die Wellen zu steif waren. so daß die kritische Biegungsschwingungszahl u_k zu hoch lag. (Näheres hierüber bei A. Stodola, Schweiz. Bauz. 1917 und Z. d. V. 1919, S. 866 und O. Föppl, Zeitschr. f. ges. Turb. 1918.)

Wellendurchmesser beträgt in der Umgebung der Keilnut 20 mm. Die Querschnittsfläche an der Bruchstelle beträgt also 314 — 30 = 284 qmm. An einer anderen Stelle der Meßstrecke (Abb. 64 unten links abgeschnitten) beträgt der Wellendurchmesser nur 15 mm und die Querschnittsfläche also nur 177 qmm. Trotzdem ist der Bruch an der 284 qmm und nicht an der 177 qmm starken Stelle erfolgt. Wenn die Keilnut in der üblichen Weise sachgemäß gefräst worden wäre, so daß der Boden glatt gewesen wäre, so wäre der Bruch nicht in der Keilnut, sondern auf der Meßstrecke erfolgt, wie viele Versuche übereinstimmend gezeigt haben.

Das Versuchsergebnis ist wichtig für die konstruktive Bemessung der Welle. Es ist nämlich unbedingt erforderlich, Wellen, bei denen die Gefahr vorliegt, daß die vorher genannten Verdrehungsschwingungen auftreten können, so zu bemessen, daß die gefährlichen Stellen sich auf ein möglichst großes Gebiet verteilen, d. h. die gefährliche Stelle soll in einem glatten Wellenstück liegen. Die Verdrehungsschwingungen werden durch kleine Impulse unterhalten, die dann den Bruch herbeiführen können, wenn sie im Rhythmus der Eigenschwingungszahl auftreten. Es gibt aber viele Baustoffe, die sich gegen solche Impulse selbst schützen können durch innere Dämpfung, bei der die Impulsarbeit in Wärme umgesetzt wird. Damit dieser Selbstschutz des Baustoffes genügend wirksam ist, müssen möglichst große Gebiete der Welle zugezogen werden, d. h. es darf keine ausgezeichnet schwache Stelle an der Welle vorhanden sein. In welchem Maße einzelne Baustoffe dämpfende Wirkungen auslösen können, ersieht man daraus, daß der günstigste Baustahl in dieser Richtung, der im Braunschweiger Festigkeitslaboratorium untersucht worden ist, 55 PS-st Energie auf 1 kg Werkstoff bei einer größten Schubbeanspruchung τ_{max} von 17 kg/qmm in Wärme umgesetzt hat, bis er zu Bruch kam. Eine Schiffswelle von 1 t Gewicht, die aus diesem Baustahl hergestellt ist, kann also 55 000 PS-st Schwingungsenergie bei einem $\tau_{max} = 17$ kg/qmm in Wärme umsetzen, bis sie bricht. Da aber die Schwingungen stets nur vorübergehend auftreten und da nur ein kleiner Teil der gesamten durchgeleiteten Energie zur Anregung von Schwingungen verwendet wird, bedeutet die obige Zahl, wenn sie richtig ausgenutzt wird, in der Regel unbegrenzte Haltbarkeit der Welle.

Wir können die Überlegungen dahin zusammenfassen, daß sich eine auf Schwingungen beanspruchte Welle gegen Überanstrengungen selbst schützt durch Dämpfung, d. h. durch Umwandlung des eingeleiteten Impulses in Wärme. Um diesen Selbstschutz wirksam zu machen, sollen die höchst beanspruchten Stellen in einem glatten Wellenstück liegen.

Eine Welle, die einen Schwingungsbruch erleidet, der von einer ausgezeichneten Stelle ausgeht, ist in der Regel falsch konstruiert gewesen, da man durch einfaches Abdrehen der glatten Wellenstücke die höchst beanspruchten Stellen auf ein größeres Gebiet hätte verteilen können mit dem Erfolge, daß der die Schwingung erregende Impuls geschwächt worden wäre und der Baustahl weit länger hätte standhalten können. Voraussetzung ist dabei, daß man die Welle aus einem stark dämpfenden Baustahl hergestellt hat.

Die vorstehenden Betrachtungen sind näher ausgeführt in O. Föppl, „Grundzüge der techn. Schwingungslehre", Berlin 1923, und in der Z. d. V. d. I. vom 1. März 1924, Seite 203.

Es muß nun noch darauf hingewiesen werden, daß Verdrehungsschwingungsbrüche, die in einem glatten Wellenstück auftreten, nicht unter 45° zur Wellenachse erfolgen, sondern daß der erste Anriß gewöhnlich als Längsriß oder als Querriß auftritt. Die Brüche unter 45° treten nur dann auf, wenn eine ausgezeichnete Stelle vorhanden ist, wie es bei den Anordnungen nach den Bildern 63 und 64 zutrifft. Nach den bisherigen Versuchen scheint ferner ein harter Baustoff (z. B. gehärteter Stahl) mehr zu Rissen unter 45° und ein weicher Baustoff (z. B. ausgeglühter Stahl) zu Rissen unter 0° oder 90° zur Wellenachse zu neigen.

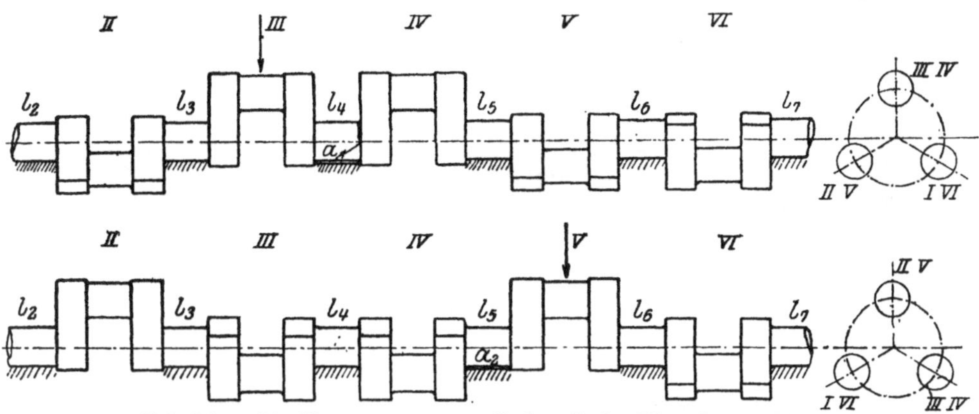

Abb. 65 u. 66. Kurbelwellen von Sechszylinder-Viertaktmaschinen.

Der erstere Baustoff geht also leichter infolge Normalspannungen, der letztere infolge von Scherspannungen zu Bruch.

An anderer Stelle ist schon darauf hingewiesen worden, daß Brüche in der Kurbelwelle durch Biegungsbeanspruchungen hervorgerufen werden, die auf ungleichmäßige Abnutzung der Wellenlager zurückzuführen sind. Die Lager nutzen sich ungleichmäßig ab, so daß die Welle ohne äußere Kräfte nur in einigen Lagern zum Aufliegen gebracht wird. Durch die im Betrieb auftretenden Verbrennungsdrucke wird die Welle zeitweilig so stark durchgebogen, daß sie auch in den vorher nicht zum Tragen gekommenen Lagern anliegt, und zwar geschieht das dann, wenn die benachbarte Kurbel in oder nahe beim oberen Totpunkt steht, da dann die größte Belastung auf den Kurbelzapfen drückt. Die verschiedenen Lagerzapfen sind dabei verschieden stark beansprucht. In Abb. 65 ist z. B. die Welle einer sechszylindrigen Dieselmaschine mit zur Mitte symmetrischer Kurbelwelle so dargestellt, daß die Zündung eben im Zylinder III eingesetzt hat. Das Grundlager l_4 mag infolge ungleichmäßiger Abnutzung um 1 mm niedriger liegen als die benachbarten Lager l_3 und l_5. Die Welle wird deshalb um 1 mm durchgebogen, und die größte Beanspruchung tritt an der Stelle a_1 auf. In Abb. 66 ist die Kurbelwelle um 120° gedreht gezeichnet, wobei Zylinder V eben zum Zünden kommt. Es ist angenommen, daß in diesem Falle, der sich auf eine andere Maschine beziehen mag, das Lager l_5 um 1 mm mehr ausgelaufen ist als die benachbarten Lager l_4 und l_6. Die Welle muß wieder um 1 mm durchgebogen werden und die größte Beanspruchung tritt in a_2 auf. Zwischen den beiden Beanspruchungen a_1 und a_2 besteht der Unterschied, daß die benachbarte Kurbel IV in dem einen Fall in Richtung der Kurbelwange und im anderen Fall unter 120° dazu versetzt durchgebogen wird. Gegen Verbiegungen der ersteren Art ist aber die Welle viel steifer als gegen Verbiegungen der zweiten Art. Die Beanspruchung an der Stelle a_1 ist deshalb, da ja die Welle in beiden Fällen um den gleichen Betrag

Abb. 67. Kurbelwellenbruch (der Riß geht durch einen Grundlagerzapfen, dem zu beiden Seiten Zapfen für Schubstangenlager benachbart sind).

von 1 mm (die Lagerabnutzung) durchgebogen werden muß, wesentlich größer als die an der Stelle a_2. Die symmetrische Kurbelwelle bricht infolgedessen, wie sich an einer Reihe von sechszylindrigen Dieselmaschinen herausgestellt hat, wenn sie einmal eine Beschädigung erleidet, stets im mittleren Wellenzapfen, der zwischen den beiden gleichgerichteten Kurbeln liegt. In Abb. 67 ist eine Kurbelwelle, die im mittleren Wellenzapfen gebrochen ist, dargestellt.

Den Kurbelwellenbrüchen dieser Art kann vorgebeugt werden, wenn man die Lagerung der Kurbelwelle öfters, vielleicht nach je 2000 bis 3000 Betriebsstunden, nachprüft. Dabei dürfen aber nicht nur, wie es in der Praxis oft geschieht, die Losen zwischen Wellenzapfen und Lagerdeckel nachgemessen werden, sondern es müssen vor allem die Losen zwischen Zapfen und Grundschale nach Lösen sämtlicher Deckel festgestellt werden, was nur durch Anheben der Kurbelwelle und Unterlegen von Bleidraht geschehen kann. Für Neukonstruktionen empfiehlt es sich unter Umständen, den mittleren Wellenzapfen besonders stark auszuführen.

11. Der Umbau der ehemaligen U-Bootsmaschinen für gewerbliche Zwecke.

Nach der unglücklichen Beendigung des Krieges steht eine große Anzahl schnellaufender Dieselmaschinen, die für U-Boote gebaut, aber nie auf U-Booten eingebaut worden waren, zur Verfügung. Es trat die Aufgabe an die deutschen Ingenieure heran, diese Maschinen für gewerbliche Zwecke umzubauen. Die Reichstreuhandgesellschaft hat die Verwertung übernommen und die nicht einfache Aufgabe, diese Maschinen den Verwendungszwecken der Praxis anzupassen, in sehr vielen Fällen mit großem Erfolge gelöst, so daß heute ungezählte ehemalige U-Bootsdieselmaschinen in gewerblichen Anlagen Friedensdienste erfüllen. Über die Fragen, die beim Umbau der Maschinen eine Rolle spielen, hat mir Herr Marinebaurat E. Schmeißer von der Reichstreuhandgesellschaft, Abteilung Marine, bereitwilligst folgende Angaben gemacht:

Die U-Bootsmaschinen waren nach dem Grundsatz gebaut, bei möglichst geringem Gewichts- und Raumbedarf eine möglichst große effektive Leistung zu erzielen. Die Lager konnten knapp bemessen werden, da an Bord ein zahlreiches und gutgeschultes Personal zur Verfügung stand. Im Gegensatz dazu muß bei der Verwendung der Maschinen in industriellen Betrieben an Bedienungspersonal möglichst gespart werden. Um trotz dieser Verringerung des Bedienungspersonals eine genügende Betriebssicherheit zu erreichen, wurden die Leistungen und Drehzahlen der Maschinen für die Verwendung zu gewerblichen Zwecken gegenüber ihren früheren Konstruktionsdaten herabgesetzt. Das konnte auch deshalb getan werden, weil das Gewicht der Maschine im Vergleich zur Leistung im Landmaschinenbau nur eine untergeordnete Rolle spielt. Der Grad der Herabsetzung ist aus folgender Vergleichstabelle zu ersehen.

Als U-Bootsmaschinen		Im Land- und Handelsschiffsbetrieb	
Leistung PSe	Umdr./min	Leistung PSe	Umdr./min
300	450	250	375
400	555		
450	400	420	350
530			
550	450	420	350
1200	450	700	300
1750	380	1000	250
3030	380—390	1700	250

Die Maschinen werden hauptsächlich für folgende Zwecke verwendet:

1. Zum Schraubenantrieb von Handelsschiffen bzw. von solchen Kriegsschiffen, die in Handelsschiffe umgebaut sind.

2. Für Aufstellung an Land zum rein mechanischen Antrieb (beispielsweise zum Antrieb von in Fabriken stehenden Arbeitsmaschinen), ferner zur Erzeugung von elektrischer Energie, wobei die Diesel-

maschinen mit Drehstrom- oder Gleichstromgeneratoren gekuppelt werden.

Besonders vorteilhaft ist die Verwendung der umgebauten U-Boots-Dieselmaschinen als Zusatzaggregate in elektrischen Zentralen. Bei Erzeugung von Gleichstrom können die ehemals für U-Boote bestellt gewesenen Haupt-E-Maschinen vorteilhaft verwendet werden. Die Preise der Diesel- und Haupt-E-Maschinen sind im Vergleich zu den Preisen neuer Maschinen gleicher Leistung niedrig.

Während es bisher infolge der ungünstigen wirtschaftlichen Verhältnisse im Schiffbau und Reedereigeschäft nicht gelungen ist, eine sehr erhebliche Zahl von Dieselmaschinen der Verwendung auf Handelsschiffen zuzuführen, ist es erfreulicherweise gelungen, einen recht großen Teil der Maschinen zur Aufstellung in Landbetrieben zu verkaufen. Ein Teil dieser Maschinen befindet sich bereits im Betriebe und hat sich bewährt, ein anderer Teil ist zur Zeit noch in Aufstellung begriffen.

Bei der Verwendung der Maschinen zum Antriebe von Handelsschiffen ist es nicht erforderlich, irgendwelche technischen Veränderungen an ihnen vorzunehmen; dagegen macht die Aufstellung der Maschinen im Landbetriebe folgende Veränderungen nötig:

> a) Anfertigung zweier Fundamentbalken mit Ankerbolzen und Ölwanne;
> b) Einrichtung zum Ändern der Drehzahl von Hand;
> c) Einrichtung für Steinkohlenteerölbetrieb;
> d) Einbau eines Präzisionsreglers.

Die wesentlichste Änderung ist die unter d) genannte.

Die Einrichtung zum Fahren mit Teeröl wird in bekannter Weise unter Verwendung einer besonderen Zündölpumpe nach dem Prinzip der Vorlagerung des Zündöles vor dem Teeröl im Brennstoffventil ausgeführt. Die Einrichtung zum Betriebe mit Teeröl wird jedoch nur an einem Teil der verkauften Maschinen vorgesehen, und zwar ist hierfür maßgebend, ob der Käufer sich unter Berücksichtigung des jeweiligen Preisverhältnisses von Teeröl und Gasöl, sowie der Kosten der Schaffung der Teeröleinrichtung an der Maschine und sonstiger Gesichtspunkte einen größeren wirtschaftlichen Nutzen von dem Betrieb mit Gasöl oder Teeröl verspricht. Der Betrieb der Maschinen mit Paraffinöl statt mit Gasöl ist ohne Vornahme irgendwelcher Umänderungen möglich.

Für den Verkauf dieser ehemaligen U-Bootsmaschinen hat die Reichstreuhandgesellschaft Zusammenstellungen ausgearbeitet, denen wir die folgenden für eine 250 PS-Maschine bestimmten Angaben entnehmen.

Lieferungsumfang: Die Lieferung einer Ölmaschine umfaßt die zur ortsfesten Aufstellung umgebaute, für den Betrieb mit Teeröl eingerichtete, betriebsfähige Maschine wie folgt:

1. Abmessungen (Beispiel):
   Leistung . . . . 250 PS
   Umdr./min 375
   Zylinderzahl 6
   Zylinderdurchmesser . . . . 260 (270) mm

```
Hub . . . . . . . . . . . . . . . . . . . .   360 (330) mm
Arbeitstakte . . . . . . . . . . . . . . .    4
Mittlerer effektiver Druck . . . . . . . . .   5,25 kg/qcm
Länge . . . . . . . . . . . . . . . . . . . 3670 (3939) mm
Größte Breite . . . . . . . . . . . . . . .   880 mm
Größte Höhe . . . . . . . . . . . . . . . . 2100 (1977) mm
Gewicht der nackten Maschine . . . . . . .   9770 kg
Fundamentinhalt etwa . . . . . . . . . . .    50 cbm
```

2. Die angebaute Einblaseluftpumpe mit Luftkühlern und Wasserabscheidern.
3. Die von der Maschine angetriebenen Kühlwasser-, Öl-, Zylinderschmieröl- und Brennstoffpumpen.
4. Die Ölfilter und Kühler.
5. Die Schmiervorrichtungen, Ölschutzhauben und Verkleidungen.
6. Das gekühlte Auspuffsammelrohr mit Krümmern von Zylinder 1—6 mit Armaturen.
7. Sämtliche Rohrleitungen und Armaturen an den Maschinen.
8. Indiziervorrichtungen ohne Indikator, aber mit Ventilen für alle Arbeitszylinder.
9. Die zum Antrieb der Maschine erforderlichen Manometer, Thermometer, Tachometer, Hubzähler einschl. Antriebsteilen.
10. Eine Einblaseflasche.
11. Zwei Fundamentbalken mit Ankerbolzen und Ölwanne.
12. Einrichtung für Steinkohlenteerölbetrieb.
13. Vorrichtung zum Ändern der Drehzahl von Hand.
14. Präzisionsregler.

Verbrauchsziffern:

Treiböl für die PS-Stunde bei:	Gasöl allein 10 000 WE/kg	Teeröl 9000 WE/kg
normaler Belastung	kg 0,210	0,225
dreiviertel Belastung	kg 0,220	0,235
halber Belastung	kg 0,250	0,260
Schmieröl für die Motor-Stunde	kg 1,5	
Kühlwasserverbrauch für die PS-Stunde bei 10° C Eintritt und 45° C Austritt	26 Liter.	

Anmerkung: Bei Teerölbetrieb ist bei allen Belastungen ein gleichbleibender Zündölzusatz von 10 000 WE/kg von 2,5 kg pro Motor-Stunde erforderlich. Für die Garantie werden 5% Spielraum vorbehalten.

Gewährleistung: Wir bzw. die Herstellerfirma übernehmen vom Tage der beendigten Aufstellung der Maschine an auf die Dauer von 6 Monaten bei täglich bis zu 12stündiger Arbeitszeit, jedoch nicht länger als 12 Monate vom Tage des Versandes der Maschinen ab Werk, Gewährleistung in der Weise, daß während der Gewährzeit nachweislich durch Materialfehler oder durch mangelhafte Arbeitsausführung unbrauchbar gewordene, auf Verlangen kostenlos eingesandte Teile kostenlos instand gesetzt werden oder für dieselben kostenlos ab Werk Ersatz geliefert wird. Die Verpackung und Rücksendung geht in jedem Falle zu Lasten des Käufers. Die Gewähr bezieht sich jedoch nicht auf Teile, die infolge natürlichen Verschleißes unbrauchbar werden. Sie hat zur Voraussetzung sachgemäßen Transport, sachgemäße Lagerung, Instandhaltung, Aufstellung, Bedienung und Verwendung. Ferner ist die Verwendung geeigneter Schmiermaterialien, geeigneten Brennstoffes und Kühlwassers Bedingung. Im Zweifelsfalle empfiehlt sich die Einsendung der Untersuchungsergebnisse zur Beurteilung durch die Herstellerfirma.

Die Garantie erstreckt sich nicht auf Packungs- und Dichtungsmaterialien.

Für Schäden, die infolge unsachgemäßer Behandlung und Überlastung entstanden sind, haften wir bzw. die Herstellerfirma nicht.

Die Gewährleistung hat weiter zur Voraussetzung, daß die Aufstellung und Inbetriebsetzung der Maschinen unter Leitung vom Personal der umbauenden Firma erfolgt. Die Gestellung dieses Personals erfolgt nur gegen besondere Bezahlung nach besonderer Vereinbarung. Wir behalten uns vor, dieses Personal in dem Umfange zu stellen, wie es die Leistungsfähigkeit des den Umbau ausführen-

den Werkes zuläßt. Die Gewährleistung erlischt, wenn während der Gewähr-
leistungszeit ohne ausdrückliche Zustimmung von uns oder der Lieferungsfirma
Ersatzteile, die nicht von der Herstellerfirma der Maschinen angefertigt sind,
verwendet oder an den Maschinen Änderungen vorgenommen werden.

Eine Ersatz- oder Haftpflicht für mittelbare oder unmittelbare Schäden,
die etwa infolge eines Mangels, der dem Kaufgegenstand anhaftet oder an ihm
entsteht, hervorgerufen werden, besteht nicht.

Die Bestimmung über die Garantiezeit tritt an Stelle der gesetzlichen Ver-
jährungsfrist.

Für Garantieversuche sind die vom Verein deutscher Ingenieure bzw. der
Vereinigung deutscher Elektrizitätsfirmen aufgestellten Normen maßgebend.
Die Kosten solcher Versuche gehen zu Lasten des Bestellers.

1. Verzeichnis von normalen Reserveteilen, welche für stationäre Ölmaschinen vorgesehen sind.

1 Brennstoffnadel, 1 Einsaugventilkegel mit Feder, 1 Auspuffventilkegel
mit Feder, je 1 Einsaug- und Auspuffventil-Sitzring, 1 Brennstoffpumpenkolben
mit Stopfbüchse, 1 Satz Saug-, Druck- und Rückschlagventilkegel mit Federn
zu den Brennstoffpumpen, 1 Brennstoffhebelrolle mit Büchse, 2 Düsenplatten,
1 Zerstäuber, 1 Satz Hauptkolbenringe, je 1 Satz Kolbenringe für alle Stufen der
Luftpumpe, je 1 Satz Saug- und Druckventilplatten mit Federn für alle Stufen
der Luftpumpe, ohne Ventilsitze, 1 Schalträdchen mit Klinke zur Schmierpresse,
1 Überfüllspindel zum Einblasegefäß, 1 Kegel zur Hauptventilspindel des Ein-
blasegefäßes, 1 Wasserablaßventil zum Luftkühler, 1 Satz Kupferkonen mit Verschraubungen für Rohranschlüsse.

2. Verzeichnis der Spezialwerkzeuge, welche zu den Ölmaschinen gehören.

1 Arbeitskolbenträger, 1 Ausziehvorrichtung für die Arbeits- und Kom-
pressorkolbenzapfen, 1 Treiber zum Lösen der Kolbenzapfenstifte, 1 Vorrichtung
zum Lösen der Einsaug- und Auspuffventilsitze, 1 Masche zum Ausbauen der
Zerstäuber, 1 Masche zum Ausbauen der Hauptanlaß- und Druckminderventil-
einsätze, 1 Vorrichtung zum Ausbauen und Einschleifen der Brennstoffpumpen-
ventilkegel, 1 Vorrichtung zum Ausbauen und Einschleifen der Brennstoffpumpen-
ventileinsätze, 2 Maschen zum Aus- und Einbauen der Kompressorventile, 1 Steckschlüssel zum Ausbauen der Ventilsitze im Anlaßgefäßkopf, 1 Zapfenschlüssel
zum Ausbauen der Ventilsitze im Einblasegefäßkopf, 1 Steckschlüssel zum Ausbauen der Ventilsitze im Überfüll- und Wasserablaßventilblock, 2 normale Ösen-
schrauben von jeder erforderlichen Größe, 1 Klemmring zum Einbauen der Ar-
beits- und Kompressorkolbenringe, 1 Einschleifvorrichtung für die Einsaug-
und Auspuffventilkegel, 1 Handgriff zum Einschleifen der Einsaug- und Auspuffventilkegel, 1 Handgriff zum Einschleifen der Brennstoffnadeln, 1 Masche zum
Einschleifen der Sicherheitsventilkegel im Luftkühler, 1 Vorrichtung zum Einschleifen der Ventilsitze im Anlaß- und Einblasegefäßkopf, 1 Vorrichtung zum
Einschleifen der Ventilsitze im Überfüll- und Wasserablaßventilblock, 1 Masche
mit Handgriff zum Einschleifen der Sicherheitsventilkegel im Luftkühler, 1 Packungshülse zur Brennstoffnadel, 1 kurzer Steckschlüssel zu den Deckelschrauben im
Kurbellager, 1 kurzer Steckschlüssel zu den Deckelschrauben im Kurbelwellenlager auf Kompressorseite, 1 kurzer Steckschlüssel zu den Verbindungsschrauben
zwischen Grundplatte und Arbeitszylinder, 1 langer Sechskantenschlüssel zu den
Verbindungsschrauben zwischen Grundplatte und Arbeitszylinder, 1 Zapfensteckschlüssel zu den Verschlußschrauben der Kurbelwelle, 1 Steckschlüssel zu
den Schubstangenschrauben, 1 Zapfensteckschlüssel zu den Verschlußmuttern
in der Schubstange, 1 Vierkantzapfenschlüssel zu den Zylinderdeckelschrauben,
1 flacher Schlüssel zu den Einsaug- und Auspuffventilkegeln, 1 Geißfuß-Schlüssel
zu den Befestigungsschrauben der Einsaug- und Auspuffventile, 1 geschlossener
Schlüssel für den Kühlwasseranschluß im Auspuffventil, 1 Steckschlüssel für die
Befestigungsschrauben der Brennstoffventile, 1 gekröpfter Schlüssel für die Befestigungsschrauben der Brennstoffventile, 1 doppelter Zapfenschlüssel zur Stopf-

büchsenmutter am Brennstoffventil, 1 doppelter Hakenschlüssel zur Überwurfmutter am Brennstoffventil, 1 Steckschlüssel zum Drehen der Brennstoffnadeln während des Betriebs, 1 Geißfuß-Schlüssel für Brennstoff- und Druckluftanschluß am Brennstoffventil, 1 Schlüssel zum Sicherheitsventil der Anlaßleitung, 1 Steckschlüssel für die Flanschen der Anlaßleitung, 1 Hakenschlüssel für das Druckminderventil in der Anlaßleitung, 1 kurzer Steckschlüssel zum Spurlager, 1 Steckschlüssel zum Schraubenradgehäuse, 1 Zapfenschlüssel zu den Federscheiben des Regulators, 3 Spezialschlüssel für die Brennstoffpumpe, 1 langer Steckschlüssel für die Verbindungsstange im Kompressorkolben, 1 Hakenschlüssel zum Hochdruckkolben, 1 Steckschlüssel zu den Ventilen im Kompressordeckel, 1 kurzer Steckschlüssel zu den Kompressortreibstangenschrauben, 1 Steckschlüssel zur Verschraubung im Ölbehälter des Einblasedruckreglers, je 1 normaler Schraubenschlüssel von jeder erforderlichen Größe, je 1 normaler Steuerungsschlüssel von jeder erforderlichen Größe, je 1 normaler doppelseitiger Rohrsteckschlüssel von jeder erforderlichen Größe, 1 normaler Rohrsteckschlüssel für die Kompressorventile, 1 normaler Hahnenschlüssel zu den Sicherheitsventilkegeln, im Arbeitszylinderdeckel, je 1 Zapfenkernlochschraubenschlüssel von jeder erforderlichen Größe, normal, je 1 normaler Stahldorn zu den Steckschlüsseln 1 normaler Vierkantkernlochschraubenschlüssel, je 1 Schraubenzieher schmal und breit, 2 Putzstäbe aus Holz zu den Brennstoffnadelsitzen, 1 Hebel zum Anheben der Anlaß-, Einsaug- und Auspuffventile, je 1 Gegenschablone für die Einsaug-, Auspuff- und Anlaßscheibe, sowie für die Brennstoffnocke.

III. Erfahrungen.

In den nachfolgenden Abschnitten sind auf Grund längerer Erfahrungen, die im Betriebe und bei Überholungen von Dieselmaschinen gesammelt sind, diejenigen Arbeiten angeführt, die regelmäßig vorgenommen werden müssen, um Betriebsstörungen nach Möglichkeit zu vermeiden. Weiter sind die praktisch erforderlichen Spiele der gegeneinander bewegten Teile und der Steuerung sowie deren Einstellung angegeben. An den Stellen, an welchen selbst bei hochwertigen Erzeugnissen noch Mängel kenntlich geworden sind, werden Vorschläge zu deren Abhilfe gemacht. Bei verschieden ausgeführten Bauarten der besprochenen Teile sind die Vorzüge und Mängel gegenübergestellt. Ferner ist noch auf einige beim Bau der Dieselmaschine besonders zu beachtende Punkte hingewiesen. Obwohl die Angaben sich in erster Linie auf die schnellaufende Schiffsdieselmaschine beziehen, wird sich vieles sinngemäß auf den Betrieb mit Dieselmaschinen im allgemeinen übertragen lassen.

Nach einer Fahrt mit mehrwöchiger Betriebsdauer der Dieselmaschine sind kleinere Instandsetzungsarbeiten auszuführen, die in der Beseitigung von Beschädigungen, Erneuerung von Dichtungen, Nachpassen von Lagern und Nachschleifen der Ventile, insbesondere der Auspuffventile bestehen. Nach etwa einjährigem Betriebe ist eine Grundinstandsetzung mit Ausbau der Kolben, Nachmessen dieser und der Zylinder, Prüfung der Wellenlagerungen, Reinigen der wassergekühlten Räume, Überholen der Pumpen usw. am Platze.

1. Kastengestelle.

Die Kastengestelle sind vor allem ausreichend fest zu bauen und gehörig zu versteifen, damit die Kolbenkräfte mit Sicherheit aufgenommen werden können. Es ist verkehrt, mit Rücksicht auf Gewichtserleichterung zu schwach zu bauen. Manche Kastengestelle haben noch nach mehrjähriger Betriebsdauer Risse erhalten und mußten mit derartig großem Materialaufwand wieder instand gesetzt werden, daß das beim Neubau ersparte Gewicht weit überholt wurde. Es sind meist Risse in den Seitenwänden und Rippen zwischen den Kastenöffnungen beobachtet worden. Zur Wiederherstellung wurden entweder beiderseitig aufgesetzte, mittels Paßschrauben oder Nieten befestigte Laschen und Winkel verwandt, die möglichst bis an die Fundamentschrauben heruntergeführt und mit diesen verbunden wurden,

oder besser noch lange Schrauben eingezogen. Die Abb. 68 zeigt ein
durch Anker versteiftes Kastengestell mit Rißstellen. Die Kolbenkräfte
werden hierbei durch eine auf die Zylinderfüße gelegte und mit diesen
verschraubte Traverse a auf die Bolzen b übertragen und von diesen
unter Entlastung der Kastenwände möglichst nahe zu den Grundlagern
übergeleitet. Die Arbeit verursachte besonders wegen schwieriger Paß-
arbeiten hohe Kosten, ließ sich aber wesentlich schneller ausführen als
der Einbau eines neuen verstärkten Kastengestells, das erst hätte angefertigt werden müssen. Im Stahlguß, besonders in schwierigen Gußstücken, können noch nach Jahren durchgehende Risse auftreten, die

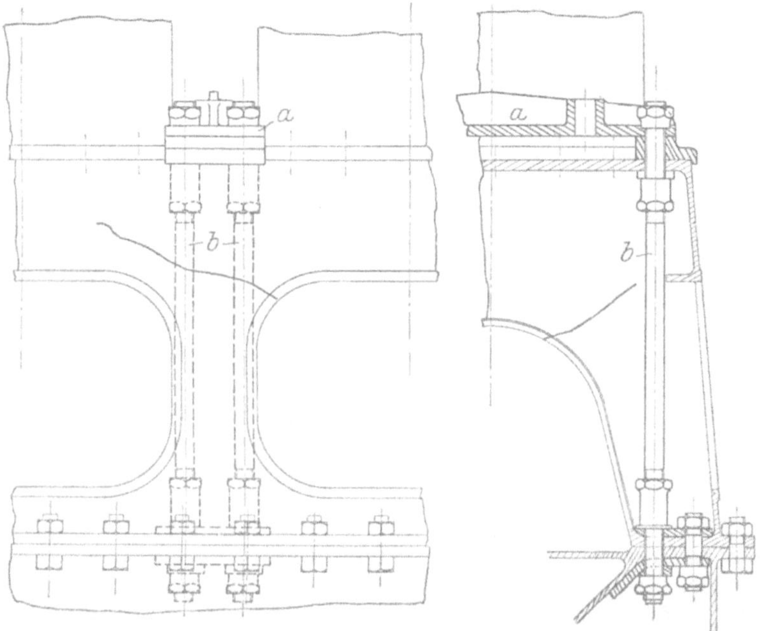

Abb. 68. Instand gesetztes gerissenes Kastengestell.

häufig schon anfangs in der Form von Haarrissen vorhanden gewesen
sind. Bei der Abnahme ist daher eine eingehende Besichtigung der Stahl-
gußstücke erforderlich. (Haarrisse werden dadurch erkannt, daß das
Stück zunächst mit Öl bestrichen und wieder getrocknet wird. In der
darauf mit Kreide geweißten Fläche machen sich die Risse durch Durch-
fetten bemerkbar.)

Da die Grundplatte im Schiff im allgemeinen unzugänglich ist,
wenn nicht die Maschine angehoben wird, muß sie sorgfältig und dauer-
haft abgedichtet sein, damit Ölverluste vermieden werden. Das gleiche
gilt auch für die Rohrleitungen, die, unter der Wanne liegend, das
Schmieröl in die Behälter zurückführen. Die Rohre sind so zu verlegen,
daß die Flanschen nicht durch Spannungen undicht werden können, und

so zu befestigen, daß sie sich infolge von Schwingungen nicht durchscheuern. Als Dichtungsstoff dient hier am besten ein weicher Kupferring. Die Rohrleitung ist möglichst weit auszuführen, da manche Öl-
sorten zur Schaumbildung neigen und dann schwer abfließen. Sie ist
an mehreren Stellen der Ölwanne vorn und hinten und möglichst auch
in der Mitte anzuschließen und mit Sieben abzudecken. Folgende Zahlen
können als Anhalt dienen: Bei einer 500-PS-Maschine, die je einen Abfluß an den beiden Enden der Kurbelwanne hatte, wurde der Durchmesser jeder Leitung mit 60 mm ausgeführt, wobei ein Gefälle zum
Schmierölbehälter von 50 cm vorhanden war und die Abflußleitungen
kürzer als 7 m waren. Keinesfalls darf Schmieröl in der Wanne stehenbleiben und das Gestänge in das Öl eintauchen.

Große Sorgfalt ist auch auf die Befestigung der Grundplatte auf
dem Schiffsfundament zu verwenden, da sich sonst die Maschine bald
losrüttelt. Die Grundplatte erhält eine größere Anzahl von Halte-
oder Paßschrauben. Es reicht aus, etwa jede zweite oder dritte Schraube
als Paßschraube auszuführen, die aber eine genügend große Auflage-
fläche des Schaftes im Fundament und in der Grundplatte vorfinden
muß. Zweckmäßig ist auch eine Befestigung durch gegen Rückgleiten
gesicherte Keile, die sich gegen Ansätze abstützen, die auf das Schiffsfundament genietet sind. Zwischen Grundplatte und Fundament
sind starke Paßbleche anzuordnen, die ein leichteres Ausrichten der
Maschine gegen die Wellenleitung ermöglichen. Zu leichterem Ersatz
und zur besseren Transportmöglichkeit sind Grundplatte und oberes
Kastengestell aus einzelnen nicht zu großen Teilen zusammenzusetzen.
Am Gestelle sind drei oder vier in der Längsrichtung hintereinander
liegende Marken anzubringen, meist angegossene Warzen mit einer
wagerechten und einer senkrechten Fläche, die nach der Werkstatt-
montage so bearbeitet werden, daß die Flächen in gleichen Ebenen
liegen. Beim Einbau im Schiff wird dann die Maschine nach diesen
Marken ausgerichtet, außerdem kann jederzeit nachgeprüft werden,
ob sich das Schiffsfundament und damit die Maschine verzogen hat.

Die Öffnungen im Kurbelgehäuse sind ausreichend groß auszuführen, damit bequem in der Kurbelwanne, vor allem an den Lagern
gearbeitet werden kann. Die Verschlußdeckel müssen einerseits gut
dicht halten, damit nicht das Bedienungspersonal durch Öldämpfe
gestört wird, andererseits müssen sie leicht losnehmbar eingerichtet
sein, damit nach dem Abstellen der Maschine die Lager zur Feststellung ihrer Erwärmung schnell nachgefühlt werden können. Die
Befestigung durch Vorreiber ist deshalb zu empfehlen.

Die unteren Lagerschalen in der Grundplatte müssen sich zum
Nacharbeiten oder Ersatz herausdrehen lassen, ohne daß die Welle
angehoben zu werden braucht. Sie werden gegen Mitnahme beim
Lauf der Maschine gehalten von den oberen Lagerschalen, die durch
einen Zapfen gesichert sind. Falls sich beim Ersatz herausstellt, daß
das untere Lager so tief liegt, daß es die Welle nicht berührt, kann,
wie Abb. 69 zeigt, ein dünnes Blech a zwischen Lagerschalen und
Grundplatte gelegt werden, das etwa $^1/_3$ des Umfanges umfaßt und

an den Enden zugeschärft wird. Die Arbeit ist natürlich nur als Notbehelf beim Auswechseln der Lager auf See oder in besonders eiligen Fällen zur Zeitersparnis ausgeführt. Wenn genügend Zeit vorhanden ist, werden die Lagerschalen neu ausgegossen. Damit das Nacharbeiten der Lager möglich wird, ist es unbedingt erforderlich, daß selbst bei kleinen Maschinen die oberen Lagerschalen in einen besonderen Deckel, nicht in das obere Kastengestell eingesetzt sind. Über das Arbeiten an den Lagern ist Näheres in dem Abschnitt über die Schubstangenlager gesagt. Das Spiel zwischen Kurbelwellenzapfen und oberer Lagerschale, das anfangs auf 0,08—0,15 mm eingestellt ist, wird durch Herausnehmen der Blecheinlagen b zwischen den Lagerschalen wieder berichtigt, wenn es sich auf 0,3—0,5 mm vergrößert hat. Die Beilagen sind besonders für große Maschinen so einzurichten, daß zu ihrer Entfernung der Lagerdeckel nur angelüftet zu werden braucht. Sie dürfen deshalb nicht ⊔-förmig den Lagerkörper umfassen, sondern können z. B. durch einen niedrigen, in der unteren Lagerschale befindlichen Stift c ge-

halten werden. Eines der Lager, am besten das der Kupplung nächstliegende, ist als Paßlager ausgebildet und hält die Kurbelwelle in ihrer Lage fest. Die übrigen Lager erhalten ein um so größeres seitliches Spiel, je weiter sie von dem Paßlager entfernt sind, und zwar bis zu einigen Millimetern an der Seite, nach welcher die Kurbelwelle durch Ausdehnung bei ihrer Erwärmung wächst. Für die Schrauben der Lagerdeckel sowie auch andere

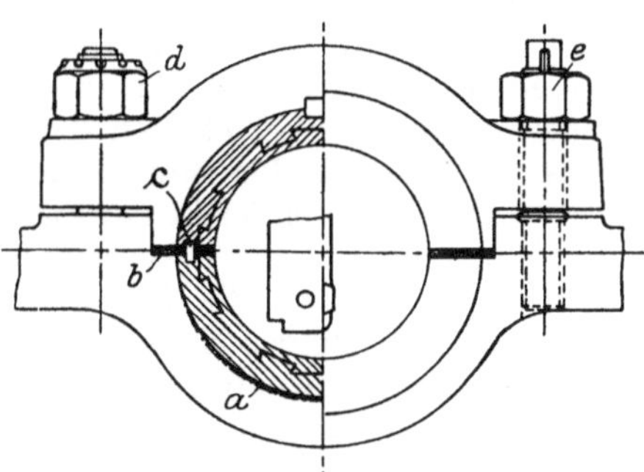

Abb. 69. Grundlager.

Schrauben der Dieselmaschine, die öfters gelöst werden müssen, ist die Doppelmutter nicht als Schraubensicherung zu empfehlen, weil sie teuer und gewichtig ist. Besser ist die Sicherung durch Kronenmutter mit Rundsplint d oder normale Mutter und Keilsplint „e", der wiederum zur Sicherung gegen Zurückgleiten aufgespalten ist und aufgebogen wird. Längere überstehende Gewindeteile sind zu vermeiden, weil sich sonst die Muttern schwer lösen lassen. Durch das starke Anziehen dieser Schrauben reckt sich nämlich das Gewinde, soweit es in der Mutter liegt, während der außerhalb liegende Teil unverändert bleibt. Des öfteren sind Lagerschrauben meist am Ende des unteren Gewindes wahrscheinlich infolge zusätzlicher Beanspruchungen durch Verziehen des Gestells gerissen. Es ist dann dadurch Abhilfe geschaffen worden, daß der Schaft der Schraube zur Erzielung gleichmäßiger Dehnung auf den Kerndurchmesser des Gewindes abgedreht und am Ende des unteren Gewindes ein konischer Bund angesetzt wurde, wie aus der Abb. 69 ersichtlich ist.

Jede Möglichkeit, daß Seewasser in die Ölwanne und dadurch ins Schmieröl gelangen kann, ist zu vermeiden. Durch stärkere Beimengung von Seewasser zum Öl sind des öfteren schwere Lagerbeschädigungen eingetreten. Durch die unvollkommene Schmierung nutzen sich die Lager schnell ab, die Schmiernuten schieben sich zu, und die Lager laufen schließlich aus. Es dürfen daher Kühlwasserleitungen nicht im Innern des Kastengestells verlegt werden, da durch undichte Packungen oder durchfressene Rohre Wasser in die Wanne laufen kann. Wasserkühlung der Hauptlager ist durch ausreichende Bemessung der Lagerflächen überflüssig zu machen. Die Ölleitungen im Innern des Kurbelgestells, die der dauernden Beobachtung entzogen sind, müssen besonders kräftig ausgeführt und gut gehaltert werden. Es ist öfter beobachtet, daß schwache Ölleitungen infolge von Schwingungen brachen, wodurch dann Lager ausliefen.

2. Kurbelwelle.

Zu den Überholungsarbeiten an der Kurbelwelle gehört ein öfteres Nachsehen und Reinigen der schmierölführenden Bohrungen. Manche Öle sondern infolge von Verunreinigung mit Seewasser einen zähen Schlamm ab, der sich in der hohlen Kurbelwelle, besonders im Inneren der Kurbelzapfen an deren Außenseite durch Schleuderwirkung ansammelt und schließlich die zu den Lagern führenden feinen Bohrungen verstopft. Warmlaufen der Lager und Zylinderführungen sind die Folgen. Die Zapfen müssen deshalb so verschlossen sein, daß ihr Inneres zur Reinigung leicht zugänglich ist. Zu empfehlen sind Deckel *a* (Abb. 70), die durch einen Verbindungsanker *b* gehalten werden. Von Vorteil ist auch die Einsetzung eines kurzen Rohrstückes *c* in die radiale Bohrung des Kurbelzapfens, das bis in die Mitte des Zapfens führt, um eine Verstopfung bis zur nächsten Reinigung zu vermeiden. Nach der Entfernung des Ölschlammes kann zur vollständigen Reinigung längere Zeit Treiböl oder ein anderes die Unreinigkeiten auflösendes Mittel durch die Maschine gepumpt werden; danach ist natürlich mit Schmieröl nachzupumpen, ehe die Maschine wieder in Betrieb genommen wird.

Ein Unrundwerden oder Schlagen der Lagerzapfen von etwa 200 mm Durchmesser, wie es nach mehrjährigem Betriebe beobachtet wurde, konnte ohne Nachteil bis 0,3 mm zugelassen werden. Beim Abdrehen der Lagerzapfen muß mit einer Verminderung des Durchmessers um 1—2 mm gerechnet werden, da alle Zapfen gleiche Stärke erhalten sollen. Die genaue Bearbeitung der nur wenig unrunden Zapfen auf der Drehbank ist ziemlich schwierig und kann nur geschickten Arbeitern übertragen werden. Die Teilung der Kurbelwelle in ein Stück mit den Kurbeln für die Arbeitszylinder und ein zweites mit den Kurbeln für die Verdichterzylinder hat sich in einem Falle auch insofern als vorteilhaft erwiesen, als das kurze Stück allein zum Nachdrehen der Kurbelzapfen ausgebaut werden konnte. Kleine Nacharbeiten an den Zapfen, z. B. Glätten dieser, können in der Maschine vorgenommen werden. Um Wellenlager von zusammengesetzten Wellen bearbeiten zu können, auch z. B. von Wellen, auf denen die Ventilhebel gelagert sind, ist natürlich ganz allgemein erforderlich, die Welle im ganzen auszubauen und auf die Drehbank zu bringen.

Bei den von erfahrenen Maschinenfabriken hergestellten Dieselmaschinen kommen Brüche der Kurbelwelle im allgemeinen nicht vor. Wenn sie trotzdem auftreten, so ist der Grund meistens in einer durch Abnutzung eines Lagers hervorgerufenen erhöhten Biegungsbeanspruchung oder in Verdrehungsschwingungen zu suchen. In der Abb. 70 sind zwei im Betriebe beobachtete Fälle dargestellt, in denen der Bruch im mittleren Lagerzapfen auftrat. Die gestrichelte Linie zeigt einen Biegungsbruch. Das Weißmetall der unteren Lagerschale hatte sich — vielleicht infolge eines vorübergehenden Ölmangels — stärker abgenutzt als das der übrigen Wellenlager, so daß bei stehender Maschine ein Spiel zwischen der unbelasteten Welle und dem Lager festzustellen gewesen wäre. Während des Arbeitens des Motors findet dann bei jeder Umdrehung eine Durchbiegung der Welle bis zu ihrer Anlage statt, die eine Ermüdung der Welle hervorruft und schließlich zum Bruch führt. Biegungsbrüche verlaufen im allgemeinen etwa senkrecht zur Wellenachse. Ein Spiel zwischen der Kurbelwelle und ihren Lagern kann auch nach langer Betriebszeit bei einseitiger Abnutzung des

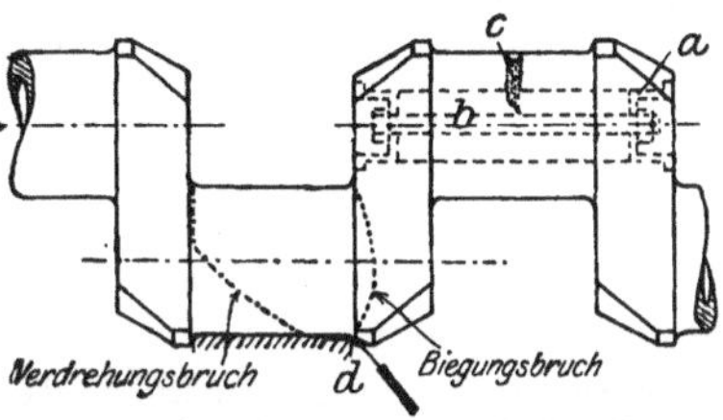

Abb. 70. Stück einer Kurbelwelle.

Lagerzapfens und durch nicht sorgfältige Arbeit bei der Auswechslung einer der unteren Lagerschalen eintreten, wofür die Möglichkeit besonders groß ist, wenn der Ersatz auf See mit Bordmitteln vorgenommen werden muß. Die Betriebssicherheit erfordert daher, daß von Zeit zu Zeit, sicher aber nach der Erneuerung einer Schale etwa mit einer biegsamen Fühlerlehre d nachgeprüft wird, wie aus der Abb. 70 ersichtlich ist, ob ein Spiel zwischen Zapfen und unterer Lagerschale entstanden ist. Bei der Messung, die an mehreren Stellen des Zapfenumfanges ausgeführt wird, darf natürlich ein Verdichtungsdruck im Zylinder nicht vorhanden sein. Bei einem vorhandenen Spiel wird die Lagerschale mit neuem Weißmetall versehen oder, wie früher angegeben, unter die Schale ein dünnes Blech gelötet.

Die strichpunktierte Linie zeigt einen Bruch infolge von Verdrehungsschwingungen, der im allgemeinen unter einem Winkel von etwa 45° zur Wellenachse verläuft. Bei langen, mit Massen belasteten Wellenleitungen treten bekanntlich beim Fahren innerhalb der als kritisch bezeichneten Umdrehungszahlen Verdrehungsspannungen auf, die die normalen erheblich übersteigen und schließlich den Bruch der Welle herbeiführen. (Näheres über kritische Umdrehungszahlen auf S. 91.) Der gefährliche Querschnitt für Verdrehungsschwingungen lag, wie fast allgemein, auch hier außerhalb der Kurbelwelle. Der angegebene Bruch im mittleren Lagerzapfen ist daher wahrscheinlich erst durch Biegungsbeanspruchungen eingeleitet. Die kritischen Umdrehungen werden zwar durch Messung mit dem Torsiographen ermittelt und auf den Umdrehungsanzeigern angegeben, indessen ist es bei falsch anzeigendem Instrument oder bei unaufmerksamer Be-

dienung doch möglich, daß sie trotzdem zum Nachteil für die Wellenleitung benutzt werden. Starke Verdrehungsschwingungen bei anderen
Umdrehungszahlen als den als kritisch bezeichneten können auftreten,
wenn infolge einer Beschädigung ein Zylinder durch Aufhängen des
Kolbens außer Betrieb gesetzt ist. Da die Festlegung der kritischen
Umdrehungen nach dem Gehör sehr unsicher ist, muß in einem solchen
Falle mit verminderter Umdrehungszahl gefahren werden. Es sind
auch Vorrichtungen hergestellt, die dauernd eingebaut bleiben und während des Ganges gefährliche Verdrehungsbeanspruchungen durch ein
Klingelzeichen oder Aufblitzen einer Glühlampe anzeigen. Bei diesen
Torsionsindikatoren ist ein mitumlaufender Stab, der an der Kraftübertragung nicht teilnimmt, in ein hohlgebohrtes Stück der Wellenleitung eingesetzt. Wird die Verdrehung des Wellenstückes unzulässig
groß, so berühren sich die an der Welle und dem freien Stabende angebrachten Kontakte und schließen den Strom für das Alarmzeichen.

3. Zylinder und Zylinderbüchsen.

Die Arbeitszylinder für kleinere Maschinen sind ebenso wie die
Einblasepumpenzylinder für alle Maschinen zusammen mit dem Kühlwassermantel in einem Stück aus Gußeisen hergestellt (Abb. 72). Dagegen werden die Arbeitszylinder für Maschinen von etwa 300 PS
an, wie aus den Tafeln ersichtlich ist, aus einem Stahlgußmantel hergestellt, in den eine Büchse aus Spezialgußeisen eingezogen ist. Das
letztere Verfahren hat für den Betrieb mannigfache Vorteile. Die etwa
jährlich anzustellenden Säuberungen der Kühlwasserräume können nach
dem Auspressen der Büchse gründlich vorgenommen und die Räume
mit Rostschutzfarbe gestrichen werden. Bei den Zylindern aus einem
Stück muß die Reinigung durch ausreichend groß zu bemessende Öffnungen erfolgen, wobei aber doch nicht der gesamte Raum zugänglich ist.
Eine weitere, regelmäßig am Zylinder vorzunehmende Instandhaltungs-
arbeit besteht in dem Abklopfen oder Erneuern der Zinkschutzplatten.

Nach etwa zwei- bis dreijährigem Betrieb sind mitunter Abnutzungen
im Zylinderlauf in Richtung des Kreuzkopfdruckes von 1—1,2 mm
(senkrecht dazu weniger) festgestellt worden. Da dann die Kolben zum
Teil anfingen zu klopfen und die Kolbenringe infolge der ovalen Form
des Zylinders stärker durchließen, wurden die Büchsen erneuert. Da
bei den aus einem Stück gegossenen Zylindern das Einziehen einer
Büchse wegen zu geringer Wandstärke nicht möglich ist, müssen hier die
Zylinder um etwa 2 mm ausgedreht und stärkere Kolben genommen
werden, um die teueren Stücke noch weiter verwenden zu können. Ein
anderer Vorteil der Bauart mit eingezogener Büchse ist die Möglichkeit
des Einzelersatzes bei Fressen oder einer anderen Beschädigung der
Büchse oder bei Reißen des Zylindermantels.

Nachteilig und daher möglichst zu vermeiden ist das seitliche An-
einandergießen zweier Zylinder ohne dazwischenliegenden Kühlwasserraum, wie aus der einen Querschnitt durch die Zylinder einer Einblasepumpe darstellenden Abb. 71 ersichtlich ist. Wenn hier ein geringer
Mangel in der Schmierung eintritt, so erfolgt leicht Warmlaufen an der

gemeinsamen Berührungsfläche, wodurch Zylinder und Kolben unbrauchbar werden können.

Da die Zylinder die großen Gasdrücke nach den Wellenlagern zu übertragen haben, müssen sie ausreichend kräftig gebaut sein. Besonders gilt dieses für die Übergänge des zylindrischen Teiles zu den Flanschen oder Ansatzstellen des Kühlwassermantels, an denen oft Risse beobachtet sind. Abb. 72 zeigt einen Zylinder, der an der Kühlmantelanschlußstelle häufig gerissen ist, Abb. 73 zeigt seine Abänderung. Zu dem häufigen Reißen der Ausführungsform Abb. 72 hat auch der Umstand beigetragen, daß die Zylinderwandung sich stärker erwärmt und ausdehnt als der Kühlraummantel

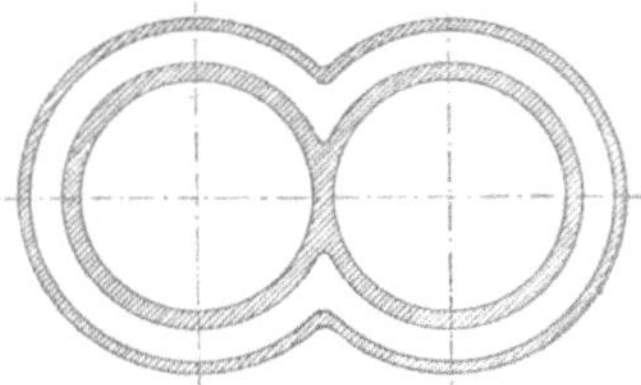

Abb. 71. Querschnitt durch Einblasepumpenzylinder.

und infolgedessen zusätzliche Spannungen in diesem (außer dem Anteil an der Übertragung der Gasdrücke) auftreten. Man entschloß sich deshalb dazu, den Kühlraummantel etwas zu verstärken und eine besondere Büchse nach Abb. 73 einzuziehen. Durch Kernverlagerung verminderte Wandstärken haben oft nach mehrjährigem Betriebe noch Auftreten von Querrissen zur Folge, ebenso schon vorhandene feine Risse im Stahlguß, weshalb die Gußstücke wie die der Kastengestelle eingehend geprüft werden müssen. Kernverschraubungen und sonstige in den Kühlwasserraum hineinragende Teile müssen zur Vermeidung von elektrischen Anfressungen vorher gut verzinnt oder verbleit werden, sie sollen auch möglichst aus dem gleichen Material hergestellt sein wie ihre Umgebung, also aus Schmiedeeisen für Stahlguß-, aus Bronze für Bronzezylinder. Das gleiche gilt für Schmieröl- und Indikatorstutzen, die durch den Kühlwasserraum hindurch in das Zylinderinnere führen. Beide müssen eine große Wandstärke erhalten und gut verzinnt sein, damit sie nicht durchgefressen werden und Kühlwasser durch ihre Bohrung in den Zylinder eintritt. Bei

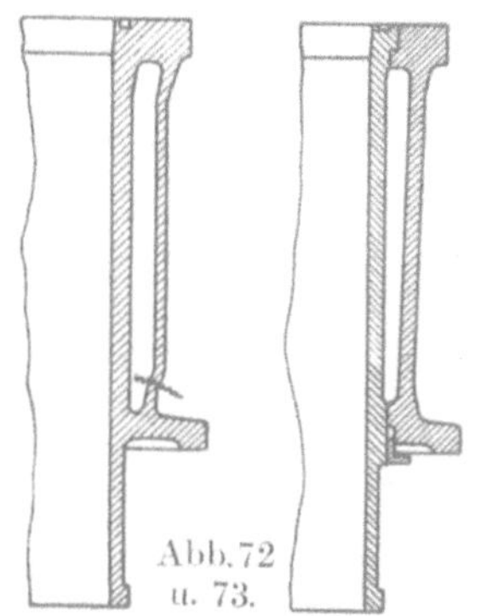

Im Kühlraummantel gerissener Zylinder und seine verbesserte Ausführung.

Grundüberholungen sind die eingeschraubten Stutzen herauszunehmen und zu prüfen und, falls erforderlich, neu zu verzinnen. In mehreren Fällen wurden sämtliche Schmierölstutzen entfernt und die Löcher dicht gesetzt, weil die Stutzen schon nach kurzer Betriebszeit durchgerostet waren. Etwa verwandte kupferne Dichtungsscheiben sind ebenfalls zu verzinnen.

Die Abdichtungen der Zylinderlaufbüchse im Zylindermantel oben durch einen kupfernen oder Klingeritring, unten durch eine Stopfbüchse mit Gummiring (vgl. Abb. 74) hat im Betrieb nie Schwierigkeiten verursacht. Es ist unnötig, und, weil leicht Verziehen eintritt,

nachteilig, die Laufbüchse mit großer Kraft in den Zylindermantel einzupressen. Es genügt, sie mit Schiebesitz einzupassen. Wenn, wie es
meistens der Fall ist, der Zylinder die Büchse nur auf einem Teil ihrer
Länge umschließt, so darf nicht vergessen werden, daß
sich später bei der Erwärmung die Büchse an diesen (in
der Abbildung mit einem Kreuz bezeichneten) Stellen
nicht oder doch nur wenig nach außen dehnen kann.
Die Büchse nimmt daher im warmen Zustand die in
der Abb. 74 strichpunktiert gezeichnete Form an, und
es tritt Festfressen des Kolbens an den abgestützten
Stellen ein, wenn nicht entweder die Büchse auf ihrer
ganzen Länge ein reichliches Spiel gegenüber dem Kolben
hat oder besser noch an den erwähnten Stellen um einige
zehntel Millimeter weiter ausgedreht wird. Abb. 75 zeigt
einen Führungskolben für eine Luftpumpe und seine
Laufbahn, die anfangs mit einem Spiel von 0,3 mm im
Durchmesser gegen den Kolben auf ihre ganze Länge
zylindrisch ausgedreht wurde. In der Folge trat öfter,
z. B. bei geringem Ölmangel, Warmlaufen des Kolbens

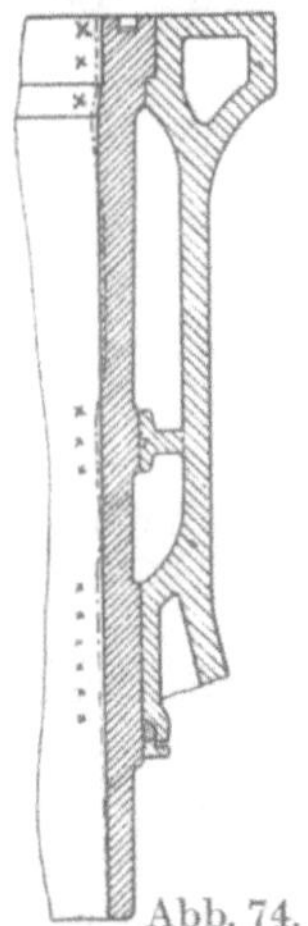

Abb. 74.
Formänderung
einer Zylinderbüchse durch
Erwärmung.

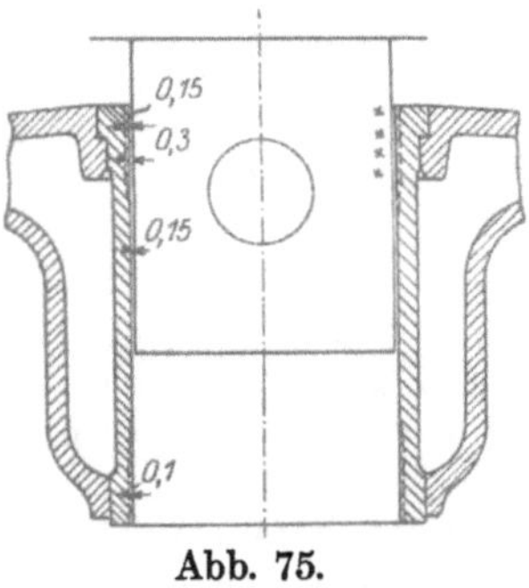

an der angekreuzten Stelle ein. Die Büchse wurde dann
nach der in der Abbildung strichpunktiert gezeichneten
Linie weiter bearbeitet, wonach das Festfressen nicht
mehr vorkam. Es ist anzunehmen, daß die Büchse nun
nach der Erwärmung etwa zylindrisch wird. Es wäre
nachteilig gewesen, die ganze Büchse zylindrisch mit einem Spiel von
0,6 mm auszuführen, da dann nach der Abnutzung um so eher ein Ersatz nötig wird. Auch ein besonders stark am Zylindermantel anliegender Dichtungsring der Büchse kann
bei der Erwärmung eine Verengung der
Büchse und Warmlaufen des Kolbens verursachen.

Die Einführung des Kühlwassers in
den Mantel erfolgt am besten außerhalb
des Kastengestells oder doch so, daß nicht
durch Undichtheiten der Kühlleitungen
Wasser in die Kurbelwanne laufen kann.
Es muß aber besonders bei größeren Zylindern durch Einbau geeigneter Führungsbleche im Innern des Kühlwasserraumes
dafür gesorgt werden, daß überall eine
Wasserströmung vorhanden ist, damit nicht
Versandung des Teiles unterhalb der Kühl

Abb. 75.
Spiel eines Führungskolbens in
seiner Büchse.

wassereintrittsstelle und eine damit verbundene Erhitzung des Zylinderlaufes erfolgt. Bei einer Maschinentype, bei der der Kühlwassermantel
tief in die Kurbelwanne hineinragte und der Kühlwassereintritt 30 cm
höher außerhalb der Wanne erfolgte, bildete sich gegenüber demselben
eine harte Sandschicht. Dieses wurde dann in Zukunft durch gute
Führung des Kühlwassers innerhalb des Mantels verhindert.

Für die Schmierung des Zylinderlaufes reicht das von der Kurbelwelle abspritzende Öl vollauf aus. Es muß im Gegenteil durch gute Instandhaltung der Ölabstreifringe am Kolben dafür gesorgt werden, daß nicht zuviel Öl in die Zylinder gelangt, was außer einem hohen Ölverbrauch Qualmen des Auspuffes, Festbrennen der Kolbenringe usw. verursachen würde. Manche Maschinenfabriken kleiden den Kurbeltrieb sorgfältig ab und leiten auch das aus dem Kolbenbolzenlager austretende Öl durch Rohre in die Kurbelwanne, damit möglichst wenig Spritzöl an den Zylinderlauf gelangt. Der Zylinder wird dann durch eine besondere Pumpe, häufig durch den bekannten Boschöler, geschmiert. Diese Art der Schmierung wird oft bei Zweitaktmaschinen angewendet. Hier ist es besonders wichtig, die zur Schmierung des Zylinderlaufes bestimmte Ölmenge einstellen zu können, weil bei jedem Hub ein Teil des Öles, das die Zylinderwand bedeckt, durch die Auspuffgase und die Spülluft in den Auspuff befördert wird. Für die Viertaktmaschine genügt die einfachere Spritzschmierung, ohne daß es noch nötig wäre, durch besondere Bohrungen und eine Ölpumpe den Zylinder mit Öl zu versorgen. Nur aus Gründen der Vorsicht bei besonders großen Maschinen oder solchen, die öfter längere Betriebsunterbrechungen von mehrtägiger Dauer haben, wird vor und während des Anfahrens Öl an mehreren Stellen — mindestens vier bei Zylindern von etwa 500 mm Durchmesser — dem Zylinderlauf durch eine besondere von Hand bewegte Presse oder durch Anschluß an die Druckschmierung zugeführt. Im letzteren Falle muß die Ölzuleitung durch mindestens zwei Absperrvorrichtungen, ein Rückschlagventil vor jedem Zylinder und ein Ventil am Anfang der Ölzuleitung abstellbar sein, da sonst die Gefahr vorliegt, daß die Zylinder dauernd zuviel Öl erhalten.

Besondere Aufmerksamkeit ist der Schmierung solcher Zylinder zuzuwenden, die überhaupt kein Spritzöl von dem Kurbelgetriebe erhalten können, wie es der Fall ist bei den oberen Stufen der Einblaseluftverdichter oder bei Arbeitszylindern, unter denen sich eine besondere Führung oder ein Spülpumpenkolben befindet. Die Schmierung ist hier noch dadurch erschwert, daß der Kolbenkörper nicht am Zylinder anliegt und das Öl demnach nicht durch den Kolben verteilt werden kann. Da zwischen Kolben und Zylinderlauf etwa 0,5—1 mm Spiel vorhanden ist, liegen nur die Kolbenringe an. In einem Falle war bei unzureichender Schmierung infolge von mangelhaftem Arbeiten der Ölpumpen eine Abnutzung der Kolbenringe um 2—4 mm nach etwa 100 Betriebsstunden und gleichzeitig eine starke Abnutzung des Zylinders selbst beobachtet worden. Auch bei gutem Arbeiten der Ölpumpen mußten die Ringe bei dieser Maschine nach etwa einjährigem Betrieb ersetzt werden.

Auch die Kolbenringe der Hochdruckstufen der Luftpumpen mußten besonders oft ausgewechselt werden. Eine Verbesserung läßt sich durch folgende Maßnahmen erreichen. Die Schmierung muß hier durch eine besondere zuverlässig arbeitende Pumpe erfolgen. Gut bewährt ist die alte einfache Bauart, bei der ein Stempel durch Sperrad und Klinke niedergeschraubt wird. An jeden Schmierölpumpenzylinder

sollte man höchstens zwei Schmierstellen anschließen, da sonst die
Gefahr vorliegt, daß ein Anschluß kein oder zuwenig Öl erhält. Die
Zahl der Schmierstellen im Arbeitszylinder selbst darf nicht zu gering
sein, da Versuche gezeigt haben, daß das Öl in einer in den Zylinderlauf

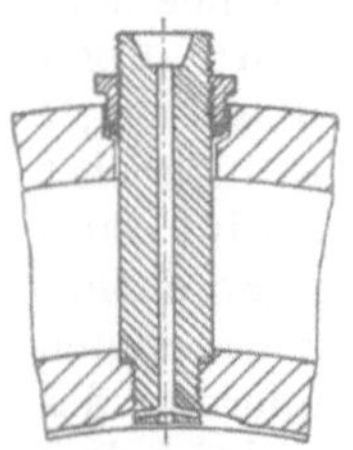

Abb. 76. Schmier-
ölzuführung an
den Zylinderlauf.

gehauenen Schmiernute nur höchstens 100 mm weit
rechts und links von der Bohrung gelangt. Für eine
gute Ölverteilung ist es vorteilhaft, wenn das Öl
nicht radial aus den Bohrungen des Stutzens austritt, sondern in Richtung des Zylinderumfanges in
die Nuten einströmt, wenn also der Stutzen Bohrungen
in Richtung der Zylindertangente erhält, wie Abb. 76
zeigt. Es kommt sonst leicht vor, daß das Öl an den
Kolben selbst und nicht an Kolbenringe und Gleitbahn gelangt, wo es allein benötigt wird. In dem oben
erwähnten Falle der schnellen Abnutzung von Kolbenringen wurde der Fehler in der Hauptsache dadurch
behoben, daß an den Arbeitszylindern vier statt zwei Schmierstellen
unter Benutzung des Stutzens nach der Abbildung ausgeführt wurden.
Die Kolbenringe wurden an den Kanten abgerundet, damit sie nicht
als Ölabstreifer wirkten.

4. Schubstange und Schubstangenlager.

Die Instandsetzungsarbeiten beschränken sich auf eine Reinigung
der ölführenden Bohrungen und Nachpassen der Lager.

Die Schubstange muß unbedingt durch einen Flansch mit ihrem
Kurbelzapfenlager verbunden sein (vgl. z. B. Tafel II), damit der Verdichtungsraum im Zylinder leicht durch zwischen Flansch und Lager
gelegte Bleche verstellt werden kann. Die Einstellung des Verdichtungsenddruckes kommt im Betriebe verhältnismäßig häufig vor, da er sich
bei Auswechslung des Zylinderdeckels und seiner Dichtung, Nacharbeiten an den Lagern usw. ändert.

Der Vollständigkeit halber sei erwähnt, daß die Schrauben, die
die Schubstange und beide Kurbelzapfenlagerteile zusammenhalten,
stets fest angezogen werden müssen, da im Betriebe leicht Brüche
dieser Schrauben infolge zu schwachen Anziehens vorkommen können.
Weiter sollte die Übergangsstelle des Schraubengewindes zum Schaft
keinesfalls die schwächste Stelle des Bolzens sein, da dadurch die Brüche
begünstigt werden, durch die dann meist Treibstange, Kurbelwelle
oder Kolben und Zylinder mit beschädigt werden. Es ist vorteilhaft,
die Schrauben mit möglichst gleichem Widerstand gegen Zugbeanspruchungen auszuführen, z. B. sie außen zylindrisch zu drehen und
ihnen eine Bohrung von solcher Größe zu geben, daß der verbleibende
Querschnitt etwas kleiner als der des Gewindekernes ist.

Erwünscht wäre auch bei größeren Maschinen eine Teilung des
Schubstangenkopfes am Kolbenbolzen, wenn dadurch das Kolbenbolzenlager — das am ungünstigsten beanspruchte Lager jeder Maschine
— beim Heißlaufen ausgebaut und nachgearbeitet werden kann.
Andernfalls muß zum Nachsehen des oberen Lagers jedesmal der Kolben

herausgenommen werden, was bei öfter vorkommenden Störungen große
Kosten und hohen Zeitverlust verursacht. Bei Zweitaktmaschinen ist
diese Teilung unbedenklich, da die Lagerdeckel beider Schubstangenlager überhaupt nicht zur Anlage an ihre Lagerzapfen kommen, weil
die Kraft auf die Stange stets in gleicher Richtung wirkt. Wohl aus
diesem Grunde und weil die Lager beim Zweitaktverfahren noch höher
belastet sind als beim Viertakt, findet sich die Teilung des oberen
Schubstangenkopfes bei der Zweitaktmaschine häufig, während sie
bei der Viertaktmaschine selten ist. Wenn die geschlossene Bauart
des oberen Kopfes durchgeführt ist, sollte bei größeren Maschinen
wenigstens das Lager geteilt sein, um Nachpassen zu ermöglichen.

Die Bohrung im Innern der Schubstange darf, wenn sie zur Ölführung nach dem Kolbenbolzen benutzt wird, nicht zu weit ausgeführt
sein, da sonst die Schmierung kurz nach dem Anfahren nicht gesichert
ist. Bewährt hat sich das Einsetzen eines gut dichtenden, etwa 8 bis
10 mm starken Rohres in die zur Erleichterung weit gehaltene Bohrung der Schubstange. Das innenliegende Ölrohr ist natürlich, da es
besser vor beim Transport besonders häufigen Beschädigungen geschützt ist, dem außenliegenden vorzuziehen (vgl. Abb. 1).

Für größere Maschinen sind fast allgemein die Schubstangenlager
als mit Weißmetall ausgegossene Stahlguß- oder Bronzelagerschalen
ausgeführt. Zur Erleichterung der Maschine wird in die Lagerdeckel
der Schubstange das Weißmetall unmittelbar eingegossen. Die Vorzüge dieser Form vor den reinen Bronzelagern, die man außer bei
kleinen auch bei ganz großen Maschinen vorfindet, sind neben geringeren Kosten im Betriebe, schnellerer Ersatzmöglichkeit, leichterem
Einschaben auf den Lagerzapfen noch die besserer Schonung des Zapfens bei Warmlaufen. Ein gut gehärteter Bolzen bleibt, wenn die Erhitzung nicht zu groß wird, beim Auslaufen eines Weißmetallagers unbeschädigt, während er beim Warmlaufen eines Bronzelagers meistens
riefig wird und anläuft. Für den Weißmetallausguß muß, ganz besonders
für die Kolbenzapfenlager der Zweitaktmaschinen, bestes bleifreies
Metall gewählt werden. Bewährt hat sich folgende Legierung: 79—80%
Zinn, 7% Kupfer, 12% Antimon und 1—2% Phosphorkupfer. Ein Blei-
zusatz von höchstens 3% für Kurbelzapfen- und Kurbelwellenlager ist
zulässig, doch nicht erforderlich. Es wird häufig beobachtet, daß das
Weißmetall rissig wird und schließlich von der Schale abbröckelt. Da
das Metall, selbst wenn es lose geworden ist, aus den Lagern nicht
herausfallen kann, so ist es nicht erforderlich, mit der Erneuerung des
Weißmetallausgusses zu vorsichtig zu sein. Lager mit stark gerissenem
Metall sind noch monatelang ohne Störung gelaufen. Der Grund für das
Loslösen des Metalls liegt entweder an ungenügendem Verzinnen der
Schale vor dem Ausgießen oder aber daran, daß nach dem Ausgießen
das Weißmetall zuerst am Kern erkaltet, schrumpft und sich so von
der Schale trennt. Gute Ergebnisse sind dadurch erzielt worden, daß
die Schale durch einen Wasserstrahl auf die Rückseite unmittelbar
nach dem Ausgießen abgekühlt worden ist. Auch Heizung vom hohlen
Kern aus hat den gleichen Erfolg.

Bei kleineren Maschinen ist häufig in den geschlossenen Kopf für das Kolbenbolzenlager eine Bronzebüchse eingepreßt. Für diese und die reinen Bronzelager, die z. B. für Pumpenantriebe häufig verwendet werden, ist folgende Zusammensetzung zu empfehlen: 85% Kupfer, 12% Zinn und 3% Zink.

Über die Ölzuführung zwischen Lagerzapfen und Lager sind manche Versuche ausgeführt worden. Fast jede Maschinenfabrik bevorzugt eine andere Anordnung der Schmiernuten. Bei einigen Bauarten sind auf der Rückseite der Lagerschale von der Ölzuführungsöffnung ausgehende Kanäle gehauen, von denen das Öl durch Bohrungen dem Lagerinneren zuströmt. Bei anderen sind Ölkammern an der Trennstelle der Lagerschale angebracht, von denen aus das Öl durch den Zapfen mitgenommen werden soll. Gut bewährt haben sich die in den Abb. 77 und 78 dargestellten, durch Einfachheit und Zweckmäßigkeit ausgezeichneten Anordnungen. Als Beispiel sind Kurbel- und Kolbenzapfenlager einer Zweitaktmaschine gewählt. Zunächst muß dafür gesorgt werden, daß die Kurbelwellenlager, in die bekanntlich das Öl eingeleitet wird, und die an der Schubstange befindliche Schale des Kurbelzapfenlagers, deren Bohrung das Öl an den Kolbenbolzen weiterleitet, gut dichtend an ihren Zapfen anliegen. In dem Kurbelzapfenlager (Abb. 77) befindet sich wie in dem Wellenlager eine Nute a

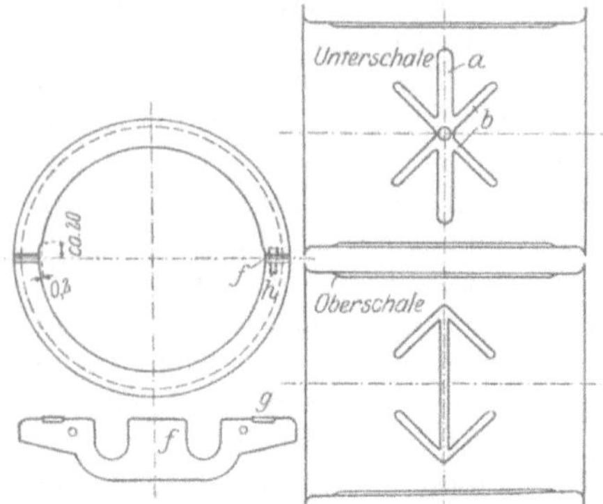

Abb. 77. Ölnuten und Beilagscheibe des Kurbelwellenlagers einer Zweitaktmaschine.

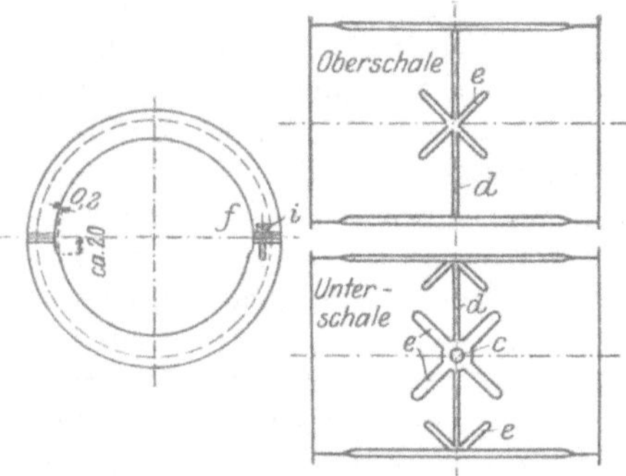

Abb. 78. Ölnuten des Kolbenbolzenlagers einer Zweitaktmaschine.

von der Breite und dem Querschnitt der Ölzuführungsbohrung, die möglichst lang — aber nur im tragenden Teil der Lagerschale verlaufend — auszuführen ist, damit während der Umdrehung die Ölzuführung auf einem großen Winkel erfolgt. Die schmaleren und verhältnismäßig kurzen Kreuznuten b sorgen für eine gute Ölverteilung innerhalb der Unterschale. Die Oberschale erhält während der Umdrehung der Kurbel ihr Öl unmittelbar aus der Bohrung des Kurbelzapfens. Die Nutenausführung sollte hier möglichst einfach sein, da sie von geringerer Bedeutung ist. Bei guter Arbeitsausführung erhält man bei stillstehender Maschine fast den vollen Druck der Pumpe in der Schubstange. Dem Kolbenbolzenlager (Abb. 78) ist wegen seiner Lage und Bewegung das Öl am schwierigsten zuzuführen. Von der weiten mittleren Bohrung c in seiner Unterschale geht eine rund herumlaufende schmale Nute d aus, an die sich oben, unten und zu beiden Seiten im Lager kurze breitere, kreuzförmige Verteilungsnuten ansetzen. Es kommt nun darauf an, unten im Lager, also an der Anlagestelle des Zapfens einen möglichst hohen Öldruck zu erreichen bzw. dort das meiste Öl zu behalten. Die das Öl abführende Ringnute d darf darum nur schmal sein. Die Kreuznute muß im tragenden Teil der unteren Schale bleiben, der sich bis etwa 10—20 mm von der Lagertrennfuge hin erstreckt.

Welche Lagertemperatur ist zulässig? Es kommt natürlich nicht auf die Temperatur an, sondern darauf, daß das Lagermaterial unverändert bleibt, daß also bei Weißmetall die Schmiernuten nicht dicht geschoben werden, wonach bald Auslaufen des Lagers eintreten würde, und daß bei Bronzelagern kein Fressen erfolgt. Im allgemeinen kann man bei guten Maschinen, nachdem sie längere Zeit mit voller Belastung gefahren sind, Kurbelwellen- und Kurbelzapfenlager noch dauernd mit der Hand berühren, während die Kolbenbolzenlager nur noch für Augenblicke angefaßt werden können. Durch Vergleich mit den übrigen Lagern und durch die Beobachtung, ob noch Öl durch das Lager gedrückt werden kann, stellt man leicht fest, ob eine Störung vorliegt.

Zwischen den Lagerschalen müssen in einer Schicht von mehreren Millimetern Stärke Bleche f liegen, deren Dicken nach Art der Gewichtssätze abgestimmt sind. Durch Herausnehmen einer oder mehrerer Zwischenlagen kann ein Lager bei Abnutzung leicht nachgestellt werden. Stärkere Bleche sind an den Enden mit einem schmalen Weißmetallausguß g zu versehen, damit sie zur Vermeidung von Ölverlusten dicht an den Zapfen geschoben werden können. Die Beilagen müssen am Kurbelzapfen herausgenommen werden können, ohne daß hier der Lagerdeckel ganz abgenommen zu werden braucht, sie dürfen also beispielsweise die Lagerschrauben nicht vollständig umfassen. Sie werden durch einen Stift h gehalten (vgl. Abb. 77). Da zum Nachpassen des Kolbenbolzenlagers doch die Stange ausgebaut werden muß, sind die Beilagen hier meist durch Schrauben i (Abb. 78) befestigt.

Für die mit Weißmetall ausgegossenen Kurbelzapfenlager hat sich bei Neueinstellung ebenso wie für die Kurbelwellenlager bei Zweitakt- und Viertaktmaschinen ein Spiel von 0,1—0,2 mm bei einer Zapfenstärke von etwa 200 mm bewährt. Der Kolbenbolzen einer Viertaktmaschine von etwa 150 mm Durchmesser erhält ein Spiel von 0,05 bis 0,12 mm; bei dem einer Zweitaktmaschine, der im allgemeinen höherer Erwärmung ausgesetzt ist, wird von vornherein ein Spiel von 0,2 mm gegeben. Besonders vorsichtig ist bei Bronzelagern, vor allem den Bronzebüchsen der Maschinen, mit ungekühlten Kolben zu verfahren. Hier ist bei Zapfen von 50 mm Durchmesser ein Spiel von mindestens 0,15 mm gegeben. Bei anderen Bronzelagern, z. B. denen für die stärkeren Kolbenzapfen der Luftpumpen war ein Spiel von 0,2 mm erforderlich. Damit bei den Erprobungen nicht Störungen durch Warmlaufen und dadurch erforderlich werdendes Wiederausbauen und Nacharbeiten der Lager vor allem der Kolbenbolzenlager, eintreten, empfiehlt es sich, diese Spiele vorher mit einer Fühlerlehre nachzuprüfen. An seitlicher Lose erhält das Kurbelzapfenlager insgesamt etwa 5 mm, das Kolbenbolzenlager etwa 1 mm.

Die Lagerlose wird nach längerem Betrieb an einem 1—2 mm starken Bleidraht gemessen, der zwischen Lagerzapfen und Lager gelegt und durch Anziehen des Lagerdeckels breitgedrückt wird. Zu beachten ist dabei, daß bei unrunden Zapfen das Lagerspiel an mehreren Stellen gemessen werden muß.

Wie weit die Lagerabnutzung fortgeschritten sein kann, bis ein Nachpassen der Lager stattfinden muß, hängt von dem Verhalten der Maschine und der Größe der Ölpumpe ab. Bei zu großem Spiel fangen Kurbelzapfen- und Kolbenbolzenlager bei Viertaktmaschinen zu Beginn des Saughubes und zu Beginn des Verdichtungshubes an zu klopfen. Bei Zweitaktmaschinen kommt ein Klopfen infolge zu geringer Lagerlose nicht vor, da die Lagerdeckel infolge des beständig von oben wirkenden Druckes nicht zur Anlage kommen. Bei größer werdendem Lagerspiel entweicht ferner immer mehr Schmieröl, so daß schließlich die Pumpe den vorgeschriebenen Druck nicht mehr halten kann und der Zylinderlauf durch Abschleudern zuviel und der Kolbenbolzen infolge Nachlassens des Öldruckes in der Schubstange zuwenig Öl erhält. Bei den schnellaufenden Zweitaktdieselmaschinen mußte das Nachpassen der Lager bei einem Spiel von 0,3—0,5 mm erfolgen.

5. Kolben und Kolbenbolzen.

Die Decken der Arbeitskolben müssen äußerlich einigemal im Jahr durch die Ventilöffnungen im Zylinderdeckel von der Ölkruste befreit werden. Dabei ist darauf zu achten, daß nicht der Ölkoks an den Zylinderlauf gelangt und diesen verkratzt.. Etwa alle Jahre bei den Grundinstandsetzungen werden die Kolben ausgebaut. Dabei wird das Spiel des Kolbens im Zylinder gemessen, die Kühlwasserräume werden gereinigt und die Kolbenringe und Kolbenbolzen nachgesehen.

Das für einen Kolben geeignete Spiel, das natürlich so gering wie möglich gewählt wird, hängt außer von der Erwärmung des Kolbens und Zylinders noch von der Genauigkeit und Güte der Arbeit in der Werkstatt der Herstellungsfabrik ab. Ein ungekühlter Kolben von 250 mm Durchmesser erhält am Boden ein Spiel von 1 mm; der die Ringe tragende Teil läuft bis zum letzten Ring konisch auf den zur Führung dienenden zylindrischen Teil zu, der etwa 0,3 mm kleiner ist als der Zylinderdurchmesser (Abb. 79). Für einen gekühlten Kolben· von 500 mm Durchmesser, der ebenso wie der Zylinderlauf sauber und genau geschliffen war, reichte ein Spiel von 0,35—0,4 mm im zylindrischen Teil aus, während bei weniger guter Arbeit 0,5—0,6 mm Spiel vorgesehen werden mußte. Am oberen Ende ist das Spiel etwa 0,2 mm größer als im zylindrischen Teil. In der Umgebung der beiden Kolbenbolzenenden wird der Kolben abgeflacht, um das hier am leichtesten

auftretende Festfressen zu vermeiden. Das Kolbenspiel darf nicht durch
Messung des Zylinderdurchmessers und des Kolbendurchmessers und
Bildung des Unterschiedsbetrages festgestellt werden, da selbst bei
geübten Leuten größere unvermeidliche Meßfehler vorkommen. Der
Kolben wird vielmehr in Mittelstellung ohne Kolbenringe in den Zylinder geschoben und das Spiel durch Dazwischenschieben des passenden
Blechstreifens einer Fühlerlehre ermittelt. Dabei ist zu beachten,
daß der Zylinderlauf nach längerem Betriebe nicht mehr genau rund
ist, daß sich in dem Teil, den die Kolbenringe nicht bestreichen, ein
Ansatz bildet, und daß die Abnutzung in Richtung des Kreuzkopfdruckes am größten ist. Vor zu geringem Kolbenspiel muß auch aus
dem Grunde gewarnt werden, weil nach dem Abstellen der Maschine
durch ungeschickte Bedienung infolge zu starken
Nachkühlens der Zylinder und geringen Kühlens
der Kolben der Zylinder stärker schwindet und
der Kolben sich festsetzt. Eine Erneuerung des
Kolbens wegen zu großer Lose ist erst dann
nötig, wenn er anfängt stark zu klopfen, was
erst nach mehrjährigem Betriebe zu erwarten
ist. Wie schon früher erwähnt, sind Kolben mit
einem Spiel von über 1 mm noch gut gelaufen.
Da sich sowohl der Kolben wie die Laufbüchse
abnutzt, so könnte es fraglich werden, welcher
Teil bei zu großer Gesamtlose ersetzt werden
sollte. Nun nutzt sich im allgemeinen die Zylinderbüchse mehr ab als der Kolben. Dieser
ist auch das teurere Stück, so daß in den meisten
Fällen neue, etwas engere als die ursprünglichen Büchsen eingezogen wurden. Nur wenn
die Arbeit besonders schnell ausgeführt werden
mußte und die ausgebauten Kolben wieder für

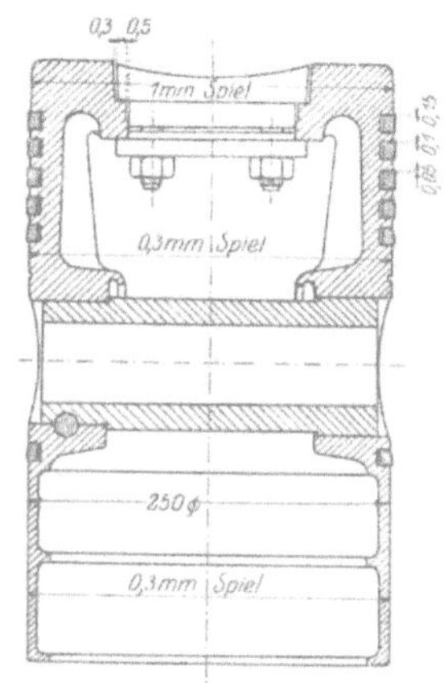

Abb. 79.
Kolben mit eingesetztem
schmiedeeisernen Boden.

eine andere Maschine verwandt werden konnten, sind stärkere Kolben
eingebaut, was natürlich nur möglich war, wenn die Büchse nicht zu
sehr unrund gelaufen war.

Es ist dafür zu sorgen, daß sich möglichst wenig Verunreinigungen
im Kühlraum des Kolbens absetzen können, da sonst die Kühlwirkung
erheblich nachläßt und Reißen der Kolbenböden zu befürchten ist.
Das zur Kolbenkühlung verwendete Wasser muß kesselsteinfreies Süßwasser sein. Bei Versuchen, mit Salzwasser zu kühlen, würde man
wohl wegen der zu befürchtenden Anfressungen und Ablagerungen im
Kolben auf große Schwierigkeiten stoßen. Bei Ölkühlung ist zu beachten, daß die Kolben nach dem Stillsetzen der Maschine durch Anstellen der Reservepumpen besonders gut nachgekühlt werden, da sich
sonst eine Ölkruste im Kühlraum am Kolbenboden bildet. Die Verminderung der Abkühlung durch eine 3—4 mm starke Ölkruste im
inneren Kolbenboden zeigt das in der Abb. 80 dargestellte Versuchsergebnis. Der äußere Boden einer Kolbenkappe (Abb. 81) wurde mit
Dampf auf der gleichbleibenden Temperatur von 140° gehalten, durch

die Kappe Öl gepumpt und die Erwärmung desselben einmal mit verunreinigtem, das andere Mal mit gereinigtem Boden gemessen. Die Kühlwirkung ist durch die Ölkruste etwa auf die Hälfte zurückgegangen. Die Gefahr, daß Kolbenböden von Viertaktmaschinen infolge von mangelhafter Kühlung reißen, ist, selbst wenn sich Ölkrusten von mehreren Millimetern Stärke im Kolbenkühlraum absetzen, nicht sehr groß, dagegen treten bei Zweitaktmaschinen, namentlich wenn die Kolben mit Öl gekühlt sind, mitunter Risse auf. Bei Zweitaktmaschinen ist daher die Teilung des Kolbens in einen oberen schmiedeeisernen Teil, der die Ringe trägt und die Kühlkammer enthält, und den unteren gußeisernen, der die Führung übernimmt und in den der Kolbenbolzen eingesetzt ist, sehr zu empfehlen. An schmiedeeisernen Kolbenböden (vgl. Tafel VI) sind hier keine Risse beobachtet. Die Kolbenkappe wird mit dem unteren Teil durch mit Vierkantbund gesicherte Stiftschrauben verbunden, deren Muttern von außen lösbar in Taschen der Kappe angebracht sind. Diese müssen mit dem Kolbeninneren durch ölabführende Bohrungen verbunden sein. Die Abdichtung der Kappe durch einen Kupferring ist einfacher als durch Aufschleifen.

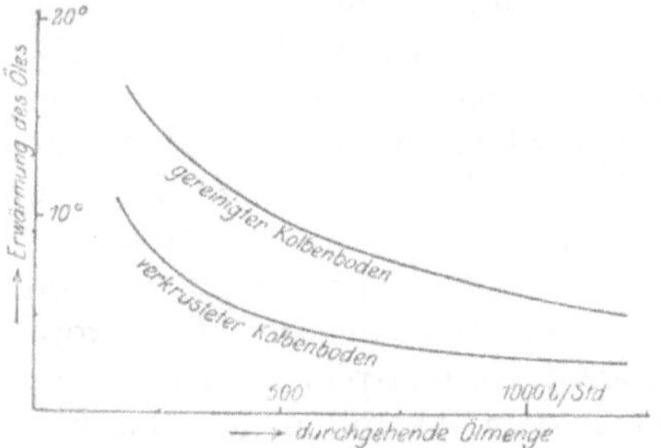

Abb. 80. Verminderung der Kühlwirkung bei einem mit Ölkoks verkrusteten Kolbenboden.

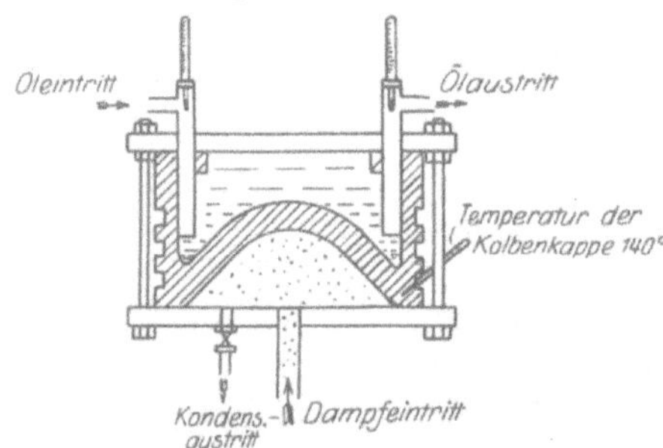

Abb. 81. Verminderung der Kühlwirkung bei einem mit Ölkoks verkrusteten Kolbenboden.

Die schmiedeeisernen Kappen müssen ein so großes Spiel im Zylinder erhalten, daß sie auch nach der Erwärmung nicht die Wandung berühren. Versuche bei Zweitaktmaschinen, das Öl mit größerer Geschwindigkeit in Spiralen am Kolbenboden entlang zu führen, haben eine Erhöhung der Lebensdauer des Kolbens gebracht. Die Maßnahme ist daher auch für größere Viertaktmaschinen zu empfehlen. Ebenso hat sich das Aufschrauben eines besonderen gegen die Wärme schützenden Deckels auf die Zylinderseite des Kolbenbodens bei kleineren Maschinen bewährt (Abb. 82). Dieser Mantel mußte allerdings öfter erneuert werden. Auch das Einsetzen eines schmiedeeisernen Bodens in ungekühlte Kolben (Abb. 79) ist zweckmäßig, doch ist hierbei so zu bauen, daß durch Wärmedehnungen keine Undichtheiten entstehen können.

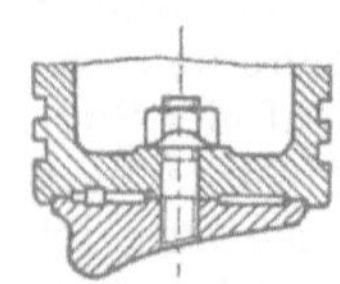

Abb. 82. Kolben mit schmiedeeiserner Schutzkappe.

Es wäre noch auf die Frage einzugehen, ob am Kolben Schmiernuten anzubringen sind. Es sind sowohl Kolben mit wie ohne Schmiernuten gut gelaufen, wobei allerdings nicht beobachtet werden konnte, ob die mit Nuten versehenen Kolben sich weniger abnutzten. Im allgemeinen wurden einige nur im tragenden Teil im Abstand von 100—150 mm voneinander verlaufende parallele Nuten (in Ebenen senkrecht zur Achse) mit gut abgerundeten Kanten angebracht.

Die Kolbenringe müssen in ausreichender Stärke aus einem bewährten Material hergestellt sein, da sie sonst besonders an den Stoßstellen leicht zerbrechen und Kolben und Zylinderlauf beschädigen. Brauchbare Abmessungen für Kolbenringe von 400—500 mm Durchmesser sind aus Abb. 83 ersichtlich. Die Schlitzbreite an der Stoßstelle muß nach dem Einschieben des Kolbens in den Zylinder 2—3 mm betragen, damit durch Ausdehnung der Ringe bei Erwärmung nicht eine Berührung der Enden eintritt, wobei der Ring zerbrechen würde. Aus

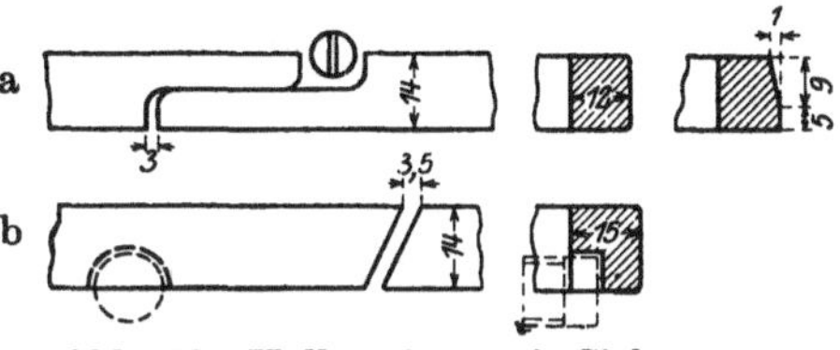

Abb. 83. Kolbenringe mit Sicherung.

demselben Grunde erhalten die beiden oberen Ringe in axialer Richtung ein Spiel von 0,1—0,15 mm, die übrigen sollen sich leicht schließend in ihren Rillen bewegen lassen. Die Ringe werden gegen Drehung durch einen kräftigen in den Kolbenkörper eingeschraubten Stift gesichert, der wiederum sorgfältig vor dem Herausfallen geschützt sein muß. Besonders zweckmäßig ist die in Abb. 83b dargestellte Sicherung. An der Stelle, an welcher der Stift in den Kolben eingebohrt ist, muß dieser durch eine Warze verstärkt sein. Es ist öfter vorgekommen, daß Störungen durch Austritt von Öl oder Wasser bei den Sicherungsstiften erfolgten. Der letzte Kolbenring und ein unten am Kolben angebrachter zweiter Ring dienen im allgemeinen zur Ölabstreifung. Der zylindrische Teil dieser Ringe soll nicht breiter sein als die halbe Höhe (Abb. 83a). Ist diese Breite infolge von Abnutzung überschritten, so muß der Ring ausgewechselt werden, da er dann infolge verringerten Anlagedruckes nicht mehr genügend wirkt. Da die Kolbenringe aus einem weicheren Material als der Zylinderlauf hergestellt sein müssen, nützen sie sich je nach Betriebszeit, Härte und Schmierung nach einigen Jahren ab und wurden erneuert, wenn die Schlitzweite auf höchstens 10 mm gestiegen war, was einer Verringerung der Ringdicke um etwa $1^1/_2$ mm entspricht. Im allgemeinen werden wenig Störungen durch die Kolbenringe der Arbeitskolben veranlaßt. Nach dem Ausbau der Kolben mußten meist nur wenige, die sich festgeklemmt und schlecht am Zylinderumfang angelegen hatten, ausgewechselt werden. Das Festsetzen der Ringe erfolgt häufig durch Festbrennen infolge schlechter Verbrennung oder durch zu starke Schmierung. Besonders empfindlich gegen Undichtheit der Kolbenringe sind die Einblasepumpen, die bei schlechtem Tragen der Ringe die erforderliche Luftmenge nicht mehr schaffen. Hier mußten häufig die Kolben herausgenommen und die nicht gut dichtenden Ringe durch neue ersetzt werden, die vorher in den Zylinder durch Befeilen ihres Umfanges eingepaßt wurden. Häufigere Auswechslung der Kolbenringe war nur da erforderlich, wo die Schmierung ungenügend war, ein Fall, der mitunter für die oberen Stufen der Einblasepumpen zutrifft. Der Kolben muß deshalb so konstruiert sein, daß zur Auswechslung der Ringe nicht der ganze Luftpumpenkolben ausgebaut zu werden braucht. Die Vorrichtung zum Festziehen der Kammerringe und der darin liegenden Kolbenringe muß von außen, nicht, wie fast allgemein üblich, vom Kolbeninneren aus lösbar sein. Eine brauchbare Lösung ist, Anziehen des Kolbendeckels a samt Kammer- und Kolbenringen b und c durch einen von der Seite in den Kolbenkörper eingeschlagenen Keil d, wie aus Abb. 84 ersichtlich ist. Der Keil muß durch eine wiederum gesicherte Schraube e gehalten werden. Eine andere Möglichkeit besteht in der Befestigung des Kolbendeckels durch eine von oben lösbare Schraube. Besondere Sorgfalt ist auf die Sicherung zu verwenden, da bei dem kleinen schädlichen Raum durch ein geringes Lösen der Befestigungsvorrichtung schwere Beschädigungen eintreten.

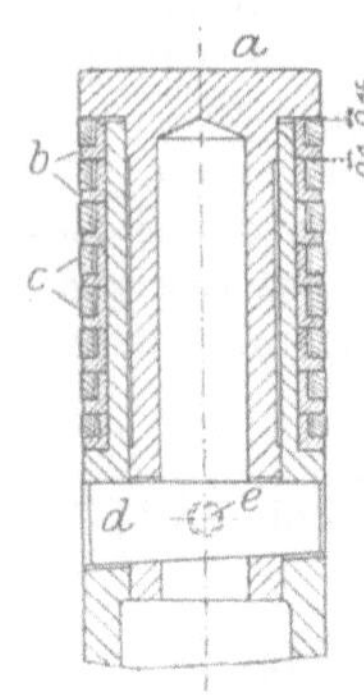

Abb. 84.
Befestigung des Kolbendeckels der oberen Verdichterstufe.

Es ist vorgekommen, daß eine ganze Lieferung von Kolbenringen aus ungeeignetem Material bestand, und daß daher die meisten Ringe schon nach wenigen Tagen zerbrachen und viele Beschädigungen verursachten. Die Festigkeitsprüfung allein schützt nicht vor solchen Zufällen, da in dem angeführten Falle die Ringe die gleiche Festigkeit hatten wie gut bewährte. Im allgemeinen wird es ausreichen, gelegentlich eine Festigkeitsprüfung vorzunehmen und durch ein an das eine Ende des Ringes angehängtes Gewicht, das diesen zusammenzieht, zu ermitteln, ob der Kolbenring die von der Maschinenfabrik vorgeschriebene Spannung hat.

Die Zuführung der Kühlflüssigkeit zum Kolbenboden erfolgt durch Posaunen- oder durch Gelenkrohre (vgl. Tafel II). Diese letzte einfachere Bauart ist nur anwendbar, wenn zum Kühlen Schmieröl benutzt wird, da sie immer etwas Öl durchläßt, was natürlich ohne Schaden anzurichten in die Kurbelwanne abfließen kann. Ein Nacharbeiten der Gelenke wegen zu großer Undichtheit ist nur sehr selten nötig. Wenn die

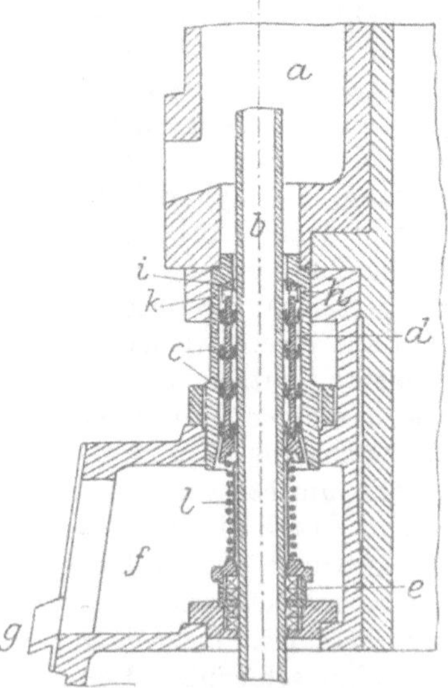

Abb. 85. Posaunendichtung.

Kolben mit Wasser gekühlt werden, muß die Zuführung durch außerhalb der Kurbelwanne liegende Posaunen erfolgen, damit Vermischung des Öles mit Wasser vermieden wird. Eine Posaunendichtung ist in Abb. 85 dargestellt. Die Einrichtung ist meist so getroffen, daß sich am Arbeitszylinder Kammern a für den Zu- und Ablauf befinden, in denen sich die mit dem Kolben fest verbundenen Posaunen b hin und her bewegen. Die Abdichtung gegen die Kammern erfolgt am besten durch mehrere hintereinandergelegte Ledermanschetten c, die in einer Stopfbüchse d zusammengefaßt sind. Zwischen dieser Stopfbüchse und einer zweiten e, die die Posaune gegen die Kurbelwanne abdichtet, be-

findet sich eine Kammer f, aus der etwa durchtretendes Wasser durch das Rohr g in den Sammelbehälter abgeleitet wird, ehe es in den Ölraum eintreten kann. Meistens werden die Ledermanschetten durch eine Mutter im Stopf-büchsengehäuse h zusammen-gedrückt, was bei gut im Zylinder passenden Kolben und genau seiner Achse paral-lelen Posaunen unbedenklich ist. Dagegen traten Störungen durch häufige Undichtheiten an den Posaunen auf, wenn der Kolben durch Abnutzung eine größere Lose im Zylinder erhielt. Für diese Verhältnisse ist die Stopfbüchse der Ab-bildung durch die Ringe i und k nach den Seiten frei beweglich und etwas drehbar eingerichtet. Die Stopfbüch-senteile werden durch die Feder l zusammengehalten. Vor und hinter jedem Kolben müssen Windkessel in der Was-serleitung angebracht sein, die die infolge der Bewegung der Posaunen auftretenden hohen Drücke etwas vermindern. Es

Abb. 86. Kolben einer U-Boots-Zweitakt-maschine mit Anfressungen.

ist ersichtlich, daß diese Bauart umständlicher und teurer als die der Gelenkrohre ist. Sie gibt natürlich auch öfters zu Störungen Veran-lassung als diese, dadurch, daß die Stopfbüchsen nachgepackt werden müssen.

Es wäre noch darauf hinzuweisen, daß auch das Süßwasser An-fressungen in den Rohrleitungen hervorruft. Es ist danach erforderlich, die gesamte Wasserführung auch im Kolben so zu bauen, daß ihre Teile entweder leicht auswechselbar oder gut zu konservieren sind. In den

Kolben eingebohrte Kanäle sind des öfteren durchfressen worden, so daß das Wasser aus den Löchern in das Schmieröl gelangte. Abb. 86 zeigt einen durchgeschnittenen Kolben, bei dem besonders der Kanal für das eintretende Kühlwasser sowie die Dichtungsstellen am Eingang der Kanäle angefressen sind. Die ersten Anfressungen rühren von dem Sauerstoffgehalt des Wassers her, die zweiten sind elektrischen Ursprungs infolge der hier verwandten unverzinnten kupfernen Dichtungsscheiben. Eiserne Rohre und Stutzen der Wasserleitung sind, soweit sie sich innerhalb der Kurbelwanne befinden, zu verzinnen, ebenso die kupfernen Dichtungsscheiben. Die Posaunenrohre selbst sind aus hochprozentigem Nickelstahl oder nichtrostendem Spezialstahl anzufertigen.

Der Kolbenbolzen muß so hart sein, daß er bei einem leichteren Fressen seines Lagers unbeschädigt bleibt. Für ihn muß eine Härte von mindestens 500 nach Brinell gefordert werden, ermittelt mit einer durch eine Kraft von 3000 kg eingedrückten Kugel von 10 mm Durchmesser. Bolzen von 400 Härte sind schon bei geringem Warmlaufen eines Weißmetallagers riefig geworden. Die Härteschicht soll 1—2 mm tief sein, damit der Bolzen gegebenenfalls nachgeschliffen werden kann. Damit dieses überhaupt möglich ist, muß der Bolzen abgesetzt sein, d. h. der Lauf muß einen um mindestens 2 mm größeren Durchmesser erhalten, als das zuerst in den Kolben eingeführte Bolzenende (vgl. Abb. 79). Diese Forderung ist besonders bei kleinen Maschinen oft außer acht gelassen. Der Bolzen wird dann bei einer geringeren Beschädigung oder Abnutzung schon unbrauchbar. Ein weiterer häufig beobachteter Mangel ist das Losewerden der Kolbenbolzen in den am Kolben angegossenen Augen. Wenn hier einmal eine geringe Lose eintritt, ist das Auge bald oval geschlagen. Zur Instandsetzung mußte ein neuer stärkerer Bolzen angefertigt werden, was unerwünscht ist, da dann die Bolzen nicht mehr untereinander gleich sind. Der Mangel ist durch gute Werkstattarbeit zu vermeiden. Der geschliffene Kolbenbolzen wird in das ebenfalls geschliffene Kolbenauge sorgfältig mit Festsitz eingepaßt. Die Vorrichtung zum Festhalten des Bolzens, meistens ein von außen eingeschlagener Keil oder konischer Stift, muß so hergerichtet sein, daß das Kolbenauge durch sie nicht oval gezogen werden kann. Zweckmäßig ist ein nicht zu starker konischer Stift zu verwenden, an den oben und unten (in Richtung der Kolbenachse) Flächen gearbeitet sind. Als Eigenheit soll erwähnt werden, daß ein- oder zweimal Kolben ausgebaut wurden, bei denen der Kolbenbolzen infolge eines Härtefehlers in der Mitte durchgebrochen war. Mit diesem gebrochenen Bolzen, der nur in den Kolbenaugen festsaß, war die Maschine längere Zeit gelaufen. Die Bolzen sind zur Vermeidung von Brüchen vor dem Einbau genau auf Härterisse zu prüfen.

6. Zylinderdeckel.

Die Instandsetzungsarbeiten am Zylinderdeckel beschränken sich auf eine gelegentliche Reinigung der Kühlwasserräume und Erneuerung der Zinkschutzplatten. Für die Reinigung müssen Öffnungen in genügender Zahl und Größe vorgesehen sein. Bei einer Deckelbauart mußte das Wasser zwischen den Ventilen sehr enge Querschnitte durchströmen. Hierbei hat es sich als sehr vorteilhaft erwiesen, daß die Brennstoffventilpfeife zwecks Reinigung herausnehmbar eingerichtet war, da andernfalls bei diesen Deckeln die Kühlung wohl bald versagt haben würde. Bei der Grundinstandsetzung werden die Deckel abgebaut und dabei auf Risse untersucht. Weiter wird, falls erforderlich, eine Durchspülung der Innenräume mit verdünnter Salzsäure und Wasser vorgenommen, um angesetztes Salz und Kesselstein abzulösen.

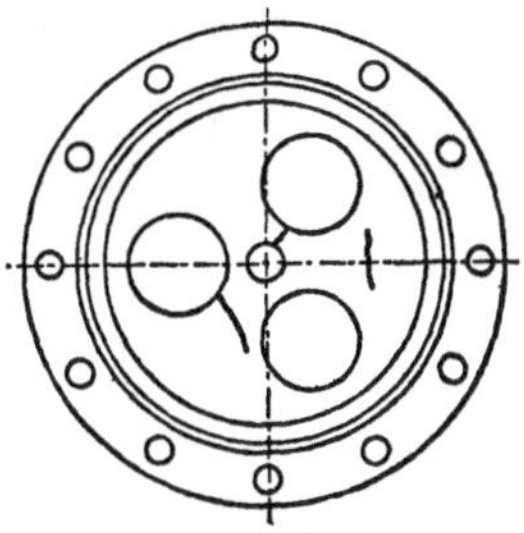

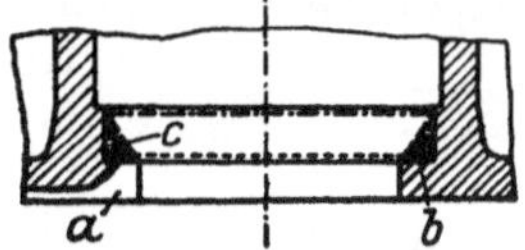

Abb. 87. Bodenrisse im Zweitaktmaschinendeckel.

Gußeiserne Zylinderdeckel für kleinere Maschinen haben kaum Anstände ergeben. Mit der Vergrößerung des Zylinderdurchmessers und dem Einbringen größerer Ventilausschnitte wachsen die Schwierigkeiten, ganz besonders bei den Zweitaktmaschinen. Zur Vermeidung von Rissen im Boden muß der Deckel ausreichend kräftig gebaut sein. Weiter ist zu beachten, daß die Strömungsquerschnitte für das Kühlwasser so bemessen werden, daß längs des Bodens eine große Wassergeschwindigkeit auftritt, damit dieser möglichst kühl gehalten wird. Als Baustoff für die Deckel der schnellaufenden Zweitaktmaschinen scheint sich auf die Dauer nur Stahlguß oder Schmiedeeisen zu bewähren. In Bronzedeckeln sind mitunter schon nach einjährigem Betrieb, in gußeisernen Deckeln bei kleinerem Zylinderdurchmesser nach etwa zweijähriger Betriebszeit Bodenrisse aufgetreten

Abb. 88. Abdichtung des Ventilraumes eines gerissenen Zweitaktmaschinendeckels.

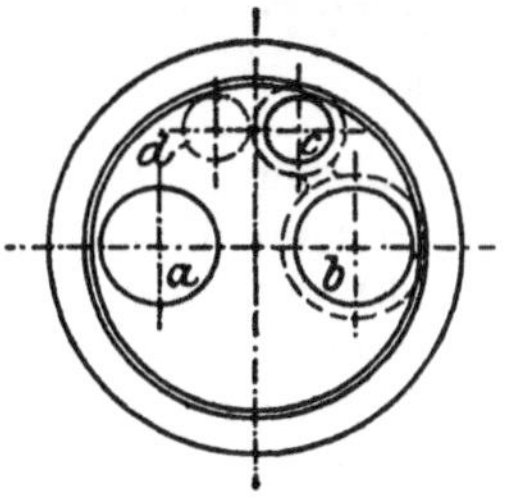

(Abb. 87). Allerdings kann ein Deckel noch längere Zeit nach dem ersten Auftreten der Risse weiter benutzt werden. Er wird erst dann unbrauchbar, wenn Kühlwasser in den Zylinder gelangen kann oder wenn der Riß an einem Ventil auftritt und Verbrennungsgase in den Ventilraum schlagen. Aber auch im letzteren Falle ist noch Weiterverwendung für lange Zeit durch Änderung der Dichtung nach Abb. 88 möglich, wenn der Riß nicht zu weit durchläuft. a ist die Rißstelle, b der ursprünglich benutzte Dichtungsring. Durch den nun verwandten konischen Ring c aus weichem Kupfer wird die vertikale noch nicht gerissene Wand des Ventileingusses zur Dichtung herangezogen. Versuche, die Risse autogen dicht zu schweißen, sind erfolglos geblieben, weil sich die Deckel einerseits

Abb. 89. Ventilanordnung.

stark verzogen, andererseits die geschweißten Stellen bald wieder aufrissen.

Bei einer Deckelbauart einer Viertaktmaschine sind Risse in den Anlaßventileingüssen dadurch entstanden, daß der in der Nähe befindliche Auslaßventileinguß sich bei der Erwärmung im Betriebe ausdehnte. Die Ventilanordnung zeigt Abb. 89. Es ist *a* das Einlaßventil, *b* das Auslaßventil und *c* das Anlaßventil. Die. Risse traten besonders in der kalten Jahreszeit auf, wenn die Maschine schnell belastet wurde. In Abb. 90a ist der Anlaßventileinguß in der Form dargestellt, in welcher er häufig gerissen ist, Abb. 90b zeigt eine Form, die eine Federung bei der Ausdehnung des Auslaßventiles zuläßt und daher hält. Eine andere Verbesserungsmöglichkeit ist die Verlegung des Anlaßventils von *c* nach *d* (Abb. 89) in die Nähe des Einlaßventils.

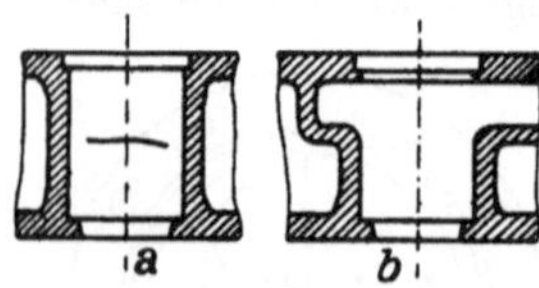

Abb. 90. Gerissener Anlaßventileinguß und veränderte Ausführung.

Weiter sind Zylinderdeckel mitunter dadurch unbrauchbar geworden, daß zu knapp bemessene oder versetzte Warzen für Stiftschrauben durch diese aufgesprengt wurden.

Besondere Aufmerksamkeit ist auch den Kernverschraubungen zuzuwenden. Diese sind möglichst aus dem gleichen Material wie der Deckel anzufertigen, also aus Bronze gleicher Zusammensetzung bei Bronzedeckeln, aus Schmiedeeisen bei Stahlguß- und Gußeisendeckeln, und gut zu verzinnen oder zu verbleien, da andernfalls elektrische Anfressungen auftreten. Löcher für das Anziehen der Verschraubungen dürfen in diesen nicht zu tief gebohrt werden, damit noch eine ausreichende Wandstärke bleibt.

Abb. 91. Kupferdichtung.

Als Dichtung für die Zylinderdeckel gegenüber dem Zylinder ist ein Kupferring zu empfehlen. Klingerit hat an dieser Stelle häufig zu Undichtheiten Veranlassung gegeben. Die Ventilgehäuse sind entweder in den Deckel einzuschleifen oder ebenfalls mit einem Kupferring zu dichten. Beides hat sich gut bewährt. In die Kupferdichtungen werden Vertiefungen eingedreht, so daß mehrere konzentrische Grate stehenbleiben (Abb. 91).

7. Ventile und Steuerung.

Allgemein ist bei der Konstruktion der Ventile zu berücksichtigen, daß sowohl Ventilkegel wie Sitz häufig geschliffen und öfters nachgedreht werden müssen. Kegel und Sitz sind daher so zu bemessen, daß von jedem mehrere Millimeter abgearbeitet werden können, ehe sie durch neue Stücke ersetzt zu werden brauchen. Weiter müssen auch die übrigen Bauteile das Nacharbeiten der Dichtungsstelle zulassen, d. h. vor allem muß sich auch nachher noch das vorgeschriebene Spiel zwischen Ventilrolle und Steuerscheibe einstellen lassen. Bei größeren und teueren Ventilgehäusen sind die Ventilsitze auf einfachen Ringen anzuordnen, die leicht an Stelle des ganzen Gehäuses ersetzt werden können. Sie werden aus einem Spezialgußeisen angefertigt und mit einer Zentrierleiste versehen, die in die Nute des Gehäuses eingreift (Abb. 92). Nach jedesmaligem Einbau ist durch Herunterdrücken des Ventils mit einem Hebel zu prüfen, ob es durch das Anziehen des Gehäuses nicht festgeklemmt ist und leicht zurückfedert. Unachtsamkeit hierbei hat häufig große Nacharbeiten gefordert.

Einlaßventil. Da die Einlaßventile durch die angesaugte Luft stets gut gekühlt werden, sind sie nur geringer Abnutzung unterworfen. Sie brauchen erst nach etwa 1200—2000 Betriebsstunden ausgebaut und nachgeschliffen zu werden. Sie können im Zylinder auf Dichtheit geprüft werden, dadurch, daß dieser vom Brennstoffventil aus mit Einblaseluft gefüllt wird, worauf zu beobachten ist, ob Luft aus den Ansaugöffnungen austritt. Die Nachprüfung des nachgeschliffenen Ventils in der Werkstatt auf Dichthalten durch Aufgießen von Petroleum oder Brennstoff über den Kegel ist anzuraten, besonders wenn die Arbeit von ungeübten Leuten ausgeführt wird. Die Spindel und ihre öfters vorhandene obere Kolbenführung muß mindestens 0,2 mm Luft erhalten, damit sich das Ventil nicht festsetzt. Die Kegel, die meist mit der Spindel in einem Stück ausgeführt sind, werden im allgemeinen aus Siemens-Martin- oder Tiegelstahl hergestellt.

Auslaßventil. Die hoch beanspruchten Auslaßventile sind im allgemeinen nach etwa 600 Betriebsstunden so weit undicht, daß sie nachgeschliffen werden müssen. Zwischendurch muß öfter in der gleichen Weise, wie beim Einlaßventil angegeben ist, untersucht werden, ob stärkere Undichtheiten vorliegen. Die Ventile sind dann schon früher nachzuschleifen, da sie sonst von den durchschlagenden heißen Gasen bald verbrennen. Bei einem Ausbau sind gleichzeitig die bei größeren Ventilen vorgesehenen Kühlräume der Kegel und Gehäuse zu reinigen und mit Rostschutzfarbe auszuschwenken. Während des Betriebes ist festzustellen, ob einer dieser Kühlräume verstopft ist, was daran erkannt wird, daß die Kühlwasserzu- und -abflußleitungen gleichmäßig warm sind. Ein solches Ventil ist dann möglichst bald außer Betrieb zu setzen und zu reinigen, da sonst die Verunreinigungen, meist Kesselstein, im Ventil oder im Gehäuse festbrennen und nicht wieder entfernt werden können. Die Ventilkegel können meistens mit Drahtbürsten gut gesäubert werden. Dagegen sind bei den Ventilgehäusen häufig zu wenig Reinigungsöffnungen angebracht. Über Einschleifen, Prüfung und Lose der Spindelführung gilt das gleiche wie bei dem Einlaßventil.

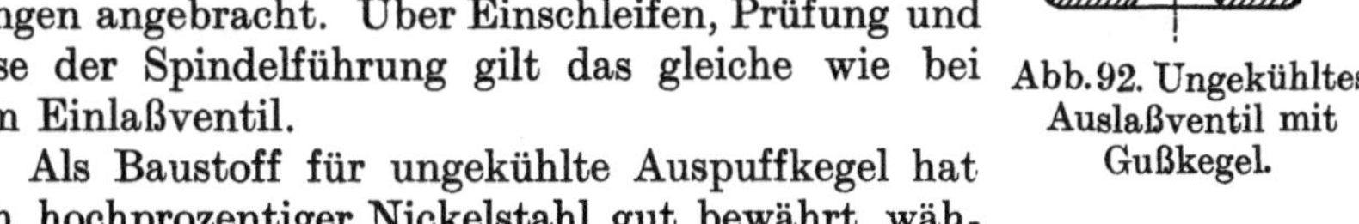

Abb. 92. Ungekühltes Auslaßventil mit Gußkegel.

Als Baustoff für ungekühlte Auspuffkegel hat sich hochprozentiger Nickelstahl gut bewährt, während Stahl bald verbrannte. Als Ersatz für den Nickelstahl haben sich gußeiserne Kegel *a* (Abb. 92) verwenden lassen, die auf die Stahlspindel geschraubt wurden. Des öfteren sind allerdings Störungen durch Zerbrechen der Kegel aufgetreten. Um die Ventilspindel gegen die heißen Gase zu schützen, erhalten die gußeisernen Kegel häufig einen

Kragen, der bei geöffnetem Ventil um das Gehäuse fassend, die Spindel einhüllt. Allgemein muß das Gehäuse zum Schutze der Spindel möglichst tief geführt werden, da sich diese sonst leicht verzieht und dadurch das Ventil undicht wird.

Gekühlte Ventilkegel werden meistens aus Siemens-Martinstahl mit Wasserzuführung in der Mitte hergestellt. Zum Verschluß wird nach der Bearbeitung in den Boden des Kegels ein Pfropfen eingeschraubt und verschweißt. Dieser Verschlußzapfen darf keinesfalls Löcher für den Schlüssel zum Einschrauben erhalten, weil er leicht an den geschwächten Stellen durchrostet und Betriebsstörungen veranlaßt. Er ist mit einem vierkantigen Ansatz einzuschrauben, der nachher abgearbeitet wird. Der gekühlte Kegel ist, wenn möglich, innen zu verbleien, wenigstens aber mit Rostschutzfarbe zu streichen. Auch Verschlüsse, die in den Kühlraum des Ventilgehäuses hineinragen, müssen verzinnt oder verbleit sein. Für aus mehreren Stücken zusammengesetzte Ventilgehäuse ist Baustoff von genau gleicher Zusammensetzung zu verwenden. Es ist vorgekommen, daß in bronzene Ventilgehäuse eingeschraubte bronzene Führungsbüchsen nach kurzer Betriebszeit zersetzt und so mürbe wurden, daß sie beim Herausschrauben zerfielen. Durch Verzinnen der Büchsen wurde das Anfressen verhindert.

Die Rippen zwischen dem wassergekühlten Teil des Ventilgehäuses und dem Ring, der den Ventilsitz enthält, sind bei Auspuffventilen mitunter durch Wärmedehnung gerissen, wenn die Schrauben, mit denen das Ventilgehäuse im Deckel befestigt ist, übermäßig kräftig angezogen worden waren. Wenn dann die Erwärmung der Rippen eintritt, müssen sie zerbrechen. Um dieses zu vermeiden, ist die Konstruktion so auszuführen, daß eine geringe Federung der Rippen möglich ist, und anzuordnen, daß die Halteschrauben nicht zu stark anzuziehen sind.

Im Betriebe darf die Ventilspindel nur mäßig mit einem Gemisch aus Schmieröl und Petroleum oder Brennstoff geschmiert werden, da sie sonst leicht festbrennt.

Bei gleich ausgeführten Auslaß- und Einlaßventilen kleiner Maschinen sind Vertauschungen beider Ventile möglich. So ist es z. B. vorgekommen, daß bei einem auf See befindlichen Boot versehentlich ein Einlaßventil an die Stelle des auszuwechselnden Auslaßventils gesetzt wurde. Nach mehrstündigem Betrieb war der aus für Auslaßventile ungeeignetem Material bestehende Ventilkegel durchgebrannt und die Arbeit mußte wiederholt werden. Um Verwechslungen dieser Art vorzubeugen, müssen die Ventilgehäuse z. B. durch Anbringen einer Nase *b* (Abb. 92) so eingerichtet sein, daß sie nur an richtiger Stelle eingebaut werden können.

Brennstoffventil. Die Brennstoffnadeln sind öfters während des Betriebes an einem an der Nadel vorzusehenden Vierkant zu drehen; damit ein Hängenbleiben derselben möglichst vermieden wird. Nach etwa 300÷600 Betriebsstunden müssen die Nadeln ausgebaut, gut mit dickem Öl eingefettet und wieder eingesetzt werden. Der Ausbau der Nadel muß leicht vorgenommen werden können, zweckmäßig ohne daß dabei die starke Feder ganz entspannt zu werden braucht. Dabei werden die Dichtungskronen nachgesehen, und wenn sie schlecht gedichtet haben, was an rauhen oder angeschwärzten Stellen zu erkennen ist, mit Öl oder Brennstoff wieder auf ihren Sitz geschliffen. Falls dadurch keine Dichtung erreicht wird, erfolgt Ausbauen des Ventils und Nachschleifen mit Schmirgel. Das Brennstoffventil wird dadurch auf Dichtheit geprüft, daß auf das geschlossene Ventil Einblaseluft gegeben und am geöffneten Indikatorhahn des Arbeitszylinders beobachtet wird, ob Luft austritt. Stellt sich heraus, daß eine Stopfbüchsenpackung undicht ist, so wird sie neu verpackt. Das geschieht zum Teil mit fertigen Ringen aus Weißmetallpackung, die aufeinandergelegt und festgestampft werden, meistens aber mit Fäden aus Weißmetall und Blei, die weich und nicht brüchig sein müssen. Etwa 20—25 Fäden von 30 cm Länge werden mit wenig dickem Zylinderöl eingefettet und zu einem Zopf zusammengedreht. Dieser wird um die Nadel herum in die in das Gehäuse eingeschraubte Stopfbüchse gelegt und durch die Packungshülse mit mittelfesten Schlägen zusammengedrückt. Auf genaue Zentrierung der Nadel und gute Führung der Hülse ist dabei zu achten. Nadel und Hülse werden nach jedem Schlag gedreht. In einem größeren Betriebe kann das Einstampfen der Packung mit Vorteil auf einer Maschine durch ein Gewicht von etwa 10 kg vorgenommen werden, das aus einer Höhe von 15—20 cm herunterfällt. Nadel und Stopfbüchse werden dabei von der Vorrichtung gedreht und verschoben. Dadurch wird ein schnelles und gleichmäßiges Verpacken der Stopfbüchsen erreicht. Von manchen Maschinenfabriken wird eine etwas schwächere Nadel für das Verpacken der Stopfbüchse mitgeliefert, so daß die eigentliche Brennstoffnadel dann durch die Stopfbüchse durchgerieben werden muß. Nach dem Einstampfen mehrerer Zöpfe erfolgt der Abschluß nach oben durch einen Vulkabestonring, der die Aufgabe hat, das Öl in der Packung gegen das Herausblasen durch die Einblaseluft zu schützen. Danach wird die Brennstoffnadel unter Drehen solange hin und her bewegt, bis sie leichtgängig durch ihr eigenes Gewicht nach unten gleitet. Die Prüfung des genauen Aufsitzens der Nadel erfolgt dadurch, daß der Konus mit Ruß geschwärzt oder mit Bleistiftstrichen versehen und ohne Drehung auf den Sitz gedrückt wird. Schon ganz leicht krumme Brennstoffnadeln sind unverwendbar. Der Zerstäuber, besonders die Löcher in der Düsenplatte sind öfter zu reinigen.

Werden die Brennstoffventile in der angegebenen Weise behandelt, so treten Störungen kaum auf. Wenn die Nadeln zu stramm verpackt sind, können sie während des Betriebes hängen bleiben, wodurch schwere Explosionen im Zylinder hervorgerufen werden.

Anlaßventile. Die Anlaßventile sind verhältnismäßig oft auszubauen und nachzuschleifen. Sie werden im Betriebe leicht undicht, weil sie im Gegensatz zu den dauernd arbeitenden Ventilen nur selten benutzt werden. Ihre Undichtheit macht sich dadurch bemerkbar, daß heiße Gase aus dem Zylinder hindurchtreten und die Ventile und die Anlaßleitung erhitzen. Meist besteht die Möglichkeit, daß die Ventile zur Beseitigung der Störung behelfsmäßig fest auf ihren Sitz gezogen werden können, wodurch für einige Zeit Dichtung erzielt wird. Andernfalls müssen die Kegel nach Unterbrechung des Betriebes nachgeschliffen werden, da sie sonst verbrennen. Vor dem Anstellen der Maschine werden die Ventile dadurch auf Dichtheit geprüft, daß die Anlaßleitung unter Druck gesetzt und an den geöffneten Indikatorventilen des Zylinders beobachtet wird, ob Luft austritt.

Mitunter sind Störungen an Anlaßventilen durch Festsetzen des Ausgleichkolbens aufgetreten. Da die Anlaßluft feucht ist, muß der Kolben und seine Führung zur Vermeidung des Festrostens aus Bronze hergestellt sein und auch die Spindel eine Bronzeführung erhalten. Der Kolben und die Spindel erhalten dann eine Lose von 0,5 mm. Die Abdichtung wird durch bronzene Kolbenringe vorgenommen (vgl. Abb. 10).

Sicherheitsventil. Die Sicherheitsventile werden etwa ebensooft wie die Einlaßventile ausgebaut und nachgesehen. Ihre Undichtheit macht sich in gleicher Weise wie bei den Anlaßventilen durch Heißwerden bemerkbar.

Da sie für den Schutz des Zylinders gegen Auftreten zu hoher Drücke eine äußerst wichtige Rolle spielen und durch ihr richtiges Arbeiten Beschädigungen an der Maschine und gegebenenfalls Unglücksfälle vermieden werden, müssen sie sorgfältig gebaut und behandelt werden. Über die Führung der Spindel und Ausführung in Bronze oder nicht rostendem Spezialmaterial gilt dasselbe wie bei den Anlaßventilen. Die Feder darf nicht durch das Bedienungspersonal nachzustellen sein, da dieses erfahrungsgemäß bei Undichtheit des Kegels die Feder stärker anspannt. Das Ventil wird durch Probedruck in der Werkstatt richtig eingestellt. Die Ventilspindel muß außen einen Vierkant tragen, an welchem sie während des Betriebes öfters gedreht wird, um Festsetzen zu vermeiden.

Ein dauerndes Abblasen aller oder eines Sicherheitsventils während des Anlassens deutet, vorausgesetzt daß diese dicht und die Federn richtig gespannt sind, auf falsche Einstellung der Steuerung oder Hängenbleiben einer Nadel hin. Vereinzeltes Abblasen ist auf Ölansammlungen im Zylinder zurückzuführen. Abblasen eines Sicherheitsventils nach längerem Betriebe kommt meistens durch Undichtheit der Brennstoffnadel oder Hängenbleiben derselben zustande.

Die übrigen an der Schiffsdieselmaschine vorhandenen Ventile, wie Hauptanlaßventil, Druckminderventil usw., sind etwa alle halbe Jahr zu reinigen und nachzuschleifen. Die Ventile für Anlaßluft sind so zu bauen, daß sie infolge der Feuchtigkeit der Luft nicht festrosten.

Auf die Ventile der Hilfsmaschinen wird bei der Besprechung dieser Maschinen eingegangen.

Einstellung der Steuerung. Nach jedem Arbeiten am Schraubenradantrieb oder nach dem Wiedereinbau der Nockenwelle ist zu prüfen, ob die Steuerung richtig eingestellt ist. Für Viertaktmaschinen ist folgende Einstellung gebräuchlich:

	Eröffnung	Schluß	Spiel zwischen Ventilrolle und Nocke
Einlaßventil	20—30° vor O. T.,	25—30° nach U. T.,	0,6—0,7 mm
Auslaßventil	20—40° „ U. T.,	15—25° „ O. T.,	0,7—0,9 „
Brennstoffventil	7—9° „ O. T.,	40—50° „ O. T.,	0,3—0,5 „
Anlaßventil	5—0° „ O. T.,	130—150° „ O. T.,	0,6—0,7 „

[Der Winkel der zugehörigen Kurbel zum oberen Totpunkt (O. T.) oder unteren Totpunkt (U. T.) ist in Graden angegeben.]

Bei Zweitaktmaschinen ist das Brennstoffventil in gleicher Weise eingestellt. Das Anlaßventil bei sechszylindrigen Zweitaktmaschinen ist, da es bei jeder Umdrehung Luft in den Zylinder einläßt, meist auf einem viel kleineren Kurbelwinkel offen, 60—70° nach O. T. Die Spülluft wird häufig, der Auspuff stets durch Schlitze gesteuert.

Eine Verstellung der Steuerungsphasen tritt ein, wenn nach längerer Betriebszeit die Zahnflanken der Schraubenräder abgenutzt sind. Eine merkbare Abnutzung, so daß die Steuerung nach- gestellt werden mußte, ist je nach der Belastung der Räder und der Genauigkeit des Ausrichtens nach 1—3 Jahren bemerkt worden. Bei einigen Rädern haben sich diejenigen Zahnflanken, die das Anheben der Brennstoffventile besorgten, also vor allem drei Punkte am Umfang (bei den gebräuch- lichen Sechszylindermaschinen) weitaus am stärksten abgeschliffen. Eine allgemeine Abnutzung der Zähne nach sehr kurzer Zeit macht sich dann bemerkbar, wenn die Schraubenräder nicht genau ausgerichtet

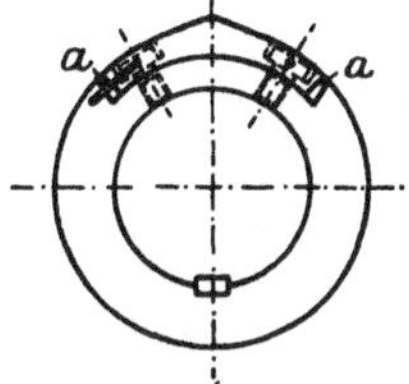

Abb. 93.
Einstellbarer Brenn-
stoffventilnocken.

sind; sie laufen dann sehr geräuschvoll. Bei der Auswechslung von Schrau- benrädern oder nach Arbeiten an ihren Lagern muß deshalb möglichst genau der vorgeschriebene Wellenabstand sowie die richtige Lage der Mittelebenen der Räder zueinander eingestellt werden. Das Spiel zwischen den Zähnen muß etwa 0,1 mm betragen. Die Verstellung der Steuerung um einige Grad ist von Bedeutung nur für das Brennstoffventil. Der Brennstoffnocken muß sich daher auf der Nocken- welle verschieben lassen, was für die Nocken der übrigen Ventile unnötig ist. Eine oft angewandte Lösung zeigt Abb. 93. Die Paßstücke a werden bei Verschiebung des Nockens geändert. Kleine Unter- schiede im Zündbeginn werden während des Laufens der Maschine an Hand der Diagramme durch Ver- änderung der Rollenlose eingestellt. In Abb. 94, die das Übertragungsgestänge zwischen Ventilhebel und

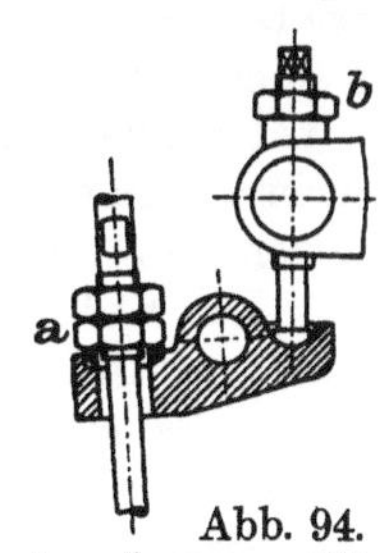

Abb. 94.
Anordnung zur Ein-
stellung des Rollen-
spieles.

-spindel darstellt, kann das Rollenspiel durch die Muttern a an der Spindel und durch die Schraube b am Hebel ein- gestellt werden. Eine andere öfters angewandte Lösung ist Anordnung des Brennstoffhebels auf einer exzentrischen Büchse. Indessen ist nur eine geringe Abweichung von etwa 0,1—0,2 mm von der vorgeschrie- benen Lose zulässig.

Als Baustoff für den Brennstoffnocken sowie für die Nocken solcher Maschinen, die beim Umsteuern die Nockenwelle verschieben, ohne daß die Rollen abgehoben werden, hat sich Stahl mit gut gehärteter Oberfläche bewährt. Für die übrigen Nocken kann, besonders wenn sie größere Abmessungen haben, auch Stahlguß verwandt werden.

Die Lager der Nockenwelle dürfen nur wenig Luft erhalten, weil sonst eine Verstellung der Steuerung durch Bewegen der Nockenwelle eintritt. Besonders ungünstig liegen die Verhältnisse da, wo von der Rolle des Brennstoffventils eine Kraft ausgeübt wird, die die Nockenwelle gegen ihre oberen Lagerschalen drückt.

8. Hilfsmaschinen.

Bei einigen älteren Maschinen waren häufig die Pumpen, vor allem Einblasepumpe, Ölpumpe und Kühlwasserpumpe, knapp bemessen. Infolge davon waren fortgesetzt Überholungsarbeiten an den Maschinen erforderlich, die sich bei reichlicher Bemessung der Pumpen stark vermindern ließen. Jede Pumpenleistung wird bekanntlich mit der Zeit geringer. Bei Kolbenpumpen werden Kolbenringe und Ventile durchlässig, bei Kreiselpumpen nutzen sich die Dichtungsringe ab. Gleichzeitig wird der Verbrauch des Motors an Luft und Öl nach längerer Betriebszeit größer. Ein höherer Verbrauch an Einblaseluft kann durch kleine Undichtheiten in der Druckleitung oder durch eine durch verringerte Rollenlose hervorgerufene längere Eröffnungsdauer des Brennstoffventils eintreten. Der vorgeschriebene Schmieröldruck wird später nicht mehr erreicht, weil die Lagerlose und damit die Verluste im Lager immer größer werden. Die Verhältnisse bei der Kühlwasserpumpe liegen zwar etwas günstiger, nur tritt häufig ein durch Absetzen von Schmutz und Kesselstein in den gekühlten Räumen hervorgerufener höherer Widerstand ein. Es muß weiter damit gerechnet werden, daß auch bei Ausfall eines Zylinders einer Kolbenkühlwasserpumpe der Betrieb noch mit verringerter Leistung aufrecht erhalten werden kann, was ebenfalls dafür spricht, die Pumpe nicht zu knapp zu bemessen.

Verdichter. Die Luftpumpe gibt verhältnismäßig häufig zu Betriebsunterbrechungen Veranlassung. Sie muß stets in tadellosem Zustande gehalten sein, damit sie die erforderliche Einblaseluftmenge schaffen kann. Die Kolben müssen nach etwa 600 Betriebsstunden nachgesehen werden, wenn nicht der Betrieb schon eine frühere Überholung erfordert. Es sind dann die festsitzenden, meist einseitig abgenutzten Kolbenringe zu lösen und gegebenenfalls zu erneuern sowie öfter die Lager nachzuarbeiten. Es ist schon bei der Besprechung der Kolben darauf hingewiesen, daß die Ringe der oberen Stufen besonders häufig ausgewechselt werden mußten. Nach dem Wiedereinbau des Kolbens ist zu prüfen, ob die vorgeschriebenen schädlichen Räume überall eingehalten sind. Da es sich hierbei besonders bei den oberen Stufen nur um einen Millimeter oder weniger handelt, geschieht dies am besten durch Messung eines Bleiabdruckes. Durch eine Ventilöffnung wird zwischen Kolben und Zylinderdeckel ein Bleidraht gehalten und durch den aufwärts bewegten Kolben platt gedrückt. Die schädlichen Räume sollten nicht unter 1 mm betragen, da eine noch kleinere Bemessung derselben nur einen geringen Einfluß auf die Luftmenge hat, also zwecklos ist. Bei mehreren übereinanderliegenden Kolben ist dafür Sorge zu tragen, daß die vorgeschriebenen schädlichen Räume leicht durch unter den Schubstangenflansch oder die Zylinderteile gelegte Paßbleche einzustellen sind, ohne daß es erforderlich ist, den Kolben nachzudrehen, wie es bei älteren Bauarten bisweilen nötig war.

Die Ventile des Verdichters sind ebenso wie der Kolben nach etwa 600 Betriebsstunden nachzusehen. Bei der Konstruktion ist zu berücksichtigen, daß Sitz sowie Dichtungs- platte oder Kegel oft nachgeschliffen werden müssen. Bei den meist angewandten und am besten bewährten Plattenventilen mit Fänger *a* in Abb. 95 für zerbrochene Teile erhalten die Sitze, die aus Stahl bestehen, eine Ar- beits- oder Dichtungsleiste *b* von 2 mm Höhe um die Durchtrittsöffnungen herum. Die Ventilplatten *c*, für die sich Chromnickel- stahl oder Nickelstahl als Baustoff bewährt hat, dürfen nicht zu schwach ausgeführt

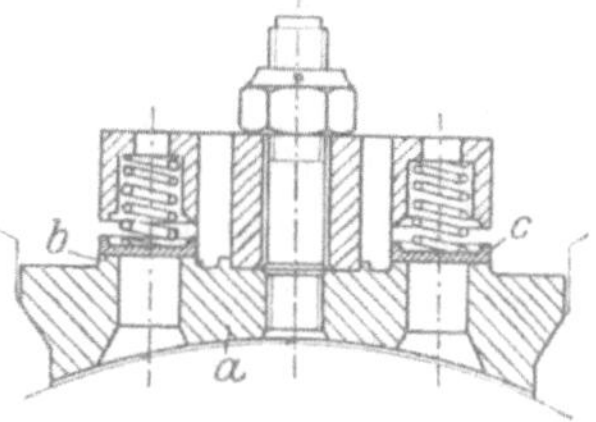

Abb. 95.
Verdichter-Druckventil.

werden, damit sie sich nacharbeiten lassen und nicht so leicht ver- ziehen. Sie erhalten deshalb häufig ⊔- oder ⊐-Querschnitt. Auch bei Kegelventilen (Abb. 96), die öfters in der letzten Stufe angewandt werden, sollte der Fänger *a* für zer- brochene Kegel nicht fehlen, da sonst Bruchstücke des Kegels Beschädigungen des Kolbens oder Zylinder- deckels hervorrufen können.

Wenn sich nach einer Überholung oder im Be- triebe herausstellt, daß trotz vollständig geöffneten Schiebers vor der ersten Stufe des Verdichters die er- forderliche Einblaseluftmenge nicht geliefert wird, so sind zunächst die Drücke in den einzelnen Stufen zu beobachten, ob sie die im regelmäßigen Betrieb übliche Höhe besitzen. Bei einer dreistufigen gut arbeitenden Pumpe werden etwa folgende Drücke abgelesen: Niederdruck 4 kg/qcm, Mitteldruck 18 kg/qcm, Hochdruck 70 kg/qcm. Die Erhöhung des Druckes hinter einer Stufe zeigt an, daß das Sauge- oder Druckventil der nachfolgenden Stufe un- dicht ist. Es kann die Luft aber auch durch die

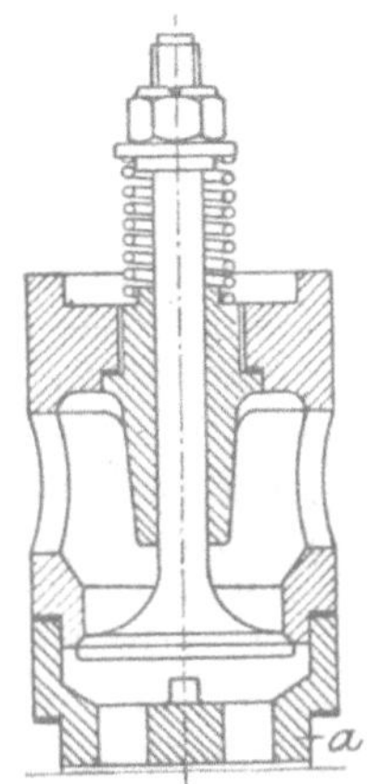

Abb. 96. Verdich- ter-Saugventil.

Kolbenringe eines darüber gebauten Zylinders getreten sein. Ohne wei- teres ist an einem aus dem Luftsaugeraum kommenden Luftstrom zu er- kennen, daß das erste Saugventil undicht ist. Für die anderen Stufen wird der Fehler am schnellsten durch Drücken des Verdichters von der Einblase- flasche her festgestellt. Zunächst wird das Ventil an der Luftflasche ge- öffnet und das Druckventil der letzten Stufe unter Druck gesetzt. Bei Undichtheit strömt Luft aus dem geöffneten Hochdruckzylinder aus der Indikatorbohrung oder dem ausgebauten Saugventil. Danach wird das

Druckventil entfernt und Druck auf den Zylinder gegeben. Dabei wird nach Abnahme der Saugleitung geprüft, ob das Saugventil dicht ist; dann wird durch Öffnen des Indikatorhahnes des darunterliegenden Zylinders das Dichthalten des Kolbens untersucht. Die Ringe müssen so gut schließen, daß nur ein leichter Luftstrom durchtritt. In der gleichen Weise wird die Prüfung sämtlicher Ventile und Kolben fortgesetzt. Auch die Kühler und Rohrleitungen werden dabei beobachtet. Zum Drücken der unteren Verdichterstufen darf natürlich nur Einblaseluft von entsprechend geringerem Druck genommen werden.

Findet sich beim Drücken kein Fehler, so kann der Luftmangel auch durch zu großen schädlichen Raum in der Niederdruckstufe, Undichtheiten in der Leitung oder einen durch zu geringe Rollenlose an den Brennstoffventilen veranlaßten hohen Luftverbrauch verursacht sein.

Ein Verölen der Ventile zeigt an, daß der betreffende Zylinder zuviel Öl erhält. Das kann entweder bei den Zylindern mit Spritzschmierung durch einen schlecht arbeitenden Ölabstreifring oder bei den oberen Stufen durch zu starke Anstellung der Schmierpressen hervorgerufen sein. Obwohl, wie in dem Abschnitt über Kolbenringe erwähnt ist, diese gut geschmiert werden müssen, so ist diese Schmierung doch nicht durch Einführung von viel Öl in die Zylinder, sondern durch eine gute Ölverteilung zu erzielen (vgl. Abb. 76). Die Verölung kann auch dadurch hervorgerufen sein, daß die zwischen den einzelnen Stufen befindliche Kühlung und Entölung nicht in gutem Zustande ist. Da durch zuviel Öl im Zylinder Schmierölexplosionen hervorgerufen werden können, ist es erforderlich, daß man die Ursache der Verölung zu ermitteln sucht, um Explosionen zu verhüten.

In den Rohrleitungen zwischen den einzelnen Stufen sind Sicherheitsventile und zweckmäßig auch noch Bruchplatten anzuordnen, die bei Schmierölexplosionen schon gute Dienste geleistet und Pumpe und Rohrleitung vor Zerstörung geschützt haben. Wenn im Kühlwasserraum des Verdichters die Rohrbündel zur Luftkühlung untergebracht sind, so müssen auch im Mantel des Kühlraumes Bruchplatten vorgesehen werden, damit nicht im Falle einer Undichtheit am Kühler das Gehäuse durch den Luftdruck gesprengt werden kann.

Bei mehreren übereinanderliegenden Kolben, zwei oder drei Stück, erhalten der untere oder die beiden unteren die Aufgabe der Führung. Wenn außerdem noch ein besonderer Gleitschuh oder Führungskolben vorhanden ist, führt häufig dieser zusammen mit dem mittleren Kolben. Dem führenden Kolben ist bei 300—600 mm Durchmesser ein Spiel von 0,35—0,45 mm zu geben, das nach Einsetzen des Kolbens ohne Ringe in die Zylinder sorgfältig mit einem Meßblech nachgeprüft werden muß. Die übrigen Kolben, die ihre Zylinderwandungen nicht berühren, erhalten eine Lose von 0,6—1 mm, die ebenfalls nachzumessen ist, nachdem die Schubstangenlager angezogen sind. Unachtsamkeit hierbei hat häufig Fressen der Hochdruckkolben zur Folge gehabt.

Gute Erfolge sind bei der Hochdruckstufe durch Ausführung der Kolbendichtung in der Form einer in den Zylinder eingeschliffenen Bronzebüchse erzielt. Die Kolben- und Kammerringe in Abb. 84 sind durch eine auf dem Kolbenkörper in seitlicher Richtung bewegliche Büchse ersetzt. Die Dichtung ist einfacher und billiger als die mit Ringen, setzt aber genauere Arbeit voraus.

Es ist durchaus wünschenswert, wenn die Saug- und Druckventile so eingerichtet werden, daß sie beim Einbau nicht verwechselt werden können. Es ist vorgekommen, daß durch ungeschicktes Bedienungspersonal zwei Saugventile anstatt Saug- und Druckventil eingebaut wurden. Die Einrichtung kann in einfacher Weise getroffen werden. z. B. durch Anbringung von Stiften oder Nasen, die in entsprechende Vertiefungen am Verdichter eingreifen.

Spülluftpumpe. Da die Spülluftpumpen gegen einen nur geringen Luftdruck arbeiten und daher kleine Undichtheiten nicht sehr wesentlich sind, verursachen sie wenig Überholungsarbeiten. Die Ventile werden etwa alle Jahr auf der Schleifmaschine nachgeschliffen. Sie haben sich am besten bewährt in der Form von nicht zu großen federbelasteten Plattenventilen. Die Platten dürfen nicht zu schwach sein, damit sie sich nicht verziehen, aber wegen der Massenwirkungen auch nicht zu schwer. Es wird empfohlen, sie aus etwa 1 mm starkem Stahlblech anzufertigen und ihnen die nötige Steifigkeit durch Preßränder zu geben. (Ähnlich wie Verdichterventil Abb. 95.)

Brennstoffpumpe. Die Ventile der Brennstoffpumpen müssen etwa alle 1200 Betriebsstunden nachgeschliffen werden. Hierfür wird feinster Schmirgel verwandt und von Kegel und Sitz möglichst wenig heruntergearbeitet, damit nachher die Nachreglung keine Umstände verursacht. Zweckmäßig sind für die Einstellung der Saugventile Lehren anzufertigen. Eine Grundüberholung der Brennstoffpumpen wurde etwa alle Jahr vorgenommen. Hierbei wurden hauptsächlich Lager nachgepaßt und Führungen nachgearbeitet. Die Pumpenkolben und -büchsen waren meist noch tadellos und bedurften keiner Erneuerung. Mehr Anstände haben die nach Art der Stopfbüchsen des Brennstoffventils verpackten Kolben verursacht, die mitunter riefig gelaufen waren und nachgeschliffen werden mußten.

Undichtheit des Saugventils zeigt sich am Diagramm in einem Nachlassen der Leistung des zugehörigen Zylinders. Sind auch die Druckventile undicht, so tritt Einblaseluft in die Pumpe ein, und die Brennstofförderung, besonders nach dem Anstellen der Maschine, setzt aus.

Nach dem Zusammenbau kann eine Prüfung des Kolbens und der Ventile mit Hilfe der Einblaseluft leicht vorgenommen werden. Das Rückschlagventil und die Druckventile werden ausgebaut und die Einblaseluft wird angestellt, wonach aus einem undichten Kolben oder Ventil Luft austritt. Danach wird das Druckventil wieder eingesetzt und von neuem Luft angestellt. Bei undichtem Ventil gelangt Luft in die Pumpe und das Saugventil läßt sich von Hand nur schwer aufdrücken, wobei Luft nach dem Schwimmergehäuse entweicht. Nach Ausbau des ersten Druckventils wird das zweite in gleicher Weise untersucht. Zum Drücken des Rückschlagventils, das meist unmittelbar vor dem Brennstoffventil angeordnet ist, wird das Probierventil in der Brennstoffleitung bei angestelltem Einblasedruck geöffnet.

Die gehärteten Stahlplunger der Brennstoffpumpe sind meist in gußeiserne oder Bronzebüchsen eingeschliffen, die mit Kupferdichtung in den Pumpenkörper eingeschraubt sind. Die Kolben müssen in eine reichlich bemessene Kreuzkopfführung eingesetzt sein, in welcher sie sich nach den Seiten frei bewegen können.

Die Saug- und Druckventile müssen mit dem Sitz ohne Entfernung der Rohrleitungen leicht und schnell ausgebaut werden können. Vor allem muß auch die Einstellung der Saugventilregelung möglich sein, ohne daß es erst erforderlich ist, Teile der Pumpe abzubauen.

Schmierölpumpe. Es werden meist Zahnradpumpen verwandt (Abb. 26), deren Konstruktion und Ausführung größere Erfahrung voraussetzt. Während manche Bauarten jahrelang gut gearbeitet haben, konnte mit anderen schon nach kurzer Betriebszeit — etwa 600 Stunden — der vorgeschriebene Druck nicht mehr eingehalten werden. Vor allem müssen die Zahnräder vollständig entlastet sein, so daß sie durch den Öldruck nicht seitlich gegen den Boden oder Deckel des Gehäuses gepreßt werden können. Ferner sind die Profile an den Stirnseiten der Zahnräder abzurunden, weil die Räder sonst fräsend wirken und bald im Gehäuse ein unzulässiges Spiel erhalten. Überhaupt tritt Versagen der Ölpumpen infolge seitlicher Lose, die wie die radiale nicht mehr als 0,1 mm betragen soll, viel häufiger ein als durch zu großes Spiel am Umfang der Räder. Zwischen Gehäuse und Deckel sind deshalb Zwischenlagen von dünnen Blechen oder Zeichenpapier erwünscht, damit ein Nachpassen leicht vorgenommen werden kann. Ohne vorgesehene Zwischenlagen muß zur Verkleinerung der seitlichen Abnutzung der Gehäuseflansch abgehobelt werden. Die Laufzapfen der Räder, die in Büchsen aus harter Bronze laufen sollen, sind reichlich stark auszuführen, damit ihre Abnutzung und ein Ab-schleifen der Zahnräder am Umfang vermieden wird.

Die Zahnradpumpe ist empfindlich gegen Undichtheiten der Saug-leitung, die sich durch einen geringeren, von dem normalen abweichen-den Unterdruck im Saugraum anzeigen. Beim Eintritt von Luft saugt sie nicht mehr an. Die Saugleitung soll daher möglichst kurz sein und zugänglich verlegt werden. Es ist die Möglichkeit vorzusehen, daß sie von der Pumpe aus aufgefüllt werden kann.

Zur Einstellung des Öldruckes hat sich ein Verbindungsventil zwischen Druck- und Saugraum der Pumpe, das gleichzeitig Sicher-heitsventil ist, gut bewährt (Abb. 29).

Kühlwasserpumpe. Da das zur Kühlung benutzte Seewasser trotz der Filter Verunreinigungen mit sich führt, werden die Ventile ziem-lich häufig undicht. Sie sind etwa alle 1200 Betriebsstunden nachzu-schleifen.

Es werden meistens Plattenventile oder auf einer Sitzplatte ver-einigte kleine Kegelventile verwandt. Die Ventile müssen durch Federn aus im Seewasser nicht rostendem Material auf ihren Sitz gedrückt werden. Federlose Ventile verursachen öfters beim Anfahren Störungen. Über den Bau der Plattenventile gilt das gleiche wie bei den Verdichter-ventilen, nämlich Anordnung einer Arbeitsleiste auf dem Sitz und

Verwendung kräftiger Platten. Die Ventile müssen natürlich ebenfalls aus seewasserbeständigem Stoff hergestellt sein. Es ist wieder, wie schon früher erwähnt, darauf zu achten, daß nebeneinander liegende Teile, wie Ventilplatten und Sitz, Zylinder und Arbeitskolben, die gleiche Zusammensetzung haben, da sonst aus dem an Zink reicheren Material das Zink bald herausgefressen wird, was an einer Kupferfärbung des Teiles kenntlich ist. Das Material wird dadurch brüchig.

Als Zylinderlauf wird zweckmäßig eine besondere Büchse eingezogen, die leicht ersetzt werden kann, wenn ein Nachdrehen, mit dem gerechnet werden muß, nicht mehr möglich ist. Es werden meistens Plungerpumpen verwandt, aber auch doppelt wirkende Pumpen mit Kolbenringen, die oft zur Schonung des Zylinderlaufes aus Exzelsiormaterial, einer verleimten Papiermasse, hergestellt sind.

Da die Pumpen schnell umlaufen, sind starke Richtungsänderungen des Wassers in der Pumpe zu vermeiden; ferner sind bequem einstellbare Schnüffelventile anzuordnen.

Bei den angehängten Pumpen ist sorgfältig darauf zu achten, daß nicht Leckwasser ins Schmieröl gelangt. Das zur Schmierung des Zylinderlaufes verwandte Öl wird am besten nicht weiter benutzt. Es fließt mit dem Leckwasser zusammen ab.

Zur Verpackung der Stopfbüchsen empfiehlt sich in Talg (nicht Öl) getränkte Baumwollschnur.

Wenn Kreiselpumpen verwandt werden sollen, was im allgemeinen nur für die unabhängige Reservepumpe üblich ist, so sind sie reichlich zu bemessen, da ihre Liefermenge im Betriebe bald aus den eingangs erwähnten Gründen viel geringer sein wird als auf dem Versuchsstande, so daß der vorgeschriebene Kühlwasserdruck nicht mehr erreicht wird.

Ihre Dichtungsringe müssen leicht erneuert werden können, was nach 1—2jährigem Betriebe nötig sein wird.

9. Kühler, Filter und Luftflaschen.

Die Schiffsdieselmaschine ist mit Kühlern für Öl, Einblaseluft und Spülluft und gegebenenfalls noch für das zur Kolbenkühlung verwandte Süßwasser ausgerüstet. Sie sind etwa alle halben Jahre zu reinigen, was in der Werkstatt durch Abkratzen, Auskochen mit Sodalauge oder Ausblasen mit Dampf geschieht, und auf Dichtheit zu prüfen. Die Kühler müssen vom Konstrukteur reichlich groß bemessen sein, da sie sonst dauernd gereinigt werden müssen, um die Kühlwirkung wieder zu heben, die durch Absetzen von Kesselstein und Schmutz im Wasserraum sowie Verschlammung im Ölraum bald nachläßt.

Um die Kühler vor Anfressungen zu schützen, wird als Baustoff für die Rohre eine möglichst homogene Bronze verwendet. Gut bewährt hat sich Preßmessing. Die Rohre von mindestens 1 mm Wandstärke werden stark verzinnt und in die ebenfalls vorher verzinnten Böden eingedornt oder eingelötet. Die Verzinnung ist so sorgfältig auszuführen, daß nicht die kleinste Stelle unbedeckt bleibt. Andernfalls ist diese durch die infolge der Materialverschiedenheit auftretenden elektrischen Ströme bald durchgefressen. Sehr gutes Preßmessing konnte auch unverzinnt verwandt werden. Am besten für die Instandhaltung sind Bündel aus geraden runden Rohren, die im ganzen ausgewechselt werden können und leicht durch Neuverzinnen wieder instand zu setzen sind, wenn die Zinnschicht fortgespült ist. Es ist natürlich dazu erforderlich, den Kühler vollständig zu zerlegen und jedes Rohr einzeln in das Zinnbad zu tauchen. Dagegen können Kühler auf profilierten Rohren, z. B. ovalen, die in die Böden eingedornt sind,

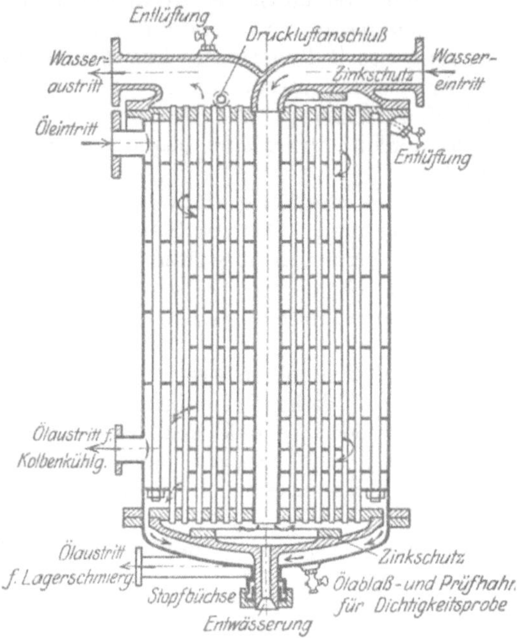

Abb. 97. Ölkühler.

meist nicht wieder verwendet werden, wenn die Rohre anfangen durchzufressen. Für Kühler mit stark gebogenen Rohren wird Kupfer verwandt, das ebenfalls gut verzinnt werden muß. In den vom Seewasser bespülten Räumen sind reichlich Zinkschutzplatten anzubringen, die mit dem zu schützenden Material in leitender Verbindung stehen und die bei der Überholung zu reinigen oder zu erneuern sind. Vom Seewasser durchströmte Kühlergehäuse aus Schmiedeeisen sind nur durch etwa alljährlich wiederholtes Verzinnen oder Verbleien und Anordnung großer leicht auswechselbarer Zinkplatten vor Anfressungen zu schützen. Meistens bestehen die von Wasser berührten Gehäuse bzw. Deckel aus Gußeisen oder Bronze.

Da die Prüfung auf Undichtheiten der Rohre häufig vorgenommen werden muß, sollen die Kühler möglichst so eingerichtet sein, daß sie an Bord ohne Ausbau gedrückt werden können. Das geschieht am besten bei zusammengebauter Maschine dadurch, daß die gesamten Kühlwasserleitungen und -räume von einer Pumpe unter Druck gesetzt werden und an möglichst tiefer Stelle im Öl- bzw. Luftraum der Kühler angebrachte Hähne oder Schrauben (vgl. Abb. 97 u. 98) geöffnet werden, aus denen bei undichtem Kühler Seewasser ausfließt.

Gut bewährt hat sich für Ölkühler die Bauart, bei der das Wasser durch ein stehendes Röhrenbündel strömt und das Öl senkrecht zu den Rohrachsen, durch Zwischenplatten gezwungen, oftmals quer hindurch oder von außen zur Mitte und zurück geleitet wird (Abb. 97). Die Querschnitte für das Öl sind hier reichlich auszuführen, da leicht Verschlammung eintritt und gegebenenfalls bei erhöhtem Widerstand die Ölpumpe nicht mehr den erforderlichen Druck schaffen kann. Das Rohrbündel kann sich unabhängig vom Gehäuse dehnen.

Bei Luftkühlern für Einblaseluft wird meistens die Luft durch das stehende Röhrenbündel geleitet, das von außen vom Wasser umspült ist. Die Rohre müssen sich bei Erwärmung ausdehnen können. Bei einem geraden Röhrenbündel ist also dessen Boden zweckmäßig in einer Stopfbüchse zu führen (Abb. 98). Unter dem Röhrenbündel ist die Vorrichtung zur Entölung und Entwässerung der Luft angebracht. Diese muß dauernd eine zuverlässige Entölung bewirken, da sonst die Pumpenventile verschmutzen und Explosionen im Verdichterzylinder eintreten können. Die Entölung geschieht meist dadurch, daß die ölreiche Luft, durch schraubenförmig gewundene Flächen a gezwungen, in Drehung versetzt und das Öl nach außen geschleudert wird. Seltener erfolgt die Reinigung durch Prallflächen, an die die Luft anstößt. Die Entölungsgefäße sind von Zeit zu Zeit zu entleeren. Dieses geschieht, wie das Ausblasen der Luftgefäße, durch Entwässerungsventile, die zumeist zu einer Leiste vereinigt am Bedienungsstand befestigt sind.

Da in die Gehäuse der Luftkühler bei Undichtheit der Kühlrohre größere Luftmengen von höherem Druck eintreten können, müssen sie mit Sicherheitsventilen oder Bruchplatten versehen sein.

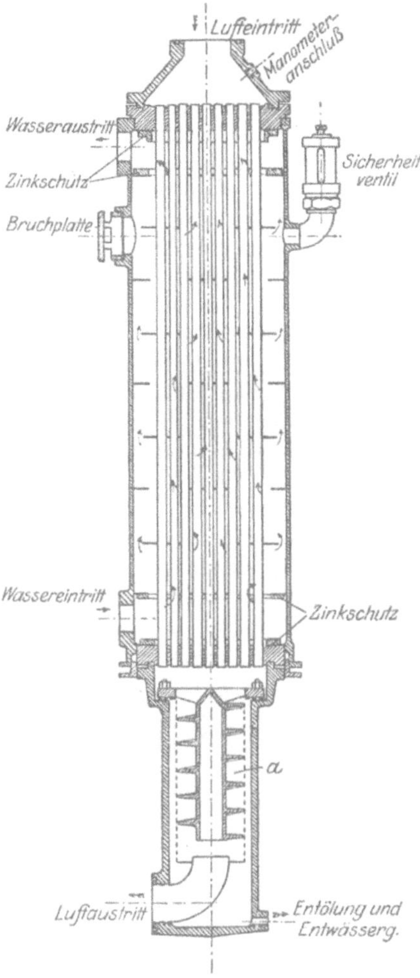

Abb. 98. Kühler für Einblaseluft.

Kühler und Rohrbündel müssen durch tiefliegende Schrauben oder Hähne vollständig entleert werden können.

Die Entwässerungsventile (Abb. 99) sind öfters nachzuarbeiten. Die Sitze a sind daher gesondert einzuschrauben, die Kegel b auch aus

Gründen der besseren Abdichtung lose auf die Spindeln zu setzen. Bei einigen Konstruktionen ist der Dichtungskegel unmittelbar an die Ventilspindel angedreht. Diese Ventile erfordern dauerndes Nach-

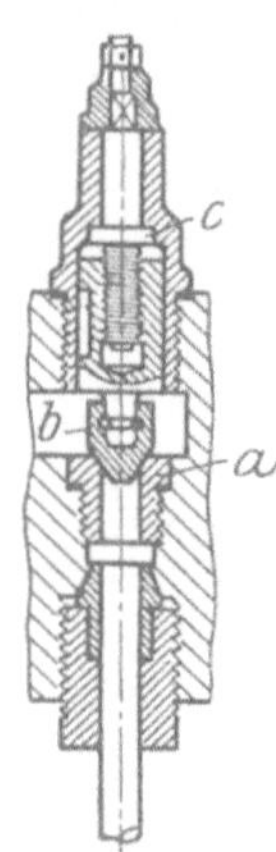

arbeiten und sind daher zu verwerfen. Damit die Ventilsitze zum Nachdrehen nicht ausgeschraubt zu werden brauchen, ist eine Handfräsvorrichtung mit Vorteil verwandt worden. Es ist zu beachten, daß der Sitz nicht breiter wird als 2 mm. Schmale Sitze halten besser auf die Dauer dicht als breitere. Die Abdichtung der Ventilspindel gegen den Körper erfolgt entweder durch eine Stopfbüchse (vgl. Abb. 101) oder durch Aufschleifen eines an der Spindel befindlichen Innenbundes c. Da die Ventile für wasserhaltige Luft bestimmt sind, müssen Sitz und Kegel aus nichtrostendem Material, z. B. aus einer geeigneten Bronze, hergestellt sein.

Abb 99. Entwässerungsventil für Einblaseluft.

Filter. Es sind allgemein zwei umschaltbare Filter für Treiböl und Schmieröl vorhanden, von denen jedes für den vollen Betrieb ausreicht. Die alle 6—12 Stunden je nach Art des verwendeten Öles, Reinheit der Leitungen usw. vorzunehmende Reinigung kann also geschehen, ohne daß der Betrieb unterbrochen wird. Vor und hinter dem Filter sind Manometer anzubringen, an denen der Druckabfall im Filter und damit der Grad der Verschmutzung zu erkennen ist. Übersteigt der Druckabfall den zulässigen Betrag, so sind die Siebe auszubauen und zu reinigen. Die Filtersiebe müssen von der Seite her, an welcher sich der Schmutz absetzt, bequem zugänglich sein. Bei den Filtern nach Abb. 100 erfolgt der Durchtritt am besten von außen nach innen. Die Siebfläche besonders für das Schmieröl muß sehr reichlich gehalten sein, für normale Verhältnisse ist der 50—100fache Rohrquerschnitt in Siebfläche auszuführen.

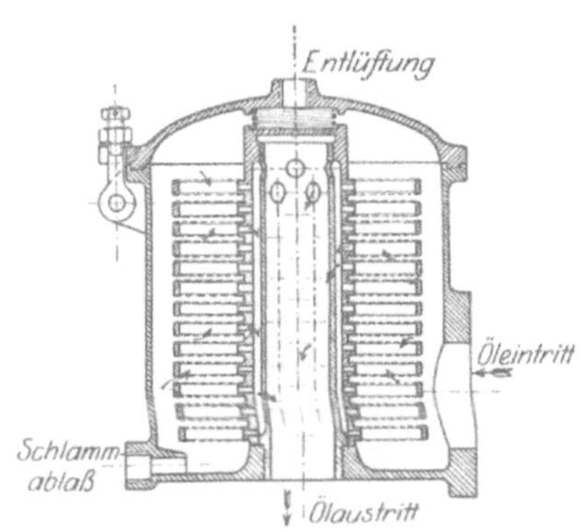

Abb. 100. Schmierölfilter.

Die feinmaschigen Siebe müssen durch Lochbleche oder Gitter vor Zugbeanspruchungen bewahrt bleiben. Es ist vorgekommen, daß während des Betriebes unbemerkt die Filtersiebe abgerissen sind, wodurch Verstopfungen der Ölbohrungen und schwere Beschädigungen der Maschinen eingetreten sind. In einem Falle z. B. wurden die Kolben schlecht nachgekühlt, es bildete sich Koks in ihnen, der abblätterte und die Filter zusetzte, deren Siebe darauf rissen. Die weitere Folge war, daß der scharfkantige Koks in die Lager gelangte und diese verkratzte und stark abnutzte. Die Deckel der Filter müssen natürlich bequem lösbar sein; die Befestigung kann z. B. durch Klappschrauben mit Flügelmuttern erfolgen.

Luftflaschen. Als Material für Luftflaschen ist Nickelstahl besser geeignet als Flußeisen, natürlich auch teurer. Die Gefäße aus Nickelstahl sind leichter und neigen nicht in dem Maße zu Anfressungen wie eiserne. Die Flaschen müssen alle 1—2 Jahre ausgebaut und instand gesetzt werden. Leichte Ausbaumöglichkeit der vor Hitze und rostbildenden Einflüssen zu schützenden Gefäße muß daher vorgesehen sein. Die Konservierung besteht in einer gründlichen Reinigung. innen und außen durch Drahtbürsten, Auskochen in Firnis und Erneuerung des Außenanstrichs von Teerölfirnis und des Innenanstrichs von Rostschutzfarbe. Besser noch ist Verzinnen. Die Tiefe etwaiger Anfressungen ist zu messen und darüber Buch zu führen. Sind die Anfressungen so tief, daß die Betriebssicherheit nicht mehr gewährleistet wird, etwa $^1/_5$ der ursprünglichen Wandstärke, so wird die Flasche verworfen. Dieser Fall kommt indessen selten vor. Bei brauchbaren Gefäßen werden die Druckproben mit höherem als dem Betriebsdruck wiederholt, zunächst mit Wasser, dann mit Luft, wobei die Flasche in einen mit Wasser gefüllten Behälter gelegt ist.

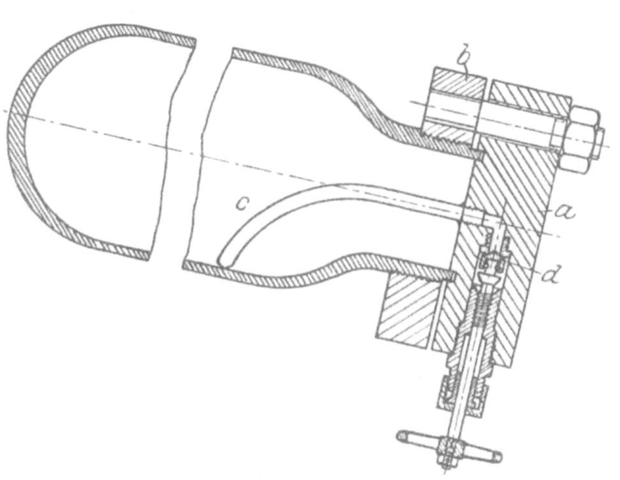

Abb. 101. Luftflasche.

Anfressungen zeigen sich meist nur an den Stellen, an welchen Wasser in der Flasche stehenbleiben kann, also bei stehenden Flaschen im Boden, bei liegenden an der unteren Wand. Von vornherein ist daher die Möglichkeit vorzusehen, daß liegende Flaschen nach dem Wiedereinbau in eine andere Lage gebracht werden können und stehende einen stärkeren Boden erhalten.

Die in liegender Ausführungsform in Abb. 101 dargestellte Flasche muß einen weiten Hals besitzen, damit die Konservierung möglich ist. Die Befestigung des Kopfes a erfolgt in geeigneter Weise durch Aufschrauben des Kopfes auf einen auf das Außengewinde des Halses gesetzten Flansch b. Als Dichtung ist ein im Zackenprofil gedrehter Ring aus homogenem Kupfer zu verwenden (Abb. 91), der in einer Nute des Flaschenkopfes oder -halses liegt. Diese Nute ist nicht an der Trennstelle des Halses und des aufgeschraubten Flansches anzuordnen (Abb. 102), da dieser durch kleine Verdrehungen leicht etwas höher oder tiefer kommen kann, wodurch häufig Undichtheiten und Nacharbeiten veranlaßt wurden. Zum mindesten muß der Flansch möglichst fest auf-

geschraubt und so gegen Drehung gesichert werden, daß er selbst bei
Stößen nicht die geringste Bewegung mehr ausführen kann.

Das starkwandige Entwässerungsrohr c in Abb. 101, das bis auf
die tiefste Stelle der Flasche geführt ist, muß durch Einschrauben im
Kopf befestigt und durch Schweißen oder Löten ge-
sichert sein. Bei liegenden Flaschen ist außen eine
Marke anzubringen, damit das Entwässerungsrohr
sicher an die tiefste Stelle gelangt und die Entwässerung vollständig erfolgen kann. In einem Falle hatte
sich das Entwässerungsrohr eines vor dem Hochdruckzylinder des Verdichters befindlichen Abscheidegefäßes
gelöst, so daß Wasser und Öl nicht mehr ausgeblasen
werden konnten. Die Folge war eine Schmierölex-
plosion in der Hochdruckstufe.

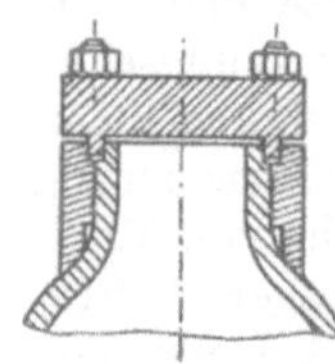

Abb. 102. Ungenü-
gende Abdichtung
der Flasche.

Über die Ventile im Flaschenkopf gilt ebenfalls
das für die Entwässerungsventile Gesagte. Insbesondere sind die Kegel d
der Ventile lose auf die Spindel zu setzen, da es andernfalls unmöglich
ist, auf die Dauer Dichtung zu erreichen.

10. Rohrleitungen und Dichtungen.

Da von den Rohrleitungen der Schiffsdieselmaschinen die Betriebssicherheit wesentlich mit abhängt, so muß bei ihrer Herstellung sehr
gewissenhaft und geschickt gearbeitet werden. Daß Sauge- und Druckleitungen für Flüssigkeiten bis zur Pumpe bzw. von hier ab ansteigend
zu verlegen sind, daß stärkere Richtungsänderungen und Luft- oder
Wassersäcke vermieden werden müssen, wird erwähnt, weil immer noch
Verstöße hiergegen vorkommen. Vor dem Einbau ist das Innere der
Rohrleitungen durch Ausblasen, Ausbürsten oder Beizen sorgfältig zu
reinigen, besonders wenn sie zum Biegen mit Sand angefüllt waren.

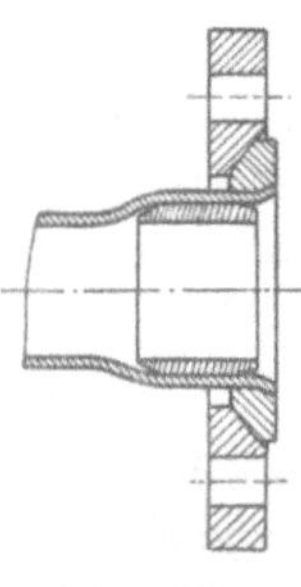

Erfahrungsgemäß treten die meisten Havarien durch
Verstopfung von Rohrleitungen, Ölbohrungen und Filtern im ersten Betriebsmonat auf. Wenn bei Überholungen aus Rohrleitungen einzelne Stücke zur Instandsetzung entfernt worden sind, so sind die an Bord verbleibenden Enden gegen Eindringen von Schmutz nicht
durch Lappen oder Twist, sondern durch Blindflanschen
oder abgesetzte Hartholzstopfen zu verschließen, da die
vollständige Entfernung besonders des Twistes beim Zusammenbau häufig übersehen wird. Die Folge sind Betriebsstörungen und langes Suchen nach der verstopften
Stelle.

Abb. 103.
Kupferrohr mit
Eisenschutz.

Kühlwasserleitung. Für Seewasser führende Leitungen bewährt sich am besten Kupfer, für das des
besseren Aufschweißens wegen Bronzeflanschen verwendet werden. Es
können auch zur Bronzeersparnis lose Eisenflanschen in Verbindung
mit einem auf das Rohr geschweißten Bronzering vorgesehen werden
(Abb. 103). Für Bronzeflanschen werden besonders bei in der Bilge
liegenden Leitungen Bronzeschrauben, für Eisenflanschen, die nicht mit

Seewasser in Berührung kommen, Eisenschrauben genommen. An der Flanschverbindung wird zweckmäßig ein Ring aus Eisen zum Schutz gegen Anfressungen in das Rohr eingesetzt. Sollen flußeiserne Rohre, auf die man die Flanschen häufig autogen aufschweißt, für eine Kühlwasserleitung verwandt werden, so sind diese nach der Fertigstellung zu verbleien oder zu verzinken. Der Überzug muß aber nach höchstens einjährigem Betrieb erneuert werden, da er besonders an den Stellen starker Strömung wie Krümmern allmählich abgewaschen wird. Danach ist dann das Rohr bald durchgefressen. Unverzinnte Rohre aus Flußeisen mußten schon nach halbjährigem Betrieb zum Teil erneuert werden. Werden Stücke aus Kupfer in eine eiserne Leitung eingesetzt, so sind diese innen zu verzinnen, da sonst die in der Nähe liegenden Eisenwandungen durch galvanische Einflüsse bald zerstört werden. Gußeisen hat sich im Seewasser jahrelang gehalten, natürlich sind aber gußeiserne Leitungen für den Schiffsbetrieb wegen ihres großen Gewichtes und der Schwierigkeit beim Anpassen nur im beschränkten Umfange verwendbar. Als Packung für Kühlwasserleitungen wird Gummi mit Einlage oder Pappe bei glatten Flanschen benutzt. Die teuere Gummipackung wird zweckmäßig an schlecht zugänglichen Stellen oder bei schlecht aneinanderschließenden Flanschen angewandt. für die übrigen Flanschen reicht Pappe aus.

An die mit Zinkschutz versehene Gräting zu Beginn der Kühlwasserleitung muß unbedingt ein Bordwandabschluß, ein Bodenventil, anschließen, damit an der Leitung Arbeiten vorgenommen werden können. Man findet immer noch kleinere Schiffe, bei denen das Ventil weiter entfernt, z. B. vor der Pumpe, sitzt. Die Wassergeschwindigkeit in der Saugleitung kann bis zu 2 m/sec betragen, in der Druckleitung darf sie unter Umständen größer sein.

Schmierölleitungen. Schmierölleitungen größeren Durchmessers werden im allgemeinen aus Eisen, kleinere, besonders wenn sie innerhalb der Kurbelwanne liegen, aus Kupfer hergestellt, das nach mehreren Jahren ausgeglüht wird, um Hartwerden der Rohre und Brüche zu vermeiden. Eiserne Leitungen müssen gut angepaßt sein, d. h. sie dürfen nicht durch übermäßiges Heranholen der Rohre mit den Flanschenschrauben auf Spannung gebracht werden, da sonst die Armaturen in diesen Leitungen nicht dicht zu bekommen sind. Es ist häufig beobachtet, daß Dreiwegehähne in eisernen Leitungen oftmals nachgeschliffen werden mußten, da sich ihr Gehäuse unter der Spannung der Rohrleitung verzog und daß Pumpenkreisel aus dem gleichen Grunde durch Verziehen ihres Gehäuses festgebremst wurden. Der Fehler läßt sich nur durch Nachbiegen der Rohrleitung oder Einbau von Paßstücken beseitigen. Allgemein wird empfohlen, in eisernen Leitungen befindliche Ventile und Hähne bei zusammengebauter Leitung an Bord einzuschleifen.

Als Packungsstoff hat sich in Firnis getränkte feste Pappe und für unzugängliche oder schwer zu dichtende Stellen Fahlleder bewährt. Die Flanschen sind glatt ausgeführt, d. h. ohne Nut und Feder.

Die Ölgeschwindigkeit sollte in Saugeleitungen 1 m/sec, in Druckleitungen 2 m/sec nicht übersteigen.

Hochdruckluft- und Brennstoffleitungen. Hochdruckleitungen werden aus nahtlosen Stahl- oder Kupferrohren angefertigt. Für größere Leitungen, z. B. für Anlaßluft, kann Stahl verwandt werden; die Flanschen sind hierfür stets mit Nute und Feder zu versehen. Für Brennstoffleitungen wird auch bei kleinerem Durchmesser meist Stahlrohr benutzt, das an dieser Stelle weniger zu Anfressungen neigt als Kupfer. Die Dichtung der kleineren Rohre erfolgt in bekannter Weise durch einen aufgelöteten Konus aus Kupfer oder Bronze, der durch eine Überwurfmutter in dem Gegenkonus festgezogen wird. Für stärkere Hochdruckleitungen sind als Packung nur Kupferringe mit scharfen Erhöhungen (Abb. 91) oder glatte Kupferasbestringe zu empfehlen. Antimon hat sich weniger gut bewährt, auf die Dauer an dieser Stelle unbrauchbar ist Klingerit oder Blei.

Solche Rohre, die durch ein Druckminderventil an Leitungen höheren Druckes angeschlossen sind, müssen ein Sicherheitsventil erhalten.

Auspuffleitungen. Doppelwandige gekühlte Auspuffleitungen aus Kupfer haben keine Störungen verursacht. Dagegen wurden schmiedeeiserne Leitungen von dem heißen Seewasser schon nach einjährigem Betrieb durchgefressen. Die Durchlöcherung beginnt gewöhnlich an den Schweißstellen meist nach dem Auspuff hin, selten nach außen, wieder ein Beweis dafür, daß schon eine geringe Materialverschiedenheit schädliche galvanische Ströme hervorruft. In letzter Zeit ist mit einer Verbleiung der Wasserräume begonnen, indessen wird es kaum gelingen, bei diesen komplizierten und unzugänglichen Räumen eine homogene Verbleiung herzustellen. Es würden sich Versuche mit Stahlgußleitungen mit aufgeschweißtem oder aufgeschraubtem Blechmantel lohnen. Im letzteren Falle wären die Kühlwasserräume zugänglich, und die Verbleiung könnte nachgeprüft und erneuert werden. Auf jeden Fall sollten die Schweißstellen nach Möglichkeit der Einwirkung des Seewassers entzogen sein, d. h. die Schweißung sollte von außen vorgenommen werden.

Als Dichtung für die glatten Flanschen wird Klingerit verwandt, das mit Graphit bestrichen ist, damit die Packung sich leicht loslösen und wieder verwenden lassen kann.

Die Anordnung von Stopfbüchsen, die die Ausdehnung aufnehmen, hat sich als überflüssig erwiesen.

Die Auspuffleitung ist so anzuordnen, daß die Zylinder einzeln abgebaut werden können, ohne daß sie abgenommen werden muß. Sie ist aus nicht zu großen möglichst unter sich gleichen Stücken zwecks leichten Ersatzes zusammenzusetzen.

Die Einlagen der Auspufftöpfe werden durch die stoßweise austretenden Abgase oft in Schwingungen versetzt, wobei sie die Wandungen durchscheuern. Um dieses zu verhüten, sollten die Querwände d in Abb. 27 breite Auflageflächen erhalten und, soweit dieses mit Rücksicht auf die Wärmedehnungen möglich ist, fest mit der Wandung verschraubt werden.

11. Verschiedenes.

Im folgenden sollen noch einige Besonderheiten besprochen werden.

Die Konstruktion muß ermöglichen, daß der Brennstoff und die Einblaseluft für jeden einzelnen Zylinder bequem während des Ganges der Maschine abgestellt werden können. Bei einer leichteren Störung, wie Warmwerden eines Lagers, kann dann nach Abstellen des Brennstoffes der Kolben leer mitlaufen. Bei größeren Beschädigungen, wie z. B. Fressen des Kolbenbolzenlagers, muß der Arbeitskolben mit der Schubstange und ebenso der Verdichterkolben nach Ausbau des Kurbelzapfenlagers aufgehängt werden können. Der Kolben wird dabei, wie Abb. 104 zeigt, in seine obere Totlage geschoben und durch Winkeleisen a abgestützt. Die Schubstange wird durch einen Bügel b an im Kastengestell befindlichen Schrauben befestigt. Das Ölloch in der Kurbelwelle wird dann mit einer gut gesicherten Schraube verschlossen, Brennstoff und Einblaseluft werden abgestellt, und die Maschine ist mit stark verminderter Umdrehungszahl weiter betriebsbereit. Die gleiche Möglichkeit ist auch für die angehängten Kühlwasser- und Schmierölpumpen vorzusehen. Im Falle einer Störung an diesen wird der betreffende Kolben meist zusammen mit der Schubstange festgesetzt, und der Motor wird ent-

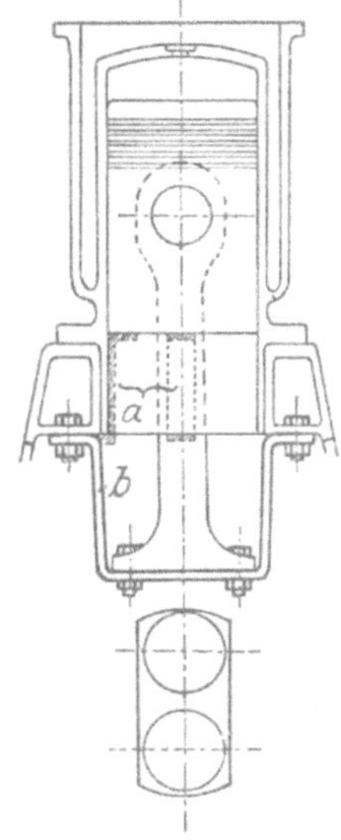

Abb. 104.
Kolbenaufhängung.

weder von den Pumpen der anderen Maschinenseite oder den meist vorhandenen Reservepumpen mit Kühlwasser oder Schmieröl versorgt. Wenn ein Verdichter ausfällt, so kann in gleicher Weise der Verdichter der zweiten Maschine oder eine etwa an Bord befindliche Hochdruckluftanlage zur Lieferung der Einblaseluft herangezogen werden.

Wenn die Feder a eines Einlaß- oder Auslaßventils gebrochen ist, kann die Maschine durch die in Abb. 105 dargestellten Einrichtungen schnell wieder betriebsfähig gemacht werden. Die Ventilspindel wird durch eine Zugfeder b an einem auf dem Zylinderdeckel angebrachten Bock f oder einer über der Maschine befindlichen Stange aufgehängt, was sich leicht durch Einhängen der Gabel c an die Querbolzen d der Spindel erreichen läßt.

Als Beispiel dafür, welche Sogfalt bei der Konstruktion auch auf scheinbar nebensächliche Teile zu verwenden ist, soll ein geeigneter Schmierölbetriebsbehälter beschrieben werden. Unter dem Ölaustrittsrohr a (Abb.106) befindet sich ein Blech b, das die Geschwindigkeit vermindert und ihre Richtung ändert, so daß sich Schmutz-, Schlamm-

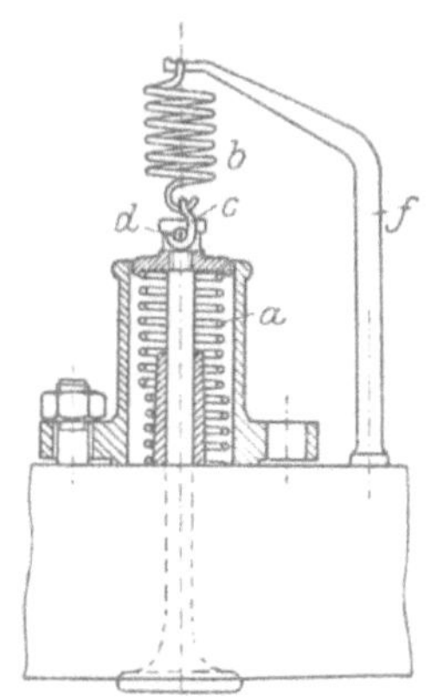

Abb. 105. Ventilaufhängung bei Federbruch.

und Koksteile auf dem Boden der ersten Kammer absetzen können, die von dem übrigen Behälter durch eine feste im oberen Teil durchlochte Wand *c* abgeteilt ist. Zum Ablassen der Verunreinigungen ist ein Hahn *d* angeordnet, der gegen unbeabsichtigtes Öffnen gesichert sein muß. Das Ölabsaugrohr *e* mit Fußventil und Sieb befindet sich am anderen Ende des Behälters etwa 100 mm über dem Boden und muß mit beiden Teilen schnell und bequem herausgenommen werden können, da das Sieb und das möglichst einfach zu bauende Ventil öfter nachzusehen sind. Zu diesem Zwecke ist auf den Behälter ein Deckel *f* angeordnet, sowie der Flansch *g* mit Klappschrauben versehen. Auf dem Behälter befindet sich noch ein kurzes Peilrohr *h*, das mit einer luftzulassenden Kappe verschlossen, gleichzeitig zur Be- und Entlüftung dienen kann. Ein Teil des oberen Deckels ist leicht abnehmbar, da der Behälter öfters gereinigt werden muß.

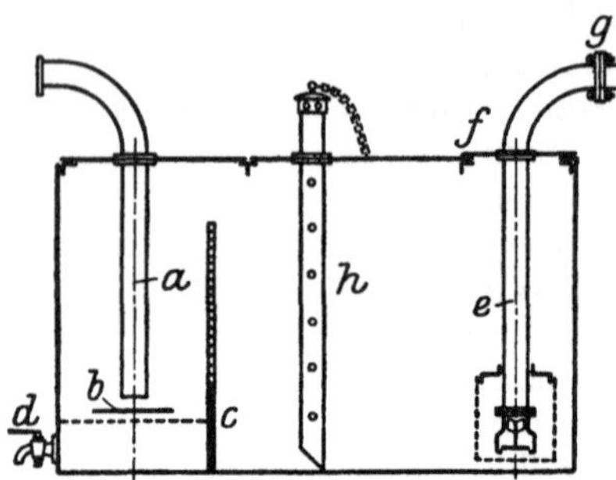

Abb. 106.　Schmieröl-Betriebsbehälter.

Für die Instandsetzungsarbeiten ist es dringend erwünscht, daß schon bei der Konstruktion überlegt wird, welche Teile der Abnutzung unterworfen sind und wie ein Ersatz schnell und billig vorgenommen werden kann. In vielen Fällen kann bei ausreichender Wandstärke durch Einziehen oder Überziehen von Büchsen aus Bronze oder Stahl die Neuanfertigung eines teuern Stückes vermieden werden. Das gilt vor allem für Zylinder und die Augen von Hebeln aller Art. Weiter sollte die Wandstärke solcher Teile, die wie z. B. manche Pumpengehäuse von innen nicht zugänglich sind, nicht zu gering gemacht werden. Es hat oft die Notwendigkeit vorgelegen, solche Gehäuse, die gerissen waren, durch Aufsetzen eines aufgeschraubten Flickstückes schnell wieder verwendungsbereit zu machen, was aber die schwache Wandung, die kein Gewinde hielt, nicht zuließ. Autogenes Schweißen dieser meist genau bearbeiteten Stücke sollte nach Möglichkeit vermieden werden, wenn nicht sehr geschickte Schweißer mit großen Erfahrungen zur Verfügung stehen, da die Teile sich hierbei immer mehr oder weniger verziehen. Einfacher und sicherer ist es, durch aufgeschraubte oder genietete Flickstücke oder eingeschraubte oder eingewalzte Büchsen ein wertvolles Stück wieder instand zu setzen. Schmiedeeisen, z. B. in ausgearbeiteten Bohrungen von Gestängen oder selbst zu schwach gewordenen geführten Stangen läßt sich sehr gut autogen schweißen und nachher bearbeiten. Dagegen sind Bronze-, Stahlguß- oder Gußeisenstücke häufig nach dem Schweißen porös und fordern ferner größere Nacharbeiten der verzogenen bearbeiteten Flächen. Weiter sollte der Konstrukteur mehr darauf Rücksicht nehmen, daß nicht zu viele Ersatzteile nötig sind, also z. B. Pumpenteile, Ventile, Schubstangen, Lagerschalen unter sich gleich ausführen und an mehreren Stellen verwenden. Insbesondere sollten die Teile der St. B.-

und B.B.-Maschine untereinander austauschbar und nicht Spiegel-
bilder sein.

Zusammenfassend soll allgemein über die schnellaufende Schiffsdieselmaschine bemerkt werden, daß bei der Konstruktion, der Bau-
ausführung und dem Betrieb mit großer Sorgfalt, Gewissenhaftigkeit
und Sauberkeit verfahren werden muß, da sonst dauernde Störungen
zu erwarten sind. Das Wort: Kleine Ursache, große Wirkung, gilt
ganz besonders auch für die Dieselmaschine. Jeder kleine Mangel ist
möglichst bald zu beseitigen. Größere Beschädigungen, deren Reparatur
viel Zeit und große Kosten verursacht, sind oft auf ganz geringe Ursachen zurückzuführen, wie an einigen Beispielen erläutert werden soll.

Ein Splint in einem Gestängebolzen einer Pumpe war mangelhaft
umgebogen und herausgefallen. Danach löste sich der Bolzen, und
das Gestänge und die Pumpe wurden größtenteils von der weiterlaufenden Maschine zertrümmert.

In der Kühlwasserführung der Arbeitskolben wurden als Dichtung
unverzinnte Kupferscheiben verwandt. Nach etwa halbjährigem Betrieb waren die Kolben in der Nachbarschaft dieser Dichtungsscheiben
so angefressen, daß das Kühlwasser in die Wanne lief und zur Beseitigung
des Schadens die Kolben ausgebaut und nachgearbeitet werden mußten.

Durch ein Versehen des Gießers war in das Weißmetall zum Ausgießen der Kolbenbolzenlager zuviel Blei genommen. Nach etwa
10 tägigem Betrieb waren die Schmiernuten dicht geschoben, und Lager
und Kolbenbolzen wurden vollständig unbrauchbar.

Diese Beispiele ließen sich noch beliebig vermehren. Die Erfolge
einer Dieselmaschine, die Möglichkeit, sie mehrere Wochen hintereinander im störungsfreien Dauerbetrieb zu erhalten, setzen dreierlei
voraus. Erstens eine gute Maschine, die meist aus einer längere Zeit
im Betriebe befindlichen auf Grund langer Erfahrungen heraus entwickelt ist. Zweitens ein aufmerksames Bedienungspersonal, das seine
Anlage mit ihren Eigenarten und Schwächen genau kennt und weiß,
welche Fehler gemacht und wie sie vermieden werden können. Und
drittens ist erforderlich ein erfahrenes Instandhaltungspersonal, das
ebenfalls mit der Anlage vollständig vertraut ist und mit größter Zuverlässigkeit arbeitet.

IV. Berechnung und Konstruktion.

Soll eine Dieselmaschine für eine bestimmte Leistung gebaut werden, so steht dem Konstrukteur die Wahl mehrerer Größen offen. Wie bekannt, drückt sich die effektive Leistung einer einfach wirkenden Viertaktmaschine durch die Formel

$$N_e = \frac{\pi D^2 \cdot s \cdot n \cdot p_e \cdot i}{4 \cdot 9000}$$

aus, worin D den Zylinderdurchmesser in cm,

$\quad\quad$ s den Kolbenhub in m,

$\quad\quad$ n die minutliche Drehzahl,

$\quad\quad$ p_e den effektiven mittleren Druck und

$\quad\quad$ i die Zylinderzahl bedeutet.

Von diesen fünf Größen können vier gewählt werden; die fünfte ist bei gegebener Leistung aus der Formel zu ermitteln.

Den geringsten Spielraum hat man für die Festlegung des mittleren Druckes p_e, der für die normale Dauerleistung zwischen 5 und 6 at schwanken wird. Der untere Wert kommt für stationäre Motoren von großer Betriebssicherheit und Überlastungsfähigkeit in Betracht, der obere für sog. Höchstleistungsmotoren (wie sie z. B. auf U-Booten verwendet wurden). Auch solche Maschinen können noch überlastet werden; sie müssen aber schon sehr gut einreguliert sein, insbesondere was die gleichmäßige Verteilung der Leistung auf die einzelnen Zylinder anbelangt, um die Normalleistung rauchlos herzugeben; bei Überlastung ist eine geringe Rußentwicklung in der Regel nicht zu vermeiden, die hohe Wärmebelastung beeinträchtigt bei längerer Dauer der Überlastung die Betriebssicherheit und Lebensdauer der Maschine.

Außer dem Verwendungszweck sind bei der Wahl des Wertes p_e verschiedene Umstände zu berücksichtigen, so die Drehzahl und Kolbengeschwindigkeit, das Vorhandensein oder Fehlen einer Kolbenkühlung, die voraussichtliche Güte und Sorgfalt der Wartung, schließlich vorhandene Modelle usw. Auch die Größe des Motors ist nicht ohne Bedeutung, insbesondere wird man bei ganz kleinen Motoren, bei denen die Wandungsverluste eine bedeutende Rolle spielen, mit dem p_e noch unterhalb 5 at bleiben müssen.

Die Zylinderzahl i wird bei umsteuerbaren Viertaktmotoren mit Rücksicht auf die Einfachheit und Zuverlässigkeit der Umsteuerung nicht geringer als 6 angenommen, aber auch bei nicht umsteuerbaren

Schiffsmotoren und bei Zweitaktmaschinen wird diese Zahl des Massenausgleiches wegen bevorzugt. Man wird ohne Not über diese Zahl nicht hinausgehen, um die Maschine nicht vielteiliger als nötig zu machen. Dazu können jedoch bei größeren Maschinen Rücksichten auf Bauhöhe, Gewicht und Kolbengeschwindigkeit zwingen, wie sich aus den weiteren Darlegungen ergeben wird. Gelegentlich kann auch die Rücksicht auf vorhandene Modelle zum Bau einer 8-, 10- oder 12-Zylindermaschine führen.

Bei stationären Betriebsmaschinen sind andere Gesichtspunkte für die Wahl der Zylinderzahl maßgebend. Man wird meistens bestrebt sein, unter den vorhandenen oder vorgesehenen Modellen diejenige Maschine ausfindig zu machen, die in bezug auf Gewicht und Preis am günstigsten ist, wobei nicht selten das Gewicht des Schwungrades den Ausschlag gibt. Manchmal wird sogar mit Rücksicht auf die Ausführungsmöglichkeit des Schwungrades für einen vorgeschriebenen oder als notwendig erkannten Ungleichförmigkeitsgrad eine bestimmte Zylinderzahl nicht unterschritten werden können. Es ist zu beachten, daß das Gewicht eines Motors ohne Schwungrad dem gesamten Hubvolumen aller Arbeitszylinder annähernd proportional ist; nun ergeben sich für eine bestimmte Leistung bei einer höheren Zylinderzahl kleinere Zylinderabmessungen, die wieder eine höhere Drehzahl, wie weiter unten gezeigt werden soll, als zulässig erscheinen lassen. Die höhere Drehzahl hat aber nach obiger Formel — die auch

$$N_e = \frac{V \cdot n \cdot p_e \cdot i}{900}$$

geschrieben werden kann, worin V das Hubvolumen eines Zylinders (der Viertaktmaschine) in Litern bedeutet — ein kleineres Hubvolumen und somit ein kleineres Gewicht zur Folge. Andererseits ist ein Liter Hubvolumen trotz annähernd gleichen Gewichts bei kleineren Zylindergrößen wesentlich teurer als bei größeren, insbesondere in der Nähe der unteren Grenze. In welchem Maße dies jedoch der Fall ist, hängt von sehr verschiedenen Einflüssen, wie z. B. von der Einrichtung und Arbeitsweise des herstellenden Werkes u. dgl. ab, so daß vielfach nur eine genaue Kalkulation über die günstigste Zylinderzahl Aufschluß geben kann.

Man wird im allgemeinen die Drehzahl so hoch wie möglich wählen, da dadurch für eine bestimmte Leistung Raumbedarf, Gewicht und Preis geringer werden. Ihre Wahl ist jedoch durch technische Rücksichten nach oben, seltener nach unten — sofern Raumbedarf, Gewicht und Preis ausscheiden — begrenzt. Am einfachsten ist natürlich die Lösung der Frage dann, wenn außerhalb des Motorenbaues liegende Gründe zur Vorschreibung einer bestimmten Drehzahl führen. Solche Gründe können durch die Eigenschaften der angetriebenen Arbeitsmaschinen, z. B. durch den Wirkungsgrad der Schiffsschraube gegeben sein. Ist jedoch die Wahl der Drehzahl dem Motorkonstrukteur freigestellt, so hat er in der Regel drei wesentliche Punkte zu beachten: Die Güte der Verbrennung, die Massenwirkungen und die Luft- und Gasgeschwindigkeiten in den Ventilen. Der erste kommt nur bei kleinen Maschinen in Betracht, man ist dabei mit Rücksicht auf die Verbrennung bisher praktisch nicht über 600 Umdrehungen in der Minute hinausgekommen. Daß diese höchsterreichbare Drehzahl so weit hinter der bei Verpuffungsmotoren üblichen zurückbleibt, erklärt sich zwanglos dadurch, daß im Dieselmotor der Brennstoff innerhalb etwa 50° Kurbelwinkel eingeblasen, zerstäubt, mit der Verbrennungsluft gemischt, erhitzt, vergast und verbrannt werden muß, während im Zylinder eines Verpuffungsmotors das vorher bereitete Gemisch nur zu verbrennen hat. Bei mittleren und großen Maschinen werden schon mit Rücksicht auf die Massenwirkungen Drehzahlen angewendet, die unterhalb der durch gute Verbrennung gegebenen Grenze liegen. Als Maßstab für die Stärke der Massenwirkungen kann der höchste Beschleunigungsdruck, d. h. die zur Beschleunigung der hin und her gehenden sowie der rotierenden Massen im oberen Totpunkt auf die Einheit der Kolbenfläche erforderliche Kraft angesehen werden. Dies ist dadurch begründet, daß bei ähnlichen Maschinen die von den Beschleunigungskräften herrührenden Materialspannungen in den beweglichen und festen Maschinenteilen den Beschleunigungsdrücken proportional sind. Diese selbst betragen im oberen Totpunkt annähernd:

$$p_b = \frac{G_1 \cdot r \cdot \omega^2 \,(1 + \lambda)}{g \cdot \dfrac{\pi\,D^2}{4}} + \frac{G_2 \cdot r \cdot \omega^2}{g \cdot \dfrac{\pi\,D^2}{4}}$$

worin G_1 das Gewicht der hin und her gehenden Massen (Kolben, Kolbenzapfen und etwa 40% der Schubstange) und G_2 das Gewicht der rotierenden Massen (Kurbelzapfen, 60% der Treibstange und die auf das Kurbelzapfenmittel bezogene Masse der Kurbelwangen) bedeuten, und r der Kurbelradius, λ das Verhältnis desselben zur Treibstangenlänge, g die Erdbeschleunigung, ω die Winkelgeschwindigkeit und D der Zylinderdurchmesser ist. Da bei ähnlichen Maschinen sich die Gewichte wie die dritten Potenzen der linearen Abmessungen verhalten, kann man auch schreiben:

$$p_b = k \cdot D \cdot r \cdot \omega^2 \quad \text{oder} \quad p_b = k_1 \cdot D \cdot r \cdot n^2,$$

worin die Vorzahlen k und k_1 hauptsächlich von dem Gewicht des Kurbeltriebwerkes, auf die Einheit des Hubvolumens bezogen, abhängen. Da bei ähnlichen Maschinen auch das Hubverhältnis, d. i. das Verhältnis des Hubes zum Zylinderdurchmesser gleichbleibt, gilt die Beziehung;

$$p_b = k_2 \cdot D^2 \cdot n^2,$$

worin k_2 außer von den obengenannten Gewichten noch vom Hubverhältnis abhängt. Da ferner bei ähnlichen Maschinen die mittlere Kolbengeschwindigkeit c_m dem Produkt $D \cdot n$ proportional ist, so ergibt sich, daß die Beschleunigungsdrücke bei gegebener Konstruktion nur von den Kolbengeschwindigkeiten abhängen und ihren Quadraten proportional sind.

Wird ein bestimmter Beschleunigungsdruck als zulässig betrachtet, so können also die Drehzahlen den Zylinderdurchmessern umgekehrt proportional angenommen werden. Wenn dieses Verhältnis bei ausgeführten Maschinen nicht ganz erreicht wird, so liegt das daran, daß damit bei kleinen Maschinen die Grenze der guten Verbrennung überschritten würde, und daß ferner die Gewichte der beweglichen Teile bei kleinen Maschinen etwas größer sind, als dem Ähnlichkeitsgesetz entsprechen würde. Anderseits sind die größeren Maschinen mit einem anderen Hubverhältnis ausgeführt worden als die kleinen, und schließlich sind oft äußere, d. h. außerhalb des Motorenbaues liegende Einflüsse und Rücksichten für die Wahl der Drehzahlen maßgebend. Eine zahlenmäßige Angabe über den zulässigen Beschleunigungsdruck zu machen ist nicht leicht. Ist es schon schwer, verschiedene sachliche Umstände, wie Steifigkeit der Maschinenkonstruktion, Fundamentierung, Verwendungszweck usw. scharf zu erfassen und zu berücksichtigen, so hängt noch mehr vom persönlichen Eindruck des Beobachters an der laufenden Maschine ab. Schwingungen und Erzitterungen, die der eine kaum bemerkt, scheinen dem anderen bedenklich, und Drehzahlen, die dem einen harmlos vorkommen, können den anderen mit Entsetzen erfüllen.

Leichter läßt sich eine bestimmte Angabe über die zulässige Gasgeschwindigkeit in den Einlaß und Auslaßventilen machen. Dieselbe soll — in üblicher Weise auf die mittlere Kolbengeschwindigkeit bezogen — nicht mehr als $60 \div 70$ m/s betragen, wenn nicht eine merkliche Verringerung des angesaugten Luftgewichts, verursacht durch den höheren Druck der im Verdichtungsraum verbleibenden Abgase und durch höheren Saugwiderstand, und eine wesentliche Erhöhung der Arbeitsverluste durch die steigende Saug- und Ausschubarbeit eintreten sollen. Bei normaler Viertaktbauart — je ein Einlaß- und Auslaßventil im Zylinderdeckel — kann aus konstruktiven Gründen der Querschnitt eines Ventiles nicht größer als etwa $^1/_{10}$ der Kolbenfläche gemacht werden; daraus ergibt sich die einfache, aber sehr wichtige Folgerung, daß bei solchen Maschinen eine Kolbengeschwindigkeit von $6 \div 7$ m/s nicht überschritten werden kann, wenn die obige Gasgeschwindigkeit als die Grenze des Zulässigen angesehen wird. Wenn zwei Brennstoffventile (bei großen Maschinen) in jedem Zylinderdeckel angeordnet werden, kann man die Einlaß- und Auslaßventile etwas zusammenrücken und größer machen; dann läßt sich auch die Kolbengeschwindigkeit noch ein wenig erhöhen.

Im engsten Zusammenhang mit diesen Betrachtungen steht die Wahl des Hubverhältnisses, das im folgenden mit $m = \dfrac{2\,r}{D}$ bezeichnet werden soll. Dehnt man unter Einführung dieses Verhältnisses die vorhergehenden Erwägungen auf nicht mehr ähnliche Maschinen mit verschiedenen Hubverhältnissen aus, so kann man schreiben:

$$p_b = \frac{k_1 \cdot D^2}{2}\, m \cdot n^2 .$$

Dabei ist vorausgesetzt, daß das Gewicht der beweglichen Teile nur vom Zylinderdurchmesser, und zwar von seiner dritten Potenz abhängt, was mit grober Annäherung zutrifft, da das Gewicht des Kolbens tatsächlich vom Hub unabhängig ist, das der Treibstange und der Kurbelwelle davon nur in geringem Maße beeinflußt wird. Bei gleichen Zylinderdurchmessern und Drehzahlen sind also die Beschleunigungsdrücke den Hubverhältnissen proportional. Das gleiche gilt aber auch von der Leistung, während die Maschinengewichte viel langsamer mit dem Hubverhältnis wachsen, da auch das Gewicht vieler unbeweglicher Teile nur vom Zylinderdurchmesser, anderer nur in geringem Maße vom Hub abhängt. Dies bestätigt auch die Erfahrung, wonach bei gleicher Konstruktion und Drehzahl langhubige Maschinen leichter sind als kurzhubige gleicher Leistung. Außerdem ist bei langhubigen Maschinen der Verbrennungsraum günstiger; man wird also im allgemeinen bestrebt sein, das Hubverhältnis nahe der üblichen oberen Grenze, d. i. $m = 1{,}5$ zu wählen.

Eine einfache Umformung ergibt die Beziehung:

$$p_b = 2 k_1 \frac{r^2 \cdot n^2}{m}.$$

Da $r\,n$ der Kolbengeschwindigkeit proportional ist, ergibt sich, daß bei gleicher Kolbengeschwindigkeit die Beschleunigungsdrücke sich umgekehrt verhalten wie die Hubverhältnisse, oder daß man, wenn ein bestimmter Beschleunigungsdruck als höchstzulässig angesehen wird, bei langhubigen Maschinen eine höhere Kolbengeschwindigkeit anwenden kann als bei kurzhubigen. Auch dieser Zusammenhang läßt die Vorteile eines großen Hubverhältnisses erkennen.

Trotzdem muß man sich oft mit einem kleineren Hubverhältnis, $m = 1$ und noch darunter begnügen. Soll nämlich nach dem Vorhergehenden eine bestimmte Kolbengeschwindigkeit, sei es mit Rücksicht auf die Massenwirkungen, sei es wegen der höchstzulässigen Gasgeschwindigkeit in den Ventilen, nicht überschritten werden, so ergeben sich für größere Maschinen bei großen Hubverhältnissen niedere Drehzahlen und damit für eine bestimmte Leistung größere Hubvolumina, Gewichte und Preise. Man wird daher bei steigenden Maschinenleistungen auf kleinere Hubverhältnisse zurückgreifen müssen, und zwar um so eher, je größere Drehzahlen man — aus verschiedenen Gründen — anwenden will, d. h. je leichter die Maschinen werden und je weniger Raum sie einnehmen sollen.

In vielen Fällen ist schon durch die verfügbare Raumhöhe ein kurzer Hub bedingt. Auch andere Rücksichten können zur Wahl eines kleinen Hubverhältnisses führen; so ist bei gleichen Längenmaßen und gleichen Zapfendurchmessern eine kurzhubige Kurbelwelle gegen Verdrehung bedeutend steifer als eine langhubige, besitzt also eine höhere Eigenschwingungszahl, was in manchen Fällen von entscheidender Bedeutung sein kann.

Soll also eine neue Maschine entworfen werden, so wird man sich zunächst über die Drehzahl und Zylinderzahl klar werden müssen. Unter Berücksichtigung der höchstzulässigen Kolbengeschwindigkeit wird sodann die Wahl des Hubverhältnisses folgen; aus der Berechnung

des höchsten Beschleunigungsdruckes wird sich zuletzt ergeben, ob
die gemachten Annahmen einer Abänderung bedürfen. Auf bereits
vorhandene oder als normal in Aussicht genommene Zylindergrößen
wird man dabei in erster Linie Rücksicht nehmen müssen.

Bei der folgenden Besprechung von Konstruktion und Berechnung
der Einzelteile schnellaufender Dieselmaschinen soll die Augsburger
Viertaktbauart als Vorbild dienen, wie sie sich im letzten Jahrzehnt
unter Mitwirkung des Verfassers dieses Abschnittes aus den früher
entstandenen Modellen entwickelt hat; die Ausführungen anderer
Firmen haben sich ihr während des Krieges bis auf geringfügige Einzelheiten genähert, sofern sie nicht schon vorher ähnlich waren.

1. Zylinderbüchse.

Die Zylinderbüchse wird in der Regel aus Gußeisen ausgeführt,
da dieses Material bei richtiger Gattierung die größte Sicherheit gegen
Anfressen und Heißlaufen des ebenfalls gußeisernen Tauchkolbens zu
bieten scheint. Bei Versuchen, die mit Zylinderbüchsen aus ziemlich
hartem Schmiedestahl gemacht wurden, haben sich keine Anstände
ergeben, doch waren die Versuche nicht umfangreich genug, um daraus
einen zuverlässigen Schluß ziehen zu können.

Die Befestigung der Zylinderbüchse im Zylindermantel erfolgt
in der Regel nach Abb. 5 und 6 in der Weise, daß der obere Bund der
Büchse zwischen Zylinder und Deckel festgeklemmt wird, welch letzterer durch kräftige Stiftschrauben niedergedrückt wird. Da diese
Schrauben sehr scharf angezogen werden, ist der genannte Bund auf
Abscherung von dem übrigen Teil der Büchse beansprucht. Es ist nicht
leicht, die von den Deckelschrauben ausgeübte Kraft anzugeben und danach die Höhe des Bundes zu berechnen. Bei bewährten Ausführungen
ist die auf Abscherung beanspruchte Zylinderfläche 4$\div$5 mal größer
als der gesamte Schraubenquerschnitt; schätzt man die durch das
Anziehen der Schrauben hervorgerufene Zugspannung auf 1000 kg/cm²,
so ergibt sich im Bund die beträchtliche Schubspannung von 200 bis
250 kg/cm², wozu noch die je nach der Lage der Dichtungsflächen mehr
oder minder große Biegungsbeanspruchung, erhöht durch die ziemlich
scharfe Eindrehung, kommt.

Die untere, gegen Kühlwasser abdichtende Fläche des Bundes
darf nicht zu schmal gemacht werden, da sonst die Dichtung (z. B.
Klingerit) durch den gewaltigen Druck der Schrauben zum Fließen
gebracht und herausgedrückt wird. Besser als Klingerit bewährt sich
an dieser Stelle Hartpappe; Kupfer wird nicht genommen, weil namentlich bei Seewasserkühlung elektrolytische Anfressungen der Eisenteile
befürchtet werden. Die Dichtungsfläche betrage etwa den 1$\div$2fachen
Kernquerschnitt der Deckelschrauben. Als obere Dichtung, gegen die
Verbrennungsgase, wird am zweckmäßigsten ein massiver, etwa 1 mm
starker Kupferring verwendet, der beinahe unbegrenzt haltbar ist
und beim Eintreten einer Undichtheit nicht wie ein anderes Dichtungs-

material zerrissen und herausgeblasen wird. Durch Nachziehen der Deckelschrauben kann ohne weiteres wieder vollkommene Dichtheit erzielt werden.

Die Wandstärke der Büchse wird sehr verschieden bemessen. Als höchste, durch den Gasdruck von 40 at erzeugte Zugspannung kann $k_z = 300 \text{ kg/cm}^2$ angenommen werden; die sich hieraus ergebende Wandstärke kann nach unten zu etwas verringert werden. Häufig werden jedoch größere Wandstärken angewendet, um die Fabrikation zu erleichtern, da dann das Einspannen beim Ausbohren und diese Arbeit selbst nicht soviel Vorsicht erfordert. Ohne soviel Gewicht zuzusetzen, kann die Steifigkeit der Büchse durch Anordnung eines Wulstes (Abb. 73) am unteren Ende ausgiebig erhöht werden. Der Durchmesser des Wulstes ist natürlich durch die untere Bohrung des Zylindermantels begrenzt. Zwischen der oberen und unteren Zentrierung der Büchse liegende Unterstützungen (Abb. 4 und 74) sind zu verwerfen, auch das Ausbüchsen doppelwandig gegossener Zylinder (Abb. 7) erscheint wenig vorteilhaft, da die Ausführung schwierig und teuer, die Wärmeausdehnung der Büchse aber behindert ist. Der Fortfall der unteren Stopfbüchse als Abschluß des Kühlwasserraumes kann nicht als bedeutender Vorteil gewertet werden.

Zur Abdichtung der unteren Stopfbüchse wird meist ein Rundgummiring von etwa 10 mm Stärke verwendet; die Stopfbüchse ist so anzuordnen, daß sich die Büchse frei dehen kann (Tafel III), der Packungsraum soll nur in den Zylindermantel, nicht auch die Zylinderbüchse eingedreht sein, in diesem letzteren Fall (Abb. 136) werden infolge Längung der Büchse durch Erwärmung die schwachen Stopfbüchsenschrauben im Betriebe leicht abgerissen.

Zur Schmierung der Kolbenlauffläche genügt bei Maschinen mit Umlaufschmierung stets das von den Kurbeln und vom Treibstangenkopf abgeschleuderte Öl; Schmierstutzen, die den Wasserraum durchdringen, sind zu vermeiden, da sie die Büchse unter Umständen verziehen, leicht undicht werden, so daß eindringendes Kühlwasser Anrostungen verursacht, und meist so sehr festrosten, daß ihre Entfernung mit großen Schwierigkeiten verknüpft ist. Aus Messing oder Bronze können sie aber nicht angefertigt werden, weil sonst das Gußeisen oder der Stahlguß der Büchse bzw. des Zylindermantels elektrolytisch angefressen werden.

Bei Ermittlung der Büchsenlänge wird in der Regel nicht darauf geachtet, daß die äußersten Kolbenringe (wie bei Dampfmaschinen) überschleifen, um eine Gratbildung zu verhindern. Da häufig beim Probebetrieb der Kompressionsabstand verändert werden muß, könnte es sonst vorkommen, daß Ringe zu weit hervorkommen oder bei ihrer geringen Breite sogar ganz aus der Bohrung herausspringen. Die untere Begrenzung der Büchse ist dadurch gegeben, daß der untere Kolbenrand im unteren Totpunkt auf etwa $^1/_4 \div ^1/_3$ Kolbenlänge aus der Büchse herauskommen darf, selbstverständlich darf dabei ein etwa vorhandener Abstreifring den Büchsenrand nicht überschleifen. Der obere Teil der Büchse wird, soweit er von den Kolbenringen nicht bestrichen wird, um $1 \div 2$ mm weiter ausgebohrt, um das Einbauen des Kolbens zu erleichtern, der Übergang zur Zylinderbohrung wird durch einen schlanken Kegel vermittelt. In der Regel finden sich hier zwei Aussparungen für die herabgehenden Teller der Einlaß- und Auslaßventile (Tafel I und II), die im Grundriß meist kreisbogenförmige Gestalt erhalten, den Mittelpunkt dieses Kreisbogens verlege man jedoch nicht etwa in die Achse des betreffenden Ventils, sondern mehr nach der Mitte des Zylinders zu, damit sich die in Mitte Maschine geringste Entfernung zwischen Ventiltellerrand und Büchsenwand nach beiden Seiten vergrößert und dadurch die Drosselung an dieser Stelle nach Möglichkeit verringert wird.

2. Zylinder, Gestell und Grundplatte.

Diese Teile müssen gemeinsam besprochen werden, da ihre Gestaltung nicht unabhängig voneinander vorgenommen werden kann. Ein geschlossenes, öldichtes Gestell ist für eine schnellaufende Dieselmaschine mit Umlaufschmierung die Regel, vereinzelt für Landzwecke gebaute Schnelläufer mit sog. A-Ständern können als Ausnahme betrachtet werden. Die verbreitetste und wohl auch älteste Ausführung der geschlossenen Bauweise ist das Kastengestell (Tafel I und III), das auf die Grundplatte in der Weise aufgeschraubt ist, daß sich die Teilfuge ungefähr in der Höhe der Kurbelwellenachse befindet. Die Zylinder sind einzeln mit meist kreisrunden Flanschen auf die obere, wagrechte Wand des Kastengestells aufgesetzt und in runden Öffnungen derselben zentriert. Zur Befestigung werden meist durchgehende Mutterschrauben, seltener Stiftschrauben verwendet. Die zulässige Zugspannung im Kernquerschnitt beträgt $400 \div 500$ kg/cm², es ist aber zu beachten, daß nur dann mit einer einigermaßen gleichmäßigen Verteilung der Kraft auf alle Schrauben gerechnet werden kann, wenn das Gestell genügend steif ist.

Die Berechnung des Gestelles selbst ist wegen seiner komplizierten Form wenig zuverlässig, man wird sie auf diejenigen Stellen beschränken müssen, wo der Verlauf der Kräfte sich mit einiger Klarheit verfolgen läßt, und die Spannungen nur überschläglich ermitteln können; stets aber halte man sich vor Augen, daß der gute Konstrukteur genügende Festigkeit und Steifigkeit durch die Formgebung, nicht durch übermäßige Wandstärken erzielt! Im übrigen ergeben sich ja die Abmessungen konstruktiv von selbst, da sie vom Raumbedarf der schwingenden Treibstange, der Wellenlagerdeckel, insbesondere beim Ausbau der Lager, der Befestigungsschrauben usw. abhängen. Die Wandstärken werden, wenigstens bei Stahlguß, schon aus Rücksicht auf die Herstellungsmöglichkeit in der Gießerei meist größer, als es die Kraftwirkungen erfordern würden. Beim Anbringen von Versteifungsrippen ist besondere Vorsicht am Platze, die Kraftverteilung muß in jedem Fall sehr sorgfältig erwogen werden. Versteift man nämlich durch verhältnismäßig schwache Rippen Stellen, an denen sonst eine erhebliche Formänderung auftreten würde, so müssen die Rippen fast die ganze Kraft übertragen. Sie reißen dann leicht ein, und der entstandene Riß pflanzt sich allmählich bis zur Unbrauchbarkeit des ganzen Konstruktionsteiles fort. Man kann eben durch unbedachtes Versteifen die sonst vielleicht ganz günstige Kraftverteilung in schädlichster Weise stören und erzielt dann vielleicht geringere gesamte Formänderungen, aber höhere örtliche Spannungen, die Brüche zur Folge haben können. Wo also Rippen beträchtliche Kräfte übertragen sollen, seien sie auch kräftig genug dazu[1])!

Die Befestigung des Kastengestelles auf der Grundplatte geschieht meistens durch durchgehende Mutterschrauben; diese sind noch mehr als die Befestigungsschrauben der Zylinder durch ungleichmäßige Kraftverteilung gefährdet. Die den Wellenlagern zunächst liegenden Schrauben erleiden die höchste Beanspruchung und brechen mitunter, sie werden daher häufig aus hochwertigem Stahl angefertigt.

Als Material für das Kastengestell wird bei schweren Maschinen Gußeisen, bei leichten Stahlguß, früher auch Bronze, verwendet. Stahlguß bietet gegenüber Gußeisen nicht nur den Vorteil höherer Festigkeit und Zähigkeit, sondern auch die Möglichkeit, durch Ausglühen Gußspannungen zu beseitigen, die bei diesen umfangreichen und komplizierten Stücken besonders gefährlich sein können. Anderseits treten im Stahlguß sehr häufig Warmrisse auf; werden sie nicht vor und bei der Bearbeitung entdeckt, so schreiten sie im Betriebe langsam fort und führen zu unerwarteten Brüchen. Aus Herstellungsrücksichten müssen bei mehrzylindrigen Maschinen die Kastengestelle geteilt werden, meist so, daß auf zwei Zylinder ein Gußstück entfällt. Die Teilung erfolgt in der Regel zwischen den Zylindern, also in Lagermitte. Die beiden Teile sind durch durchgehende Mutterschrauben miteinander verbunden, von denen wenigstens ein Teil als Paßschrauben ausgeführt wird.

Eine wesentliche Gewichtsverminderung läßt sich erzielen, wenn die Zylinder mit dem Kastengestell zusammengegossen werden, Tafel II. Auf gleichmäßige Kraftverteilung, insbesondere beim Übergang vom zylindrischen in den kastenförmigen Teil muß ganz besonders geachtet werden. Sonst gilt für diese Bauart das über das gewöhnliche Kastengestell Gesagte.

Die zu einem Kastengestell gehörige Grundplatte besteht aus einer Anzahl von Querträgern, die die Kurbelwellenlager enthalten, und aus zwei dieselben verbindenden Längsträgern. Die Querträger haben in der Regel I-Form, die Längsträger ⊐-Form, beide sind unten häufig zu einer muldenförmigen Ölwanne verbunden (Tafel II), wodurch auch die Steifigkeit der ganzen Grundplatte erhöht wird. Leichter und gießereitechnisch einfacher ist die auch nach unten offene Ausführung (Tafel I), wobei dann das ablaufende Öl durch einen Blechtrog aufgefangen wird. Auch Bleche, die zwischen die Untergurte der erwähnten Träger eingeschweißt werden, kommen als Ölfang in Anwendung (Tafel VI).

---

[1]) Diese Bemerkungen gelten natürlich allgemein auch für alle anderen Konstruktionsteile, hier ist ihre Beachtung von besonderer Wichtigkeit.

Die Berechnung der Querträger unter vereinfachenden Annahmen bereitet keine Schwierigkeiten. Man kann den Querträger als frei aufliegenden Balken betrachten, dessen Länge gefunden wird, indem der Schwerpunkt der auf einer Seite der Welle liegenden Querschnitte der Kastengestellbefestigungsschrauben ermittelt wird. Dabei ist die nicht genau zutreffende, aber höhere Sicherheit ergebende Annahme gemacht, daß alle diese Schrauben gleichmäßig beansprucht sind. Die für die Größe des Biegungsmomentes maßgebende Länge l des Balkens ist dann der Entfernung der zu beiden Seiten der Welle liegenden Schwerpunkte gleich; die der Einfachheit halber auf Mitte Lager wirkend angenommene Kraft gleicht der Hälfte — da niemals in zwei nebeneinander liegenden Zylindern gleichzeitig erhebliche Gasdrücke auftreten — des Produkts aus Kolbenfläche und Gasdruck, welch letzterer in der Regel mit 40 at in Rechnung gestellt wird. Das Biegungsmoment ergibt sich dann aus der Formel

$$M_b = \frac{\pi D^2}{4 \cdot 2} \cdot 40 \cdot \frac{l}{4}\ \text{kgcm.}$$

Bei Maschinen, die nebeneinander zwei gleichgerichtete Kurbeln aufweisen — das sind wohl die meisten Maschinen mit gerader Zylinderzahl —, muß noch untersucht werden, ob nicht die Beschleunigungskräfte der rotierenden und hin- und hergehenden Massen im mittleren Lager etwa eine größere Kraft im unteren Totpunkt ergeben, als der Gasdruck eines Zylinders im oberen. Für den oberen Totpunkt ist diese Untersuchung unnötig, da in einem Zylinder die Beschleunigungskräfte durch den Kompressionsdruck aufgehoben werden. Das Widerstandsmoment des Querträgers wird in üblicher Weise gefunden, wobei jedoch die Wandung der Ölwanne nur soweit berücksichtigt werden darf, als sie durch Rippen mit dem Obergurt, d. h. dem Lagerkörper, verbunden ist (Tafel II, Abb. 2 und 4). Als zulässige Beanspruchung kann bei Gußeisen etwa 300, bei Stahlguß etwa 500 kg/cm² angesehen werden. Es kann sich hier natürlich nur um eine Vergleichsrechnung handeln, die Ermittlung der wirklichen Materialspannungen auf rechnerischem Wege ist hier wie auch an vielen anderen Orten nicht möglich.

Die Längsträger sind ebenfalls auf Biegung beansprucht; ihre Länge kann man der Lagerentfernung gleichsetzen, das Biegungsmoment ist aus den Einzelkräften der Kastengestellbefestigungsschrauben zu ermitteln.

Auch die Grundplatte wird je nach Maschinengröße für 6 Zylinder in 2÷4 Stücke geteilt; da jedoch, insbesondere bei unten offenen Platten, die Gußstücke einfacher sind als bei den Kastengestellen, können hier bei gleichen Zylinderabmessungen mehr Zylinder in einem Stück vereinigt werden als dort. Die Teilung erfolgt in Mitte Lager, die Verbindung durch Mutterschrauben, von denen wieder ein Teil eingepaßt werden muß.

Vom gewöhnlichen Kastengestell wesentlich verschieden ist die im Jahre 1911 bei der Maschinenfabrik Augsburg-Nürnberg, Werk Augsburg, durch den Verfasser dieses Abschnittes eingeführte Bauart,

Abb. 107[1]), 136 und 137, 148 und Tafel IV und VI. Ein eigentliches Kastengestell ist nicht vorhanden, die Trennfuge zwischen den Zylindern und der Grundplatte ist hoch über Mitte Kurbelwelle verlegt, so daß die Zylinder nur einen niederen, kastenförmigen Ansatz erhalten, die Grundplatte aber so hoch wird, daß in ihr die sonst im Kastengestell befindlichen Fensteröffnungen angebracht werden können. Die Öffnungen erhalten dadurch eine für die Zugänglichkeit der Kurbel- und Wellenlager sehr günstige Lage (Abb. 136); die Schwingwelle der Kolbenkühlung und die Indiziervorrichtung liegen nicht mehr störend

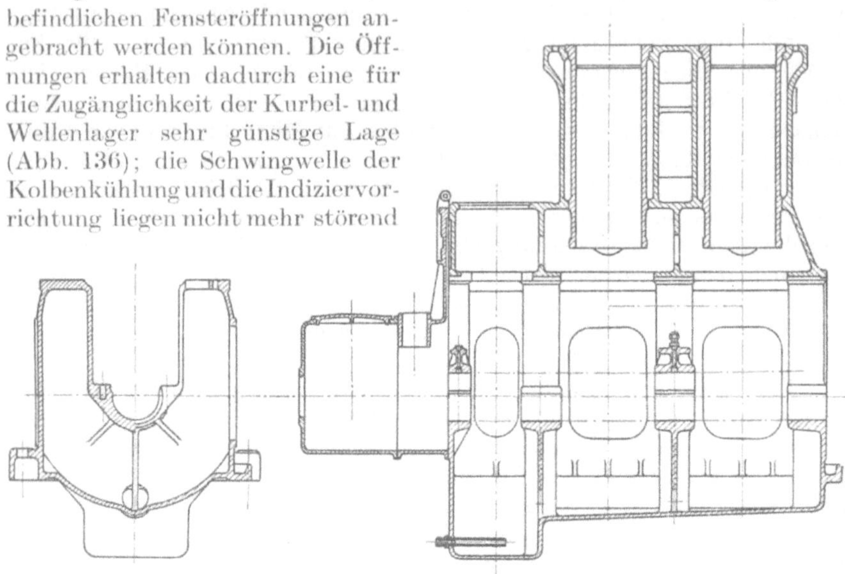

Abb. 107. Grundplatte und Zylinder.

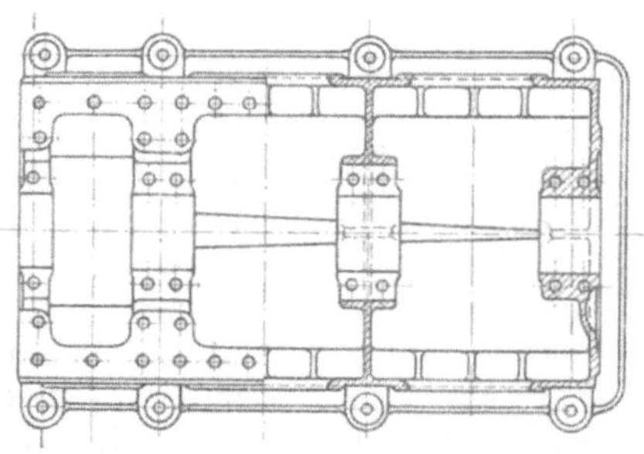

vor der Öffnung, wie beim gewöhnlichen Kastengestell, sondern über derselben, so daß der Zutritt zu den Lagern und zur Treibstange nicht versperrt wird.

Die Zylinder erhalten in ihrem unteren Teil eine oder zwei kleinere Öffnungen auf jeder Seite, die als Schaulöcher zur Beobachtung der Stopfbüchse u. a. m. gute Dienste leisten. Dem Übergang vom zylindrischen in den kastenförmigen Teil sei besondere Aufmerksamkeit gewidmet, da hier bei ungenügender Versteifung hohe Biegungsspannungen und bei mangelnder Rücksicht auf gleichmäßige Verteilung der Kräfte hohe örtliche Zugspannungen entstehen können. Zweckmäßig wird der Übergang gut ausgerundet oder konisch gestaltet (Tafel IV). Die Befestigungsschrauben zwischen Zylindern und Grundplatte können alle innen (Abb. 136) oder zum Teil außen (Tafel IV) liegen; das erstere ergibt ein gefälliges, glattes Aus-

---

[1]) Nach Zeichnungen des Verfassers gebaut von der Maschinenbau-A.-G. vorm. Breitfeld, Daněk & Co., Prag-Karolinental.

sehen der Maschine, beim letzteren sind die Schrauben besser zugänglich. Die Zylinder wurden bei kleineren Maschinen paarweise, bei größeren einzeln gegossen und mit den benachbarten verschraubt; trotzdem empfiehlt es sich, bei Berechnung der Schrauben zwischen Zylinder und Grundplatte nur die in einem Zylinder selbst, nicht auch die im benachbarten sitzenden zu berücksichtigen.

Die Grundplatte erhält bei dieser Bauart eine eigentümliche, durch die Lage der Befestigungsschrauben für die Zylinder gegebene Form. Auf beiden Seiten der Lagerkörper ragen I-förmige Angüsse hinauf, die oben den Flansch zur Befestigung der Zylinder tragen und durch ihn über den Fensteröffnungen verbunden sind. Diese Angüsse sind auf Zug durch die größte Kolbenkraft zu berechnen; die durch Biegung entstehende zusätzliche Beanspruchung kann vernachlässigt werden, da eine Formänderung durch die Querstege der aufgeschraubten Zylinder in günstigster Weise verhindert wird. Beim Entwurf der Grundplatte ist darauf zu achten, daß sich die Kurbelwelle von oben einlegen lassen muß. Nach unten kann die Grundplatte geschlossen oder offen sein, letzteres, wenn eine Maschine direkt über den Ölbehälter oder auf ein dichtgenietetes Fundament gestellt werden kann. Bei kleinen Maschinen ohne Kolbenkühlung kann die Grundplatte selbst als Ölbehälter ausgebildet werden (Abb. 107).

Diese Art von Grundplatten ist wegen ihrer bedeutenden Höhe in der Längsrichtung wesentlich steifer als die niedrigen, zu gewöhnlichen Kastengestellen gehörigen; dieser Vorteil macht sich bei der Bearbeitung und beim Zusammenbau sehr angenehm bemerkbar.

Der Kühlmantel des Zylinders weist nichts Bemerkenswertes auf; er ist durch die Kolbenkraft auf Zug beansprucht, die zulässige Spannung kann bei Gußeisen 100÷150, bei Stahlguß etwa 300 kg/cm² betragen. Diese letztere Zahl ergibt so geringe Wandstärken, daß sie meist nicht abgegossen werden können; um an Gewicht zu sparen, werden dann die Zylindermäntel vielfach ausgedreht. Das obere Ende des Zylindermantels wird meist zu einem hohlen Ring ausgebildet (Abb. 136 und Abb. 1 und 4 in Tafel II), um einerseits den Bund der Zylinderbüchse stützend und zentrierend aufzunehmen, anderseits aber das Kühlwasser möglichst hoch zu führen. Nun ist aber der ringförmige Hohlraum meistens durch die Putzen, in die die Zylinderdeckel-Stiftschrauben eingeschraubt sind, unterbrochen, so daß ebensoviel getrennte Hohlräume entstehen, als Deckelschrauben vorhanden sind. Wird das Kühlwasser nur aus einem von ihnen in den Zylinderdeckel übergeleitet (Abb. 5 und 136), so füllen sich die übrigen Hohlräume alsbald mit Luft und Dampf, die nicht entweichen können; die Kühlung hört an diesen Stellen fast ganz auf, und Zylinderkopf und Büchse werden bis auf eine Stelle, wo das Wasser abgeführt wird, sehr heiß. Dies ergibt unerwünschte, zuweilen auch schädliche Formänderungen; sind die Zylinder oben miteinander verschraubt, so entfernen sich die Zylinderachsen oben mehr voneinander als unten, in der Nähe der Kurbelwelle; die äußeren Zylinder stellen sich schräg zur Kurbelwellenachse, was schlechten Lauf der Kolben oder Lager zur Folge haben kann. Dieser Fehler kann vermieden werden,

wenn man den Hohlring bis über die Schraubenputzen hinaus erweitert
(Abb. 4 in Tafel II), um die Luft mit dem Kühlwasser abzuführen, oder
indem man das Kühlwasser aus jedem der erwähnten Hohlräume an
seinem höchsten Punkt abführt. Die Ausführung nach Abb. 6 eignet
sich hierzu vorzüglich; 6÷10 Krümmer nach Abb. 5 an jedem Zylinder
wären umständlich, unschön und teuer, vielfach auch aus Platzmangel
nicht ausführbar.

Der Zylinderdeckel wird in der Regel mit acht Schrauben am
Zylinder befestigt. Eine Vergrößerung dieser Anzahl würde die Abstände zwischen zwei benachbarten Schrauben soweit verringern, daß
die Einlaß- und Auslaßkanäle nur unter Vergrößerung der Deckelhöhe

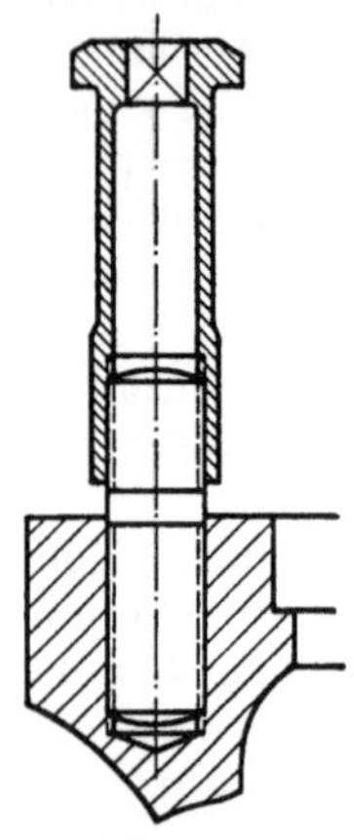

mit genügendem Querschnitt hindurchgeführt werden
könnten; 10 Schrauben können demnach nur bei sehr
großen, langsamer laufenden Maschinen in Betracht
kommen, sechs Schrauben werden bei kleinen
Motoren verwendet. Die Schrauben sind in der
Regel Stiftschrauben, im Zylindermantel eingeschraubt und tragen eine Mutter über der oberen
Fläche des Deckels (Abb. 5 in Tafel II) oder sie erhalten lange Hülsenmuttern, die nur wenig über den
Zylinderdeckel vorstehen (Abb. 108). In diesem Falle
werden die Stiftschrauben ganz kurz, der Raum über
dem Zylinderdeckel bleibt freier, was für die Anordnung und Zugänglichkeit der Rohrleitungen,
Verschraubungen uws. von großem Vorteil ist.
Es empfiehlt sich, im ersteren Falle die Schrauben,
im letzteren die Hülsenmuttern so abzudrehen bzw.
auszubohren, daß der bleibende Materialquerschnitt
dem Kernquerschnitt des Gewindes gleicht, um die

Abb. 108. Zylinder-
deckelschraube.

Elastizität der Verbindung zu erhöhen. Als zulässige Spannung kann
400÷500 kg/cm² angenommen werden, wenn mit dem äußeren Durchmesser der Deckeldichtung und einem Gasdruck von 40 at gerechnet
wird. Vielfach wird bei diesen Schrauben Feingewinde verwendet, um
bei gleichem Kernquerschnitt kleineren Außendurchmesser des Bolzens
und der Mutter zu erhalten.

Die zu beiden Seiten des eingeschraubten Bolzens verbleibende
Materialstärke des Zylinderkopfes betrage bei Gußeisen nicht viel
weniger als die Schraubenstärke, bei Stahlguß etwa die Hälfte davon;
daraus ergibt sich der Durchmesser des Schraubenkreises und der äußere
Durchmesser des Zylinderkopfes und -deckels.

Grundplatte und Kastengestell bzw. Zylinder haben auch die Aufgabe, die von der Beschleunigung und Verzögerung der bewegten Massen
herrührenden Kräfte und Momente aufzunehmen und untereinander
auszugleichen. Wo dadurch wesentliche Beanspruchungen entstehen
können, sind sie so zu berechnen, als ob kein Fundament vorhanden wäre;
dies wird hauptsächlich für die Verbindungsschrauben der einzelnen
Grundplatten-, Kastengestellteile und Zylinder zutreffen, deren Querschnitte im Vergleich zu den Materialquerschnitten der Gußstücke ge-

ring sind. Die Massenkräfte einschließlich der Fliehkräfte der rotierenden Massen ergeben in diesen Schrauben Schubspannungen, die leicht zu ermitteln sind; die Momente, deren Achsen senkrecht zu der durch die Zylinderachsen gelegten Ebene stehen, die also durch die lotrechten Massenkräfte erzeugt werden, ergeben abwechselnd in den unteren und oberen Verbindungsschrauben Zugspannungen, deren Ermittlung ebenfalls keine Schwierigkeiten bereitet, wenn die maximalen Momente errechnet sind. Die Druckkräfte werden natürlich durch die entgegengesetzt liegenden Berührungsflächen der Gestellteile übertragen. In ähnlicher Weise sind die Schraubenbeanspruchungen zu ermitteln, die durch Momente mit lotrechter Achse hervorgerufen werden. Obwohl diese, nur von den Fliehkräften der rotierenden Massen herrührend, wesentlich geringer sind, können sie doch größere Beanspruchungen erzeugen, da die Breite der Maschine geringer ist als die Höhe und daher auch der wagrechte Schraubenabstand kleiner ist als der lotrechte.

Wenn nun diese Berechnung weder in den Schrauben, noch in den Materialquerschnitten bedenkliche Spannungen ergibt, muß man dennoch bestrebt sein, die Maschine in der Längsrichtung sowohl gegen Momente mit wagrechter als auch solche mit lotrechter Achse so biegungssteif wie möglich zu machen, um die Durchbiegung und damit die auf das Fundament trotz des Massenausgleiches übertragenen Kräfte und Erschütterungen niedrig zu halten, wodurch auch die Fundamentschrauben entlastet werden und ihrem häufigen Lockerwerden vorgebeugt wird. Eine einwandfreie Verfolgung dieser Erscheinungen durch Rechnung ist wohl kaum möglich, doch läßt sich die Bedeutung der obigen Forderung durch Betrachtung der beiden Grenzfälle erkennen: Ist die Maschine gegenüber dem Fundament vollkommen steif, das heißt ihre Durchbiegung durch die Massenmomente gleich Null, so werden, vollständigen Massenausgleich vorausgesetzt, gar keine Kräfte durch die Fundamentschrauben auf das Fundament übertragen. (Vom Drehmoment, das durch die Welle nach der Arbeitsmaschine hin weitergeleitet wird und dessen Reaktion die Fundamentschrauben aufnehmen müssen, wird dabei abgesehen.) Ist jedoch die Maschine im Vergleich zum Fundament ganz weich, d. h. nicht geeignet, Biegungsmomente aufzunehmen, so müssen die gesamten Massenkräfte durch die Fundamentschrauben auf das Fundament übertragen werden, das dadurch beansprucht wird und Formänderungen erleidet, die sich z. B. bei einer Schiffsmaschine auf den Schiffskörper fortpflanzen.

Um die Maschine recht steif zu machen, muß man sie als möglichst hohen Träger ausbilden. Man wird sich nicht mit der Höhe der Grundplatte mit Kastengestell bzw. Zylinderanguß (Tafel V) begnügen, sondern die Zylinder an ihrem oberen Ende miteinander verbinden. Die Bauart nach Abb. 107 und Tafel IV eignet sich dazu ganz besonders; die Zylinder können, soweit sie nicht zusammengegossen sind, in konstruktiv einfacher Weise zusammengeschraubt werden, und zwar nur unten und oben (Tafel IV), oder der ganzen Höhe nach, was die höchsterreichbare Steifigkeit ergeben dürfte.

3. Zylinderdeckel.

Der Zylinderdeckel ist in der Regel ein Hohlgußstück von zylindrischer oder prismatischer Form mit abgerundeten Ecken (Abb. 109). Der äußere Durchmesser bzw. der Durchmesser des umgeschriebenen Kreises ist durch die Stärke und Lage der Befestigungsschrauben gegeben (siehe vorhergehenden Abschnitt). Die Höhe ergibt sich aus der Höhe des Einsaug- und Auspuffkanales, dessen Querschnitt um $20 \div 30\%$ größer sein soll als der des Ventiles, sowie aus der Wandstärke des unteren und oberen Bodens, der Kanalwände und den Höhen der beiden, jeweils zwischen Boden und Kanalwand liegenden Kühlwasserräume. Die Wandstärken lassen sich infolge der komplizierten Form und der unvermeidlichen Guß- und Wärmespannungen nicht aus den bekannten Kräften einwandfrei berechnen; es ist besser, sich auf bewährte Beispiele zu verlassen. So kann für die Bodenstärke etwa $^1/_{10} \div ^1/_{15}$ des Zylinderdurchmessers, der kleinere Wert für große Maschinen und umgekehrt angenommen werden; die übrigen Wandstärken, d. h. die der senkrechten Wände, der Kanäle und Ventilkanonen können wesentlich schwächer gehalten werden. Der Kühlraum zwischen Boden und Kanalwand muß mit Rücksicht auf die Gießerei mindestens $10 \div 20$ mm, je nach Größe des Deckels, hoch sein.

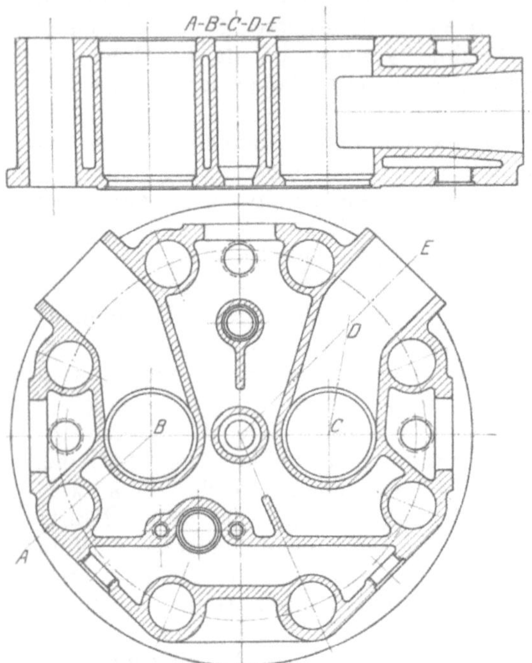

Abb. 109. Zylinderdeckel mit 1 Brennstoffventil.

Bei der üblichen Ausführung erhält der Deckel rohrförmige Öffnungen, die von Boden zu Boden gehen, sog. Ventilkanonen, für je ein Einlaß-, Auslaß-, Brennstoff-, Anlaß- und meistens ein Sicherheitsventil. Von diesen stehen in der Regel Einlaß-, Brennstoff- und Auslaßventil in einer Reihe, so daß ihre Achsen in einer durch Zylinder- und Kurbelwellenachse gehenden Ebene liegen. Bei den üblichen Kolbengeschwindigkeiten werden nun mit Rücksicht auf die zulässige Gasgeschwindigkeit die Einlaß- und Auslaßventile so groß, daß sie sich, mit dem Brennstoffventil dazwischen, gerade noch im Zylinderdurchmesser unterbringen lassen. Bei kleineren Maschinen ist es daher schwer zu vermeiden, daß die Ventilkanone für das Brennstoffventil auf der einen Seite mit der des Einlaßventiles, auf der anderen mit der des Auslaßventiles zusammengegossen wird, was sich übrigens bei zahlreichen Ausführungen als unschädlich erwiesen hat. Es empfiehlt sich aber jedenfalls, durch Anordnen von Rippen im Hohlraum des Deckels die Wasserführung so zu gestalten, daß wenigstens ein Teil des Wassers an diese empfindlichen Stellen hingedrängt wird. Bei größeren Maschinen, etwa von 350 mm Zylinderdurchmesser angefangen, ist es besser, die drei Ventilkanonen so weit auseinander zu rücken, daß zwischen ihnen Wasser durchfließen kann. Dadurch wird Rissen infolge ungleicher Erwärmung und Ausdehnung in wirksamer Weise vorgebeugt (Abb. 109). Zu verwerfen ist es, bei Platzmangel das Brennstoffventilgehäuse in den beiden Böden abzudichten, ohne eine besondere Ventilkanone anzuordnen, so daß es vom Kühlwasser unmittelbar bespült wird. Vor einem Ausbau des Brennstoffventiles muß dann der Zylinderdeckel und damit die ganze Maschine oder wenigstens ihr oberer Teil sorgfältig vom Kühlwasser entleert werden, da sonst in den Zylinder eingedrungenes Wasser schädliche Anrostungen, die auch zum Verreiben des Arbeitskolbens führen können, verursachen kann. Wird eine immerhin mögliche Undichtigkeit am unteren Deckelboden nicht rechtzeitig bemerkt, so kann sich im Stillstand der Zylinder ganz oder teilweise mit Wasser füllen und beim nächsten Anfahren durch Wasserschlag zerstört werden. Aus dem gleichen Grund ist der Ersatz der Ventilkanone durch eingewalzte Rohre, eingeschraubte Stutzen u. dgl. nicht zu empfehlen.

Abb. 110. Zylinderdeckel mit 2 Brennstoffventilen.

Werden, wie bei großen Maschinen üblich, zwei Brennstoffventile für jeden Zylinder angeordnet (Abb. 110), so bietet es keine Schwierigkeit mehr, die Entfernung der Ventilachsen voneinander so groß zu machen, daß jede ringsum von Wasser bespült wird. Auch in diesem Fall ist darauf zu achten, daß ein erheblicher Teil des Kühlwassers gezwungen wird, zwischen den Ventilkanonen durchzufließen.

Die Ventilkanonen für Anlaß- und Sicherheitsventil lassen sich stets in genügender Entfernung von den anderen anordnen: die erstere befindet sich meistens seitlich vor dem Brennstoffventil (von Steuerwellenseite aus gesehen) (Abb. 109), die letztere hinter demselben. In die Ventilkanone des Anlaßventils wird in der Regel die Anlaßluft zugeführt (Tafel II und III), vielfach ist ein durch den ganzen vorderen Teil des Deckels sich erstreckender Hohlraum vorgesehen, der mit den entsprechenden Räumen der benachbarten Zylinderdeckel durch Rohrbögen verbunden und beim Anfahren mit Anlaßluft erfüllt ist (Abb. 109 und Tafel IV). Diese wird dann in den dem Kompressorende der Maschine zunächst liegenden Deckel eingeleitet und durch die erwähnten Hohlräume und Rohrbögen durch alle Deckel verbreitet. Am letzten Deckel bleibt ein Anschluß frei, der zur Befestigung eines Sicherheitsventiles verwendet werden kann, das die Anlaßleitung gegen unzulässige Drucksteigerungen schützen soll.

Die Ableitung des Kühlwassers erfolgt meist an einer Stelle, die so zu wählen ist, daß die heißesten Teile am reichlichsten bespült werden; am besten wird deshalb das Wasser über dem Auspuffkanal entnommen. Von hier wird es in den Kühlraum des Auslaßventilgehäuses und dann in die gekühlte Auspuffleitung oder in ein Wasserabführungsrohr geleitet. Ist der Auslaßventilkegel selbst auch gekühlt, so ist am Deckel ein zweiter Anschluß erforderlich; seine Lage ist jedoch für die Wasserströmung im Deckel von untergeordneter Bedeutung, da die durch den Ventilkegel fließende Wassermenge verhältnismäßig gering ist.

Um die komplizierten Kerne leicht entfernen und den Kühlraum von Ablagerungen bequem reinigen zu können, sind am Deckel möglichst große Handlöcher vorzusehen, deren Verschlüsse bei Seewasserkühlung zweckmäßig mit Zinkplattenschutz versehen werden (Tafel VI). Die Einsaug- und Auspuffleitungen sind an den Zylinderdeckeln mit Kopfschrauben zu befestigen, damit nach deren Entfernung einzelne Deckel hochgenommen werden können, ohne die Leitungen abzubauen.

4. Kolben.

Die Kolben der schnellaufenden Dieselmaschinen müssen der Massenkräfte wegen so leicht wie möglich ausgeführt werden. Bei kleineren Maschinen, bis etwa 300 mm Zylinderdurchmesser, erhalten die Kolben keine künstliche Kühlung; die Wärme wird dann hauptsächlich durch die Kolbenringe und die zylindrischen Berührungsflächen in die gekühlte Wand der Zylinderbüchse abgeleitet. Der Kolbenboden ist daher zweckmäßig mit der zylindrischen Mantelfläche des Kolbenkörpers durch radiale Rippen zu verbinden, die diese Wärmeströmung erleichtern (Abb. 111); konzentrische, ringförmige Rippen am Kolbenboden, die die Wärmestrahlung nach dem Kolbeninnern befördern, sind weniger zu empfehlen. Erstens ist ihre Wirkung gering, zweitens ist es gar nicht zweckmäßig, das Kolbenzapfenlager, das von allen Lagern am höchsten beansprucht ist, durch die Strahlung noch zu heizen.

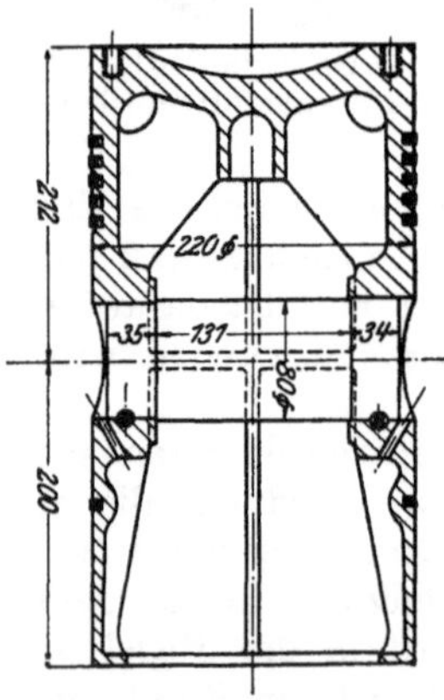

Abb. 111. Ungekühlter Kolben.

Schmale Kolbenringe sind breiten vorzuziehen; sie nützen sich und die Nuten im Kolben weniger ab, da zu ihrer Beschleunigung und Fortbewegung wegen ihrer geringeren Masse und Reibung geringere Kräfte durch die Stirnflächen zu übertragen sind. Es ist darauf zu achten, daß der oberste Ring nicht zu hoch, etwa 50÷100 mm unterhalb Oberkante Kolben angebracht wird, weil er sonst zu heiß wird und leicht festbrennt. Im übrigen siehe S. 127.

Gekühlte Kolben erhalten einen doppelten Boden (Abb. 86, 136 und Tafel II). Durch den Hohlraum wird Seewasser, Süßwasser oder Schmieröl geleitet. Die Kühlung mit ersterem ist wohl am einfachsten und billigsten, da die Wärme unmittelbar abgeführt wird. Trotzdem wird Seewasser nur selten zur Kolbenkühlung verwendet, da es lästige Anfressungen und Anrostungen verursacht und, durch Undichtigkeiten ins Öl gelangend, dieses verseift oder zu einer Emulsion verdünnt, die nur geringe Schmierfähigkeit besitzt. Etwas weniger schädlich ist in dieser Beziehung Süßwasser, bei dem jedoch, wenigstens auf seegehenden Schiffen, der Vorteil der Einfachheit fortfällt, da besondere Pumpen, Behälter und Kühler notwendig werden. Dennoch wird es vielfach bei Zweitaktmaschinen verwendet, bei denen man glaubt, mit der weniger wirksamen Ölkühlung nicht auskommen zu können. Diese wird hingegen ihrer großen Vorzüge wegen fast ausschließlich bei Viertaktmaschinen, häufig auch bei Zweitaktmaschinen angewandt. Die Zuführungsteile — Gelenkrohre — unterliegen bei Ölkühlung nur geringer Abnützung, da sie durch das durchfließende Öl reichlich geschmiert werden; außerdem ist aber eine gewisse Abnützung und Undichtigkeit ohne Belang, da das herabtropfende Öl — im Gegensatz zu Wasser — im Kurbelgehäuse keinen Schaden anrichten kann. Deswegen können die Gelenke auch schmal (Platzmangel!) und leicht sein, Stopfbüchsen sind überhaupt nicht erforderlich. Ferner verursacht Öl keine Anfressungen; es zersetzt sich aber bei allzu hoher Temperatur, insbesondere am Kolbenboden, und hinterläßt Rückstände, die den Wärmeübergang behindern und, sich loslösend, Gelenke und Leitungen verstopfen können (siehe S. 126). Es ist daher dafür zu sorgen, daß genügende Ölmengen durch den Kolben fließen; bisweilen werden besondere Einbauten zur Erhöhung der Durchflußgeschwindigkeit des Öles angeordnet (Tafel III), um die Kühlwirkung zu erhöhen und Ablagerungen zu verhindern. Die Temperatur des abfließenden Öles wird mit etwa 50 bis 70° C festgesetzt, woraus sich die Größe des Ölkühlers und der Ölpumpe berechnen läßt. Die durch das Kolbenkühlöl stündlich abgeführte Wärmemenge beträgt bei schnellaufenden Viertaktmaschinen rund 100 kcal/PS, es finden sich jedoch Werte von $60 \div 150$ kcal/PS.

Bei großen Maschinen wird vielfach der obere Teil des Kolbens getrennt ausgeführt (Abb. 7), wodurch verschiedene Vorteile erreicht werden. Guß und Bearbeitung beider Teile werden erleichtert, der Oberteil kann aus anderem Material hergestellt werden als der stets gußeiserne Führungsteil, z. B. aus Stahlguß oder Schmiedeeisen, das gegen Wärmespannungen widerstandsfähiger ist; schließlich kann er, wenn durch Risse oder Verschleiß der Kolbenringnuten unbrauchbar geworden, mit geringen Kosten und ohne Schwierigkeit ausgewechselt werden. Auch die Anordnung eines zwangläufigen Ölumlaufes wird durch die Abtrennung des Oberteiles konstruktiv erleichtert. Die Schrauben zur Verbindung beider Kolbenteile sind durch die Beschleunigungs- und Verzögerungskräfte des Oberteiles beansprucht, die bekanntlich im oberen Totpunkt am größten sind; wenn G_o das Gewicht des Oberteiles einschließlich Kühlmittel, g die Erdbeschleunigung, r der

Kurbelradius, ω die Winkelgeschwindigkeit und λ das Treibstangen-verhältnis ist, beträgt im oberen Totpunkt die Kraft

$$P_b = \frac{G_o}{g} \cdot r\,\omega^2\,(1 + \lambda).$$

Die Beanspruchung der Schrauben, die innen (Tafel VI) oder außen (Abb. 7) angebracht werden können, wählt man recht niedrig, höchstens 300 kg/cm², um unberechenbare zusätzliche Beanspruchungen durch Wärmedehnung und sonstige Formänderungen zu berücksichtigen.

Ob nun der Kolben geteilt oder ungeteilt ist, wird der die Kolbenringe tragende Teil mit Rücksicht auf die Wärmedehnung stets konisch ausgeführt und erhält soviel Spiel im Zylinder, daß er ihn gar nicht berührt. Der darunterliegende Führungsteil wird vom unteren Ende bis über den Kolbenzapfen zylindrisch ausgeführt, darüber folgen 2÷3 sehr schlanke (einige Hundertstel Millimeter!) Kegel, die so bemessen sind, daß nach erfolgter Erwärmung im Betriebe der ganze Führungsteil bis zum untersten Kolbenring annähernd zylindrisch wird. Diese Maße lassen sich natürlich nicht berechnen, sondern nur durch sorgfältige Versuche und Messungen ermitteln.

Am Führungsteil, ungefähr in der Mitte des Kolbens, befinden sich die Naben zur Aufnahme des Kolbenbolzens; derselbe wird in der Regel zylindrisch, selten konisch, durch Einschleifen eingepaßt und durch Kegelstifte, Keile oder Druckschrauben gesichert (Abb. 111). Die Lauffläche des Kolbenzapfens mache man so groß als möglich, man wird dann bei 40 Atm. Gasdruck höchste Flächendrücke von 120 bis 150 kg/cm² erhalten. Der Bolzen wird zur Gewichtsverminderung hohlgebohrt.

Die Berechnung der Wandstärken des Kolbens auf Grund der wirkenden Kräfte ist kaum möglich, da Wärmespannungen und Herstellungsrücksichten eine weit größere Rolle spielen. Bewährt haben sich Bodenstärken, die etwa $^1/_{10}$ des Zylinderdurchmessers, bei kleinen Maschinen mehr, bei großen weniger, betrugen. Die Wandstärke im Grund der Kolbenringnuten und unterhalb derselben bis zur Kolbenzapfennabe betragen ungefähr $^1/_{20}÷^1/_{28}$ des Kolbendurchmessers; vom Kolbenzapfen bis zum unteren Ende verjüngt sich die Wandstärke bis auf 5÷10 mm, je nach Größe des Kolbens und Leistungsfähigkeit der ausführenden Werkstätte.

Die ganze Länge des Kolbens gleicht etwa 1,6÷1,8 Kolbendurchmesser, bei sehr hohen Drehzahlen sind zur Verminderung der beweglichen Massen auch wesentlich kürzere Kolben mit gutem Erfolg versucht worden. Unterhalb des Zapfens wird meistens noch ein Ölabstreifring angebracht (Abb. 111 und 136).

Der Kompressionsraum soll ungefähr 8% des Hubvolumens betragen, bei seiner Berechnung müssen Aussparungen in der Zylinderwand, im Kolben oder im Deckel, vorstehende Ventilteller usw. sorgfältig berücksichtigt werden.

5. Treibstange.

Die Länge der Treibstange beträgt $4 \div 4^1/_2$ Kurbelradien. Der obere Kopf wird in der Regel ungeteilt ausgeführt, der untere geteilt und angesetzt (siehe S. 9 und Abb. 1). Der Schaft ist meist rund, nach oben zu verjüngt und zur Verminderung des Gewichts hohlgebohrt, wobei die Bohrung zur Zuleitung von Schmieröl zum Kolbenzapfen verwendet wird.

Die einfachste Form des Kolbenzapfenlagers stellt eine ungeteilte, rohrförmige Büchse dar, die in den Treibstangenkopf eingepreßt wird und dann aus hochwertiger Bronze (Phosphorbronze, Glockenmetall) besteht, oder aber innen und außen Spiel erhält, so daß sie sich nicht nur um den Zapfen, sondern auch im Treibstangenkopf drehen kann. Diese Ausführung, wobei sich Gußeisen vorzüglich bewährt hat, ergibt den Vorteil, daß sich die Büchse ringsum gleichmäßig abnützt und stets rund bleibt, da die kraftübertragende Fläche allmählich im Kreise herumwandert. Mitunter wird zwischen der losen Büchse und dem Treibstangenkopf eine innen gehärtete Stahlbüchse angeordnet, die im Treibstangenkopf festsitzt und durch eine Schraube gegen Drehung und Verschiebung gesichert ist, so daß die Gußbüchse innen und außen auf gehärteten Flächen läuft. Auch ungeteilte, mit Weißmetall ausgegossene Stahl- oder Stahlgußbüchsen, in den Treibstangenkopf eingeschlagen oder eingepreßt, kommen vor.

Bei größeren Maschinen werden die Lagerschalen in der Regel auch im oberen Treibstangenkopf geteilt ausgeführt. Der ungeteilte Kopf erhält dann meist eine achteckige Öffnung (Abb. 112), wobei die ebenfalls achteckigen Schalen nur in den lotrechten und wagrechten, nicht aber in den schrägen Flächen eingepaßt werden. Die untere Schalenhälfte erhält beiderseits Ränder, die eine seitliche Verschiebung verhindern, die obere kann nur einen einseitigen Rand erhalten, da sie sonst nicht eingebracht werden könnte; sie wird durch die Stirnflächen der Kolbennaben in ihrer Lage gehalten. Beilagbleche werden beim Kolbenzapfenlager meist nicht vorgesehen, nach eingetretener Abnützung können solche Lagerschalen nur durch Befeilen an der Trennfuge nachgestellt werden; hierauf muß über der oberen Schalenhälfte eine Beilage eingefügt werden, damit die Schalen wieder stramm in

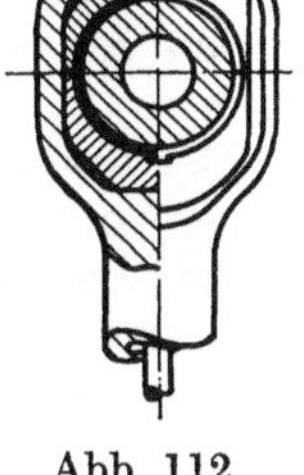

Abb. 112.
ObererTreibstangenkopf.

der Treibstangenöffnung sitzen. Damit diese Beilage nicht zu dünn ausfällt, was deren Einbringen erschweren würde, pflegt man schon bei der neuen Maschine eine solche, mehrere Millimeter starke Beilage vorzusehen, die später nur gegen eine stärkere auszuwechseln ist. Aber auch diese Arbeit erfordert viel Sorgfalt und Geschicklichkeit, dennoch wird die geschilderte Bauart wegen ihrer Zuverlässigkeit und Betriebssicherheit gegenüber offenen Köpfen bevorzugt. Etwas einfacher ist die Nachstellung, wenn die obere Schale von einer Druckschraube niedergehalten wird, die von oben in den Treibstangenkopf eingeschraubt ist; doch ist diese Ausführung weniger stabil, auch kann durch das unvermeidliche scharfe Anziehen dieser Schraube ein Verziehen des Lagers hervorgerufen werden. Die Druckschraube ist durch die nach oben gerichtete Beschleunigungskraft des Kolbens, Kolbenzapfens und der oberen Lagerschale beansprucht, diese Kraft beträgt im oberen Totpunkt

$$P_b = \frac{G}{g} \cdot r \cdot \omega^2 \left(1 + \lambda\right),$$

worin G das Gewicht der genannten Teile ist. Da die Schraube nur auf Druck beansprucht ist, kann der Kernquerschnitt ziemlich hoch, mit etwa 800 kg/cm² belastet werden. Auf gleiche Weise sind die lotrechten Seitenwände des Treibstangenkopfes — natürlich auch dann, wenn die Druckschraube nicht vorhanden ist — zu berechnen, nur erhöht sich in obiger Formel G noch um das Gewicht desjenigen Teiles des Stangenkopfes, der oberhalb des berechneten Querschnittes liegt. Die Zugspannung ist recht niedrig zu halten, um zusätzliche Biegungsspannungen zu berücksichtigen und größere Formänderungen beim Einschlagen der Lagerschalen hintanzuhalten.

Der Treibstangenschaft wird durch den Gasdruck auf den Kolben auf Druck und Knickung beansprucht. Bei stark ausgehöhlten Stangen, wie sie bei schnellaufenden Maschinen verwendet werden, ist die Druckbeanspruchung meistens maßgebend, die wegen der konischen Form des Schaftes unterhalb des oberen Kopfes am größten ist und etwa 800÷1000 kg/cm² betragen darf. Die Berechnung des Schaftdurchmessers in Stangenmitte nach der Eulerschen Knickformel, wobei der Sicherheitsfaktor ungefähr 15 betragen kann, wird nur bei langhubigen Maschinen und verhältnismäßig enger Stangenbohrung größere Abmessungen ergeben. Sinngemäß ist bei den seltener vorkommenden Stangen mit I-Querschnitt zu verfahren.

Der untere Treibstangenkopf kann entweder so ausgeführt werden, daß sein oberer Teil aus einem Stück mit dem Stangenschaft, besteht, oder so, daß auch der Oberteil des Kurbellagers ein besonderes Stück bildet und am Schaft befestigt ist. Im ersteren Fall wird auch der Unterteil des Treibstangenkopfes mit der ganzen Stange in einem Stück geschmiedet und bearbeitet, sodann abgestochen, so daß er aus dem gleichen Material wie die ganze Stange, aus Schmiedestahl, besteht (Abb. 136). Derartige Stangenknöpfe erhalten stets zweiteilige Lagerschalen aus Flußeisen oder Stahlguß, die mit Weißmetall ausgegossen werden; zwischen die beiden Schalen werden dünne Messingbleche eingelegt, um das Lagerspiel bequem regulieren zu können. Die Schrauben des Treibstangenkopfes werden so nahe, bis auf einige Millimeter, an den Kurbelzapfen gelegt, daß sie zum Teil durch die Lagerschalen gehen und eine Verdrehung derselben verhindern. Der Schraubenabstand muß aber schon aus dem Grunde so gering als möglich gemacht werden, weil die Abmessungen des Treibstangenkopfes dadurch beschränkt sind, daß er in den meisten Fällen durch die Zylinderbohrung ein- und ausgebracht werden muß, und weil sonst die Schrauben nicht stark genug gemacht werden könnten.

Ist der ganze Stangenkopf angesetzt (Abb. 113 und Tafel II), so empfiehlt es sich, beide Teile desselben aus Stahlguß anzufertigen, da dieses Material größere Freiheit in der Formgebung bietet als Schmiedestahl und daher bei dessen Verwendung erhebliche Gewichtsersparnisse gemacht werden können. Besondere Lagerschalen sind nicht notwendig; das Weißmetall wird direkt in die beiden Lagerhälften eingegossen. Zwischen diese werden auch hier dünne Messingbleche eingelegt.

Die Schrauben sind durch die Beschleunigungskräfte des Kolbens, des Kolbenzapfens und der ganzen Treibstange mit Ausnahme der unteren Lagerhälfte auf Zug beansprucht. Es besteht also die Beziehung:

$$P_b = \frac{G}{g} \cdot r \cdot \omega^2 \,(1 + \lambda) = 2\,\frac{\pi\,d_1{}^2}{4} \cdot k_z\,.$$

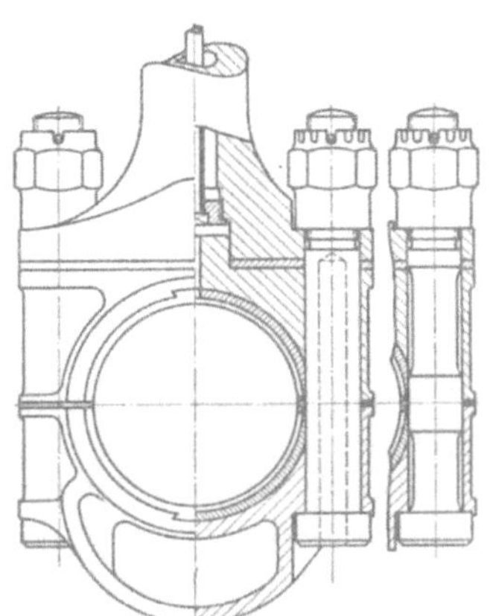

Abb. 113. Unterer Treibstangenkopf.

Abb. 114. Kurbellagerbolzen.

Darin ist, abgesehen von den bereits öfters erwähnten Größen, G das Gewicht der obengenannten Teile, d_1 der Kerndurchmesser des Bolzengewindes und k_z die zulässige Zugspannung[1]). Diese wähle man so niedrig als möglich, da die wirkliche Beanspruchung der Schrauben bei übermäßigem Lagerspiel durch Stöße sehr hoch werden kann; durch Platzmangel wird man jedoch vielfach gezwungen, bis 500 kg/cm² zuzulassen. Da dieser errechnete Wert im Betriebe öfters erheblich überschritten wird, muß man, um diesen Dauerbelastungen Rechnung zu tragen, vorzügliches Material mit großer Dehnung und Kerbzähigkeit, wie SM-Sonderstähle oder legierte Stähle, z. B. 5%-Nickelstahl und Chromnickelstahl, verwenden. Auch auf die Herstellung und Formgebung ist äußerste Sorgfalt aufzuwenden, wobei nicht vergessen werden darf, daß ein Bruch dieser Schrauben im Betriebe in der Regel zu umfangreichen Zerstörungen führt. Die im Lager auftretenden Stöße werden hauptsächlich durch elastische Dehnung der Schrauben aufgenommen, je größer diese, desto geringer die entstehende Kraft. Es ist daher derjenige Teil der Bolzenlänge, auf der die größte Zugbeanspruchung entsteht, so groß als möglich zu machen, um mittelbar diese letztere herabzusetzen. Zu diesem Zwecke wird der Bolzen an denjenigen Stellen, die in der Bohrung nicht eingepaßt sein müssen, auf den Kerndurchmesser des Gewindes abgedreht (Abb. 114) oder bis auf den Gewindeteil ausgebohrt, so daß der verbleibende Ringquerschnitt dem Kernquerschnitt gleich oder etwas kleiner ist (Abb. 113).

---

[1]) Die Formel ist insofern nicht ganz genau, als der untere, rotierende Teil der Treibstange keine Beschleunigungskraft 2. Grades liefert, sein Gewicht also nicht mit $1 + \lambda$ zu multiplizieren ist.

Diese Ausführung ist der ersteren vorzuziehen, weil die mit kleinstem Querschnitt ausführbare Länge größer ist und weil der hohle Bolzen gegen Biegung widerstandsfähiger ist als der abgesetzte.

Die Bolzen müssen dort, wo sie die Trennfuge zwischen Stange und Lageroberteil sowie die zwischen den beiden Lagerhälften durchsetzen, gut eingepaßt sein, da hier Schubkräfte zu übertragen sind, die sich aus der Massenträgheit des Treibstangenschaftes ergeben. Ebenso ist der Schraubenschaft unterhalb des Gewindes einzupassen, um die Biegungsbeanspruchung, die durch den Zug am Schraubenschlüssel entsteht, zu vermindern. Ausgebohrte Schraubenbolzen werden natürlich auf der ganzen Länge eingepaßt, was der Verbindung besonders hohe Sicherheit und Steifigkeit verleiht. Der Übergang vom Schaft zum Schraubenkopf soll gut ausgerundet sein, der zum Gewinde aus einem schlanken Kegel bestehen. Das normale Whitworth-Gewinde ist für diese Schrauben zu grob; es wird in der Regel ein Feingewinde mit Whitworth-Form verwendet, um bei gegebenem Bolzen-Außendurchmesser einen größeren Kernquerschnitt zu erhalten und die als Kerben wirkenden Gewindegänge weniger tief zu machen. Auch wird bei Verwendung von Kronenmuttern durch die geringere Gewindesteigung eine feinere Einstellung ermöglicht; zum gleichen Zweck erhält das Bolzenende für den Splint drei Bohrungen und die Kronenmutter 10 oder 14 Schlitze. Da in den bekannten technischen Taschenbüchern Angaben über Feingewinde meistens nicht zu finden sind, sei hier eine Tafel des sog. Marine-Feingewindes eingefügt:

Außendurchmesser		Gänge/1″	Kerndurchmesser	Kernquerschnitt
ca. Zoll	mm		mm	mm²
1″	26	11	23	415
$1^1/_8$″	29	10	25,8	523
$1^1/_4$″	32	9	28,4	633
$1^3/_8$″	35	8	30,9	750
$1^1/_2$″	39	8	34,9	957
$1^5/_8$″	42	7	37,3	1093
$1^3/_4$″	45	7	40,3	1276
$1^7/_8$″	48	7	43,3	1472
2″	51	7	46,3	1684
$2^1/_8$″	54	6	48,6	1855
$2^1/_4$″	58	6	52,6	2173
$2^3/_8$″	61	6	55,6	2428
$2^1/_2$″	64	6	58,6	2697
$2^5/_8$″	67	6	61,6	2980
$2^3/_4$″	70	6	64,6	3278
$2^7/_8$″	74	6	68,6	3696
3″	77	6	71,6	4026
$3^1/_8$″	80	5	73,5	4243
$3^1/_4$″	83	5	76,5	4596
$3^3/_8$″	86	5	79,5	4964
$3^1/_2$″	89	5	82,5	5364
$3^5/_8$″	93	5	86,5	5877
$3^3/_4$″	96	5	89,5	6291
$3^7/_8$″	99	4,5	91,8	6618
4″	102	4,5	94,8	7058

Der Unterteil des Treibstangenkopfes ist durch die gleichen Beschleunigungskräfte wie die Schrauben, jedoch auf Biegung beansprucht. Das Biegungsmoment kann mit grober Annäherung gleich gesetzt werden: $M_b = \dfrac{P_b \cdot l}{4}$, wobei l die Schraubenentfernung bedeutet.

Bei Ausführung in geschmiedetem Material wird der Lagerdeckel in der Mittelebene nahezu rechteckigen Querschnitt erhalten, bei Stahlguß läßt sich das nötige Widerstandsmoment durch geeignete Formgebung mit geringerem Baustoffaufwand erreichen (Abb. 113). Die Biegungsspannung soll sich in mäßigen Grenzen halten, etwa $k_b = 500$ kg/cm², um die Formänderung nicht zu groß werden zu lassen.

6. Kurbelwelle.

Es ist nicht möglich, im Rahmen dieses Buches die genaue Berechnung mehrfach gelagerter Kurbelwellen anzugeben; da aber die Wellen schnellaufender Dieselmaschinen bei gleichem Hubverhältnis in ihrer Form einander sehr ähnlich sind, genügt eine überschlägliche Berechnung, die natürlich nur vergleichsmäßige Werte, nicht aber die wirklich auftretenden Materialspannungen ergeben kann. Dazu kann man am besten die Beziehung

$$M_b = \frac{\pi D^2}{4} \cdot p \cdot \frac{l}{4} = \frac{\pi d^3}{32} \cdot k_b$$

benützen, worin D die Zylinderbohrung, p der höchste Gasdruck, l die Lagerentfernung und d der Wellendurchmesser ist. Als zulässige Biegungsbeanspruchung kann $k_b = 750 \div 900$ kg/cm² angenommen werden. Es wird somit ein Wellenstück zwischen zwei benachbarten Grundlagern auf Biegung berechnet, ohne auf etwaige, von den anderen Zylindern herrührende Biegungs- oder Torsionsmomente sowie auf Reaktionen der übrigen Lager Rücksicht zu nehmen. Dies ist insofern berechtigt, als bei allen symmetrischen Kurbelanordnungen, also bei den normalen Viertaktmaschinen mit 4, 6, 8, 10 und 12 Zylindern, die größte Beeinflussung vom benachbarten Zylinder aus die gleiche ist: Bei den mittleren, gleichgerichteten Kurbeln wirkt im oberen Totpunkt auf die eine die maximale Beschleunigungskraft nach oben, während die andere durch den Gasdruck der Zündung belastet ist. In dieser Kurbel wird also das Biegungsmoment durch die Beschleunigungskraft des benachbarten Zylinders erhöht; da aber diese nur bei höheren Drehzahlen von Bedeutung ist, dann aber im zündenden Zylinder die Kraft des Gasdruckes um die ebenso große Beschleunigungskraft zu vermindern ist, um die auf den Kurbelzapfen wirkende Kraft zu erhalten, kann dieser Einfluß des benachbarten Zylinders vernachlässigt werden. Sonst können aber die Kurbeln stets so angeordnet werden, daß keine Erhöhung der Biegungsbeanspruchung durch einen anderen Zylinder eintreten kann, es könnte sich höchstens um eine Verminderung durch eine Zündung oder Kompression oder durch die übrigen Lager handeln. Über erhöhte Beanspruchung durch ungleichmäßige Lagerabnützung siehe S. 103.

Das maximale Drehmoment eines Zylinders beträgt beim Dieselmotor, Vollast, normalen Verlauf der Verbrennung und niedere Drehzahl vorausgesetzt, etwa

$$M_d = 17,5 \frac{\pi D^2}{4} \cdot r \,,$$

worin D der Zylinderdurchmesser und r der Kurbelradius. Bei den üblichen hohen Drehzahlen vermindert sich dasselbe durch Einwirkung der Beschleunigungskräfte bis auf etwa

$$M_d' = 12 \frac{\pi D^2}{4} \cdot r \,.$$

Bis zum Sechszylinder einschließlich kann die Zündfolge stets so gewählt werden, daß keine wesentliche Erhöhung des ersteren Drehmomentes — abgesehen von Schwingungserscheinungen — eintritt. Beträgt die Lagerentfernung $l = 1,7\ D$ (Zylinderdurchmesser) und sind, wie allgemein üblich, die Wellen- und Kurbelzapfen im Durchmesser gleich, so entspricht einem $k_b = 800\ \mathrm{kg/cm^2}$ im Kurbelzapfen bei einem Hubverhältnis $m = 1$ ein $k_d = 200\ \mathrm{kg/cm^2}$ im Wellenzapfen, bei $m = 1,5$ aber ein $k_d = 300\ \mathrm{kg/cm^2}$. Man nehme daher mit Rücksicht auf die Drehbeanspruchung die zulässige Biegungsspannung bei langhubigen Maschinen niedriger als bei kurzhubigen. Bei acht und mehr Zylindern ist die Drehbeanspruchung nicht mehr ausschließlich von einem Zylinder abhängig; man ermittle sie sorgfältig aus dem Drehkraftdiagramm, in dem sich die Drehmomente verschiedener Zylinder summieren.

Die Kurbelwangen werden meist recht breit, dafür aber dünn in der Achsenrichtung ausgebildet, um bei dem beschränkten Zylinderabstand doch noch möglichst große Lagerlängen zu erhalten. Die Kurbelarmstärke kann etwa 0,25, die Breite etwa 0,8 bis 0,9 des Zylinderdurchmessers betragen. Bei diesen Verhältnissen tritt in den Kurbelarmen die höchste Biegungsspannung im Zündungstotpunkt oder bald nachher ein, sie sei mit Rücksicht auf die weniger klare Kraftverteilung etwas geringer als im Kurbelzapfen.

Wenn man nun von der Lagerentfernung $l = 1,7\ D$ die Stärken der beiden Kurbelwangen mit je 0,25 D abzieht, bleibt 1,2 D für die Längen eines Wellen- und eines Kurbelzapfens, was zweckmäßig so verteilt wird, daß der Kurbelzapfen etwas länger ausfällt als der Wellenzapfen. Davon sind noch die Radien der Abrundungen beim Übergang der Zapfen in die Kurbelschenkel abzuziehen; diese Radien werden mit etwa 0,1 Zapfendurchmesser ausgeführt und sind von größter Bedeutung für die Haltbarkeit der Welle im Dauerbetrieb.

Die früher übliche Wasserkühlung der Wellenlager wurde fast allgemein verlassen, ohne daß die Lagerabmessungen vergrößert worden wären; es wurden sogar die Umfangsgeschwindigkeiten der Zapfen seither erheblich erhöht, ohne die mittleren und höchsten Pressungen zu vermindern, und es scheint die Grenze des Zulässigen noch nicht erreicht zu sein. Das unter Druck den Lagern zugeführte Öl wirkt nicht nur schmierend, sondern auch kühlend, und da es die Wärme an der Stelle ihrer Entstehung aufnimmt, ist es besser geeignet, große Wärmemengen abzuführen und hohe Temperaturen unmöglich zu machen als die frühere Wasserkühlung, bei der die Wärme von der Zapfenoberfläche zum Wasser durch verhältnismäßig dicke Eisenwände strömen mußte.

In der Regel werden die Wellen schnellaufender Maschinen hohlgebohrt; dadurch wird die Kontrolle des Materials auf Risse, Lunker usw. erleichtert und das Gewicht vermindert, zugleich dient die Bohrung zur Überleitung des Öles von den Wellen- zu den Kurbellagern. Der Durchmesser der Bohrung soll die Hälfte des Wellendurchmessers nicht überschreiten; dann ist eine Berücksichtigung der durch die Bohrung verursachten Schwächung bei der Berechnung kaum nötig.

Kleine und mittelgroße Sechszylinderwellen werden einschließlich der Kompressorkurbeln aus einem Stück hergestellt. Bei den letzteren versagt die Berechnung; wollte man einer solchen die Kolbenkräfte des Kompressors zugrunde legen, so käme man im Verhältnis zu den

Hauptkurbelzapfen auf viel zu schwache Abmessungen, mit Rücksicht auf Herstellung und Lagerung seien die Durchmesser der Kompressorkurbelzapfen und des letzten

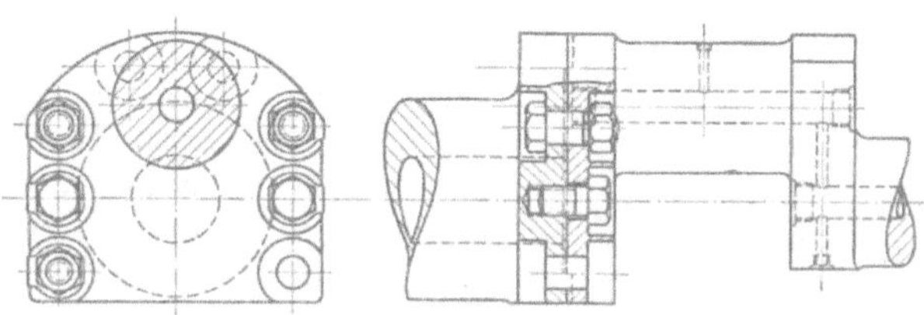

Abb. 115. Kurbelwellenkupplung.

(vordersten) Wellenzapfens nicht schwächer als etwa 0,6 d, wobei d der Durchmesser des Hauptkurbelzapfens ist.

Bei großen Sechszylinderwellen werden aus Herstellungsrücksichten die Kompressorkurbeln zweckmäßig abgetrennt und mit der Hauptwelle durch Flansch gekuppelt. Um die Baulänge der Maschine nicht zu vergrößern, wird nicht etwa ein besonderer Kupplungsflansch angeordnet, sondern die zwischen Arbeits- und Kompressorzylinder liegende, zur Kompressorkurbel gehörende Kurbelwange als Kupplung ausgebildet. Auch hier kann das verhältnismäßig geringe Drehmoment des Kompressors nicht zur Berechnung der Kupplungsschrauben benützt werden, es empfiehlt sich vielmehr, so viel und so starke Schrauben anzubringen, als der verfügbare Raum ohne besondere Vergrößerung der Kurbelwange zuläßt (Abb. 115), und davon soviel als möglich als Paßschrauben auszubilden. Alle Schrauben können nicht eingepaßt werden, weil einige, die auf die beiden Zapfen treffen, als Kopfschrauben in das Wellenmaterial eingeschraubt werden müssen.

Ganz ähnlich werden große 8- und 10-Zylinderwellen in der Mitte gekuppelt; hier können jedoch die Schrauben berechnet werden, indem man annimmt, daß durch das maximale Drehmoment eines Zylinders Schubspannungen von 120÷150 kg/cm² Bolzenquerschnitt erzeugt werden dürfen. Ohne Verlängerung der Maschine kann die Teilung der Welle an dieser Stelle nicht ausgeführt werden, es ist jedoch gelungen, auch bei den größten Maschinen (3000 PS) mit etwa 100 mm auszukommen. Es wird also auch hier die Anordnung einer besonderen Kupplung und eine Vermehrung der Lager vermieden.

7. Steuerungsantrieb.

Die Steuerung der stehenden Viertaktmaschinen erfolgt durch Ventile, die sämtlich im Zylinderdeckel untergebracht sind und in der Regel durch zweiarmige Hebel von einer neben den Zylinderdeckeln parallel zur Kurbelwelle gelagerten Nockenwelle betätigt werden. Diese wird durch zwei Paar Schraubenräder und eine Zwischenwelle angetrieben, die meist eine schräge Lage erhält (Abb. 137), damit die Schraubenräder im Durchmesser genügend groß gemacht werden können und dennoch der Abstand der Nockenwelle von Mitte Zylinder so klein als möglich bleibt, um die Massen der Steuerhebel und die Breite der Maschine so klein als möglich zu erhalten. Man ordne den Antrieb stets in der Nähe der größten Massen auf der Kurbelwelle an, also auf der Kupplungs- bzw. Schwungradseite, da hier die Ungleichförmigkeit des Umlaufs der Kurbelwelle am geringsten und daher der Lauf der Zahnräder am ruhigsten ist; dadurch wird auch die Sicherheit gegen Warmlaufen und übermäßige Abnützung sowie die Lebensdauer erhöht. Das auf der Kurbelwelle befestigte Schrau-

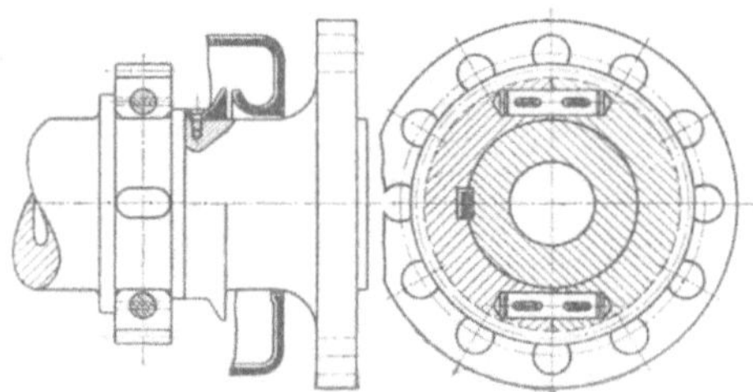

Abb. 116. Kurbelwellenende mit Schraubenrad.

benrad wird also hinter dem äußersten Wellenlager des ersten Zylinders angeordnet; vielfach wurde dahinter nochmals ein Wellenlager angebracht. Dies kann jedoch als Gewichtsverschwendung angesehen werden, da sich Ausführungen, bei denen dieses Lager fehlte, vollkommen bewährt haben. In diesem letzteren Falle folgt also auf das Schraubenrad gleich der Ölfänger und der Kupplungsflansch zur Befestigung der Reibungskupplung, des Schwungrades oder zur Kupplung mit der Dynamowelle (Abb. 116). Das Schraubenrad auf der Kurbelwelle muß zweiteilig sein, die beiden Hälften werden durch zylindrische Bolzen und Keile, die sorgfältig zu sichern sind, oder durch konische Ringe und Schrauben zusammengehalten. Dadurch fällt der Durchmesser dieses Rades recht groß aus; um mit der Lagerung der schrägen Antriebswelle und mit dem auf dieser sitzenden unteren Schraubenrad nicht über die Umrisse der Grundplatte hinauszukommen, muß dieses Rad verhältnismäßig klein gemacht werden, wobei der schrägen Welle in der Regel die Drehzahl der Kurbelwelle gegeben wird. Dies wird dadurch erreicht, daß bei gleicher Anzahl die Zähne des Rades auf der Kurbelwelle einen Neigungswinkel von etwa 60°, die des Rades auf der Zwischenwelle etwa 30° erhalten. Da die Ebenen dieser beiden Räder senkrecht zueinander stehen, müssen sich die beiden Neigungswinkel der Zähne natürlich zu 90° ergänzen. Die Raddurchmesser sind demnach durch die konstruktiven Verhältnisse gegeben; wählt man die Zähnezahl, mindestens je 18÷20, so erhält man zunächst die Stirnteilung und durch die Beziehung $t_n = t_s \cos \gamma$ die Normalteilung. Diese wird man einem vorhandenen Fräser (Modulteilung!) anpassen und danach den Teilkreisdurchmesser berichtigen. Einer feineren Teilung, also größeren Zähnezahl wird ruhiger Gang und geringere Abnützung nachgerühmt.

Beim oberen Räderpaar liegen die Verhältnisse anders: Die Drehzahlen müssen sich wie $1:2$ verhalten, doch soll das Rad mit der größeren Zähnezahl, das auf der Nockenwelle sitzt, nicht zu groß werden. Aus diesem Grunde wird wieder der Neigungswinkel der Zähne des treibenden Rades $= 60°$, der des getriebenen $= 30°$ gemacht, wodurch die Durchmesser der beiden Räder nahezu gleich ausfallen, obwohl das letztere doppelt soviel Zähne besitzt wie das erstere. Die Zähnezahl des treibenden Rades soll mindestens $12 \div 16$ betragen; die Teilung kann die gleiche oder etwas kleiner sein wie beim unteren Räderpaar.

8. Steuerung.

Zur Steuerung einer Viertaktmaschine ist für jeden Zylinder ein Einlaß-, ein Auslaß-, ein Brennstoff- und ein Anlaßventil erforderlich, außerdem ist bei Schiffsmaschinen meistens ein Sicherheitsventil vorhanden. Ein Entspannungsventil wird nicht durchwegs vorgesehen, manchmal ist es mit dem Sicherheitsventil vereinigt.

Einlaß- und Auslaßventil sind in der Regel in ihren Abmessungen gleich und so ausgebildet, daß sie gegeneinander ausgetauscht werden können. Dies ist nötig, wenn die Zylinderdeckel für rechte und linke Maschine gleich, die Auspuffleitungen aber symmetrisch sein sollen, ferner schon bei einzelnen Maschinen, wenn bei gleichen Deckeln die Auspuffleitungen je zweier benachbarter Zylinder vereinigt werden. Zur Bestimmung der Größe der Einlaß- und Auslaßventile dient die Beziehung

$$f = \frac{\pi D^2}{4} \cdot \frac{c_m}{v},$$

worin f der freie Ventilquerschnitt bei voller Eröffnung, D der Zylinderdurchmesser und c_m die mittlere Kolbengeschwindigkeit ist. Der Wert v, der mit grober Annäherung die mittlere Gasgeschwindigkeit im Ventilquerschnitt während des Saug- und Auspuffhubes darstellt, kann mit $50 \div 60$ m/s angenommen werden. Daraus ergibt sich der Ventilquerschnitt f, wenn Zylinderabmessungen und Drehzahl des Motors bekannt sind. Die Verengung des Sitzquerschnittes durch die Ventilspindel kann, da es sich doch um eine Vergleichsrechnung handelt, vernachlässigt werden. Der Sitzquerschnitt ist dann $f_1 = \dfrac{\pi d^2}{4}$, wenn d der lichte Ventildurchmesser ist, der Spaltquerschnitt bei voller Eröffnung $f_2 = \pi d h$, wobei h der größte Ventilhub ist und der Einfluß der Schräge des Ventilsitzes vernachlässigt wird. Bei den üblichen Drehzahlen der Dieselmotoren ist es stets möglich, den Hub gleich einem Viertel des Ventildurchmessers, und damit $\dfrac{\pi d^2}{4} = \pi d h$ zu machen. Es ist also

$$f_1 = f_2 = \frac{\pi D^2}{4} \cdot \frac{c_m}{v}.$$

Bei kleinen Maschinen werden die Ventilkegel sowohl des Ein-
laß- als auch des Auslaßventiles aus SM-Stahl, manchmal auch aus
hitzebeständigen Sonderstählen angefertigt. Besser ist es, zumindest
das Auslaßventil mit einem Gußteller zu versehen, was sich bis etwa
50 PS Zylinderleistung recht gut bewährt hat. Die Verbindung mit
der stählernen Spindel geschieht am besten durch strammes Einschrauben derselben von unten (Abb. 117), worauf das Gewinde über dem
Gußteller zur Sicherheit gegen Lösen verstemmt werden kann. Bei größeren Maschinen werden die Ventilkegel der Auslaßventile aus SM-Stahl
hohl ausgeführt und mit Wasser gekühlt, das aus dem Zylinderdeckel

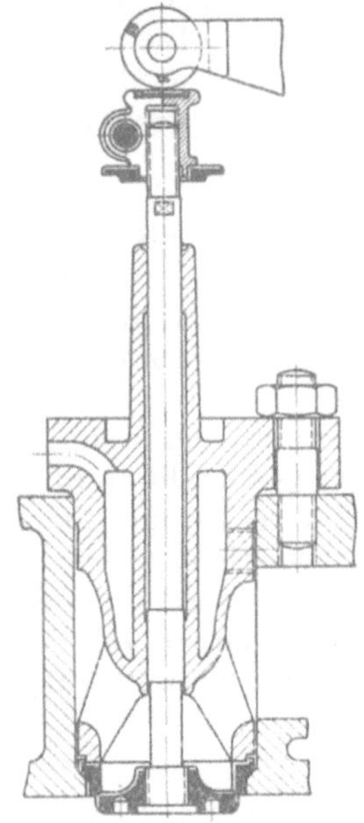

Abb. 117. Auslaßventil.

entnommen und durch biegsame, druckfeste
Gummischläuche zu- und abgeführt wird
(Abb. 16, 137 und 148). Beide Schläuche sollen
durch Hähne an die Zufluß- und Abflußleitung
angeschlossen sein, damit sie ohne Unterbrechung des Betriebes ausgewechselt werden
können. Die Einlaßventilkegel werden durch
die einströmende Verbrennungsluft ausreichend
gekühlt und bedürfen auch bei den größten
Maschinen keiner Wasserkühlung.

Die Dichtungsflächen der Ventilkegel erhalten 30 oder 45° Neigung gegen die Wagrechte und, radial gemessen 3÷5 mm Breite,
so daß bei einem Gasdruck von 40 at zwischen den Sitzflächen eine Pressung von etwa
300 kg/cm² entsteht; sie ist nötig, um dauernde Abdichtung zu erzielen.

Die Gehäuse der Einlaß- und Auslaßventile werden meistens gleich ausgeführt, obwohl
die Auslaßventilgehäuse auch bei kleineren Maschinen gekühlt werden (Abb. 117), während
die Einlaßventile ungekühlt bleiben. Man erreicht durch die gleiche Ausführung den Vor-
teil, Ventilgehäuse, die sich nach erfolgter Bearbeitung im Kühlraum als
undicht erweisen und daher für Auslaßventile unbrauchbar sind, ohne
weiteres für Einlaß verwenden zu können; die zum Kühlraum führenden
Öffnungen können mit Blindflanschen verschlossen werden oder auch
einfach offen bleiben. Als Ersatzteile werden dann zweckmäßigerweise
nur Auslaßventile mitgegeben, da diese eine geringere Lebensdauer besitzen; sollte ausnahmsweise ein Einlaßventil schadhaft werden, so kann
dafür ein Auslaßventil eingesetzt werden.

Der Sitz, gegen den der Ventilkegel abdichtet, ist bei größeren
Maschinen vom Gehäuse getrennt, so daß er leicht und billig ersetzt
werden kann. Er selbst dichtet im Zylinderdeckel konisch eingeschliffen
oder eben, mit Kupferring, ab; das Gehäuse ist in ihm durch eine Ver-
satzung zentriert. Der Sitzring und das Ventilgehäuse bestehen stets aus
Gußeisen. Das Gehäuse ist so auszubilden, daß trotz der Rippen, die
die Verbindung zwischen Kühlraum und Fußring bilden, keine Ver-

engung des Querschnittes für den Gasstrom entsteht, er soll sich im
Gegenteil bis zum Übergang ins Auspuffrohr bzw. in die Saugleitung
allmählich um $20 \div 30\%$ erweitern. Um sich davon zu überzeugen,
berechne man an einigen Stellen den Ringquerschnitt senkrecht zur
Strömungsrichtung und ziehe davon die Längsschnitte der Rippen ab.
Diese selbst sollen an ihrer schwächsten Stelle zusammen mindestens
den gleichen Querschnitt aufweisen, wie die Befestigungsschrauben
des Ventilgehäuses im Gewindekern; da sich die Rippen im Betrieb
stark erwärmen, werden sie auf Druck, die Schrauben aber auf Zug beansprucht, es empfiehlt sich, hieraus sich etwa ergebende bleibende Formänderungen in das dafür weniger empfindliche Schraubenmaterial zu
verlegen. Die Schrauben berechne man, indem man einen Gasdruck
von 40 at auf den äußeren Durchmesser der Dichtungsfläche des Sitz-
ringes im Zylinderdeckel zugrunde legt und eine Zugspannung von etwa
450 kg/cm^2 zuläßt.

Die Führung der Ventilspindel erfolgt stets an zwei Stellen: dicht
über dem Ventilteller, wo sie im Gehäuse ein Spiel von einigen Zehnteln Millimeter erhalten muß, und nahe ihrem oberen Ende, entweder
durch einen rohrförmigen Fortsatz des Gehäuses innerhalb der Feder
(Abb. 117) bei kleineren Maschinen oder durch einen kolbenartigen
Federteller oberhalb der Feder (Abb. 16) bei größeren Maschinen, insbesondere bei gekühlten Ventilkegeln.

Die Ventilfedern werden so bemessen, daß sie bei geschlossenem
Ventil eine Kraft von etwa $0,5 \div 0,7 \text{ kg/cm}^2$ Ventilquerschnitt ausüben.
Die Steigerung der Federkraft bei größtem Ventilhub soll womöglich
nicht mehr als 30%, höchstens jedoch 50% betragen, da hohe Belastungs-
wechsel bei der großen Wechselzahl für die Haltbarkeit der Federn schädlicher sind als hohe Beanspruchung allein. Bedeutet P_1 und P_2 die Federkraft bei geschlossenem bzw. geöffnetem Ventil, L_1 und L_2 die zugehörigen Federlängen, r den mittleren Windungshalbmesser und d
die Drahtstärke, so berechnet sich letztere aus $P_2 = \dfrac{\pi d^3 \cdot k_d}{16 \cdot r}$, wobei
$P_2 = 1,3 \div 1,5 \; P_1$ und k_d mit etwa 3000 kg/cm^2 angenommen werden
kann, bei vorzüglichem Material und kleineren Drahtstärken kann man
bis 3800 kg/cm^2 gehen. Den mittleren Windungsdurchmesser wähle
man so groß als konstruktiv möglich, um kurze und weiche Federn zu
erhalten; Federn von großem Durchmesser und verhältnismäßig geringer
Länge neigen auch weniger zum seitlichen Ausknicken. Die nutzbare
Windungszahl n ist sodann zu berechnen aus:

$$h \text{ (Ventilhub)} = L_2 - L_1 = \frac{64 \cdot n \cdot r^3 \cdot (P_2 - P_1)}{d^4 \cdot G},$$

worin $G = 800\,000 \div 825\,000$ je nach Stahlsorte einzusetzen ist. Dazu
kommt an jedem Ende eine stützende, unwirksame Windung. Zwischen
den einzelnen Windungen soll bei geöffnetem Ventil, also geringster
Federlänge, noch ein Spielraum $s = 1 \div 3$ mm, je nach Größe der Feder,
bleiben, damit die Federwindungen bei ungleichmäßiger Durchbiegung
oder nach erfolgtem Nachspannen einander nicht berühren. Die Länge

L_2 beträgt demnach: $L_2 = 2\,d + n\,d + n\,s$ und die ungespannte Länge L_0 ergibt sich aus

$$\frac{L_0 - L_2}{h} = \frac{P_2}{P_2 - P_1}\,.$$

Mit Hilfe der Einbaulänge $L_1 = L_2 + h$ ist zu prüfen, ob die errechnete Feder in die vorhandenen Raumverhältnisse hineinpaßt. Ist dies nicht der Fall, so sind die Annahmen bezüglich r, P_1 und P_2, schließlich auch k_d entsprechend abzuändern, oder man hilft sich durch Verwendung zweier konzentrischer Federn. Dies bringt den Vorteil, daß die Drahtstärken erheblich herabgesetzt werden können und daß beim Bruch einer Feder mit der anderen der Betrieb notdürftig aufrechterhalten werden kann. Die beiden Federn müssen entgegengesetzt gewunden sein. damit die Windungen einander führen und nicht ineinander eingreifen.

Besondere Sorgfalt ist auf die Befestigung des Federtellers auf der Ventilspindel zu verwenden, da eine Lockerung an dieser Stelle zu schnellem Verschleiß der Gewindeflanken oder sonstigen Druckflächen führt; am besten hat sich die Verbindung durch Klemmutter bewährt (Abb. 117) Die Kraft wird vom Steuerhebel auf den Feder-

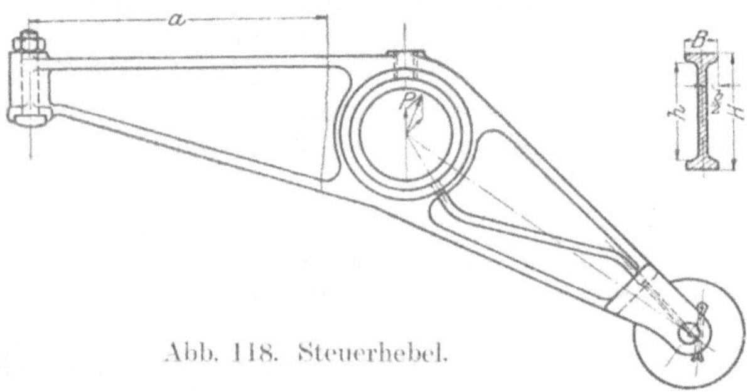

Abb. 118. Steuerhebel.

teller bzw. auf die Ventilspindel in verschiedenster Weise übertragen; vielfach begnügt man sich mit Linienberührung, indem man die untere Druckfläche als ebene Platte, die obere, am Hebel befestigte, zylindrisch schwach gewölbt ausführt (Abb. 118, 137 und 148); beide Flächen müssen natürlich sehr gut gehärtet sein. Diese Konstruktion empfiehlt sich insbesondere dann als einfach und zuverlässig, wenn die hohle Spindel des gekühlten Auspuffventilkegels über den Angriffspunkt des Steuerhebels durchgeführt werden soll. Sonst werden vielfach Rollen am Hebelende, auf einer gehärteten Platte aufliegend (Abb. 117), oder Druckschrauben mit kugelförmigem Kopf, die in einem Bolzen um das Hebelende schwingen (Abb. 16), angewendet.

Der Auslaßventilhebel wird auf Biegung beansprucht. Da die Anlaßventile mit großer Füllung arbeiten und bei Viertakt-Sechszylindermaschinen fast im gleichen Augenblick schließen, in dem die Auslaßventile öffnen, so muß die Steuerung der letzteren den Druck der Anlaßluft im Zylinder überwinden, der von der Einstellung des Anlaßdruckminderventiles und der Drosselung der Anlaßluft in der Zuleitung und in den Anlaßventilen abhängt. Diese Drosselung ist recht bedeutend, wenn man die Anlaßventile schleichend schließen läßt, so daß man im Moment der Auslaßventileröffnung mit etwa 10 at im Zylinder rechnen kann. Da dieser Druck nur beim Anlassen vorkommt, kann die zulässige Biegungsbeanspruchung in den Steuerhebeln ziemlich hoch genommen werden, bei Flußeisen etwa 1000, bei Stahlguß etwa 800 kg/cm²; im Betriebe ist sie ja viel geringer. Um das Gewicht des Hebels möglichst zu beschränken, gibt man ihm meistens I-förmigen Querschnitt (Abb. 118), es besteht dann die Beziehung $M_b = \dfrac{BH^3 - bh^3}{6H} \cdot k_b$; das Biegungsmoment M_b ergibt sich aus der Kraft im Moment der Ventileröffnung und der Entfernung a des fraglichen Querschnittes von Mitte Ventilspindel bzw. von Mitte Nockenrolle. Ist die Höhe H des Hebelquerschnittes gegeben, etwa durch den Durchmesser der Hebelnabe, so ist nach obiger Gleichung die Breite B oder die Wandstärke $\dfrac{H - h}{2}$ zu bestimmen.

Der Einlaßventilhebel ist viel weniger beansprucht, er wird jedoch stets dem Auslaßventilhebel gleichgemacht.

Die Konstruktion des Brennstoffventils richtet sich vor allem nach der Bauart des verwendeten Zerstäubers (siehe S. 17). Allen Bauarten gemeinsam ist die nach außen (vom Zylinder aus betrachtet) öffnende Nadel, die den Zerstäuberraum von Zylinderraum trennt und ihn (mit einer Ausnahme, Sulzer) in einer Stopfbüchse gegen die Außenluft abdichtet (Abb. 3 und 119). Die Nadelspitze ist zu einem schlanken Kegel von etwa 40° Spitzenwinkel ausgebildet und im Ventilgehäuse eingeschliffen. Die Nadel wird in der Regel an drei Stellen geführt; unmittelbar über der Nadelspitze in der Zerstäuberhülse, da ein genau zentrisches Öffnen der Nadel für eine gute und rauchlose Verbrennung von höchster Bedeutung ist, in der Stopfbüchse und zwar in ihrem Grundring und oberhalb des Ventilhebels im unteren Teil des Federgehäuses. Die Nadel besteht meist aus Einsatzflußeisen oder Werkzeugstahl, zumindest in der Stopfbüchse gehärtet, bei großen Motoren auch aus Gußeisen. Die Stopfbüchsenpackung besteht meist aus eingestampften, gut gefetteten Bleispänen. Die Schließfeder des Brennstoffventils muß sehr kräftig sein, da ein Hängenbleiben der Nadel heftige Drucksteigerungen im Zylinder zur Folge hat; sie hat den auf den Querschnitt der Nadel in der Stopfbüchse wirkenden Druck der Einblaseluft und die Reibung in der Stopfbüchse und in der Führung zu überwinden und die Nadel sowie den Steuerhebel beim Schließen zu beschleunigen, endlich nach erfolgtem Schluß die Nadelspitze mit genügender Kraft auf ihren Sitz zu pressen, um vollkommene Abdichtung zu erreichen. Da insbesondere die Stopfbüchsenreibung sich durch Rechnung nicht zuverlässig bestimmen läßt, wird sie, sowie die Beschleunigungskraft durch einen Zuschlag von etwa 100% zur erwähnten Kraft des Einblaseluftdruckes berücksichtigt. Legt man einen Druck von 80 at zugrunde, so wird sich z. B. für eine Nadel von 14 mm Durchmesser in der Stopfbüchse eine Federkraft von 250 kg ergeben. Da der Hub sehr klein ist, kann die Feder nur wenige Windungen erhalten.

Das Gehäuse des Brennstoffventils wird im Zylinderdeckel eben oder konisch — letzteres ist vorzuziehen — abgedichtet; es wird einteilig (Abb. 3) oder zweiteilig (Abb. 119) ausgeführt. In diesem Fall enthält der untere Teil den Zerstäuber und die Zuleitungen für Brennstoff und Einblaseluft, der obere die Stopfbüchse und die obere Führung mit Federgehäuse, beide Teile dichten gegeneinander in einem eingeschliffenen Kegel ab. Zur Befestigung und Abdichtung des Gehäuses im Zylinderdeckel dienen 2 oder 3, selten 4 Schrauben, die wie beim Auslaßventil zu berechnen sind.

Der Antriebsmechanismus wird verschieden gestaltet, vor allem richtet sich die Konstruktion danach, ob ein oder zwei Brennstoffventile in jedem Zylinderdeckel vorhanden sind. Im ersteren Fall sitzt das Ventil in der Regel lotrecht in der Zylinderachse und wird durch einen annähernd gleicharmigen Winkelhebel betätigt. Anordnungen nach Abb. 3 sind selten. Das eine Ende des Hebels trägt die Nockenrolle, das andere wird meist als Kugelpfanne ausgebildet. In dieser ruht eine kugelige Scheibe, die die Nadel anhebt; zwischen diese Scheibe und den Bund an der Nadel werden zweckmäßig einige dünne Stahlblechscheiben eingelegt, um das Rollenspiel einstellen zu können. Zwei Muttern an dieser Stelle (Abb. 3) sind bei schnellaufenden Maschinen nicht zuverlässig genug; will man eine Einstellung der Nadel im Betriebe ermöglichen, so kann man im Anlaßgestänge ein Links- und Rechtsgewinde anordnen oder in der Nabe des Brennstoffhebels eine verstellbare, exzentrische Büchse anbringen oder die Nadel im Federteller mit Gewinde befestigen und denselben bis über das Federgehäuse verlängern (Abb. 120) und dort durch eine Gegenmutter sichern, die an dieser Stelle gut zugänglich ist. Es empfiehlt sich, die Nadel in allen Fällen über das Federgehäuse hinaus zu verlängern und dort mit einem Vierkant zu versehen, damit sie im Betrieb gedreht werden kann (siehe S. 135).

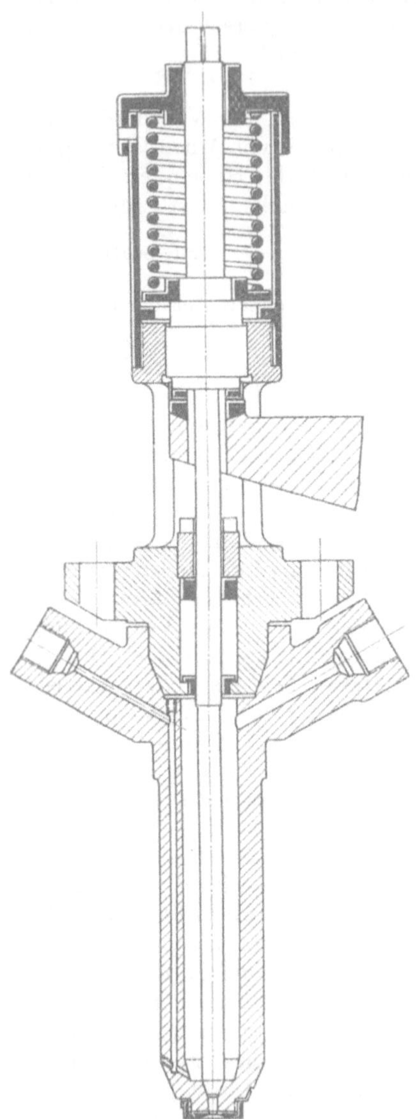

Abb. 119. Brennstoffventil.

Sind an jedem Zylinder zwei Brennstoffventile angebracht, so werden dieselben meistens nicht unmittelbar vom Ventilhebel betätigt, sondern dieser hebt ein kreuzförmiges, geradegeführtes Zwischenstück an, das mit seinen wagrechten Armen die beiden Nadeln mitnimmt.

Der Brennstoffventilhebel ist nur durch die Federkraft und die Kraft zur Beschleunigung der Massen des Hebels selbst und der Nadel belastet, die Beschleunigung läßt sich in bekannter Weise aus der Nockenform bestimmen. Wollte man jedoch auf Grund dieser Kräfte den Hebelquerschnitt mit üblicher Biegungsspannung berechnen, so würde man keine genügende Steifigkeit erzielen, die Formänderung des Hebels beim Öffnen des Ventils wäre zu groß, und die Steuerwirkung ungenau. Es ist schwer anzugeben, welche Durchbiegung zulässig ist; als guter Anhaltspunkt kann dienen, daß bei be- währten Ausführungen der Brennstoffhebel ungefähr denselben Querschnitt erhält wie der Auslaßhebel.

Die Größe des Anlaßventiles läßt sich nicht so einfach bestimmen, wie der der Einlaß- und Auslaß- ventile. Die Drehzahl ist beim Anfahren stark ver- änderlich, auch die beim Druckluftbetrieb höchst- erreichbare Drehzahl ist von verschiedenen Umstän- den abhängig, so daß von einer mittleren Kolben- geschwindigkeit gar nicht gesprochen werden kann. Bewährte Ausführungen zeigen Anlaßventile, deren lichter Durchmesser etwa 0,15 des Zylinderdurch- messers beträgt; es kommen jedoch beträchtliche Abweichungen nach unten und oben vor. Dies hängt zum Teil damit zusammen, daß recht verschiedene Drücke der Anlaßluft verwendet werden. In den meisten Fällen ist ein selbsttätiges Druckminder- ventil in die Anlaßleitung eingeschaltet, das auf 12÷20 at eingestellt wird.

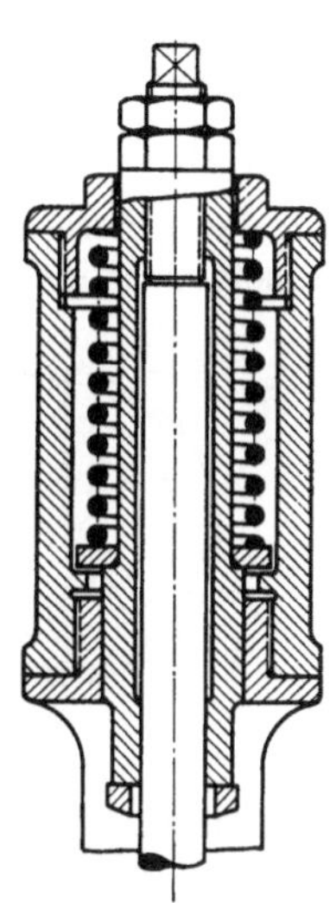

Abb. 120. Ein- stellbare Brenn- stoffnadel.

Damit das Anlaßventil nicht durch den Druck der Anlaßluft geöffnet wird, wird seine Spindel mit einem Entlastungskolben versehen, der bei der in Abb. 14 dar- gestellten, am meisten verbreiteten Bauart von unten eingeführt werden muß und daher im Durchmesser nicht größer sein kann als der Ventilsitz. Aus diesem Grund und wegen der unter Umständen bedeutenden Reibungswiderstände muß die Ventilfeder möglichst stark gemacht werden. Bei kleinen Ventilen wird der Ent- lastungskolben durch eine Verstärkung der Spindel gebildet, wenn diese aus Bronze besteht, oder durch eine aufgezogene Rotgußhülse, wenn der Ventilkegel aus Stahl angefertigt wird; die Abdichtung wird durch Einschleifen und einige eingedrehte Rillen erzielt (Tafel III). Voll- kommene Dichtheit kann jedoch nicht beansprucht werden, da das Ventil leicht hängen bleibt, wenn das Spiel zu gering ist; daher werden bei größeren Anlaßventilen die Enlastungskolben mit Kolbenringen aus Messing versehen, damit der Kolbenkörper genügend Spiel im Ven- tilgehäuse erhalten kann und dennoch der Luftverlust vermindert wird.

Der Anlaßventilhebel ist im Gegensatz zu den anderen Steuerhebeln meist nicht gleicharmig, sondern besitzt wegen der vorgeschobenen Lage des Anlaßventiles ein Übersetzungsverhältnis von etwa 1:2. Da das Ventil gegen den Kompressionsdruck öffnen muß, ist der Hebel durch die sich daraus ergebende Kraft und die Federkraft belastet, wodurch sich wie beim Auslaßhebel die Berechnung auf Biegung ergibt; Beschleunigungskräfte spielen hier eine geringe Rolle, da beim Anfahren nur mäßige Drehzahlen in Betracht kommen.

Die einzelnen Ventile weisen im Durchschnitt Eröffnungs- und Schlußzeiten nach folgender Tabelle auf, worin die Steuerdaten in Hubprozenten vom oberen oder unteren Totpunkt gemessen sind:

Ventil:	Öffnen:	Schließen:
Einlaßventil	4% vor oberem Totpunkt	3% nach unterem Totpunkt
Auslaßventil	10% vor unterem Totpunkt	2% nach oberem Totpunkt
Brennstoffventil	$\frac{1}{2} \div 1\%$ vor oberem Totpunkt	$12 \div 15\%$ nach oberem Totpunkt
Anlaßventil	$0 \div 5\%$ vor oberem Totpunkt	10% vor unterem Totpunkt.

Ist außerdem der Ventilhub festgelegt und der Nockenhub aus dem Hebelverhältnis ermittelt, so wird die Form der Steuerscheibe, z. B. für

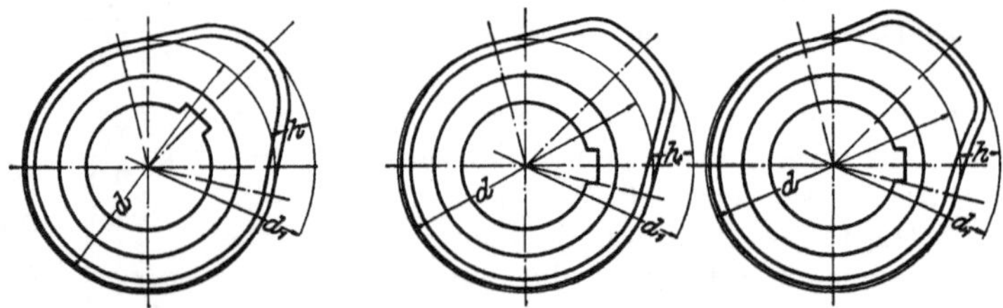

Abb. 121—123. Steuerscheiben.

das Auslaßventil, in folgender Weise entworfen. Zuerst wird ein Grundkreis d (Abb. 121) angenommen, dessen Durchmesser etwa dem halben Zylinderdurchmesser gleicht, und auf diesem der Öffnungs- und Schließpunkt bezeichnet. In diesen Punkten zieht man Tangenten an den Grundkreis, ferner einen konzentrischen Kreis vom Durchmesser $d_1 = d + 2h$, wobei h den Nockenhub bedeutet, und sucht dann einen Kreisbogen, der die beiden Tangenten und den Kreis d_1 berührt. Bei dieser Nockenkonstruktion nimmt der Ventilhub sofort wieder ab, nachdem er seinen höchsten Wert erreicht hat. Will man diesen über einen gewissen Kurbelwinkel, der dem doppelten Steuerwellenwinkel gleicht, beibehalten, so verwende man einen entsprechenden Teil des Kreises d_1 als Begrenzung der Nockenform (Abb. 122) und verbinde ihn durch zwei Kreisbögen mit den beiden Tangenten. Will man das Ventil rascher öffnen und schließen lassen, als es bei diesen beiden Nockenformen geschieht, so verwende man anstatt der beiden geraden Tangenten nach außen gerichtete Kreisbögen (Abb. 123) oder andere Kurven, die wieder mit dem Kreis d_1, der den größten Nockenhub bezeichnet, durch zwei Kreisbögen verbunden werden. Die Beschleunigungsverhältnisse sind gegebenenfalls genau zu ermitteln und etwaige Spitzen durch Änderung der Nockenform abzunehmen. Der untätige Teil der

Steuerscheibe muß um $1 \div 2$ mm, je nach Maschinengröße, tiefer gefräst werden. damit zwischen Rolle und Scheibe genügendes Spiel entsteht und das Ventil sicher schließt, auch wenn sich die Spindel infolge Erwärmung um einige Zehntel Millimeter gedehnt hat. Der so entstehende Kreisbogen wird durch zwei sanfte Übergänge, die auch Kreisbögen sein können, mit den beiden Tangenten in den Öffnungs- und Schließpunkten verbunden. Diese Kurven bilden den eigentlichen Anlauf (bzw. Ablauf) vom Augenblick der Berührung zwischen Rolle und Nocke bis zur tatsächlichen Ventileröffnung. Auf diesem Wege, der radial gemessen einige Zehntel Millimeter beträgt, wird die Elastizität des Gestänges und das Spiel an den verschiedenen Stellen überwunden, d. h. das Gestänge unter Spannung gesetzt, worauf erst das Ventil geöffnet werden kann. Da diese Spannung von der Federkraft, von der Beschleunigung und vom Gasdruck im Zylinder abhängt, öffnet z. B. das Auslaßventil im Betriebe tatsächlich erheblich später als bei der Einstellung bzw. als auf der Nockenzeichnung angegeben.

Während bei den Einlaß- und Auslaßventilen Abweichungen in den Steuerzeiten und in der Nockenform in gewissen Grenzen keinen wesentlichen Einfluß auf den Gang des Motors ausüben, muß die Form der Brennstoffnocke mit größter Genauigkeit eingehalten werden. Sie kann auch nicht, wie bei den anderen Steuerscheiben, durch Berechnung oder Konstruktion gefunden werden, sondern muß bei jeder neuen Maschinentype durch mühsame Versuche ermittelt werden. Einen gewissen Anhalt können nur ausgeführte und ausprobierte Nocken anderer Maschinen bieten, insbesondere dann, wenn es sich hauptsächlich um eine Verkleinerung oder Vergrößerung bei sonst gleicher Bauart handelt.

Die Brennstoffventil-Steuerung muß so ausgebildet sein, daß sowohl eine Änderung des Rollenspieles, also der Entfernung des Rollenmittels von Mitte Nockenwelle bei geschlossenem Ventil, als auch eine Verschiebung des Steuernockens in der Richtung des Umfanges, also eine Verdrehung derselben auf der Nockenwelle, leicht möglich ist. Da das erstere aus konstruktiven Gründen stets durch Einstellvorrichtungen am Brennstoffventil oder am Steuerhebel erzielt wird, erfolgt sie bei umsteuerbaren Maschinen, die durch Verschiebung der Steuerwelle umgesteuert werden (Abb. 20), für beide Nocken gemeinsam. Daraus folgt, daß die Form der Nocken unbedingt gleich sein und daher mit großer Sorgfalt hergestellt werden muß, am besten wird sie auf einer Kopierfräsmaschine erzeugt und nach dem Härten auf einer Kopierschleifvorrichtung berichtigt. Auch die Steuerscheibe, auf der die Nocken sitzen, muß genau bearbeitet sein, sie muß genau rundlaufen und wird daher zweckmäßig erst nach dem Aufkeilen auf der Steuerwelle fertig gedreht oder geschliffen.

Die Stärke der Steuerwelle läßt sich wohl kaum aus den auf sie einwirkenden Kräften statisch berechnen; ihr Durchmesser betrage etwa $^1/_5 \div ^1/_4$ des Zylinderdurchmessers, um geringe Verdrehung infolge der an ihr angreifenden Kräfte und hohe Eigenschwingungszahl zu erhalten Die Lagerstellen müssen etwas schwächer gehalten werden, als die Sitze der Steuerscheiben, damit sie von diesen beim Überstreifen nicht beschädigt werden. Bei der am häufigsten verwendeten Umsteuerung durch Wellenverschiebung nach Abb. 20 ist die Steuerwelle an einem Ende durch eine Klauenkupplung verschiebbar mit dem fest gelagerten Schraubenrad verbunden, während am anderen Ende ihre Lage durch einen Schleifring (i in Abb. 20) festgelegt ist, der von der Umsteuervorrichtung festgehalten bzw. verschoben wird.

Die Hebelachse wird, ganz gleich, ob die Maschine umsteuerbar ist oder nicht, auf Biegung durch die Kraft beim Öffnen des Auslaßventiles am höchsten beansprucht und ist daraufhin zu berechnen. Man beachte, daß die Kraft, welche der Steuerhebel auf die Achse überträgt, beinahe doppelt so groß ist, als die Ventilkraft (Abb. 118), sie ist am einfachsten zeichnerisch zu ermitteln. Benennt man sie mit P, den Lagerabstand der Hebelachse mit l und die Entfernung des Auslaß-

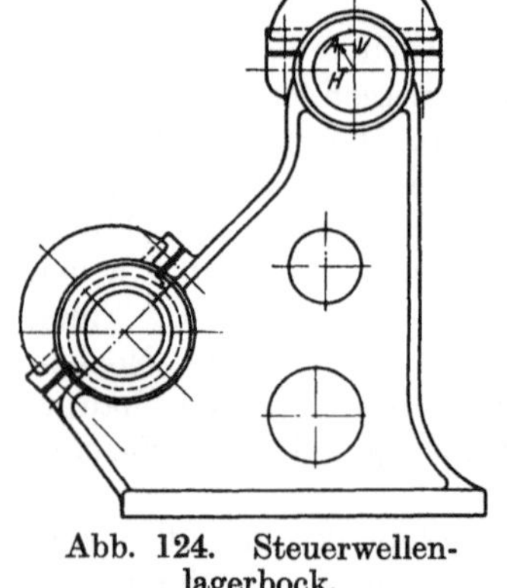

Abb. 124. Steuerwellen-
lagerbock.

ventils von Zylindermitte mit b, so ist das biegende Moment in Mitte Auslaßventilhebel

$$M_b = \frac{P \cdot l}{4} - \frac{P \cdot b^2}{l}.$$

Rechnet man mit 10 at Druck im Zylinder im Augenblick der Auslaßventil-Eröffnung, so darf die zulässige Biegungsspannung in der Hebelachse ziemlich hoch, etwa $k_b = 800 \div 1000$ kg/cm² angenommen werden, da sie in dieser Höhe nur während des Anlassens auftritt, im Betriebe aber viel geringer ist.

Abb. 124 stellt einen Steuerwellenlagerbock dar, wie er bei neuzeitlichen Dieselmaschinen meist verwendet wird. Das untere Lager trägt die Steuerwelle, es ist mit Weißmetall ausgegossen und erhält vielfach Druckschmierung; das obere Lager ist meist mit Rotgußschalen und Staufferschmierung versehen, wenn die Hebelachse drehbar ist. Dies ist stets bei Umsteuerungen nach Abb. 20 der Fall, kommt aber auch bei nicht umsteuerbaren Maschinen vor, wenn die ganze Hebelachse zum Zwecke des Anlassens gedreht wird. Es ist zu beachten, daß sich diese Bauart nur bei kleinen und mittleren Maschinen, etwa bis 500 PSe, empfiehlt, da bei größeren Maschinen die Federkräfte der gerade offenen Ventile so große Reibungswiderstände in den Lagern der Hebelachse und den Nabenbohrungen der Steuerhebel erzeugen, daß die Drehung der Achse durch einen Handhebel zuviel Kraft erfordert. Wird die Achse nicht gedreht, so erhält das Lager keine Schalen und die Achse wird durch die Lagerschrauben festgeklemmt, allenfalls noch durch Feder oder Kegelstift gesichert. Es kann auch der Lagerdeckel nur durch eine Schraube befestigt werden, die mitten durch die Achse hindurchgeht.

Die Schrauben des oberen Lagers sind zu berechnen, indem man wieder die Eröffnungskraft des Auslaßventils zugrunde legt. Ist nach Vorstehendem die Kraft P ermittelt, mit der der Steuerhebel auf die

Hebelachse einwirkt, so ergibt sich die Rückwirkung in Mitte des dem Auslaßventil näheren Lagers $A = P \cdot \dfrac{b}{l} + \dfrac{P}{2}$. Diese Kraft A ist gegen die Lotrechte geneigt, aus ihrer Vertikalkomponente V können die Schrauben auf Zug berechnet werden, indem man $k_z =$ etwa 600 kg/cm² annimmt. In gleicher Weise ist der Querschnitt des Lagerständers zu berechnen, jedoch ist die Zugspannung bei Stahlguß auf etwa 300 kg/cm² und bei Gußeisen auf etwa 120 kg/cm² zu beschränken. Die Kraft A ergibt meistens nur eine geringe Horizontalkomponente H (Abb. 124), die den Lagerständer auf Biegung beansprucht. Wenn die Richtung der Kraft A von der Lotrechten stärker abweicht, ist die Biegungsspannung im Ständer allenfalls zu ermitteln.

In ähnlicher Weise werden die Befestigungsschrauben des Lagerbockes berechnet, wobei die Kraft nicht zu vergessen ist, die der Steuerhebel durch Vermittlung der Nockenrolle, Steuerscheibe und Steuerwelle auf das untere (Steuerwellen-) Lager überträgt.

Das Anlaßexzenter ist so zu ermitteln (m in Abb. 20), daß in Mittelstellung (Stopp) die Brennstoff- und Anlaßnocken mit 2÷4 mm Spiel, je nach Maschinengröße, an den zugehörigen Rollen vorbeigehen. Das gilt natürlich sowohl von umsteuerbaren als auch nicht umsteuerbaren Maschinen, bei letzteren kommen jedoch auch Anlaßvorrichtungen ohne eigentliche Mittelstellung vor. Das Exzenter soll nicht um mehr als 90° von der Anlaß- in die Betriebsstellung gedreht werden,

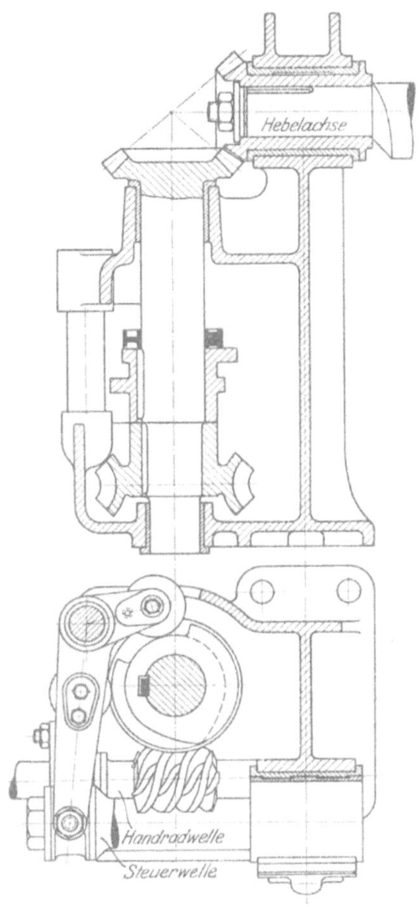

Abb. 125. Umsteuerung.

da sonst das Gestänge zum Klemmen neigt. Daraus und aus der obigen Bedingung ergibt sich (zeichnerisch) die nötige Exzentrizität. In Betriebsstellung gebe man ihr am besten die Lage, bei der sie sich in bezug auf die Bewegung der Brennstoffhebelrolle im Totpunkt befindet, d. h. bei der das Rollenspiel des Brennstoffhebels am kleinsten ist; sonst entsteht beim Öffnen des Brennstoffventiles auf das Anlaßexzenter ein

Rückdruck, dessen Richtung an der Drehachse des Exzenters vorbei-
geht, somit ein Drehmoment ergibt, und der ein periodisches Zucken
des ganzen Anlaßgestänges verursacht. Diese Erscheinung kann sogar eine unliebsame Abnützung verschiedener Gelenke, insbesondere
aber der Lager der Anlaßwellen zur Folge haben, da diese sich infolge der äußerst geringen Drehung in schlechtem Schmierzustand
befinden.

In ähnlicher Weise wird die Exzentrizität der Sitze der Einlaß-
und Auslaßventilhebel bei denjenigen Maschinen ermittelt, deren Umsteuerung nach Abb. 20 mit Steuerwellenverschiebung arbeitet. Da die
betreffenden Steuerhebel annähernd gleicharmig sind, ist ein Exzenter-
hub, senkrecht auf die Verbindungslinie der beiden Hebelenden gemessen, von der ungefähren Größe des halben Nockenhubes erforderlich,
damit die Rollen um dessen Höhe von den Steuerscheiben abgehoben
werden. Da aber dieses Abheben der Rollen beendet sein muß, bevor
die Verschiebung der Steuerwelle beginnt, und die Drehbewegung des
Exzenters dann fortgesetzt wird, bis die höchste
Lage des Steuerhebels erreicht ist, wird der ganze
Hub des Exzenters tatsächlich wesentlich größer.
Von diesem Gesamthub und dem Verdrehungswinkel hängt die Exzentrizität ab, die auf Grund
des Gesagten zeichnerisch zu ermitteln ist. Wird
die Hebelachse durch Stange und Hebel, wie in
Abb. 20 gedreht, so kann der Drehwinkel 90°
nicht wesentlich überschreiten, die Exzentrizität
wird recht groß, die Naben der Steuerhebel dick
und schwer. Will man die Exzentrizität kleiner erhalten, so muß man den Drehwinkel groß machen,
was z. B. durch Kegelräderantrieb leicht zu be-
werkstelligen ist; am besten nimmt man gleich 360°,
d. h. man läßt die Hebelachse bei jedem Umsteuer-
manöver eine ganze Drehung vollführen (Abb. 125).

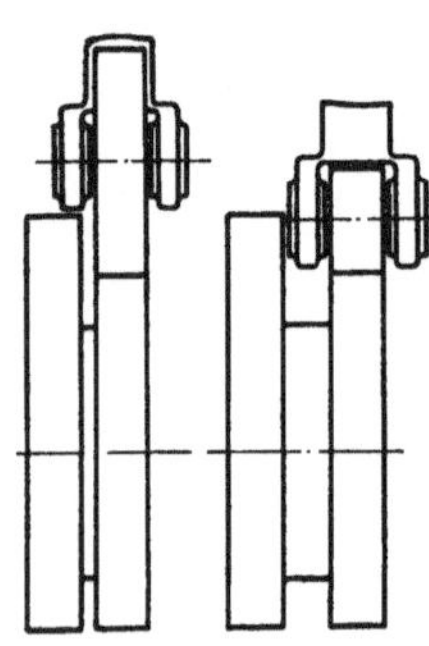

Abb. 126. Abb. 127.
Große   Kleine
Hebelrolle.

Die Strecke, um die die Steuerwelle beim Umsteuern zu verschieben
ist, ergibt sich aus der Breite der breitesten Steuernocke und dem
Abstand zwischen Voraus- und Zurücknocke. Dieser Abstand kann sehr
klein sein, 2÷5 mm je nach Maschinengröße, wenn die Hebelrollen so groß
gemacht werden (Abb. 126), daß der jeweils benachbarte Nocken unter
der die Rolle tragenden Gabel des Steuerhebels hindurchgeht. Er muß
viel größer werden, wenn die Hebelrollen klein sind (Abb. 127) und die
Gabel zwischen Voraus- und Zurücknocke Platz finden muß. Die
erstere Ausführung ist im allgemeinen vorzuziehen, da größere Rollen
langsamer laufen und sich sowohl außen als auch in der Bohrung weniger
abnutzen, ferner können sie breiter gemacht werden, so daß sich auch
die Nocke weniger abnützt und endlich wird die Konstruktion der
Umsteuerung wegen der kleineren Wellenverschiebung erleichtert. Hingegen vermehren große Rollen die zu beschleunigende Masse des Steuerhebels und machen daher bei schnellaufenden Maschinen etwas stärkere
Ventilfedern nötig.

9. Brennstoffpumpe.

Die Bauart der Brennstoffpumpe richtet sich vor allem nach ihrem Antrieb und dem Ort ihrer Befestigung. Der früher allgemein übliche Antrieb von der horizontalen Steuerwelle, wobei jeder Zylinder oder je zwei eine besondere Pumpe mit eigenem Antrieb erhielten, ist wegen seiner Vielteiligkeit und Unübersichtlichkeit verlassen worden. Aber auch dann, wenn sämtliche Brennstoffpumpen an einer Stelle vereinigt wurden, waren sie wenig zugänglich, wenn ihr Antrieb von der Steuerwelle erfolgte (Tafel I). Besser ist es um die Zugänglichkeit bestellt, wenn der Antrieb durch eine besondere Hilfswelle erfolgt (Tafel II), doch läßt sich diese vermeiden und das dafür aufgewendete Gewicht und die Kosten sparen, wenn man die Brennstoffpumpe von der lotrechten oder schrägen Zwischenwelle antreibt (Abb. 137). So sehr auch diese Anordnung bei Dieseldynamos befriedigt hat, ist sie für Schiffsmaschinen weniger geeignet, bei denen sich der Bedienungsstand an der vorderen Stirnseite befindet. Die Pumpen sind dann der direkten Beaufsichtigung durch den Maschinisten entzogen, er kann kleine Störungen, wie Hängenbleiben eines Saugventils oder des Schwimmers, Überlaufen von Brennstoff, kleine Undichtheiten, Brennstoffmangel, Warmlaufen eines Kolbens usw. nicht so leicht bemerken und womöglich während des Betriebes beseitigen. Das gilt natürlich auch von den an der Längsseite der Maschine befestigten Pumpen, soweit sie vom Maschinistenstand aus nicht bequem zu übersehen und zu erreichen sind. Am zweckmäßigsten erscheint in dieser Beziehung die Anordnung nach Abb. 148, wobei die Brennstoffpumpe direkt von der Kurbelwelle oder von einer Querwelle angetrieben wird, die durch ein Schraubenräderpaar von der Kurbelwelle die halbe Maschinendrehzahl erhält und auch zum Antrieb der Kühlwasserpumpen dient (Tafel IV).

Bezüglich der Drehzahl, mit der die Brennstoffpumpe läuft, sind zwei Fälle zu unterscheiden: Sie gleicht bei Viertaktmaschinen der halben Maschinendrehzahl, wenn der Antrieb durch die Nockenwelle erfolgt, ebenso, wenn die Bewegung von einer querliegenden Hilfswelle an der vorderen Stirnseite der Maschine abgeleitet wird, die auch zum Antrieb der Kühlwasserpumpen dient, und zwar nur aus dem Grund, weil für diese, nicht etwa für die Brennstoffpumpe, die hohe Drehzahl der Kurbelwelle nicht zuträglich ist. Volle Maschinendrehzahl ergibt sich in der Regel beim Antrieb durch die stehende Zwischenwelle und durch die Kurbelwelle selbst ohne Zwischenschaltung eines Rädergetriebes. Aus naheliegenden Gründen muß die Pumpendrehzahl bei Viertaktmaschinen mindestens der halben, bei Zweitaktmaschinen der vollen Maschinendrehzahl gleichen; ist sie höher, so muß sie ein Vielfaches dieser Mindestdrehzahlen sein, damit auf jede Zündung die gleiche Brennstoffmenge entfällt. So kann z. B. die Brennstoffpumpe einer Viertaktmaschine sehr wohl mit der $1^1/_2$ fachen Maschinendrehzahl laufen, doch ist eine solche Ausführung, die für langsamlaufende Motoren in Betracht kommen könnte, bisher nicht bekannt geworden.

Über die Wahl der Pumpendrehzahl kann nur gesagt werden, daß sie auf die Funktion der Pumpe wegen ihrer kleinen Abmessungen ohne Belang ist, auch auf die Form der Verbrennungslinie im Indikator-diagramm läßt sich ein bestimmter Einfluß nicht feststellen, es scheint sogar, daß die Förderung des Brennstoffes in zwei Portionen für eine Zündung eine gleichmäßigere Verteilung desselben im Zerstäuber zur Folge hat. Der verbilligende Einfluß der höheren Drehzahl macht sich erst bei großen Maschinen bemerkbar, da er sich aber nur auf die An-triebsteile und auf die Kolben, nicht aber auf die Ventile und auf die Regelung erstreckt, kann er für die Wahl der Drehzahl nicht von ent-scheidender Bedeutung sein. Man wird sich vielmehr nur von kon-struktiven Gesichtspunkten, vor allem von der Rücksicht auf ein-fachen und zweckmäßigen Antrieb sowie auf gute Zugänglichkeit leiten lassen.

Jeder Arbeitszylinder erhält in der Regel einen besonderen Pumpen-kolben zugeordnet; Anordnungen mit Verteiler, wie sie früher versucht wurden, wobei ein Pumpenkolben zwei oder mehr Zylinder mit Brenn-stoff versorgte, der durch feine Öffnungen und Rückschlagventile gleich-mäßig verteilt werden sollte, haben sich nicht bewährt, da sie von Zu-fälligkeiten allzu sehr abhängig waren; hingegen sind Verteiler recht gut verwendbar, wenn es gilt, die für einen Zylinder bestimmte Brennstoff-menge auf zwei Brennstoffventile zu verteilen. Hier kommt es auf eine ganz genaue Zweiteilung der Brennstoffmenge nicht an, da beide Teile in denselben Zylinder eingeblasen werden.

Nur selten erhält jeder Pumpenkolben ein eigenes Antriebsexzenter (Abb. 1 in Tafel II), meist werden alle Kolben auf zwei Exzenter oder Kurbelkröpfungen verteilt oder ein Exzenter treibt sämtliche Kolben an. Der erstere Fall liegt in der Regel beim Antrieb durch die quer-liegende Kühlwasserpumpenwelle vor (Abb. 148 und Tafel IV), der letz-tere beim Antrieb durch die stehende Zwischenwelle (Abb. 137). Wird die Brennstoffpumpe direkt von der Kurbelwelle angetrieben, so können alle Pumpenkolben an einem Kreuzkopf befestigt sein und phasengleich arbeiten, oder es kann das Exzenter einen Schwinghebel betätigen, an dessen zwei Punkten zwei Kreuzköpfe angelenkt sind. Von diesen trägt ein jeder die Hälfte der Kolben, deren Arbeitsspiele demnach um 180° versetzt sind.

Die Regelung arbeitet stets in der bekannten Weise, daß die Saug-ventile früher oder später schließen und daher mehr oder weniger Brenn-stoff in die Leitungen nach den Brennstoffventilen gedrückt wird. Diese Veränderung der Saugventil-Schlußzeiten wird dadurch erzielt, daß der unveränderliche Hub des Steuergestänges, das die Saugventile offenhält, höher oder tiefer gelegt wird, und dies geschieht wieder durch Verlegung eines geeigneten Drehpunktes.

Bei Motoren für stationäre Zwecke und bei Borddynamos steht die Regelung unter dem Einfluß eines Fliehkraftreglers, der annähernd kon-stante Drehzahl bei veränderlicher Belastung aufrecht erhält, Propeller-Antriebsmaschinen arbeiten hingegen meistens mit Handregelung, durch die eine bestimmte Füllung fest eingestellt wird. Eine fest eingestellte Füllung ergibt aber ein konstantes, von der Drehzahl fast unabhängiges Drehmoment und eine der Drehzahl proportionale

Leistung. Da die Leistungsaufnahme des Propellers ungefähr der dritten Potenz der Drehzahl proportional ist, wächst das Drehmoment mit dem Quadrat der Drehzahl. Die Füllung der Brennstoffpumpe ist aber dem Drehmoment nicht proportional, da der Brennstoffverbrauch bei verschiedenen Füllungen weder auf die indizierte noch auf die effektive Leistung bezogen konstant ist. Jedenfalls entspricht aber bei reinem Propellerbetrieb jeder Füllung eine bestimmte Drehzahl, solange keine Änderung der Propellersteigung, des Schiffwiderstandes usw. eintritt; die Veränderung der Füllung wird somit zur Einstellung der jeweils gewünschten Drehzahl und Schiffsgeschwindigkeit benützt.

Auch für das Laden von Akkumulatoren ist die Benützung der Handregelung sehr bequem; da die Leistung einerseits dem Produkt aus Drehmoment und Drehzahl, anderseits dem aus Stromstärke und Spannung proportional ist, die Spannung sich aber bei konstanter Erregung im gleichen Verhältnis mit der Drehzahl ändert, entspricht einem bestimmten Drehmoment, also auch einer bestimmten Füllung, eine bestimmte Stromstärke. Steigt demnach im Verlauf des Ladevorganges die Spannung der Batterie, so steigt selbsttätig auch die Drehzahl der Maschine, so daß die eingestellte und etwa vorgeschriebene Ladestromstärke erhalten bleibt. Die Drehzahl kann auf den früheren Wert durch Verstellung des Nebenschlußreglers zurückgeführt werden.

Außer der Handregelung wird bei Propellermaschinen stets auch ein Fliekraftregler vorgesehen, der beim Erreichen einer bestimmten Höchstdrehzahl eingreift und diese Drehzahl nicht überschreiten läßt oder aber die Maschine gänzlich abstellt. Diese letztere Bauart ist nicht zu empfehlen, da sie häufig zu unerwarteten Betriebsunterbrechungen führt, deren Ursache dann nicht immer gleich erkannt wird. Solche „Sicherheitsregler" werden auch bei Dieseldynamos verwendet, die einen normalen Fliehkraftregler besitzen; sie sollen beim Versagen desselben die Überschreitung der Betriebsdrehzahl um mehr als $10 \div 15\%$ verhindern und in diesem Falle die Maschine abstellen. In Abb. 137 ist ein solcher Sicherheitsregler unterhalb des normalen Fliehkraftreglers zu sehen. Ein kleines, pendelnd aufgehängtes Gewicht wird durch eine Feder festgehalten; bei Überschreitung einer bestimmten, durch Spannen der Feder einstellbaren Drehzahl schlägt es aus und löst einen Riegel aus, worauf eine (in der Abbildung sichtbare, horizontale) Feder vermittels eines Gestänges alle Saugventile öffnet und dadurch die Brennstofförderung unterbricht.

Aus der Lage des Antriebes ergibt sich auch die Stellung der Kolben zum Pumpenkörper. Tafel I zeigt eine Pumpe, bei der die Kolben von oben eingeführt sind, in Abb. 137 liegen sie annähernd wagrecht und in Abb. 148 sowie in den Tafeln II und VI sind Pumpen dargestellt, bei denen sich die Kolben auf der Unterseite befinden und nach oben drücken. Die Kolben werden durch Stopfbüchsen oder durch äußerst genau aufgepaßte Büchsen aus Rotguß oder Gußeisen abgedichtet; in beiden Fällen werden sie gehärtet, um die Abnützung in der Stopfbüchse zu vermindern bzw. ein Anfressen in der Büchse nach Möglichkeit zu verhindern. Die packungslose Abdichtung ist vorzuziehen, da bei richtiger Materialauswahl und sorgfältiger, sachgemäßer Ausführung die Brennstoffverluste geringer und Haltbarkeit der Kolben größer sind als bei Verwendung üblicher Stopfbüchsen; zudem fällt das lästige und zeitraubende Verpacken weg. Die packungslosen Stopfbüchsen sind gegen seitliche Kräfte äußerst empfindlich, die Kolben müssen daher im Kreuzkopf so befestigt werden, daß sie sich in seitlicher Richtung frei bewegen können.

Die Druckventile öffnen stets nach oben, damit etwa eingedrungene Luft aus dem Pumpenraum hinausbefördert wird, sie sollen daher an der höchsten Stelle des Pumpenraumes liegen. In der Regel werden zwecks besserer Abdichtung und zur Erhöhung der Betriebssicherheit zwei Druckventile übereinander angeordnet; zwischen den beiden wird ein Probierventil oder eine Probierschraube angebracht, durch die der durch die Pumpe geförderte Brennstoff sichtbar in den Saugraum oder in das Schwimmergehäuse abgelassen wird, um das Arbeiten der Pumpe in Zweifelsfällen zu kontrollieren und größere Luftblasen zu entfernen. Es ist nämlich zu beachten, daß Luftblasen nur dann durch die Druckventile in die Druckleitung gegen den Druck der Einblaseluft befördert werden können, wenn ihre Größe ein bestimmtes Maß nicht überschreitet. Sonst lassen sie sich beim Druckhub der Pumpe nicht soweit komprimieren, daß der Druck zum Öffnen der Druckventile ausreicht, beim Saughub dehnen sie sich wieder aus, so daß das Ansaugen neuen Brennstoffes verhindert wird und das Spiel sich solange wiederholt, bis die Luft durch das Probierventil entfernt wird.

Die Saugventile werden nach oben oder nach unten öffnend angeordnet, das letztere ist bei weitem vorzuziehen, da Luftblasen durch das Saugventil, wenn es ebenfalls an der höchsten Stelle des Pumpenraumes angeordnet ist, entweichen können, ohne hohe Gegendrücke überwinden zu müssen, nachdem das Saugventil während des ersten Teiles des Druckhubes stets offen ist. Bei untenliegendem Saugventil ist ein solches Entweichen von Luftblasen natürlich nicht möglich. Ferner liegt bei diesem ein Teil des Reguliergestänges unzugänglich im brennstofferfüllten Saugraum, bei obenliegendem Saugventil läßt sich das ganze Reguliergestänge sehr übersichtlich, im Betriebe zugänglich und einstellbar, anordnen.

Die Gestalt des Gehäuses hängt von der Lage der Kolben, Ventile und Anschlüsse ab, sowie davon, wieviel Pumpeneinheiten (Kolben) in einem Gehäuse untergebracht sind. Dasselbe wird aus Gußeisen, Rotguß oder Flußeisen angefertigt, das letztgenannte Material verdient den Vorzug, weil darin undichte Stellen und damit verbundener Ausschuß in der Fabrikation nur äußerst selten vorkommen.

Bedeutet b den Brennstoffverbrauch in g/PS-h, i die Zylinderzahl und n die Maschinendrehzahl/min, so ist bei Normallast die Brennstoffmenge q für eine Zündung einer Viertaktmaschine

$$q = \frac{b \cdot N_e}{30 i \cdot n}\,\mathrm{g},$$

und das Hubvolumen eines Brennstoffpumpenkolbens

$$v = \frac{q \cdot k}{\gamma \cdot \eta_v \cdot m} = \frac{b \cdot N_e \cdot k}{i \cdot 30 \cdot n \cdot \gamma \cdot \eta_v \cdot m}\ \mathrm{cm^3},$$

worin γ das spezifische Gewicht des Brennstoffes, k ein Sicherheitsfaktor für Überlastung und Lässigkeitsverluste, η_v der volumetrische Wirkungsgrad = der Füllung der Pumpe ist und m angibt, wieviel Pumpenhübe auf eine Zündung entfallen. Das spezifische Gewicht der als Brennstoff verwendeten Gas- und Paraffinöle beträgt durchschnittlich 0,9, das der Teeröle etwa 1,0; k kann etwa $1{,}2 \div 1{,}3$ gleichgesetzt werden. Der volumetrische Wirkungsgrad kann in gewissen Grenzen frei gewählt werden, im Gegensatz zu gewöhnlichen Pumpen, bei denen er von den Konstruktions- und Betriebsverhältnissen abhängt. Er wird in der Regel für Normallast zu etwa $50 \div 70\%$ angenommen, d. h. man läßt das Saugventil nach $50 \div 30\%$ des Druckhubes schließen, worauf die Förderung beginnt. Es empfiehlt sich nicht, den volumetrischen Wirkungsgrad größer zu machen, da sonst das Saugventil vom Reguliergestänge bei höheren Belastungen nur für ganz kurze Zeit oder gar nicht aufgedrückt werden würde, so daß die Füllung des Pumpenraumes mit Brennstoff nur dann erfolgen könnte, wenn das Saugventil durch die Saugwirkung des Pumpenkolbens allein geöffnet würde. Dies ist aber der kleinen Abmessungen der Pumpe und des Saugventiles wegen nicht allzu zuverlässig, auch könnten dann Luftblasen nicht durch das Saugventil ausgetrieben werden.

Nach dem vorhergehenden ändert sich der volumetrische Wirkungsgrad mit der Belastung; das Reguliergestänge muß stets so ausgebildet sein, daß vollständige Nullfüllung, also $\eta_v = 0$ erreichbar ist, d. h. daß das Saugventil erst im Ende Druckhub schließt, so daß gar kein Brennstoff in die Druckleitung gefördert wird. Vielfach geht man noch weiter und läßt das Reguliergestänge soweit verstellen, daß das Saugventil überhaupt nicht mehr schließt, um absolute Sicherheit gegen ein Durchgehen der Maschine bei Entlastung zu erhalten.

Ist das Hubvolumen bestimmt, so kann der Hub gewählt und der Kolbendurchmesser daraus berechnet werden. Wegen der Herstellung von Kolben und Stopfbüchsen wird man mit dem Kolbendurchmesser nicht gern unter $8 \div 10$ mm gehen, daraus ergibt sich dann der Hub bei kleinen Maschinen. Bei größeren wird man den Hub möglichst groß machen, um Kolbenquerschnitt und damit die durch die Antriebsteile übertragenen Kräfte möglichst klein zu erhalten, was insbesondere bei Zusammenfassung aller Pumpenkolben in einem Kreuzkopf erwünscht ist. Der Wahl eines genügend großen Hubes werden kaum jemals konstruktive Schwierigkeiten entgegenstehen, so daß man mit Kolbendurchmessern von etwa 20 mm auch für die größten Maschinen das Auslangen finden kann.

Die Abmessungen der Pumpenventile lassen sich nicht, wie bei anderen Pumpen üblich, berechnen, da man auch bei großen Maschinen zu kleine, nur durch Feinmechanikerarbeit herstellbare Teile erhalten würde. Nur bei ganz kleinen Maschinen wird man vielleicht den Ventilen weniger als 10 mm lichte Weite geben, da aber in einem Ventil von 10 mm l. W. auch bei den größten Maschinen die mittlere Brennstoffgeschwindigkeit kaum 1 m/s erreichen wird, können die gleichen Ventile für alle Maschinengrößen verwendet werden. Wesentlich ist, daß die Ventile und ihre Verschlüsse so angeordnet werden, daß sie ohne Losnehmen von Rohrleitungen ausgebaut werden können.

In Abb. 128 ist die Ermittlung des Reguliergestänges für eine Pumpe mit untenliegendem Kolben schematisch dargestellt. Der Kolbenhub betrage 30 mm, der Durchmesser ist für die Aufgabe ohne Belang. Zuerst ist der größte Hub des Saugventils, wie er bei Nullfüllung zustande kommt, festzulegen. Zu kleiner Hub ergibt schleichendes Schließen,

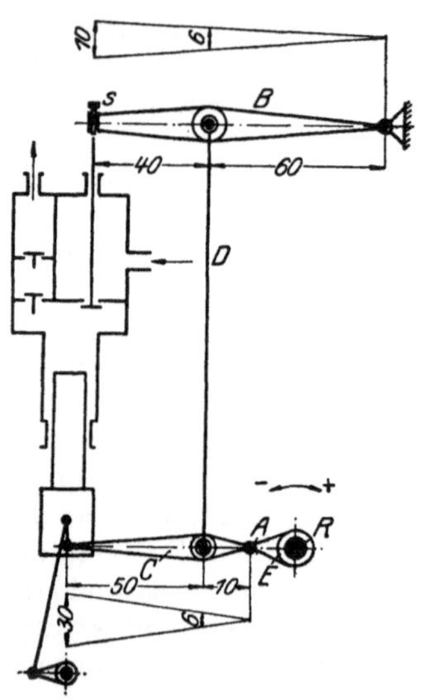

Abb. 128. Reguliergestänge.

daher ungenaue Regelung und allzu lange Dauer hoher Brennstoffgeschwindigkeiten im Ventilsitz, die gleiche Verteilung der Leistung auf die einzelnen Zylinder wird wegen der erforderlichen hohen Genauigkeit der Einstellung schwierig; zu großer Hub bringt konstruktive Schwierigkeiten. 8÷10 mm dürften das richtige Mittel darstellen. Nimmt man 10 mm und den Punkt A zunächst als feststehend an, so müssen die Hebel B und C so bemessen werden, daß die Stellschraube S den gewünschten Hub von 10 mm macht. Die Abbildung zeigt, in welcher Weise dies erreicht wird; die Zugstange D macht dabei 6 mm Hub. Natürlich muß die Anordnung des Gestänges so getroffen werden, daß die Saugventile während des Saughubes aufgedrückt werden und während des Druckhubes schließen.

Um nun zu finden, welchen Weg der Punkt A zurücklegen und welche Drehung die Regelwelle R ausführen muß, um von Nullfüllung auf Überlast zu übergehen, sei folgende Überlegung angestellt: Bei Nullfüllung verläßt die Stellschraube S das Saugventil gerade im oberen Totpunkt, um es sofort wieder zu öffnen. Bei größter Füllung muß die Pumpe während des η_v-ten Teiles des Druckhubes fördern, das Saugventil muß also schließen, nachdem $1-\eta_v$ Teile des Hubes zurückgelegt sind. Der Mehrverbrauch für Überlast ist bereits durch den Faktor k, siehe oben, berücksichtigt. Da die Wege des Gestänges denen des Kolbens proportional sind, muß die Stellschraube S nunmehr einen toten Weg nach Verlassen des Saugventils zurücklegen, der den η_v-ten Teil ihres gleichbleibenden Hubes beträgt. Um soviel muß also der Hub der Stellschraube durch Verstellung des Punktes A höhergelegt werden. Hat man bei Berechnung des Hubvolumens der Pumpe $\eta_v = 60\%$ angenommen, so ist im vorliegenden Beispiel der Hub der Stellschraube um $0{,}60 \cdot 10 = 6$ mm höher zu legen, wozu der Punkt A um

$$6 \cdot \frac{60}{40 + 60} \cdot \frac{50 + 10}{50} = 4{,}3 \text{ mm}$$ nach oben zu verlegen ist. Daraus ist dann die Länge des Hebels E und der Drehwinkel der Regelwelle R nach konstruktiven Rücksichten zu bestimmen.

Bei Propellermaschinen muß die Regelwelle mit dem Regler kraftschlüssig verbunden sein, damit man sie von Hand verstellen kann, ohne den Widerstand der Reglerfedern überwinden zu müssen, anderseits darf auch der Regler durch die Handregelung nicht gehindert werden, bei Überschreitung einer gewissen Drehzahl die Füllung der Belastung entsprechend einzustellen. Eine solche Anordnung ist in Abb. 129 schematisch dargestellt. Die Feder F sucht die Regelwelle R auf größere Füllung einzustellen, so daß der Zapfen G in der Schleife der Stange H aufruht. Durch den Handhebel I, mit dem die Stange H verbunden ist, kann demnach der Welle R eine bestimmte Lage gegeben und so die gewünschte Füllung eingestellt werden. Die Federn des Reglers werden so bemessen und gespannt, daß seine Gewichte bei allen im regelmäßigen Betriebe vorkommenden Drehzahlen in der innersten Lage verharren und der Zapfen K sich in der Schleife L frei bewegen kann. Wird aber aus irgendeiner Ursache die höchste Betriebsdrehzahl überschritten, so tritt der Regler aus seiner Ruhelage heraus, seine Muffe steigt, die Stange L zieht den Zapfen K herab und dreht die Regelwelle im Sinne kleinerer Brennstofförderung. In dieser Richtung kann sich nun der Zapfen G in der Schleife H

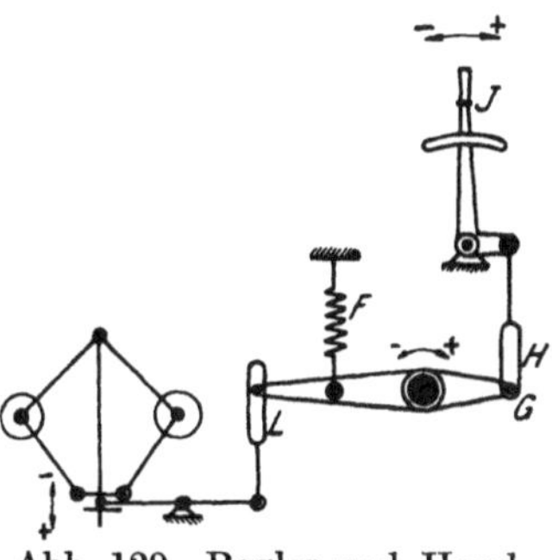

Abb. 129. Regler und Handregelung.

frei bewegen, die Maschine reguliert wie eine normale Landmaschine, doch kann die durch den Handhebel I eingestellte Füllung nicht überschritten werden.

Diese freie Beweglichkeit der Regelwelle im Sinne kleinerer Füllung macht es möglich, verschiedene Abstellvorrichtungen auf sie einwirken zu lassen. So kann eine Fernabstellvorrichtung vorgesehen werden, die es ermöglicht, im Falle eines Brandes oder dgl. die Maschine pneumatisch oder elektrisch von einem entfernten Raum, z. B. der Kommandobrücke eines Schiffes, aus abzustellen. Im ersteren Falle wird ein kleiner Druckluftzylinder angeordnet, dessen eingeschliffener Kolben über einen Hebel die Regelwelle auf Nullfüllung stellt, wenn der Zylinder mit Druckluft beschickt wird. Diese wird der Einblaseleitung entnommen, die doch während des Betriebes stets unter Druck steht, und durch eine ganz dünne Leitung an den Ort, von dem aus das Abstellen erfolgen soll und wo zu diesem Zweck ein Ventil angebracht wird, und zurück zum Abstellzylinder geleitet. Anstatt dessen kann auch ein Elektromagnet oder ein Solenoid verwendet werden, doch ist diese Lösung als weniger zuverlässig anzusehen.

Auf Unterseebooten ist es vorgekommen, daß die Öffnung (Luke oder Luftschacht), durch die die Verbrennungsluft in den Maschinenraum einströmt, während des Betriebes der Dieselmaschinen versehentlich geschlossen wurde. Die weiterlaufenden Maschinen saugten dann die Luft aus dem Maschinenraum ab und der in kürzester Zeit entstehende Unterdruck hätte alle sich im Raume aufhaltenden Menschen getötet, wenn nicht jemand die Geistesgegenwart besessen hätte, die Maschinen rechtzeitig abzustellen. Einem solchen Unfall kann durch eine Vorrichtung vorgebeugt werden, die, hauptsächlich aus einem Kolben oder einer Membran bestehend, bei einem bestimmten, nicht zu hoch zu bemessenem Unterdruck im Maschinenraum die Motoren abstellt.

Endlich wird die Regelwelle bei umsteuerbaren Maschinen mit dem Anlaßgestänge so verbunden, daß die Brennstofförderung aufhört, wenn der Anfahrhebel in Mittelstellung (Stopp) gebracht wird; damit wird erreicht, daß der Maschinist beim Abstellen, Anfahren und Umsteuern einen Griff weniger zu machen hat, bzw. daß der Zerstäuber während des Auslaufes nicht vollgepumpt wird, wenn der Maschinist nur mit

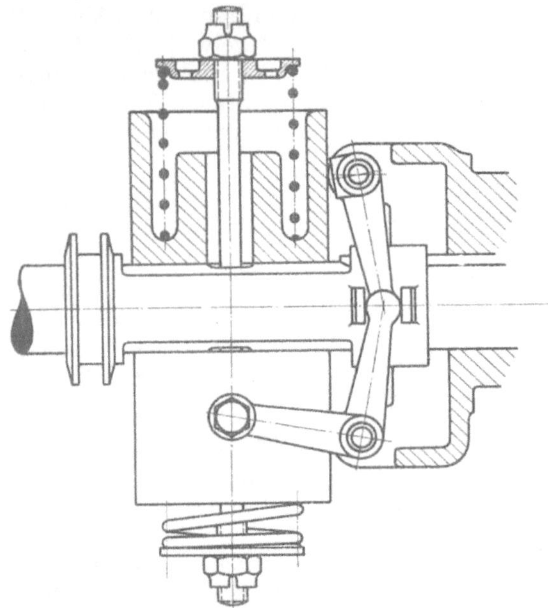

Abb. 130.   Fliehkraftregler.

dem Anfahrhebel abstellt, ohne die Handregelung auf Nullfüllung zu stellen. Bei Maschinen, bei denen die Zylinder gruppenweise angelassen werden, die aber, wie üblich, für alle Brennstoffpumpen eine gemeinsame Regelwelle haben, muß diese von demjenigen Handhebel beeinflußt werden, der zuerst in Betriebsstellung gelegt wird, damit die betreffende Zylindergruppe auch sofort Brennstoff erhält und zünden kann. Wird jedoch eine solche Maschine absichtlich oder versehentlich, wenn sich z. B. ein Anfahrhebel ausklinkt und von selbst in Stoppstellung zurückkehrt, so betrieben, daß nur eine Zylindergruppe zündet, so können große Brennstoffmengen in die Zerstäuber der anderen Gruppe gepumpt werden, von da in die Einblaseleitung gelangen und schwere Unfälle verursachen. Es ist daher besser, die Brennstoffpumpen jeder Zylindergruppe getrennt durch den zugehörigen Anfahrhebel abstellen zu lassen. Bei gemeinsamer Regelwelle ist das nur möglich, indem man ein besonderes Hebelwerk anordnet, das die Saugventile unabhängig von der Lage der Regelwelle aufdrückt. Ein solches Hebelwerk ist in Abb. 137 zu sehen, das dort aber nicht vom Anfahrgestänge, sondern vom Sicherheitsregler bestätigt wird.

10. Fliehkraftregler.

Der Regler soll möglichst nahe der Brennstoffpumpe angeordnet sein, um lange Gestänge und Übertragungswellen zu vermeiden. Die Steuerwelle eignet sich bei Viertaktmaschinen weniger zur Aufnahme des Reglers, da ihre Drehzahl zu gering ist. Wird die Brennstoffpumpe von der Antriebswelle der Steuerung angetrieben, so wird der Regler am besten auf diese Welle gesetzt (Abb. 137), ebenso, wenn sich die Pumpen auf Steuerseite befinden (Tafel II). Sind die Brennstoffpumpen auf der vorderen Stirnseite angeordnet, so setzt man den Regler am besten auf das Kurbelwellenende; für den Regler eine besondere Welle vorzusehen, bedeutet wohl eine überflüssige Vermehrung von Teilen (Abb. 148, auch Tafel III).

Am einfachsten ist die Berechnung eines Federreglers nach Abb. 130 wiederzugeben. Zunächst muß man sich über den Ungleichförmigkeitsgrad δ des Reglers klar werden. Je kleiner derselbe, desto näher rückt die Gefahr einer unruhigen, zu Pendelungen neigenden Regulierung, mit der um so mehr gerechnet werden muß, als die schnellaufenden, vielzylindrigen Motoren meist geringe Schwungmassen im Schwungrad oder Dynamoanker erhalten. Wird δ zu groß gewählt, so ergeben sich zu große Drehzahlunterschiede bei Belastungsschwankungen, bei Dieseldynamos wird daher der Ungleichförmigkeitsgrad der Regelung meist vorgeschrieben, damit bei wechselnder Belastung die elektrischen Spannungsschwankungen nicht zu groß werden. Am gebräuchlichsten ist der Wert $\delta = 4\%$, d. h. bei Entlastung von Vollast auf Leerlauf soll die Drehzahl nach Erreichen des neuen Beharrungszustandes um nicht mehr als 4% gestiegen sein und umgekehrt. Ferner wird vielfach verlangt, daß Belastungsänderungen von 25% der Normallast bleibende Drehzahländerungen von höchstens 2% verursachen. Bei Propellermaschinen kommt es auf eine so genaue Regelung weniger an, da der Regler nur die Aufgabe hat, ein Durchgehen der Maschine zu verhindern. Doch soll auch hier ein Pendeln vermieden werden, damit die Maschine bei plötzlicher Entlastung, z. B. Austauchen der Schraube, nicht in ein Gebiet kritischer Drehzahlen gerät, das oft nicht weit über der normalen Betriebsdrehzahl liegt.

Über die erforderliche Größe des Reglers zahlenmäßige Angaben zu machen, ist recht schwer, da sie von verschiedenen Umständen abhängt, die nicht leicht zu erfassen sind, hauptsächlich von den Reibungswiderständen des Reguliergestänges. Bei Dieseldynamos haben sich Regler mit einem Arbeitsvermögen von etwa 350 kgcm gut bewährt, Propellermaschinen erhalten weit schwächere Regler.

Nachstehend sei die Berechnung des Federreglers, Abb. 130, wiedergegeben: Jedes der beiden Reglergewichte hat ein Volumen von 461 cm³, bei Ausführung aus Gußeisen wiegt ein jedes 3,35 kg. Die

Ermittlung des Schwerpunktes ergibt in der innersten Lage einen Abstand desselben vom Wellenmittel $r_1 = 5,15$ cm; der Hub der Gewichte wird mit $s = 2$ cm angenommen. Die Regelwelle (R in Abb. 128) ist mit der Muffe des Reglers derart zu verbinden, daß der innersten Lage der Gewichte die höchste Überlast, der äußersten aber Nullfüllung entspricht. Der Ungleichförmigkeitsgrad zwischen Vollast und Leerlauf betrage 4%. Es sind nun die Schwerpunktsabstände r_2 und r_3 für Vollast bzw. Leerlauf zu finden, wozu wenigstens die ungefähre Kenntnis der betreffenden Brennstoffverbrauchszahlen erforderlich ist. Angenommen, daß der Verbrauch bei Leerlauf 30% und der bei Überlast 120% des Vollastverbrauches beträgt, und daß sich der Hub der Reglergewichte proportional auf die Regelwelle oder richtiger auf den Punkt A in Abb. 128 überträgt, so entfallen auf den Leerlauf $\dfrac{30 \cdot 100}{120} = 25\%$ und auf die Vollast $\dfrac{100 \cdot 100}{120} = 83,3\%$ des ganzen Hubes, von der äußersten Lage (Nullfüllung) aus gerechnet. Es beträgt somit

$$r_2 = 5,15 + 2 - 0,833 \cdot 2 = 5,48 \text{ cm}$$

und

$$r_3 = 5,15 + 2 - 0,25 \cdot 2 = 6,65 \text{ cm};$$

$$r_4 = 5,15 + 2 = 7,15 \text{ cm}$$

entspricht der Lage der Nullfüllung

Die normale Drehzahl bei Vollast soll 300 Uml./min betragen und werde mit n_2 bezeichnet, dann ist bei Leerlauf $n_3 = 300 + 0,04 \cdot 300 = 312$ Uml./min. Die zugehörigen Winkelgeschwindigkeiten sind $\omega_3 = 31,4$ und $\omega_2 = 32,6$, ihre Quadrate $\omega_2^2 = 986$ und $\omega_3^2 = 1063$. Die entsprechenden Fliehkräfte sind dann:

$$P_2 = \frac{3,35}{9,81} \cdot 0,0548 \cdot 986 = 18,5 \text{ kg} \quad \text{und} \quad P_3 = \frac{3,35}{9,81} \cdot 0,0665 \cdot 1063 = 24,1 \text{ kg}.$$

Dadurch sind die Federn festgelegt, sie müssen bei einer Verkürzung um je $r_3 - r_2 = 6,65 - 5,48 = 1,17$ cm eine Kraftsteigerung von je $P_3 - P_2 = 24,1 - 18,5 = 5,6$ kg ergeben. Um die Drahtstärke zu berechnen, ist jedoch die Kenntnis der größten Federkraft P_4 nötig, die in der äußersten Lage der Reglergewichte auftritt. P_4 ergibt sich aus $\dfrac{P_4 - P_2}{r_4 - r_2} = \dfrac{P_3 - P_2}{r_3 - r_2}$, $P_4 = 26,5$ kg. Wird der mittlere Windungshalbmesser $r = 3$ cm angenommen, so folgt die Drahtstärke aus $P_4 = \dfrac{\pi\, d^3 \cdot k_d}{16 \cdot r}$, wobei $k_d = 4000$ kg/cm²; $d = 0,464$ cm, was auf 5 mm aufgerundet werde. Sodann ist die wirksame Windungszahl n aus

$$r_3 - r_2 = \frac{64 \cdot n \cdot r^3 (P_3 - P_2)}{d^4 \cdot G}$$

zu berechnen, sie ist $n = 6$.

Von Interesse ist noch die Ermittlung, welche Drehzahlen sich in den Endstellungen der Reglergewichte ergeben. Bei Nullfüllung gilt die Beziehung $P_4 = \dfrac{3,35}{9,81} \cdot r_4 \cdot \omega_4^2 = 26,5$ kg, woraus $\omega_4 = 32,9$ $n_4 = 314$, P_1 wird ähnlich wie P_4 ermittelt und ist $P_1 = 16,9$ kg, aus $P_1 = \dfrac{3,35}{9,81} \cdot r_1 \cdot \omega_1^2$ ist $\omega_1 = 31$ und $n_1 = 296$. Der Ungleichförmigkeitsgrad über den ganzen Reglerhub beträgt somit $2\dfrac{n_4 - n_1}{n_4 + n_1} = 2\dfrac{314 - 296}{314 + 296} = 5,9\%$, also weit mehr, als für den Ungleichförmigkeitsgrad zwischen Vollast und Leerlauf angenommen war.

11. Verdichter.

Zweistufige Einblasekompressoren wurden früher auch bei größeren schnellaufenden Dieselmaschinen verwendet, haben aber vielfach erhebliche Betriebsschwierigkeiten mit sich gebracht. Das gesamte Verdichtungsverhältnis ist nicht konstant, es wird bei gleichbleibendem Druck im Einblasegefäß, in das der Verdichter fördert, um so höher, je mehr die Leistung des Verdichters durch Drosseln der Saugöffnung vermindert wird. Das gesamte Verdichtungsverhältnis kann also nur bei einer bestimmten Leistung und einem bestimmten Enddruck auf beide Stufen gleichmäßig verteilt werden; ist es $\dfrac{p_3}{p_1}$, so müssen sich die Hubvolumina der beiden Stufen wie $\sqrt{\dfrac{p_3}{p_1}} : 1$ verhalten, da, Rückkühlung auf die Anfangstemperatur vorausgesetzt, $\dfrac{p_2}{p_1} = \dfrac{V_1}{V_2}$ ist und $\dfrac{p_2}{p_1} = \dfrac{p_3}{p_2}$ sein soll, somit $\dfrac{V_1}{V_2} = \sqrt{\dfrac{p_3}{p_1}}$ sein muß. Dabei ist p_1 und p_2 Druck vor, bzw. hinter der ersten Stufe, p_3 der Druck hinter der zweiten Stufe, V_1 und V_2 die Hubvolumina der ersten bzw. zweiten Stufe. Ist z. B. die Saugspannung in der ersten Stufe $p_1 = 0,7$ at abs., die Endspannung $p_3 = 70$ at abs., so ist das gesamte Verdichtungsverhältnis $\dfrac{p_3}{p_1} = 100$, die Hubvolumina der beiden Stufen sollen sich dann wie $10 : 1$ verhalten. Damit ist das Verdichtungsverhältnis der Niederdruckstufe festgelegt, es ist konstant und beträgt $\dfrac{p_2}{p_1} = 10$, wobei von verschiedenen Nebeneinflüssen abgesehen sei. Wird stärker gedrosselt oder erhöht sich die Endspannung, so wird davon nur die Hochdruckstufe betroffen. Fällt z. B. p_1 auf 0,4 at abs. und erhöht sich gleichzeitig p_3 auf 80 at abs., so wird $p_2 = 10 \cdot p_1 = 4$ at abs. und das Verdichtungsverhältnis im Hochdruckzylinder $\dfrac{p_3}{p_2} = \dfrac{80}{4} = 20$, was sehr hohe Temperaturen zur Folge haben muß und zu Schmierölzündungen führen kann. Zweistufige Kompressoren sollen also nicht zu reichlich bemessen werden, da die Hochdruckstufe bei starker Drosselung sehr ungünstig arbeitet.

Aber auch bei normalen Verhältnissen ergeben sich durch die Einwirkung der hochgespannten und erhitzten Luft auf das Schmieröl Betriebsschwierigkeiten. Das Öl bietet dem chemischen Angriff der Luft eine sehr große Oberfläche dar, da es in dünnster Schicht die

Wandungen des Zylinders, Kolbens und der Kanäle bedeckt und in den Ventilen durch den Luftstrom zerstäubt wird, es wird zu einer harzartigen, klebrigen Masse oxydiert und verstopft die Einblaseleitungen und Zerstäuber manchmal derart, daß der Betrieb unterbrochen werden muß. Durch den Oxydationsprozeß kann die ohnehin hohe Temperatur noch so weit gesteigert werden, daß das Öl zu brennen anfängt, ohne daß es zu einer Explosion kommen müßte, und die Druckleitungen rotglühend werden. Bei genügender Ölmenge kommen auch Ölzündungen vor, die sich in harmlos verlaufenden Fällen durch das stets vorzusehende Sicherheitsventil entladen. Weitere Störungen entstehen durch Verstopfung der Verdichterventile durch Ölkoks, Ausglühen und Erlahmen der Ventilfedern usw.

Aus allen diesen Gründen sollen zweistufige Verdichter nur bei kleinen oder langsamlaufenden Maschinen Verwendung finden, wo durch die wassergekühlten Wandungen ein erheblicher Teil der Verdichtungswärme abgeführt wird.

Bei dreistufigen Kompressoren werden die Temperaturen niemals so hoch, daß sie zu störenden Erscheinungen Anlaß geben könnten, ihre Betriebssicherheit und die Lebensdauer ihrer Teile steht weit über der der zweistufigen Verdichter. Hier müssen die Verhältnisse der Hubvolumina zweier aufeinanderfolgenden Stufen der Kubikwurzel aus dem gesamten Verdichtungsverhältnis gleichen, wenn dieses auf die drei Stufen gleichmäßig verteilt werden soll. Wird der Enddruck mit p_4 bezeichnet, so ist $\dfrac{V_1}{V_2} = \dfrac{V_2}{V_3} = \sqrt[3]{\dfrac{p_4}{p_1}}$. Ist $\dfrac{p_4}{p_1}$ wieder $= 100$, so wäre

$$\frac{V_1}{V_2} = \frac{V_2}{V_3} = \frac{p_2}{p_1} = \frac{p_3}{p_2} = 4{,}64$$ und auch das Verdichtungsverhältnis der

dritten Stufe wäre $\dfrac{p_4}{p_3} = 4{,}64$. Da sich aber nur dieses bei Veränderung des gesamten Verdichtungsverhältnisses ändert, empfiehlt es sich, $\dfrac{p_4}{p_3}$ etwas kleiner zu machen und dafür die Verdichtungsverhältnisse der beiden ersten Stufen auf $5 \div 5{,}5$ zu vergrößern.

Vierstufige Verdichter werden bei Dieselmotoren nur dann verwendet, wenn Druckluft von wesentlich höherer Spannung, als zum Einblasen des Brennstoffes erforderlich, für andere Zwecke abgegeben werden muß. Ist z. B. der höchste Enddruck 160 at, so beträgt das gesamte Verdichtungsverhältnis etwa 200; man wird jedoch auch in diesem Fall nicht alle Verdichtungsverhältnisse $= \sqrt[4]{200} = 3{,}76$ machen, sondern die der ersten drei Stufen auf 4 bis 4,5 vergrößern, um die vierte Stufe zu entlasten, bei der infolge des außerordentlichen hohen Druckes die Gefahren einer Ölzündung und anderer Störungen am größten sind.

Die Einblaseluft wird bei solchen Verdichtern hinter der vierten Stufe entnommen und durch ein Druckminderventil auf den erforderlichen Einblasedruck gebracht. Ein anderes, wohl etwas wirtschaftlicheres Verfahren, die Einblaseluft zwischen der dritten und vierten

Stufe zu entnehmen und den Rest in der vierten Stufe weiter zu verdichten, ist weniger zu empfehlen, da das Hubvolumen der vierten Stufe dieser Restmenge angepaßt werden müßte, die aber erheblichen Schwankungen unterworfen sein kann. Wird sie größer als das Hubvolumen, so muß die Saugöffnung des Kompressors gedrosselt werden, weil sonst der Einblasedruck zu hoch steigt, und die Leistungsfähigkeit des Verdichters kann nicht voll ausgenützt werden; wird sie kleiner, so kann der Einblasedruck nicht auf der gewünschten Höhe gehalten werden, es müßte denn eine Drosselvorrichtung vor der vierten Stufe eingebaut werden, wodurch aber eine Vergrößerung ihres Verdichtungsverhältnisses nicht verhindert werden kann und der Betrieb in unliebsamer Weise kompliziert würde.

Der Antrieb des Verdichters erfolgt fast ausschließlich vom vorderen Kurbelwellenende, andere Bauarten, wie Schwinghebel u. dgl. werden bei schnellaufenden Maschinen nicht mehr verwendet. Zwei- und dreistufige Kompressoren werden bei kleineren Maschinen mitunter von einer Kurbel angetrieben, häufiger und bei großen Maschinen ausschließlich verwendet ist die Verteilung auf zwei um 180° gegeneinander versetzte Kurbeln mit annähernd gleichen Gewichten der hin und her gehenden Teile, wodurch wenigstens die Massenkräfte 1. Ordnung ausgeglichen werden. Vierstufige Kompressoren müssen von zwei Kurbeln

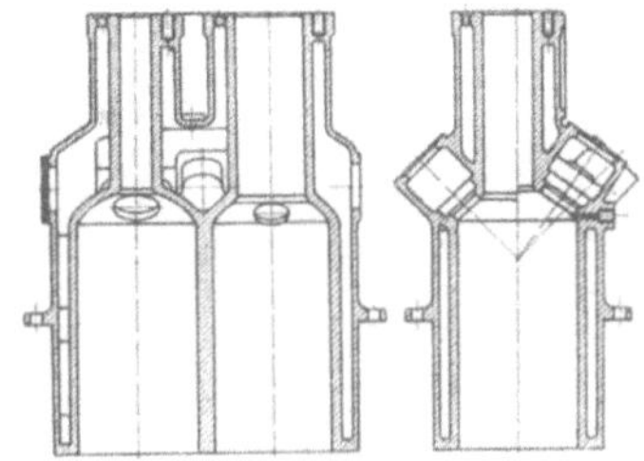

Abb. 131. Dreistufige Verdichter.

angetrieben werden, da vier Stufen übereinander angeordnet eine allzugroße Bauhöhe ergeben würden und manche Teile, vor allem der Kolben, eine unhandliche Länge erhalten würden.

Bei zweistufigen Verdichtern wird der Hochdruckkolben stets über dem Niederdruckkolben angeordnet, der letztere enthält den Kolbenzapfen und dient zur Führung; er muß mit ein bis zwei Abstreifringen versehen sein, da wegen des Unterdrucks, der infolge der Drosselregelung während des Saughubes im Niederdruckzylinder herrscht, das vom Kurbellager auf die Zylinderwand geschleuderte Schmieröl besonders leicht in übermäßiger Menge hochgezogen wird. Sind zwei Kurbeln vorhanden, so werden zwei gleiche Zylinder, meist zusammengegossen, nebeneinander angeordnet; man erhält also einen Zwillingsverdichter und damit den Vorteil einer gewissen Reserve, da wenigstens die halbe Luftmenge weitergeliefert werden kann, wenn eine Verdichterhälfte aus irgendeinem Grunde außer Betrieb gesetzt werden muß. Die Zylinder werden in der Regel mit dem Kühlmantel aus einem Stück gegossen, ähnlich dem dreistufigen Verdichter in Abb. 131, nur die Hochdruckdeckel (Abb. 132) werden besonders aufgesetzt. Die Stufenkolben müssen also nach unten ausgebaut werden, wofür jedoch meistens der nötige Raum im Kurbelgehäuse fehlt, dann müssen die Zylinder von den Kolben abgezogen werden, die durch die Treibstangen mit den Kurbeln verbunden bleiben. Diese Art des Aus- und Einbauens ist recht umständlich, da verhältnismäßig große Gewichte und sperrige Stücke in meist engem Raum zu bewegen sind und viele Nebenteile, die Umsteuervorrichtung u. a. vorher ab- und nachher angebaut werden müssen.

Die Stirnfläche des Niederdruckkolbens wird in der Regel kugelförmig gemacht, weil in diesem Falle die Ventile mit dem geringsten schädlichen Raum eingesetzt werden können. Das Kühlwasser wird zweckmäßig außerhalb des Kurbelgehäuses, also ziemlich hoch zugeführt, um wasserführende Rohre und Verschraubungen innerhalb desselben zu vermeiden, es genügt auch vollkommen, wenn der untere Teil des Niederdruckzylinders mit stehendem Wasser erfüllt ist, da dort nur die geringe Reibungswärme abzuführen ist.

Der Hochdruck-Zylinderdeckel (Abb. 132) enthält je ein Saug- und Druckventil und die Kanäle zur Zu- und Ableitung der Luft, sein Hohlraum wird von Kühlwasser durchflossen, das ähnlich wie bei den Arbeitszylindern zugeführt wird. Eine gleichmäßige Verteilung des Kühlwassers und eine geordnete Zirkulation ist aber hier wegen der weit geringeren Temperaturen

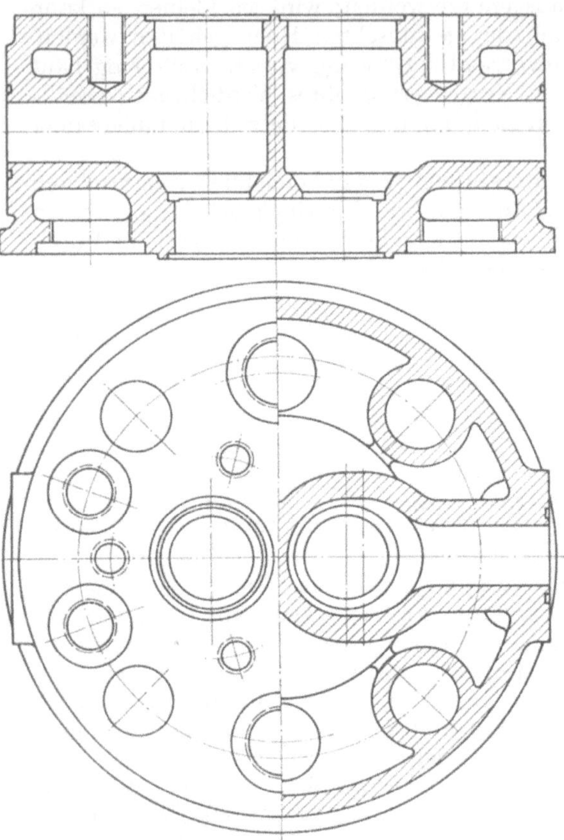

Abb. 132. Hochdruck-Zylinderdeckel.

und Wärmemengen von untergeordneter Bedeutung, es genügt vollkommen, wenn alle erhitzten Wandungen mit dem Kühlwasser in Berührung stehen und störende Luftsäcke vermieden werden. Die Ableitung erfolgt natürlich an höchster Stelle. Die Stiftschrauben, mit denen der Deckel befestigt ist, sind zu berechnen, indem man den Enddruck der Verdichtung auf den äußeren Durchmesser der Deckeldichtung zugrunde legt und eine Zugspannung von etwa 500 kg/cm² zuläßt.

Die Kolbenkraft, die nur gegen Ende des Aufwärtshubes in ihrer vollen Größe auftritt, ergibt sich aus den wirksamen Flächen des

Nieder- und Hochdruckkolbens und den zugehörigen Enddrücken. Die
Flächendrücke in den Kolbenzapfen- und Kurbellagern können viel
kleiner gewählt werden, wie bei den Arbeitszylindern, da dies hier die
Raumverhältnisse gestatten; sonst gilt vom Triebwerk das dort Gesagte. Es sei nur noch erwähnt, daß wegen des kleineren Hubes die
Massenkräfte eine geringe Rolle spielen, insbesondere ist es nicht möglich, daraus die Abmessungen der Treibstangenschrauben zu berechnen.
man setze sie etwa in das gleiche Verhältnis zum Kurbelzapfendurch-
messer wie bei den Arbeitszylindern. Durch die größte Kolbenkraft
werden auch die Schrauben beansprucht, mit denen der oder die Kompressorzylinder am Kastengestell befestigt sind; wegen der unsicheren
Kraftverteilung nehme man jedoch $k_z = 350 \div 400$ kg/cm² und ziehe
nur diejenigen Schrauben in Betracht, die im Bereiche eines Zylinders
liegen, auch wenn beide zu einem Gußstück vereinigt sein sollten.

Dreistufige Kompressoren mit einer Kurbel werden nach Abb. 22
ausgeführt. Der Zylinder wird an der Stelle geteilt, wo der zylindrische
Teil der Niederdruckstufe in die Kugelkappe übergeht, außerdem wird
der Hochdruckzylinderdeckel besonders aufgesetzt. Dadurch wird
das Ausbauen der Kolben außerordentlich erleichtert, da nur die verhältnismäßig leichten Zylinderoberteile abzunehmen sind, die man
bei sachgemäßer Konstruktion auch noch von allzu vielen Nebenteilen,
die dabei abzubauen wären, freihalten kann, und die Kolben nach oben
ausgebaut werden können.

Die Kolbenkraft, die auch hier für die Berechnung des Triebwerkes
und der Befestigungsschrauben maßgebend ist, ist ebenfalls gegen Ende
des Aufwärtshubes am größten, von den Enddrücken der ersten und
dritten Stufe p_2 und p_4 auf die zugehörigen wirksamen Kolbenflächen
ist die Saugspannung p_2 im Mitteldruckzylinder auf die untere Ring-
fläche des Kolbens abzuziehen. Beim Abwärtshub entsteht eine nach
oben gerichtete Kraft, die sich aus dem Enddruck in der zweiten Stufe
p_3 und dem Unterdruck im Niederdruckzylinder $1 - p_1$ auf die zugehörigen Kolbenringflächen abzüglich der Saugspannung in der dritten
Stufe p_3 auf den Hochdruckkolben zusammensetzt. Es ergibt sich demnach bei jeder Umdrehung ein Druckwechsel im Triebwerk, was für die
Schmierung des Kolbenzapfens sehr vorteilhaft ist; bei zweistufigen
Verdichtern und dreistufigen nach Abb. 131 tritt ein Druckwechsel
nur bei sehr starker Drosselung oder großen Massenkräften auf. Mit
der nach oben gerichteten Kolbenkraft sind die Abmessungen der Treibstangenschrauben zu überprüfen. Der Kolbenzapfen wird im unteren
Teil des Kolbens befestigt, der die Führung besorgt, die übrigen Teile des
Kolbens erhalten größeres Spiel im Zylinder, um Anfressen zu vermeiden,
auch wenn sich der lange Kolben infolge ungleichmäßiger Erwärmung
etwas verzogen haben sollte.

Dreistufige Verdichter mit zwei Kurbeln können in verschiedener
Weise angeordnet werden. Vielfach werden zwei Zylinder nach Abb. 22
zu einem Zwillingskompressor vereinigt, so daß jede Hälfte bei Beschädigung der anderen selbständig weiterarbeiten kann. Billiger, leichter
und einfacher ist die in Abb. 131 dargestellte Bauart, wobei je ein

Niederdruckkolben mit dem Hoch- und Mitteldruckkolben vereinigt ist, da die Zylinder ungeteilt bleiben können und acht gegenüber zwölf Ventilen bei der erstgenannten Bauart vorhanden sind. Als Nachteil ist hingegen der bereits erwähnte schwierigere Kolbenausbau und die Unmöglichkeit, mit einer Kompressorhälfte selbständig weiterzuarbeiten, zu nennen. Der Deckel des Mitteldruckzylinders weist bis auf die größeren Abmessungen und die schwächeren Schrauben und Wandstärken keine Verschiedenheiten gegenüber dem Hochdruckdeckel auf. Eine noch einfachere Bauart wurde vom Verfasser dieses Abschnittes bei kleinen Maschinen eingeführt, indem der Niederdruckkolben als einfacher Tauchkolben, ganz ähnlich einem Arbeitskolben ausgebildet und die beiden anderen zu einem Stufenkolben, Mitteldruck unten, Hochdruck oben, vereinigt wurden. Indem der Stufenkolben einen weit geringeren Hub erhielt als der Niederdruckkolben, ergaben sich für ersteren nicht allzu kleine Durchmesser und gleiche Höhen für beide Zylinder. Die Anzahl der nötigen Ventile ist nur sechs, wie bei einkurbeligen dreistufigen Verdichtern.

Vierstufige Verdichter werden in der Regel mit je zwei Zylindern in der ersten und zweiten und je einem in der dritten und vierten Stufe ausgeführt, so daß zwei Stufenkolben nach Abb. 22 entstehen, deren oberste Teile die dritte und vierte Stufe bilden.

Der Verdichter muß so bemessen sein, daß er auch bei minder gutem Betriebszustand die nötige Einblaseluft mit Sicherheit fördert und noch ein gewisser Überschuß zum Auffüllen der Anlaßgefäße und unter Umständen für andere Zwecke verbleibt. Bezeichnet L den Einblaseluftverbrauch für die Pferdekraftstunde in Litern von atmosphärischer Spannung, λ den Lieferungsgrad des Verdichters, der vom schädlichen Raum, der Stufenzahl, der Luftgeschwindigkeit und den Widerständen in den Ventilen usw. abhängt, und V das Hubvolumen aller Arbeitszylinder, so ist das zur Förderung der Einblaseluft erforderliche Hubvolumen einer einfachwirkenden Niederdruckstufe für eine Viertakt-

$$\text{maschine} \quad V_e = \frac{L \cdot N_e}{60 \cdot n \cdot \lambda}, \quad \text{und da} \quad N_e = \frac{V \cdot n \cdot p_e}{900}, \quad V_e = \frac{L \cdot V \cdot p_e}{54\,000 \cdot \lambda}.$$

Der Einblaseluftverbrauch beträgt für Vollast $300 \div 400$ l/PS$_e$-h, der geringere Wert gilt für kleine und mittlere Maschinen mit mäßig hohem p_e, der höhere für große, höchstbelastete Maschinen. Dies erklärt sich dadurch, daß bei den letzteren den einzelnen Brennstoffteilchen eine höhere Bewegungsenergie erteilt und stärkere Wirbelung im Verbrennungsraum erzeugt werden muß, um bei den größeren Entfernungen und dem geringeren Luftüberschuß vollkommene und rauchlose Verbrennung zu erzielen. Der Lieferungsgrad des Verdichters schwankt zwischen 0,65 und 0,80, der effektive mittlere Druck in den Arbeitszylindern $p_e = 5 \div 6$ at. Demnach liegt V_e zwischen den Grenzen $0,035 \cdot V$ und $0,068 \cdot V$. Die ausgeführten Verdichter besitzen bei Viertaktmaschinen in der Regel ohne Rücksicht auf die erwähnten Umstände ein Hubvolumen V_k, das vom Werte $V_k = 0,08 \cdot V$ nicht viel abweicht. Das würde also einen Wert α auf S. 29 von 0,16 entsprechen. Es ergibt sich daraus, daß die kleineren Maschinen einen weitaus größeren Luftüberschuß im Verdichter besitzen als die großen, was auch durch die praktischen Erfahrungen bestätigt wird.

Die Steuerung der Einblasekompressoren erfolgt fast ausschließlich durch selbsttätige Ventile, die als Kegel- und Plattenventile ausgeführt werden. Die ersteren können einen größeren Hub erhalten, bedürfen aber dann eines Luftpuffers, um die Stöße beim Öffnen und Schließen zu mildern, auch wenn ihre Masse nach Möglichkeit vermindert wird. Die Luftpuffer sind gegen Abnützung recht empfindlich, ihre Wirkung hört nach einiger Zeit auf, das Arbeiten wird geräuschvoll und die Dichtungsflächen und Hubbegrenzungen werden beschädigt. Verdicktes oder verharztes Schmieröl verursacht oft Hängenbleiben der Ventile in den Luftpuffern und Spindelführungen. Alle diese Übelstände treten bei Plattenventilen nicht auf, ihre Masse und Stoßarbeit sind gering, die Reibungswiderstände verschwindend, sie dürfen aber nur geringen Hub erhalten, wenn sie bei hohen Drehzahlen genügende Lebensdauer aufweisen sollen. Bei richtiger Ausführung und Materialauswahl (Chromnickelstahl für die Platten) haben sie sich für die höchsten Drücke bis 200 at vorzüglich bewährt. Die Ventilsitze und Ventilfänger werden aus einer harten Stahlsorte hergestellt, die Öffnungen für den Durchtritt der Luft werden meist gebohrt und erhalten daher kreisförmigen Querschnitt (Abb. 133). Die Ventilplatten erhalten eine Stärke von nur $1,5 \div 2$ mm, sie werden in der Regel am inneren Rande mit einem Spiel von einigen Zehnteln Millimeter geführt; der Hub soll 3, bei langsamer laufenden Maschinen 4 mm nicht übersteigen, wofür durch eine Hubbegrenzung zu sorgen ist. Die Abmessungen der Ventile

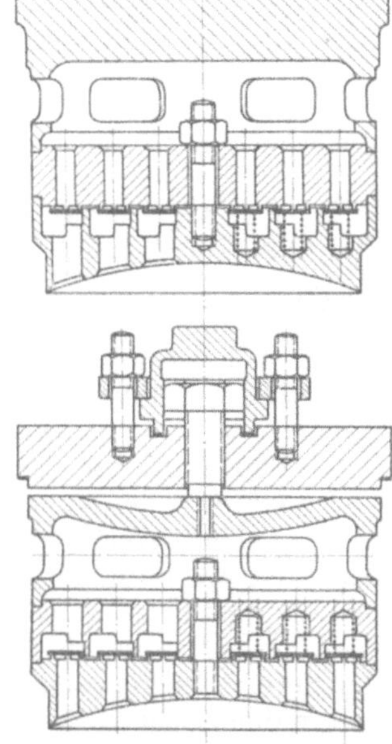

Abb. 133.   Niederdruck-Plattenventile.

ergeben sich aus der Beziehung $f = F \cdot \dfrac{c_m}{v}$,

worin f der freie Ventilquerschnitt, F die wirksame Kolbenfläche der betreffenden Stufe und c_m die mittlere Geschwindigkeit des Verdichterkolbens ist. v gleicht beim Saugventil ungefähr der mittleren Luftgeschwindigkeit, beim Druckventil hat es nur die Bedeutung einer Verhältniszahl, da dieses nur während eines Teiles des Kolbenhubes geöffnet ist. Wird, wie vielfach üblich, v für das Saug- und Druckventil derselben Stufe gleich genommen, so ergeben sich dennoch im Druckventil geringere Luftgeschwindigkeiten als im Saugventil, da ersteres erst bei geringerer Kolbengeschwindigkeit öffnet. Dies ist durchaus erwünscht, da bei Luft von größerer Dichte kleinere Geschwindigkeiten mit Rücksicht auf die Widerstände zulässig sind. Aus dem gleichen Grunde werden die Werte für v bei den höheren

Stufen niedriger angenommen als bei den unteren, und zwar darf v etwa betragen: in der ersten Stufe 80÷100 m/s, in der zweiten 60÷80 und in der dritten 30÷60 m/s. Es ist natürlich sowohl im Hinblick auf den Kraftbedarf des Verdichters als auch auf die Erwärmung der Luft von Vorteil, unter diesen Geschwindigkeiten zu bleiben, wenn dies die Raumverhältnisse für die Unterbringung der Ventile gestatten.

Ist danach der freie Querschnitt f eines Plattenventils bestimmt, so ist er sowohl in der den Ventilsitz bildenden Platte, als auch im Spalt zu verwirklichen. Im Ventilsitz ist der Querschnitt $f = n\dfrac{\pi \cdot d^2}{4}$, wenn darin n Bohrungen vom Durchmesser d ausgeführt werden, im Spalt ist $f = \pi D_a h + \pi D_i h$, worin D_a und D_i der äußere bzw. innere Durchmesser der Ventilplatte und h der Ventilhub ist. Setzt man diese beiden Querschnitte einander gleich und bezeichnet man mit D_m den Lochkreisdurchmesser in der Sitzplatte, wobei $D_m = \dfrac{D_a + D_i}{2}$, ferner mit s den aus Festigkeitsrücksichten erforderlichen Abstand zwischen den Löchern, so ergibt sich aus $n(s + d) \simeq \pi D_m$ durch einfache Umformung die Beziehung $s + d = \dfrac{\pi d^2}{8 \cdot h}$. Nimmt man $s = 2$ bis 3 mm und $h = 3$ mm an, so wird der Lochdurchmesser ungefähr $d = 10$ mm. Dementsprechend muß die Breite der Ventilplatte etwa 13÷14 mm betragen, wenn man die Sitzbreite mit 1 mm annimmt. Man sieht also, daß durch den Ventilhub der Durchmesser der Bohrungen in der Sitzplatte und die Breite der Ventilplatte gegeben ist und daß eine Vergrößerung dieser beiden Werte keine Vorteile bringen kann. Nach der obigen Annahme wäre die Luftgeschwindigkeit in den Löchern der Sitzplatte und im Spalt die gleiche; da aber ein Teil des inneren Spaltes oder auch der ganze durch die Führungsflächen des Ventilfängers verdeckt und unwirksam gemacht wird, ergibt sich eine geringere Geschwindigkeit in den Löchern als im Spalt, was wegen der Verringerung des Ventilwiderstandes nur erwünscht ist.

Aus dem berechneten freien Ventilquerschnitt f und dem angenommenen Hub h ergibt sich also der erforderliche gesamte Spaltumfang. Bei kleinen Ventilen wird schon der äußere Umfang der Ventilplatte genügen und der innere ohne Unterbrechung zur Führung dienen können, bei größeren würde eine Platte auch bei teilweiser Ausnützung des inneren Umfanges zu großen Durchmesser erhalten. Man verteilt dann den ermittelten Spaltumfang auf zwei oder drei konzentrische Ventilplatten (Abb. 133 und 134). Der radiale Abstand je zweier Platten muß genügen, um neben den Führungsfortsätzen des Hubfängers der zu- bzw. abströmenden Luft den nötigen Querschnitt zu bieten.

Für die Berechnung der Ventilfedern kann die Formel von Hoerbiger benützt werden, nach der die Kraft sämtlicher auf eine Ventilplatte wirkenden Federn bei geschlossenem Ventil betragen soll: $P_1 = 0{,}00003 \cdot F \cdot v \cdot \sqrt{n \cdot p}\,$kg, worin F die luftberührte untere Oberfläche der Ventilplatte in Quadratzentimetern, v die Spaltgeschwindigkeit in m/s, n die minutliche Drehzahl und p der höchste zu beiden Seiten der Ventilplatte betriebsmäßig auftretende Druckunterschied in at ist. Bei kleinen Ventilen mit einer Platte wird man am besten eine um die Führung konzentrische Feder anordnen, bei größeren mehrere kleine Federn auf jede Platte wirken lassen.

Die Unterseiten der Niederdruckventile werden kugelförmig ausgedreht, so daß sich beim Einbau in einen Zylinder nach Abb. 22 oder 131 ein möglichst geringer schädlicher Raum ergibt; die Achse des Ventils geht durch den Mittelpunkt der Kugel und schließt mit der Achse des Zylinders einen Winkel von $35 \div 45°$ ein. Bei schnellaufenden Maschinen werden die Ventile so groß, daß fast der ganze Kreisbogen des Kugelschnittes zwischen der Zylinderwand der ersten und der zweiten bzw. dritten oder vierten Stufe davon eingenommen wird, bei dreistufigen Verdichtern nach Abb. 131 ist es daher meist nicht möglich, die Niederdruckventile der beiden Zylinder gleichzumachen und ihnen die gleiche Neigung zu geben.

Die Ventile der dritten und vierten Stufe sitzen stets in den Zylinderdeckeln und zwar meistens mit lotrechter Achse (Abb. 132), das gleiche gilt von den Ventilen der zweiten Stufe bei zweistufigen Verdichtern und bei dreistufigen nach Abb. 131. Bei drei- und vierstufigen Kompressoren nach Abb. 22 werden sie hingegen meistens in einem besonderen Gehäuse untergebracht, das an den Zylinder angeschraubt wird und mit dem Verdichtungsraum durch einen Kanal verbunden ist (Abb. 134). Beim Entwurf dieses Gehäuses ist darauf zu

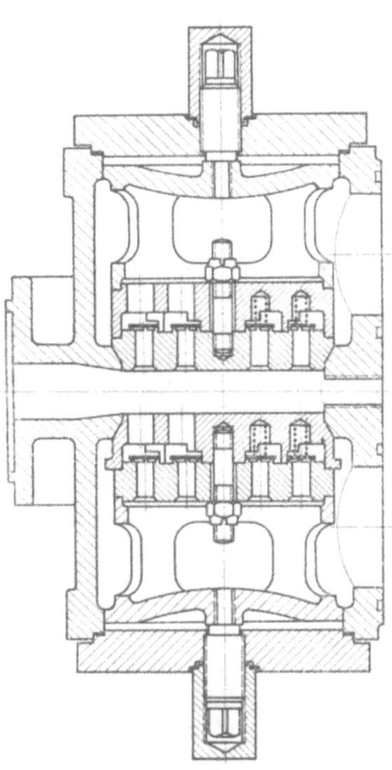

Abb. 134. Mitteldruck-Ventilgehäuse.

achten, daß der schädliche Raum möglichst gering bleibt. Da aber dessen Vergrößerung im Verhältnis zu denen der anderen Stufen nur die Leistung der zweiten Stufe herabsetzt und dadurch das Verdichtungsverhältnis der ersten Stufe erhöht, empfiehlt es sich mitunter, das Hubvolumen der zweiten Stufe etwas zu vergrößern.

Die Befestigung der Ventile soll in der Weise ausgebildet sein, daß die Abdichtung der Sitzplatte bzw des Ventilfängers gegen das Zylinderinnere unabhängig von der des Abschlußflansches nach außen erfolgt; in Abb. 133 und 134 ist das dadurch erreicht, daß der quadratische Deckel durch vier (nicht dargestellte) Stiftschrauben befestigt ist, während das Ventil selbst durch eine zentrale Druckschraube und ein

glockenförmiges Druckstück niedergehalten wird. Das Gewinde der
Druckschrauben wird noch durch darüber gestülpte Kappen vollkommen
abgedichtet, die gleichzeitig die Schrauben sichern. Beim Niederdruck-
Saugventil kann eine bedeutende Vereinfachung vorgenommen werden,
da hier eine vollkommene Abdichtung des Deckels nicht erforderlich
ist, es könnte ja höchstens etwas Luft unter Umgehung der Drosselvorrichtung von außen eingesaugt werden.

12. Allgemeine Bemerkungen.

Außer den selbstverständlichen Forderungen nach Zuverlässigkeit und Betriebssicherheit soll beim Entwurf einer Maschine nicht
unberücksichtigt bleiben, welche Vorteile eine wohldurchdachte Einfachheit der Konstruktion in bezug auf Aussehen, Fabrikation und
Bedienung mit sich bringt. Je weniger Teile eine Maschine besitzt, je
gleichartiger diese untereinander sind und je übersichtlicher ihre Anordnung, desto einfacher, damit aber auch zuverlässiger und vertrauen-
erweckender ist der auf den sachkundigen Beschauer gemachte Eindruck. Der früher oft ausgesprochene Grundsatz, daß für jede Aufgabe
ein besonderer Maschinenteil geschaffen werden muß, ist durchaus zu
verwerfen; im Gegenteil, je mehr Aufgaben einem Teil aufgebürdet
werden können, desto weniger Teile werden notwendig und desto einfacher wird die Maschine. Die Kunst des Konstrukteurs wird darin
bestehen, die Anordnung so zu treffen, daß verschiedene Aufgaben von
einem Maschinenteil ohne gegenseitige Störung erfüllt werden können,
z. B. daß eine mit Rücksicht auf die eine Aufgabe erforderliche Verstellung auf die Erfüllung der anderen keinen Einfluß hat.

Die Einfachheit des Aussehens steht oft in einem gewissen Gegensatz zur Einfachheit der Bedienung. Man darf sich durch die Rücksicht
auf die erstere nicht abhalten lassen, Nebeneinrichtungen und automatische Vorrichtungen anzubringen, durch die dem Maschinisten Griffe
erspart werden und seine Aufmerksamkeit entlastet wird, also die Einfachheit der Bedienung und vielfach auch die Betriebssicherheit gewinnt.
Anderseits sollen solche, insbesondere automatische Einrichtungen nicht
so kompliziert sein, daß sie selbst und ihre Wirkung unübersichtlich
werden, und daß zu ihrer Erklärung umfangreiche schriftliche Erläu-
terungen mitgegeben werden müssen, die leider oft mißverstanden
werden oder im entscheidenden Augenblick nicht gegenwärtig sind.
Ebenso sollen Vorrichtungen, die kaum jemals eintretenden Möglich-
keiten Rechnung tragen oder höchst unwahrscheinliche Gefahren beseitigen sollen, vermieden werden, da vielfach durch ihr bloßes Vorhandensein Störungen verursacht werden und nicht nur die bauliche
Einfachheit der Maschine beeinträchtigt, sondern auch die Bedienung
unnötigerweise belastet wird. Das gleiche gilt von vermeintlichen
Verbesserungen, die, oft auf rein theoretischen Erwägungen beruhend,
gar keine praktischen Vorteile bringen, aber durch wesentliche Kompli-
kation und Verteuerung der Maschine erkauft werden müssen.

Die Einfachheit der Herstellung geht mit der Verbilligung
und Beschleunigung der Fabrikation Hand in Hand. Der Kon-

strukteur muß jeden Teil, den er entwirft, im Geiste auf seinem Weg von der Materialbeschaffung bis zum endgültigen Einbau verfolgen und überall auch den kleinsten Vorteil für die Werkstatt herauszuschlagen suchen, dessen eingedenk, daß die Arbeitsersparnis, die er durch seine einmalige geistige Leistung erzielt, der Werkstatt bei der Herstellung des betreffenden Teiles jedesmal, also in vielfacher Wiederholung zugute kommt. So beschränke man z. B. diejenigen Maße, die erst beim Zusammenbau ermittelt werden sollen auf das Allernotwendigste und bringe sie womöglich an solchen Teilen an, die leicht ein- und auszubauen und wegen ihres geringen Gewichts leicht zu bewegen sind. Man vermeide Herstellungsverfahren, die außergewöhnliche Geschicklichkeit und Sorgfalt erfordern, oder solche, die überhaupt außerhalb der üblichen Arbeiten des normalen Maschinenbaus liegen und deren Gelingen nicht mit voller Sicherheit vorauszusehen ist. Schwierige Stücke, die in der Fabrikation viel Ausschuß ergeben, können oft durch Teilung leicht herstellbar gemacht werden; in solchen Fällen muß aber sorgfältig erwogen oder an Hand statistischer Aufzeichnungen geprüft werden, ob nicht durch eine solche Teilung, abgesehen von der Gewichtsvermehrung, die durchschnittlichen Kosten erhöht anstatt ermäßigt werden, was auch bei vollständigem Verschwinden des Fabrikationsausschusses der Fall sein kann. Hohe Genauigkeit der Herstellung soll nur dort vorgeschrieben werden, wo sie wirklich erforderlich ist; man verzichte darauf, wo irgend möglich und helfe sich durch Angabe genügenden Spielraumes und ähnliche Maßnahmen. Zwischen unbearbeiteten Stücken sehe man genügenden Abstand vor, um zeitraubende und kostspielige Nacharbeiten beim Zusammenbau zu vermeiden. Ist das nicht möglich, so ist es oft zweckmäßiger und billiger, solche Stellen im voraus bearbeiten zu lassen, wenn man auch im allgemeinen bestrebt sein wird, Anzahl und Inhalt der bearbeiteten Flächen nach Möglichkeit zu beschränken.

Auch die Auswahl des Baustoffes kann auf den Herstellungspreis bei gleicher Betriebssicherheit einen großen Einfluß haben. Teile, die, aus Flußeisen geschmiedet, allseits bearbeitet werden mußten, konnten bei Herstellung in Stahlguß verhältnismäßig kleine Arbeitsflächen erhalten. Oft ist in Hinblick auf die Herstellungskosten für die Auswahl des Materials die anzufertigende Stückzahl von entscheidender Bedeutung. So kann z. B. ein Steuerhebel am billigsten werden, wenn er bei geringer Stückzahl aus vorgeschmiedetem Flußeisen herausgefräst, bei mittlerer aus Stahlformguß angefertigt und bei großer Anzahl aus Flußeisen gepreßt oder im Gesenk geschmiedet wird.

Wenn die Herstellung der Motoren in größeren Serien erfolgen soll, muß die Konstruktion den Arbeitsbedingungen der Massenfabrikation angepaßt werden. Es ist wohl möglich, für jeden Maschinenteil Aufspann- und Bohrvorrichtungen oder Sonderbearbeitungsmaschinen zu bauen, sie werden aber um so teurer und umständlicher, je weniger sich der Teil für Massenfabrikation eignet. Der Konstrukteur muß also darauf achten, daß nicht nur der von ihm entworfene Maschinenteil einfach und billig wird, sondern daß dasselbe auch für die dazugehörige Bearbeitungsvorrichtung zutrifft. Wenn diese auch in der Regel nicht von ihm, sondern von einer besonderen Abteilung konstruiert wird, so muß er doch, um obiger Bedingung zu entsprechen, mit den Bearbeitungsvorgängen durchaus vertraut sein, was leider nur selten zutrifft. Auf die Bedeutung der Normung und der Einhaltung vorhandener Normen braucht wohl kaum hingewiesen zu werden. Aber auch darüber hinaus sollen Teile, die gleichen Zwecken dienen, stets gleichartig gestaltet sein, und zwar auch dann, wenn ihre Abmessungen verschieden sind. Nichts macht einen so schlechten Eindruck, als wenn an einer Maschine jeder Bolzen, jede Zugstange, jeder Hebel oder jedes Handrad anders aussieht.

Wird einmal eine Maschine in Serien hergestellt, so dürfen Änderungen der Werkzeichnungen nur im äußersten Notfall vorgenommen werden, da die Massenfabrikation dadurch in empfindlichster Weise gestört wird. Es ist also verkehrt, eine Maschine, von deren Vollkommenheit man nicht ganz überzeugt ist, in Serien herstellen zu lassen, ebenso aber auch, die Fabrikation einer bewährten durch kleine Verbesserungen fortwährend zu stören. Ist die Möglichkeit einer tatsächlichen, nicht nur vermeintlichen, Verbesserung einwandfrei festgestellt, so muß erst sorgfältig erwogen werden, ob die Vorteile ihrer Einführung die dadurch in der Werkstatt entstehenden Nachteile tatsächlich überwiegen; in den meisten Fällen wird man dann von einer sofortigen Änderung absehen.

V. Der Betrieb der Dieselmaschine.

1. Vor der Inbetriebsetzung.

Vor der Wiederinbetriebnahme einer Dieselmaschine nach einer Überholung ist es nötig, eingehende Druckproben vorzunehmen. Vor allem müssen die Kühlwasserräume und Leitungen unter den vorgeschriebenen Druck gesetzt und Undichtigkeiten beseitigt werden. Nach Aufnehmen der Schaudeckel vom Kurbelkasten überzeugt man sich, daß an keiner Stelle Kühlwasser in die Kurbelwanne übertritt — das kann z. B. vorkommen an den unteren Kühlwasserraumstopfbüchsen der Arbeitszylinder, sowie an evtl. vorhandenen Durchbrechungsstellen der Kurbelwanne zwischen zwei benachbarten Zylindern usw. Danach wird die gesamte Schmierölleitung mit Schmieröl gedrückt. Nachdem alle Undichtigkeiten beseitigt sind, wird nachgesehen, ob aus jedem Kolbenbolzenlager Öl austritt; hierzu ist es nötig, die Maschine von Hand zu drehen, da das Öl nicht in jeder Lage durch das Schubstangenlager in das Kreuzkopflager aufsteigt. Wenn aus einem Lager zu wenig oder kein Öl austritt, ist es aufzunehmen und der Fehler, meist eine Verstopfung der Ölbohrungen, zu beseitigen.

Es empfiehlt sich ferner, die Einblaseluftleitung vor der Inbetriebsetzung der Maschine unter Druck zu setzen. Schon eine kleine Undichtigkeit in der Einblaseluftleitung läßt so viel Luft entweichen, daß die Einblasepumpe nicht mehr genügend Einblaseluft für die Brennstoffventile liefern kann. Eine 500 PS schnellaufende Dieselmaschine hat z. B. bei voller Belastung einen Einblaseluftverbrauch von etwa 75 l von 1 Atm. in der Sekunde. Die gleiche Luftmenge kann bei normalem Einblasedruck aus der Einblaseleitung durch ein Loch von nur etwa 4 mm Durchmesser entweichen. An dieser Zahl sieht man, welch großen Einfluß kleine Undichtigkeiten in der Luftleitung, die vor allem an den Packungen der Brennstoffnadeln und an den Flanschdichtungen der Einblaseluftleitung mitunter auftreten, auf die Einblaseluftmenge haben. Wenn die Einblaseluftleitung unter Luftdruck gesetzt wird, können die Undichtigkeiten an den Geräuschen und durch Abfühlen der Leitungen auf Luftzug festgestellt werden.

Wenn während der Überholungszeit Arbeiten am Verdichter vorgenommen worden sind, empfiehlt es sich, die einzelnen Verdichterstufen vor der Inbetriebnahme zu drücken. Zu diesem Zwecke wird zuerst die Einblaseluftleitung unter Druck gesetzt und der Indikatorhahn der Hochdruckstufe geöffnet. Wenn das Druckventil der Hochdruckstufe dicht ist, darf keine Luft aus dem Indikatorhahn austreten.

Dann wird der Ventilteller des Druckventils herausgenommen und der Indikatorhahn der Hochdruckstufe geschlossen; das Niederdruckventil darf keine Luft nach dem Mitteldruckluftkühler durchlassen. So werden nacheinander die Ventile auf Dichtigkeit geprüft. Man wird dabei feststellen, daß kleine Luftmengen längs der Kolben entweichen, was sich nicht vermeiden läßt. Durch Einpassen der Kolbenringe muß dafür gesorgt werden, daß diese Luftmengen nicht zu groß werden.

Dann wird die Einstellung der Steuerung geprüft. Es werden zunächst die Abstände zwischen Nockenscheibe und Rolle in einer Lage, in der die Rolle nicht auf den Nocken aufläuft oder aufgelaufen ist, mittels eines Spekulanten — Blechstreifen von verschiedener Stärke — nachgemessen (Abb. 135) und die von der Lieferfirma vorgeschriebenen Spiele eingestellt. Die Lieferfirma wird zweckmäßig ziemlich geringe Rollenspiele vorschreiben. Bei größerem Spiel schlägt die Rolle im Augenblick des Eröffnens zu hart an den Nocken an und der Nockenauflauf wird infolgedessen rasch abgenutzt. Wenn das Rollenspiel zu gering ist, besteht die Gefahr, daß die Rolle bei den durch die Erwärmung der Maschine erfolgenden Verziehungen der Bauteile dauernd auf der Scheibe läuft, so daß das Ventil nicht zum vollständigen Schluß kommt und durch die heißen Auspuffgase schließlich verbrennt. Zweckmäßig zu wählende Spiele sind auf S. 137 angegeben.

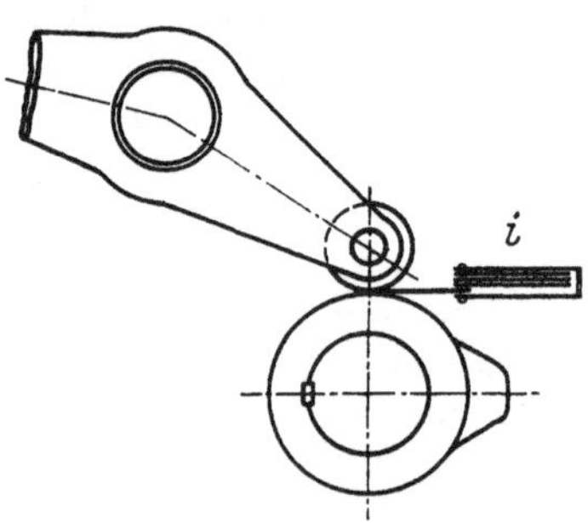

Abb. 135. Einstellen des Rollenabstandes.

Von Zeit zu Zeit empfiehlt es sich, die Einstellung der Steuerung, nachdem die Rollenlose mittels Spekulanten auf das richtige Maß gebracht worden ist, nachzuprüfen. Zum Zwecke der Prüfung des Brennstoffeintrittes wird Einblaseluft auf die Brennstoffventile angestellt und die Maschine mit geöffneten Indizierventilen so lange von Hand langsam gedreht, bis das Brennstoffventil des betreffenden Zylinders sich eben zu öffnen beginnt, was an einem leichten Blasen der durch die Brennstoffnadel in den Zylinder eintretenden Einblaseluft bemerkbar wird. In gleicher Weise wird der Ventilschluß festgestellt, hierzu wird die Maschine entgegen dem Drehsinn von Hand so lange gedreht, bis die Ablaufkurve des Nockens auf die Rolle einwirkt und das Brennstoffventil eben geöffnet wird.

Es ist zu beachten, daß während des Abblasens alle Indizierventile offen stehen, da bei Ansammlung von Einblaseluft in einem Arbeitszylinder die Gefahr besteht, daß die Maschine plötzlich anspringt und die eingeschaltete Handdrehvorrichtung beschädigt; das an der Handdrehvorrichtung beschäftigte Bedienungspersonal kann in einem solchen Falle leicht zu Schaden kommen.

Vor dem Anlassen wird ferner Brennstoff in die Treibölleitung der Maschine mit der an der Brennstoffpumpe angebrachten Handpumpe gepumpt. Zu diesem Zwecke werden die Probierventile in der

Brennstoffleitung, die kurz vor dem Rückschlagventil am Brennstoffventil eingeschaltet sind, geöffnet. Es wird so lange von Hand gepumpt,
bis reiner Brennstoff ohne Beimischung von Luftblasen aus jedem
Probierventil austritt. Dann werden die Probierventile geschlossen
und noch 2—3 Schlag Brennstoff mit der Handpumpe in das Brennstoffventil gedrückt.

Im Anschluß daran wird die Maschine durch Ingangbringen der
elektrisch angetriebenen Reserveschmierpumpe oder, wenn keine solche
vorhanden ist, der Handschmierölpumpe, gut geschmiert. Die Schmierpressen oder Boschöler für die einzelnen Verdichterstufen — der Verdichter muß wegen des hohen Gegendruckes unter erheblichem Druck
geschmiert werden — werden aufgefüllt und von Hand vorgepumpt.
Die nicht an die Umlaufschmierung angeschlossenen Teile — z. B.
die Ventilspindeln — werden von Hand durchgeschmiert.

Vor dem Ansetzen der Maschine mit Druckluft empfiehlt es sich
ferner, die Maschine bei geöffneten Indizierventilen durch Betätigen
der Handdrehvorrichtung einmal herumzudrehen. Wenn dabei Wasser
aus einem Indizierventil austritt, so darf erst nach Beseitigung der
Störungsursache zum Anlassen mit Druckluft übergegangen werden.

Beim ersten Ansetzen soll das Anlaßventil nur ganz vorsichtig geöffnet werden, so daß sich die Maschine nur langsam in Bewegung
setzt. Wenn genügend Anlaßluft vorhanden ist, ist es zweckmäßig,
die Maschine das erstemal nach längerer Überholungszeit mit ein
wenig geöffneten Indizierventilen in Gang zu setzen und den mit lautem
Pfeifen aus den Indizierventilen austretenden Luftstrom auf Mitführen von Wasserteilchen zu untersuchen. Nach den ersten Umdrehungen werden die Indizierventile geschlossen und die Steuerung,
nachdem die Umlaufzahl einen gewissen Wert erreicht hat, von Anlassen auf Betrieb umgelegt. Die Einblaseflasche soll beim Ansetzen
auf etwa 10 Atm. über dem Verdichtungsenddruck in den Arbeitszylindern, also auf 40—50 Atm., aufgefüllt sein; das Drosselventil in
der Ansaugeleitung des Verdichters ist ganz geöffnet.

2. Die erste Inbetriebnahme.

Nach dem Ansetzen überzeugt man sich, daß alle Zylinder zünden.
Man öffnet zu diesem Zweck nacheinander die Indizierventile an den
Arbeitszylindern und besichtigt den während der Verdichtungs- und
Verbrennungsperiode austretenden Luft- bzw. Feuerstrahl. Die Manometer — insbesondere die für Einblasepumpe, Schmierung und evtl.
Kühlung — werden beobachtet; sie müssen bald nach dem Ansetzen
normale Werte anzeigen.

Während der Erprobung wird jedes außergewöhnliche Geräusch
aufmerksam verfolgt. Sehr wertvoll ist es, wenn die Brennstoffzuführung für jeden Zylinder getrennt an der Brennstoffpumpe durch
einfachen Handgriff abgestellt werden kann, wie das z. B. bei den
Brennstoffpumpen der Firma Körting der Fall ist (das Saugventil
eines jeden Pumpenaggregates kann durch Umlegen eines am Pumpengehäuse angebrachten Hebels dauernd aufgedrückt werden). Es empfiehlt

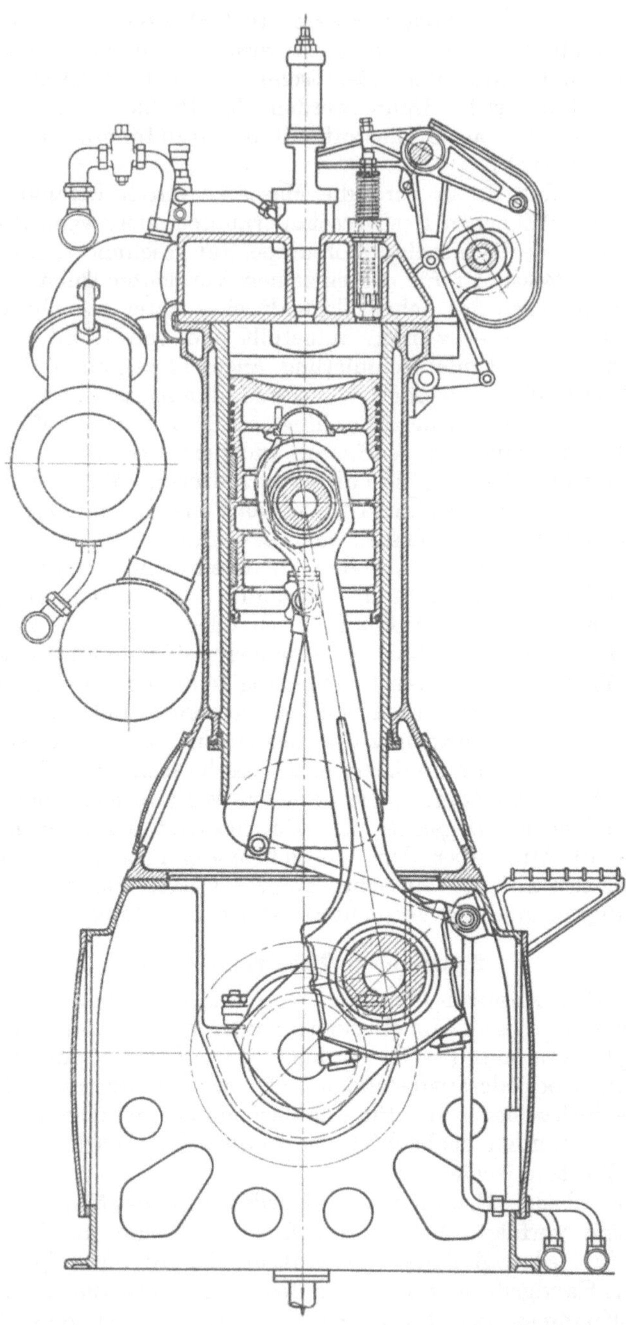

Abb. 136

Sechszylindrige Dieseldynamo der MAN, Werk Augsburg, von 450 PS-Leistung

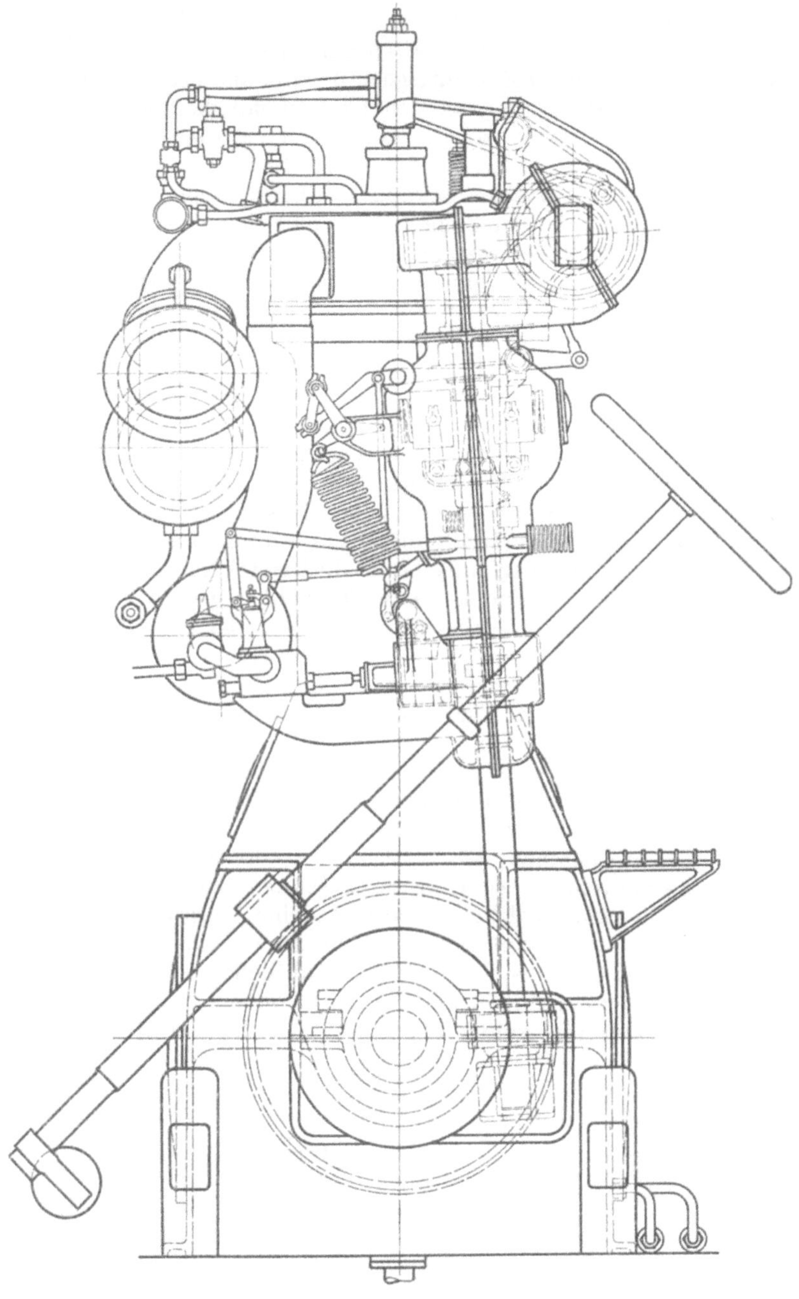

und 137.
bei 400 Umdrehungen/Min. Zylinderbohrung $d = 300$ mm. Hub $h = 450$ mm.

sich in diesem Falle, alle Zylinder nacheinander für kurze Zeit aus- und dann sofort wieder einzuschalten und die Änderung des Maschinengeräusches, die durch das Abschalten eines jeden Zylinders verursacht wird, zu beobachten. Erfahrungsgemäß wird aber eine derartige Erprobung, die für das Erkennen von Unregelmäßigkeiten sehr wertvoll ist, vom Maschinenpersonal nur vorgenommen, wenn das Abstellen des einzelnen Zylinders an der Brennstoffpumpe mit einer Hand in kürzester Zeit — in einer Sekunde — bewerkstelligt werden kann.

Wenn im Betriebe ein klopfendes Geräusch an der Maschine auftritt, hat man zuerst festzustellen, ob das Geräusch auf eine scharfe Zündung oder auf das Klopfen eines Lagers zurückzuführen ist. In ersterem Fall wird man leicht mit Hilfe des Indikators nähere Aufschlüsse über die Ursache und den Weg zur Abhilfe finden. Wenn ein Lager klopft, überträgt sich das Geräusch oft auf benachbarte Maschinenteile. Es gehört dann viel Übung dazu, um die Stelle, von der das Geräusch ausgeht, ausfindig zu machen. Zur Feststellung läßt man zweckmäßig die Maschine in den verschiedenen Gangarten laufen und treibt sie, wenn es sich machen läßt, ohne Brennstoff und Anlaßluft von der getriebenen Maschine aus an. Einen Anhalt über die Stelle, von der das klopfende Geräusch ausgeht, kann man auch auf die Weise erhalten, daß man bei langsamer Drehzahl feststellt, in welcher Stellung sich die Kurbelwelle befindet, wenn der Schlag gehört wird. Schubstangenlager können z. B. nur klopfen, wenn der zugehörige Kolben im Totpunkt steht.

Die erste Inbetriebnahme einer Dieselmaschine nach einer längeren Überholung darf nur von kurzer Dauer — 5 bis 10 Minuten — sein; nach dem Stillsetzen werden sämtliche Lager, vor allem Kreuzkopf- und Schubstangenlager mit der Hand auf Erwärmung untersucht, Wenn an einem Lager erhöhte Temperaturen festgestellt werden, wird man die Lagerscheibe etwas lösen und dann die Maschine vorsichtig weiter in Betrieb nehmen. Ganz besondere Vorsicht ist bei der ersten Erprobung anzuwenden, wenn in die Maschine neue Kolben eingebaut sind. Wenn in einem solchen Falle irgendeine Unregelmäßigkeit festgestellt wird — sei es, daß in einem Zylinder ein klopfendes Geräusch auftritt oder daß das aus einem Zylinder abfließende Kühlwasser oder das aus einem Kolben abfließende Kühlöl besonders stark erwärmt wird — muß die Maschine sofort abgestellt und der betreffende Kolben ausgebaut werden. Die Störungen an neu eingebauten Kolben treten gewöhnlich erst nach längerer Betriebszeit — $^1/_2$ bis 3 Stunden — auf; sie sind besonders gefährlich, weil ein warmlaufender Kolben schon wenige Minuten, nachdem das erste Geräusch festgestellt werden kann, in der Laufbüchse festfrißt und große Beschädigungen verursacht. Mit Rücksicht auf die große Gefahr, die mit einer zu spät erkannten Kolbenstörung verbunden ist, werden oft neue Kolben, nachdem sie 1 bis 2 Stunden mit Vollast unter dauernder Beaufsichtigung ohne Störung gelaufen sind, wieder ausgebaut und besichtigt, bevor sie in den normalen Betrieb übernommen werden. Diese Vorsichtsmaßnahme kann allerdings nur dann angewandt werden, wenn genügend Zeit zur Verfügung steht.

Während des Betriebes müssen alle Luftleitungen in Zwischenräumen von $^1/_4$ Stunde entwässert werden. Zu diesem Zweck sind Entwässerungsleitungen an den tiefsten Stellen der Luftleitungen — auf den Böden der Luftkühler und Luftflaschen und an Sackstellen in der Einblaseluftleitung — angebracht. Die Entwässerungsleitungen sind in einem Ventilkasten zusammengeführt, wo sie am Ende je mit einem Ventil abgeschlossen sind. Von Zeit zu Zeit, etwa alle Viertelstunde einmal, werden nacheinander alle Ventile für 5—10 Sekunden geöffnet; dabei wird der austretende Luftstrom durch Zwischenschalten der Hand auf Verschmutzung beobachtet. Tritt aus einem Entwässerungsventil mit der Luft viel Wasser oder Öl aus, so muß die betreffende Leitung besonders oft und gründlich entwässert werden. Nachdem die Maschine einige Zeit gelaufen ist, empfiehlt es sich, eine Ölprobe aus der Schmierölleitung abzuzapfen und in einem Glas etwa 6 Stunden stehen zu lassen, um festzustellen, ob sich am Boden des Glases Wasser abscheidet. Eine Maschine, bei der mit der Zeit Wasser — besonders Seewasser — ins Schmieröl gelangt, darf nicht in Betrieb gehalten werden, da sonst schwere Maschinenbeschädigungen eintreten können.

Eine der wichtigsten Maßnahmen, die einen sicheren Betrieb mit Schiffsdieselmaschinen ermöglichen, ist dauernde Prüfung aller kontrollierbaren Meßwerte. Die Temperaturen des aus den einzelnen Kolben abfließenden Kühlöles und des Kühlwassers an den verschiedenen Stellen und die Zwischendrucke in den Verdichterstufen müssen ebenso wie die beim Betriebe auftretenden Geräusche ständig beobachtet werden, da durch sofortiges Erkennen irgendeiner Unregelmäßigkeit oft großem Schaden vorgebeugt werden kann. Von Zeit zu Zeit wird man die Arbeitszylinder indizieren, wobei folgendes zu beachten ist.

3. Das Indizieren.

Das Indizieren einer Dieselmaschine erfordert wesentlich mehr Sorgfalt als das Indizieren z. B. einer Dampfmaschine. Es treten höhere Drucke auf; der Indikator ist höheren Temperaturen ausgesetzt; wegen der heißen Gase ist besonders gründliche Schmierung des Indikatorkolbens nötig. Von Maschinisten, die lange Zeit eine Dampfmaschine bedient haben, werden diese Unterschiede vielfach nicht genügend beachtet und beim Indizieren der Dieselmaschine grobe Fehler begangen.

Zum Indizieren der Dieselmaschine ist ein Hahn, der durch Drehung um 90° aus der geschlossenen in die geöffnete Stellung gebracht wird, ungeeignet. Die Hähne, die ursprünglich auch auf U-Booten viel verwendet wurden, halten gegen die hohen Drucke nicht dicht; die Schraube, die das Küken festhält, wird dann solange nachgezogen, bis das Küken festsitzt und sich überhaupt nicht mehr öffnen läßt. Zum Indizieren von Dieselmaschinen sollten nur Indizierventile (Abb. 138) verwendet werden. Das Indizierventil ist mit zwei Spindeln versehen; die größere (in Abb. 138 die rechte) dichtet die Zylinderbohrung gegen den Indikatorraum, die linke den Indikatorraum gegen die Außenluft ab. Für das Indizieren wird die linke Spindel dicht gedreht und die rechte geöffnet. Das Öffnen des linken Luftventilchens nach der

Diagrammentnahme wird vom Bedienungspersonal oft vergessen. Der Indikatorkolben steht dann bei geringer Undichtigkeit des Abschlusses auf der rechten Seite dauernd unter der Einwirkung der heißen Zylindergase, was für ihn sehr schädlich ist. Sobald aber das Luftventil geöffnet ist, können die kleinen Spuren von durchtretenden heißen Abgasen sofort ins Freie entweichen, so daß der Indikator nicht zu warm wird. Der Kolben des Indikators soll nach je drei Diagrammen, die mit ihm aufgenommen sind, herausgenommen und geschmiert werden. Zum Schmieren des Kolbens bei Aufnahmen von Arbeitszylinderdiagrammen wird gewöhnliches Maschinenöl — kein zu dünnflüssiges Öl, das zu rasch weggetrieben und verbrannt wird — verwendet. Mit sehr dickflüssigem Öl (Zylinderschmieröl) lassen sich zwar gut aussehende Diagramme aufnehmen, da die Zähflüssigkeit des Öles die Ausbildung von Schwingungen des Indikatorkolbens beeinträchtigt.

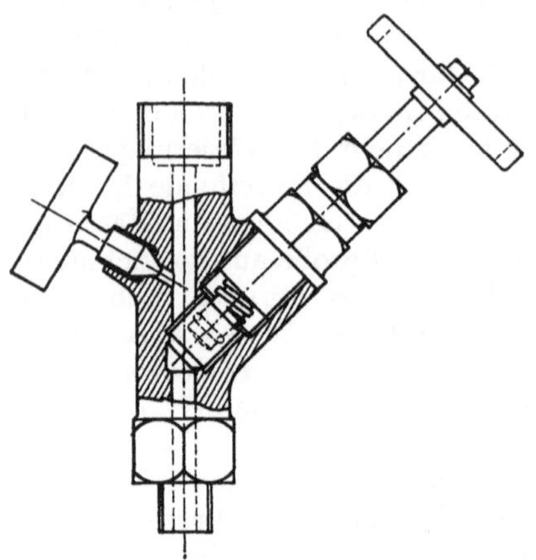

Abb. 138. Indizierventil.

Durch die großen Kräfte, die das dickflüssige Öl einer Bewegung des Indikatorkolbens entgegensetzt, wird aber das Diagramm verzeichnet, so daß mit Zylinderschmieröl aufgenommene Diagramme keine genauen Auswertungen ermöglichen.

Die Arbeitsdiagramme von Dieselmaschinen werden gewöhnlich mit einem Federmaßstab von 1 kg/qcm = 0,7 — 1 mm aufgenommen. In besonderen Fällen — z. B. zur Untersuchung der Ausschub- und Ansaugevorgänge — werden Diagramme mit schwachen Federn (1 kg/qcm = 10 mm) aufgenommen, bei denen der Indikatorkolben während der Zeit der hohen Kompressions- und Verbrennungsdrucke an einer Hemmung anliegt — daher auch vielfach Anschlagdiagramme genannt

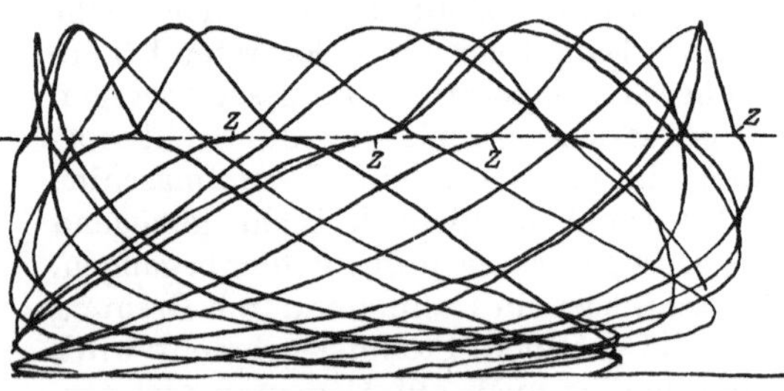

Abb. 139. Gezogenes Diagramm zur Feststellung des Verdichtungsdruckes.

— und bei denen nur die Drucke unter 3—6 kg/qcm in ihrer wahren Größe aufgezeichnet werden.

Zur Feststellung des Verdichtungsenddruckes werden oft gezogene Diagramme genommen, bei denen der Antrieb der Indiziertrommel ausgehängt und die Trommel mit Hilfe der Indikatorschnur von Hand mehrmals hin und her gezogen wird. Beim gezogenen Diagramm ist die Kompressionslinie eine leicht geschwungene S-Linie, an der der Zündungspunkt aus der plötzlichen Änderung des Linienverlaufes (Abb. 139, Stelle z) ersichtlich ist.

In der Abb. 140 ist ein normales Arbeitsdiagramm wiedergegeben. Der Druck im Zylinder wird durch Verbrennung der zuerst eintretenden Brennstoffteilchen um etwa 4 Atm. über den Verdichtungsenddruck gesteigert. Der später eintretende Brennstoff verbrennt dann bei etwa gleichbleibendem Druck. Der gestrichelt eingezeichnete Linienzug $a\,a$ zeigt ein Diagramm, bei dem der Brennstoff zu spät in den Zylinder eintritt — zu späte Ventileröffnung oder zu geringer Einblasedruck — und ohne wesentliche Steigerung des Druckes über den Verdichtungsenddruck verbrennt. Die Maschine hat bei dieser Einstellung sichtbaren Aus-

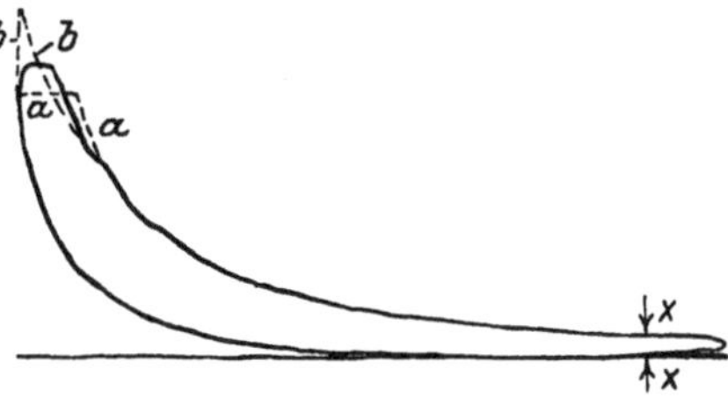

Abb. 140.   Diagramm einer Viertakt-Dieselmaschine.

puff; die Verbrennung ist unvollkommen und Ventile und Auspuffrohrleitung werden rasch verschmutzen. Der gestrichelte Linienzug $b\,b$ zeigt ein Diagramm mit scharfer Zündung — zu hoher Einblasedruck oder zu frühes Eröffnen des Brennstoffventils. Die Zündung erfolgt mit hörbarem Stoßen. An Hand des Diagramms wird der richtige Zündbeginn eingestellt, was sich gewöhnlich durch Veränderung der Rollenlose bewirken läßt. In Abb. 141 ist ein fehlerhaft genommenes Diagramm wiedergegeben, das in der Praxis öfters in ähnlicher Form zu finden ist. Die Verzeichnung ist auf eine Verstopfung der Indiziervorrichtung

Abb. 141.   Fehlerhaft genommenes Diagramm.

oder auf ungenügende Öffnung des Indizierventiles zurückzuführen.

Die Diagramme der einzelnen Zylinder sollen gleiche Fläche umschließen, damit die Zylinder gleich hoch belastet sind. Die Bestimmung der Fläche erfolgt entweder mittels Planimeters oder angenähert durch Messung der Strecke $x-x$ (Abb. 140), die den Druck im Zylinder bei Öffnen des Auslaßventils anzeigt. Wenn an den Zylindern Diagramme von verschiedener Fläche erhalten werden, muß die Brennstoffverteilung an der Brennstoffpumpe entsprechend nachgeregelt werden. Ein guter Anhalt für die Einstellung der Maschine ist ferner der höchste Verbrennungsdruck, der in jedem Diagramm etwa den gleichen nicht zu hohen Wert haben soll.

4. Höhe des Verdichtungsdruckes in den Arbeitszylindern.

Die Verdichtung der Frischluft im Arbeitszylinder während des Kompressionshubes erfolgt annähernd adiabatisch. Zu Beginn der

Verdichtung nimmt die kalte Frischluft etwas Wärme von der Wandung auf, gegen Ende der Verdichtung wird von der erhitzten Luft etwas Wärme an die Wandung abgegeben. Da aber die Temperaturunterschiede zwischen Wandung und Luft verhältnismäßig gering sind, bleibt der Wärmeübergang in engen Grenzen und der Verdichtungsexponent in der Formel $p \cdot v^n =$ const ist etwa gleich dem adiabatischen Exponenten $n = \varkappa = 1,4$.

Wie hoch soll verdichtet werden? So hoch, daß die Selbstzündung des in den Arbeitszylinder eingespritzten Gemisches aus Luft und Brennstoff jederzeit sicher erfolgt, aber keine Atmosphäre höher. Je höher verdichtet wird, desto höher werden die Verbrennungsdrücke und -temperaturen im Zylinder, desto geringer wird die Betriebssicherheit und Lebensdauer der Maschine. Da aber die Betriebssicherheit der Dieselmaschinen (namentlich der schnelllaufenden) einerseits nicht immer über alle Kritik erhaben und anderseits viel wichtiger als der Brennstoffverbrauch ist, soll das Verdichtungsverhältnis so niedrig, wie es die sichere Zündung eben zuläßt, gewählt werden.

Wenn die Maschine einmal in Gang gebracht ist, kommt es kaum vor, daß die Zündung infolge zu niedriger Temperatur der verdichteten Luft aussetzt. Das wäre nur bei ganz niedriger Drehzahl und kleiner Last möglich, die im allgemeinen außerhalb des Verwendungsbereiches der Maschinen liegen. Dagegen kommt es beim Ansetzen der Maschine oft vor, daß die Frischluft im Arbeitszylinder bei der Verdichtung nicht warm

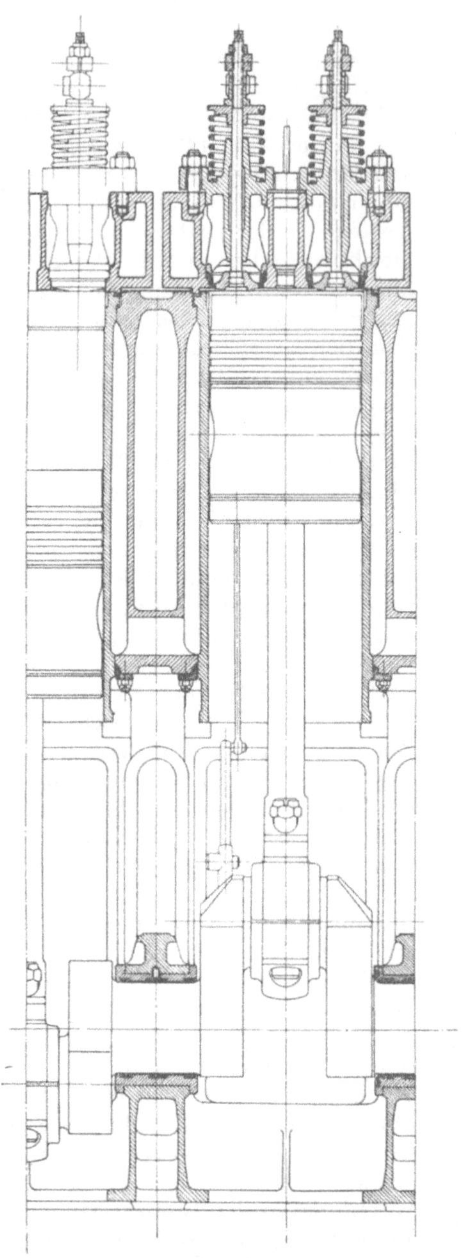

Abb. 142. Verdichterlose Dreizylinder-Dieselmaschine der MAN, Werk Augsburg. Leistung $Ne = 45/65$ PS, Hub $H = 300$ mm, Zylinderbohrung 210 mm, Drehzahl $n = 275/400 \frac{1}{\text{min}}$. (Siehe auch Abb. 36 und 143/144.)

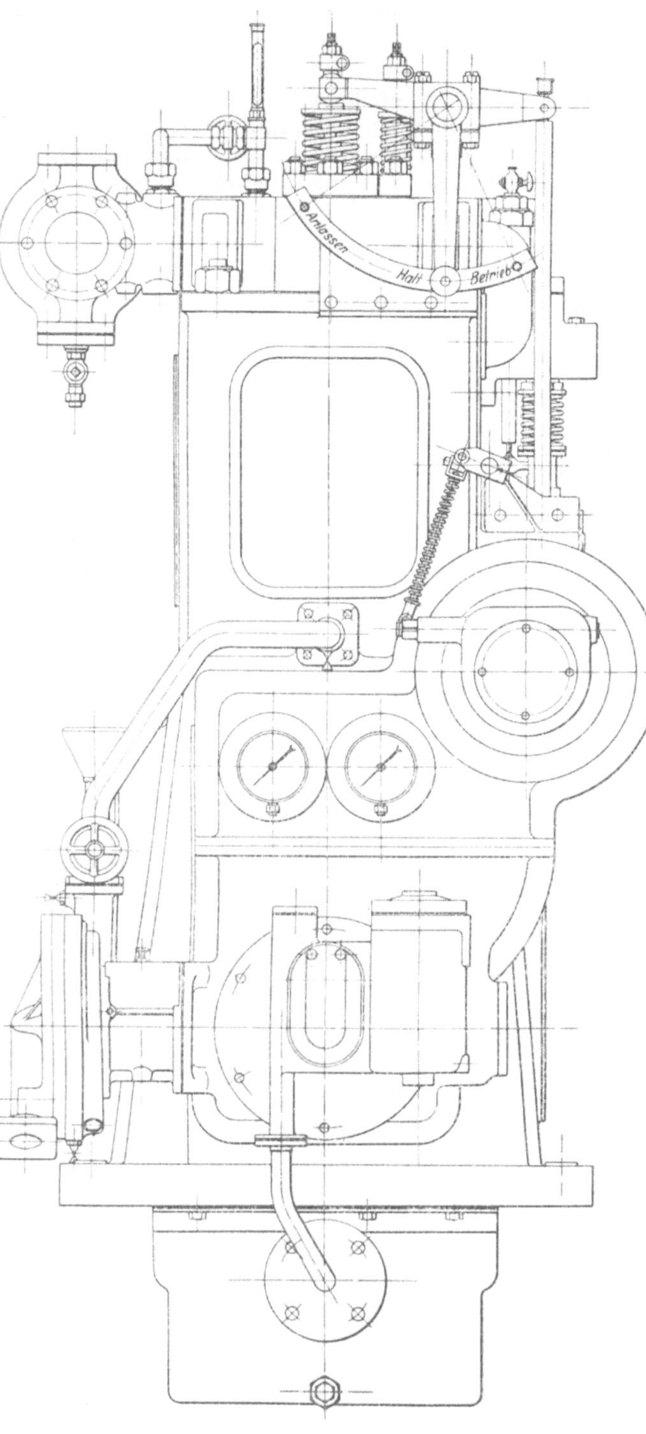

Föppl, Dieselmaschinen. 3. Aufl.

genug wird und daß deshalb keine Zündung zustande kommt. Für die Wahl des Verdichtungsverhältnisses sind also die näheren Umstände beim Anlassen der Maschine maßgebend. Eine Dieselmaschine, von der gefordert wird, daß sie nach längerem Stillstand im Winter in einem Raume von 0° sicher anspringen soll, muß höher verdichten als eine Maschine, die in einem Maschinenhaus steht, dessen Temperatur nicht unter 15° C sinkt. Ferner ist der Grad der Sicherheit, mit dem die Maschine anspringen muß, für die Wahl des Verdichtungsverhältnisses mitbestimmend. Wenn bei einer Maschine die Anlaßflaschen nach vergeblichen Anlaßversuchen rasch wieder von anderer Stelle aus aufgefüllt werden können, so genügt ein geringerer Verdichtungsenddruck (bei dem unter Umständen vergebliche Anlaßversuche vorkommen können) als bei einer Maschine, der keine Reserveanlaßluft zur Verfügung steht. An Bord von Schiffen ist es vorteilhaft, wenn man die Maschine vor dem Anlassen mit Dampf, der in die Kühlräume eingeleitet wird, vorwärmt oder wenn man wenigstens den Maschinenraum im Winter durch Anstellen einer Dampfheizung vorwärmen kann. Bei Maschinen, die nicht sicher zünden, stellt man das Kühlwasser erst an, nachdem die Maschine in Gang gebracht worden ist. Zu beachten ist ferner, daß eine Maschine bei den Abnahmeversuchen auf dem Probestand der Baufirma immer sicher anspringen wird, da die Maschine von einem außergewöhnlich erfahrenen Personal bedient und jeder kleine Fehler sofort bemerkt und beseitigt wird. Im praktischen Betrieb ist das aber nicht in so weitgehendem Maße der Fall.

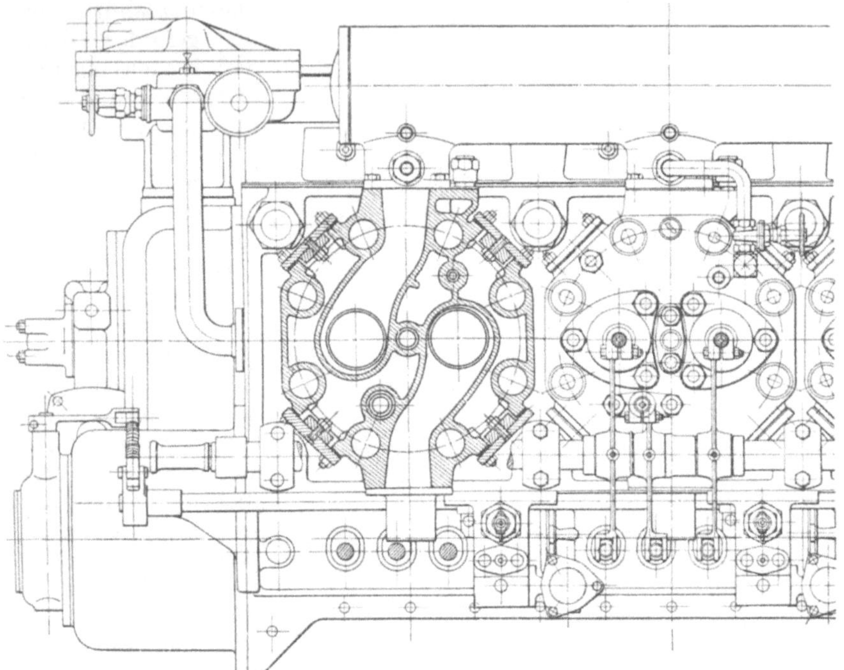

Abb. 143. Verdichterlose MAN-Maschine.

Die Maschine muß auch einmal mit verschmutzten und etwas durchlässigen Kolbenringen oder mit nicht ganz richtig eingestellter Steuerung für das Brennstoffventil anspringen können. Bei der Wahl des Verdichtungsverhältnisses muß deshalb mit etwas Sicherheit gerechnet werden.

Wenn keine zu weitgehenden Bedingungen für das Anlassen der Maschine vorgeschrieben sind, kommt man bei sehr großen Maschinen von 300 PS/Zylinder mit einem Verdichtungsverhältnis $\zeta =$ (Kolbenhubraum + Kompressionsraum) : Kompressionsraum von etwa 13,0 aus. Bei kleineren Maschinen muß ein etwas kleinerer Verdichtungsraum gewählt werden, da die abkühlende Wandungsfläche verhältnisgleich der 2. Potenz, der Zylinderrauminhalt aber verhältnisgleich der

3. Potenz der Maschinenabmessung sind; so ist z. B. ζ etwa gleich 14,0 bei Maschinen von 100 PS/Zylinder. Man erhält dann Verdichtungsdrucke von etwa 33 bis 35 Atm. (bei warmer Maschine, 760 mm Barometerstand und normaler Drehzahl gemessen). Wenn man zur Aufzeichnung des Verdichtungsenddruckes nur die Brennstoffpumpe abstellt, die Einblaseluft aber weiter in den Zylinder durch das Brennstoffventil eintreten läßt, erhöhen sich die angegebenen Drucke um etwa

Abb. 144. Verdichterlose MAN-Maschine.

] Atm. Bei kalter Maschine — z. B. kurz nach dem Ansetzen — werden um 3—5 Atm. niedrigere Drucke erzielt. Beim Umschalten des Anlaßhebels einer kalten Maschine von „Anlassen‟ auf „Betrieb‟ hat man mit Rücksicht auf die niedrigere Drehzahl der Maschine und die kalten Wandungen unter den angegebenen Verhältnissen nur 28—30 Atm. Verdichtungsenddruck zu erwarten.

Für das Anlassen ist die Gestaltung des Kompressionsraumes sehr wesentlich. Je geringer die abkühlende Oberfläche im Verhältnis zum

Kompressionsrauminhalt ist, desto weniger Wärme wird der Verdichtungsluft bei kalten Maschinen entzogen, desto leichter ist die Maschine in Gang zu setzen. Da das Volumen mit der dritten Potenz, die Oberfläche aber nur mit der zweiten Potenz der Maschinenabmessungen wächst, lassen sich allgemein große Maschinen bei gleichem Kompressionsverhältnis leichter ansetzen als kleine Maschinen. Besonders günstig liegen die Verhältnisse bei der Junkersmaschine, die infolge des Wegfalls der Deckel eine im Vergleich zu Einkolbenmaschinen sehr kleine Oberfläche des Totraumes im Arbeitszylinder hat. Bei ihr fällt die Temperatur der Verdichtungsluft bei kalter Maschine und geringer Drehzahl nicht so stark ab. Eine Junkersmaschine kann deshalb mit geringerem Kompressionsdruck als eine Einkolbenmaschine betrieben werden, wenn gleiche Sicherheit für das Anlassen und den langsamem Gang gefordert wird.

5. Der Einblasedruck und die Einblaseluftmenge.

Über die Regelung des Einblasedruckes (von Hand oder selbsttätig) ist Näheres gesagt in Kapitel II, 5, S. 61. Wichtig ist, daß beim Anlassen niedriger Einblasedruck gehalten wird, der bei kleinen Maschinen etwa 45, bei großen Maschinen nur etwa 40 Atm. betragen mag.

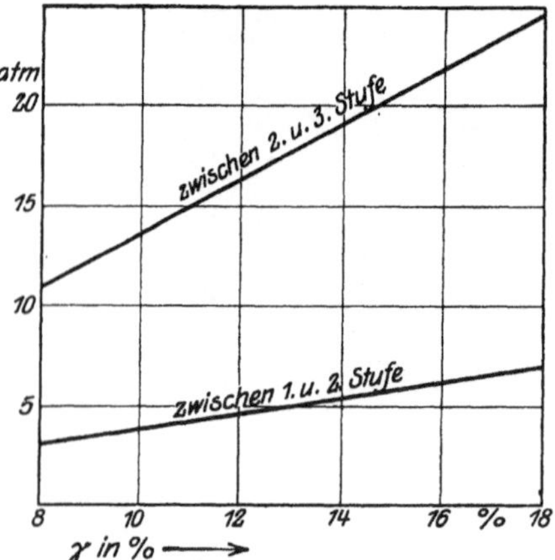

Abb. 145. Drucke in den Verdichterstufen abhängig vom Luftverbrauch.

Mit steigender Belastung bei Landmaschinen und mit steigender Drehzahl bei Schiffsmaschinen wird der Einblasedruck erhöht. Der günstigste Einblasedruck von schnelllaufenden Schiffsmaschinen beträgt etwa 70—80 Atm. bei größter Drehzahl, 45—55 Atm. bei dreiviertel Drehzahl und 40—45 Atm. bei halber Drehzahl. Bei Landmaschinen, die bei allen Belastungen mit etwa gleicher Drehzahl umlaufen, sind die Werte des günstigsten Einblasedruckes bei den einzelnen Belastungsstufen nur wenig voneinander verschieden.

Sehr wichtig ist es, wenn sich das Bedienungspersonal nicht nur über den Einblaseluftdruck, sondern auch über die Einblaseluftmenge stets im klaren ist. Die Luftmenge wird, wie schon vorher erwähnt, durch das Drosselventil in der Ansaugeleitung eingestellt. Die sämtliche angesaugte Luft wird auch verbraucht — mit Ausnahme der geringen Mengen, die durch die Undichtigkeiten der Verdichterkolben entweichen. Im Beharrungszustand saugen alle Stufen der Luftpumpe die gleiche Luftmenge an, die durch die Kühler zwischen den einzelnen Stufen auf etwa gleiche Temperatur gebracht ist. Das Produkt aus angesaugtem Volumen mal Ansaugedruck hat für alle Stufen den gleichen Wert. Der Ansaugedruck der ersten Stufe, der durch die Drosselklappe in der Saugeleitung beeinflußt ist, ist nicht bekannt. Dagegen sind die Ansaugedrucke der zweiten und dritten Stufe des Verdichters, die ein wenig niedriger als die Drucke in den Zwischenbehältern sind, in angenäherten Werten an den Manometern der Zwischenbehälter — in absoluten Drucken! — ablesbar. Da die Hubvolumina der Verdichterkolben ebenfalls bekannt sind und die volumetrischen Wirkungsgrade der einzelnen Stufen etwa den gleichen Wert (0,75—0,80) haben, kann aus den Ablesungen der Zwischendrucke im Verdichter an Hand eines kleinen Kurvenblattes (Abb. 145) vom Maschinisten stets der Luftverbrauch der Maschine bestimmt werden,

der in der Abb. mit $\gamma = \dfrac{\text{vom Verd. anges. Luftmenge}}{\text{Hubvol. der Arbeitszyl.}}$ bezeichnet ist.

Die Angaben der Manometer an den einzelnen Zwischenstufen im ungestörten Betrieb stehen in einem ganz bestimmten Verhältnis, das angenähert dem Verhältnis der Hubvolumina der nachfolgenden Verdichterstufen gleich ist. Die Benutzung des Blättchens hat den Vorteil, daß sich der Maschinist einerseits besser über die Verhältnisse in der Maschine klar wird und anderseits Störungen in einer Stufe an dem Umstand sofort erkennt, daß die abgelesenen Drucke der verschiedenen Stufen in dem Kurvenblatte nicht übereinanderliegen.

Bei der Auswertung der Diagramme der Arbeitszylinder ist der Einfluß der eingepreßten Luft auf die indizierte Diagrammfläche zu beachten, wenn man weitergehende Überlegungen an die Ergebnisse anschließen will. Die vom Verdichter verbrauchte Leistung beträgt 8—10% der indizierten Maschinenleistung, die bei der Auswertung der Diagramme gewöhnlich ähnlich der Reibungsarbeit als Verluste gebucht werden. Tatsächlich wird aber ein Teil der im Verdichter aufgewendeten Arbeit im Arbeitszylinder wieder gewonnen. Die Einblaseluft mischt sich mit der Verbrennungsluft und vergrößert dadurch den Druck und die Arbeitsfähigkeit des Zylinderinhaltes. Angenähert nimmt das Gemisch nach Austausch der Temperaturunterschiede bei gleichem Druck den gleichen Raum ein, wie wenn Verbrennungsluft und Einblaseluft mit ihren ursprünglichen Temperaturen nebeneinander, durch eine isolierende Wand getrennt, expandieren würden. Die indizierte Diagrammfläche wird durch die Einblaseluft vergrößert und der indizierte Wirkungsgrad, der einen Maßstab geben soll für die Güte der Verbrennung, wird erhöht. Das Bestreben liegt deshalb nahe, die durch die Einblaseluft erfolgte Mehrung der Diagrammfläche von der indizierten Leistung abzuziehen, so daß der verbleibende Rest an indizierter Leistung allein die Umsetzung von Wärme in Arbeit im Arbeitszylinder wiedergibt. Der wirkliche Arbeitsvorgang soll also mit einem ideellen Arbeitsvorgang verglichen werden, bei dem der Brennstoff ohne Einblaseluft in den Zylinder eingespritzt wird und in gleich vollkommener Weise wie beim tatsächlichen Arbeitsvorgang verbrennt, und bei dem nebenher die Einblaseluft ohne Mischung mit den Verbrennungsgasen expandiert.

In Abb. 146, die das Diagramm einer Viertaktdieselmaschine darstellt, beginnt im Punkte d die Expansion, nachdem auf dem Wege b—d der Brennstoff unter gleichem Druck verbrannt ist. a—b gibt das Volumen des Kompressionsraumes wieder. Vom Gesamtvolumen $a—d$ des Zylinderinhaltes bei Beginn der Expansion ist das Stück $c—d$ abgeteilt, das das Volumen der Einspritzluft beim Verbrennungsdruck p_ν (etwa 36—40 Atm.) und bei Raumtemperatur von etwa 20° vorstellt. Unter der Annahme, daß die Einblaseluft für sich isothermisch[1]) expandiert, wird von der Einblaseluft die durch Schraffur hervorgehobene Arbeitsfläche, deren mittlerer Druck mit $(p_\varepsilon)_{ind}$ bezeichnet wird, geleistet. $(p_\varepsilon)_{ind}$ bezieht sich dabei auf das gesamte Hubvolumen des Zylinders. Die Expansion der Einblaseluft möge bei 40 Atm. beginnen und das Auslaßventil bei p_A Atm. geöffnet werden; dann wird von der Einblaseluft eine bestimmte Arbeit geleistet, die von der Einblaseluftmenge — also dem Druck in einer Zwischenstufe des Verdichters — abhängt. Bei eingehenden Untersuchungen sollte die indizierte Arbeit der Einblaseluft $V \cdot (p_\varepsilon)_{ind}$ von der gesamten indizierten Leistung $V \cdot p_i$ abgezogen werden. (V ist das Hubvolumen des Arbeitskolbens.) Der indizierte Wirkungsgrad ist dann

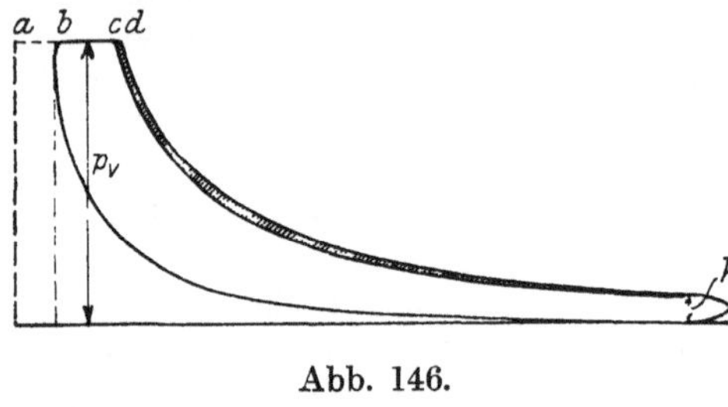

Abb. 146.

$$\frac{[p_i - (p_\varepsilon)_{ind}] \cdot V \cdot \text{const}}{\text{zugeführte Wärme}}$$ und der effektive Wirkungsgrad ist

$$\frac{\text{Wellenleistung}}{[p_i - (p_\varepsilon)_{ind}] \cdot V \cdot \text{const}}.$$

Die Arbeit der Einblaseluft sollte namentlich dann berücksichtigt werden, wenn die Ergebnisse von Maschinen mit verschieden großen Einblasepumpen verglichen werden. So könnte z. B. beim Vergleich von zwei Maschinen, die den gleichen Gesamtwirkungsgrad haben, von denen aber die eine infolge besonderer Gestaltung des Zerstäubers, einen doppelt so großen Einblaseluftverbrauch — bei der einen Maschine $\gamma = 0,12$, bei der anderen $\gamma = 0,06$ — wie die andere hat, herauskommen, daß der indizierte Wirkungsgrad bei der ersteren Maschine ohne Berücksichtigung des Einflusses der Einblaseluft günstiger und der effektive Wirkungsgrad ungünstiger ist als bei der zweiten Maschine. Der Unterschied in den indizierten Wirkungsgraden mag im vorliegenden Fall allein auf die verschieden große Arbeitsleistung der Einblaseluft zurückzuführen sein. Der indizierte Wirkungsgrad soll aber ein Wertmesser für die Güte der Leistungsumsetzung im Arbeitszylinder bilden, und das kann er nur, wenn die Arbeitsleistung der Einblaseluft von der indizierten Diagrammfläche abgezogen wird. Die Berücksichtigung der Einblaseluft im Sinne der vorausgehenden Ausführungen bewirkt im allgemeinen einen Abzug von 0,2—0,3 Atm. vom mittleren Druck der Arbeitsdiagrammfläche. Der Umstand, daß die Einblaseluft das für die Verbrennung zur Verfügung stehende Luftgewicht im Arbeitszylinder mehrt und daß deshalb eine größere Brennstoffmenge

---

[1]) Die Annahme der Isotherme ist willkürlich und nur durch Abwägung der verschiedenen zu berücksichtigenden Einflüsse zu stützen.

verbrannt werden kann, wird durch die obige Korrektur nicht berücksichtigt.

In Abb. 147 ist ein Kurvenblättchen wiedergegeben, wie es zur Berücksichtigung der Arbeit der Einblaseluft bei der Expansion im Arbeitszylinder benutzt werden kann. Der Verbrennungsdruck p_V ist mit 40 Atm., der Druck p_A beim Öffnen der Auslaßventile (oder Schlitze) mit 3, 4 und 5 Atm. abs. angenommen. Der indizierte Druck $(p_\varepsilon)_{\mathrm{ind}}$ der Einblaseluft im Arbeitszylinder ist abhängig von der Einblaseluftmenge (ausgedrückt in Prozenten des Arbeitskolbenhubvolumens und zu entnehmen aus einer Kurventafel, die nach Art der Abb. 145 für die betreffende Maschine angefertigt ist) aufgetragen.

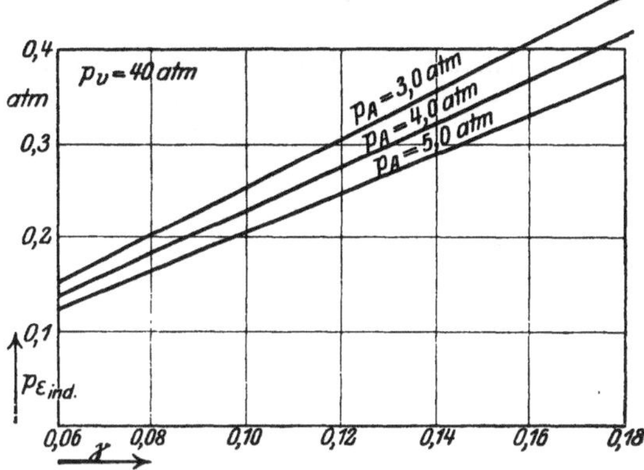

Abb. 147. Einfluß der Einblaseluftmenge auf den indizierten Druck im Arbeitszylinder.

6. Störungen im Betrieb.

Allen größeren schnellaufenden Dieselmaschinen werden von der Lieferfirma Betriebsvorschriften beigegeben sein, aus denen die hauptsächlichsten Störungen und die dagegen zu ergreifenden Maßnahmen zu ersehen sind. Neben den für jede Maschinengattung besonderen Störungsquellen können folgende für alle Maschinentypen gültigen Angaben gemacht werden:

a) Die Maschine kommt beim Anlassen mit Luft nicht auf Drehzahl.

Ursachen: Die Anlaßsteuerung ist gestört.

Ein Anlaßventil ist hängengeblieben.

Die Anlaßluft wird im Hauptanlaßventil zu stark gedrosselt.

Die Kolben sind nicht geschmiert evtl. festgerostet.

b) Die Maschine zündet nicht beim Umschalten auf Betrieb.

Ursachen: Die Maschine ist zu kalt. (Wenn genügend Anlaßluft vorhanden, Anlassen nochmals versuchen!)

Die Brennstoffventile bekommen keinen Brennstoff. (Brennstoffdruckleitung absuchen! Mit Brennstoffhandpumpe nochmals Brennstoff bei geöffnetem Probierventil durchpumpen!)

Die Brennstoffregelung steht auf zu geringer Füllung.

Der Einblasedruck ist zu hoch, der Brennstoff tritt deshalb mit zuviel kalter Luft vermischt in den Zylinder ein.

c) Die Maschine bleibt plötzlich stehen.

Ursache: Der Brennstoffbehälter ist leer gefahren.

d) Die Drehzahl oder die Leistung gehen zurück.

Ursachen: Ein oder mehrere Zylinder setzen mit der Zündung aus, weil sie keinen Brennstoff bekommen oder weil Einlaß- oder Auslaßventile hängengeblieben sind. (Zylinder indizieren!)

Ein Kolben fängt an, sich festzufressen (gleichzeitig klopfende Geräusche hörbar; Maschine sofort abstellen!).

Der Einblasedruck ist zu tief gesunken. (Maschine rußt gleichzeitig.)

e) Die Maschine klopft.

(Maschine abstellen; wenn Ursache nicht festgestellt werden kann, wieder anstellen und indizieren.)

Ursachen: Ein Lager wird warm.

Ein Kolben beginnt zu fressen.

Der Luftpumpenkolben hat zu geringen Totraum.

Ein Brennstoffventil ist in der Stopfbüchsenpackung hängengeblieben.

Ein Lager hat zuviel Lose.

Der Einblasedruck ist zu hoch.

f) Das Sicherheitsventil eines Zylinders tritt in Tätigkeit.

Ursache: Eine Brennstoffnadel ist in der Stopfbüchsenpackung hängengeblieben (Nadel drehen, Stopfbüchsenpackung vorsichtig lösen).

g) Die Einblaseluft entweicht aus der Stoffbüchsenpackung des Brennstoffventils längs der Brennstoffnadel.

(Packung vorsichtig unter Beigabe einiger Tropfen Zylinderschmieröl nachziehen, evtl. Nadel neu verpacken. Wenn auch dies erfolglos, ist wahrscheinlich Nadel krumm. Krumme Nadeln müssen ausgewechselt werden.)

h) Die Maschine rußt bei normaler Belastung.

(Maschine indizieren; wenn möglich einen Zylinder nach dem andern abschalten und Auspuff besichtigen.)

Ursachen: Der Einblasedruck ist zu niedrig.

Die Maschine ist überlastet oder einzelne Zylinder sind überlastet.

Durch Undichtigkeiten des Kolbens oder eines Ventils entweicht ein Teil der Verbrennungsluft (besonders niedrige Kompressionsdrücke im Diagramm).

Die Zerstäuber sind verschmutzt.

i) Die Maschine hat weißlichen Auspuff.

Ursache: Es tritt Wasser in die Auspuffleitung oder in einen Arbeitszylinder ein. (Letzterer Fall nach Öffnen der einzelnen Indizierventile sofort zu erkennen.)

k) An einem Zylinder werden besonders volle Diagramme erhalten.

Ursachen: Indizierleitung ist teilweise verstopft.

Der Arbeitskolben saugt zuviel Schmieröl hoch, weil die Kurbel in das nicht genügend rasch aus der Wanne abfließende Öl schlägt. (Maschine rußt gleichzeitig.)

Störung an der Brennstoffpumpe.

l) Ein Lager läuft warm.

Ursachen: Das Lager ist mit zu geringer oder ohne jede Lose festgezogen.

Das Lager erhält zu wenig Öl. (Ölzuleitung verstopft oder zu geringer Ölstand im Behälter oder Schmieröl mit Wasser vermischt.)

m) Die Einblasepumpe schafft zu wenig Luft.

Ursachen: Der Einblasepumpenkolben hat zuviel Luft im Zylinder oder der Zylinder ist unrund ausgelaufen.

Die Kolbenringe sitzen fest.

Die Ventile sind undicht.

Sehr oft liegt die Störung aber nicht an der Pumpe selbst, sondern an zu großem Verbrauch, also:

Die Brennstoffventile sind mit besonders viel Voreilen eingestellt.

Eine oder mehrere Brennstoffventilnadeln blasen in der Stopfbüchse.

Die Einblaseleitung ist undicht.

Die Nadeln halten am Sitz nicht genügend dicht, es entweicht also dauernd Luft durch die Nadeln in den Zylinder. (Druckprobe bei abgestellter Maschine und geöffneten Indizierventilen: Die Steuerung liegt auf „Halt"; es wird Einblaseluft auf die Brennstoffventile gegeben; der Kolben in dem zu untersuchenden Zylinder steht in einer Stellung, in der kein Ventil geöffnet ist; eine undichte Nadel verrät sich an dem aus dem Indikatorstutzen austretenden Luftstrom.)

n) Der Verdichtungsenddruck in einem Arbeitszylinder geht mit der Zeit mehr und mehr zurück.

Ursachen: Die Schubstange ist (gewöhnlich infolge von Wasserschlag) durchgebogen und der Totraum infolgedessen vergrößert worden.

Die Ringe am Arbeitskolben sind durch verkoktes Öl festgebrannt. (Der Kolben muß herausgenommen und die Ringe müssen durch Abwaschen mit Brennstoff wieder gangbar gemacht oder gegebenenfalls ausgewechselt werden.)

7. Das Abstellen der Maschine.

Sofort nach Stillsetzen der Maschine werden folgende Arbeiten ausgeführt:

1. Die Kolbennachkühlpumpe, die ein Verkrusten des Öles in den heißen Kolben verhüten soll, wird für 5—10 Minuten in Gang gesetzt.
2. Sämtliche Entlüftungsventile werden geöffnet, nachdem man sich überzeugt hat, daß die Anlaßflasche abgeschaltet ist.
3. Bei Maschinen, bei denen die Gefahr des Übertretens von Kühlwasser in den Verbrennungsraum besteht, werden die Entwässerungsventile geöffnet und das Kühlwasser aus der Maschine abgelassen.
4. Die Indikatorventile von Arbeitszylindern und Einblasepumpe werden geöffnet.
5. Die Hähne in der Brennstoffzuleitung werden geschlossen, so daß kein Brennstoff mehr dem Saugeraum der Brennstoffpumpe zufließen kann.
6. Die Schaudeckel von der Kurbelwanne werden aufgenommen und die Lager auf Erwärmung abgefühlt. (Darf nur bei geöffneten Indizierventilen wegen der Gefahr, daß Luft in die Maschine eintritt und diese um einen kleinen Betrag gedreht wird, geschehen.)

Während eines längeren Stillstandes soll die Maschine täglich mit der Handdrehvorrichtung um $^3/_4$ oder $1\,^1/_4$ Umdrehung gedreht werden, damit sich die Kolben und Lagerungen nicht festsetzen.

8. Probestandsversuche an Dieselmaschinen und praktische Bewährung.

Die Dieselmaschinen bauenden Firmen sammeln größtenteils ihre Erfahrungen auf dem Fabrikprobestand, wo sie allerhand Versuche an den Maschinen vornehmen und aus den Ergebnissen die Lehren und Nutzanwendungen für die neu zu bauenden Maschinen ziehen. Die Maschinen werden aber nicht für den Probestand, sondern für den praktischen Betrieb gebaut. Und zwischen dem Betrieb einer Maschine auf dem Probestand und dem praktischen Betrieb ist ein wesentlicher Unterschied. Dort wird die Bedienung der Maschine von den erfahrensten Arbeitern der Fabrik ausgeübt, hier bedienen in vielen Fällen (z. B.

an Bord von Schiffen) Maschinisten, die bald mit Dampfmaschinen, bald mit Dampfturbinen, bald mit Dieselmaschinen von der oder jener Firma zu tun haben. Es kommt hinzu, daß die Maschinen im Betrieb oft nicht so frei und von allen Seiten zugänglich dastehen wie auf dem Probestand, ferner, daß das eigentliche Maschinengeräusch durch Nebengeräusche gestört wird, kurz, daß die Bedienung und das sofortige Erkennen von kleinen Störungen wesentlich erschwert ist. Wenn nun an einer Maschine in der Praxis eine ernsthaftere Beschädigung eintritt, kann sehr oft die zum Schadenersatz aufgeforderte Firma darauf hinweisen, daß die Beschädigung auf den oder jenen „Bedienungsfehler" zurückzuführen ist. Bedienungsfehler sind aber im praktischen Betrieb unvermeidliche Begleiterscheinungen. Aus den obengenannten Gründen ist im Betrieb nicht alles so, wie es sein soll. Die beste Maschine ist aber jene, die trotz Bedienungsfehlern am wenigsten Betriebsstörungen erleidet, bei der also das Bedienungspersonal unter normalen Umständen keine folgenschweren Bedienungsfehler macht.

An einigen Beispielen soll gezeigt werden, wie die vorstehenden Ausführungen zu verstehen sind.

Eine Schiffsdieselmaschine hat einen Abstellhahn in der Kühlwasserabflußleitung, der nach dem Stillsetzen der Maschine abgestellt und vor dem Ingangsetzen wieder angestellt wird. Das Öffnen des Hahnes wird eines Tages beim Ansetzen der Maschine vergessen. Der Maschinist bemerkt beim ersten Blick auf die Manometertafel, daß der Zeiger am Kühlwassermanometer gewaltig angestiegen ist, da das von der angehängten Kühlwasserpumpe geförderte Wasser nicht abfließen kann. Er springt sofort zum Hahn und öffnet ihn. Wenn kein Sicherheitsventil auf der Kühlwasserleitung sitzt, ist die Kühlwasserleitung infolge der kurzen Einwirkung des hohen Druckes an einer Stelle beschädigt und die Maschine muß unklar gemeldet werden. Grund: Bedienungsfehler. Hätte aber ein Sicherheitsventil auf der Kühlwasserleitung gesessen, dann hätte der Bedienungsfehler keine weiteren Nachteile für die Maschine zur Folge gehabt.

Oder eine Maschine wird nach einer längeren Überholung wieder in Gang gesetzt und kommt nicht auf genügend hohen Einblasedruck. Nach verschiedenen vergeblichen Versuchen des Bedienungspersonals, den Fehler zu beseitigen, muß schließlich ein Monteur der Lieferfirma geholt werden. Dieser stellt durch eingehende Untersuchungen fest, daß neu aufgezogene Kolbenringe des Verdichterkolbens nicht gut angelegen haben, daß ferner ein wenig Luft durch eine kleine Undichtigkeit in der Einblaseleitung entweichen konnte und daß die Nocken mit reichlich großem Voreilen eingestellt waren. Nach Behebung sämtlicher Schäden, von denen ein jeder nur geringen Einfluß auf die Einblaseluftmenge hat, schafft der Verdichter genügend Luft, vielleicht sogar noch einen kleinen Überschuß. Die Lieferfirma schiebt die Betriebsunterbrechung auf das Bedienungspersonal, das die Schäden nicht erkannt und abgestellt hat. Ein gut Teil an der Schuld trägt aber die Lieferfirma selbst, die den Verdichter nicht groß genug vorgesehen hat, so daß er trotz kleiner Störungen genügend Luft fördern kann.

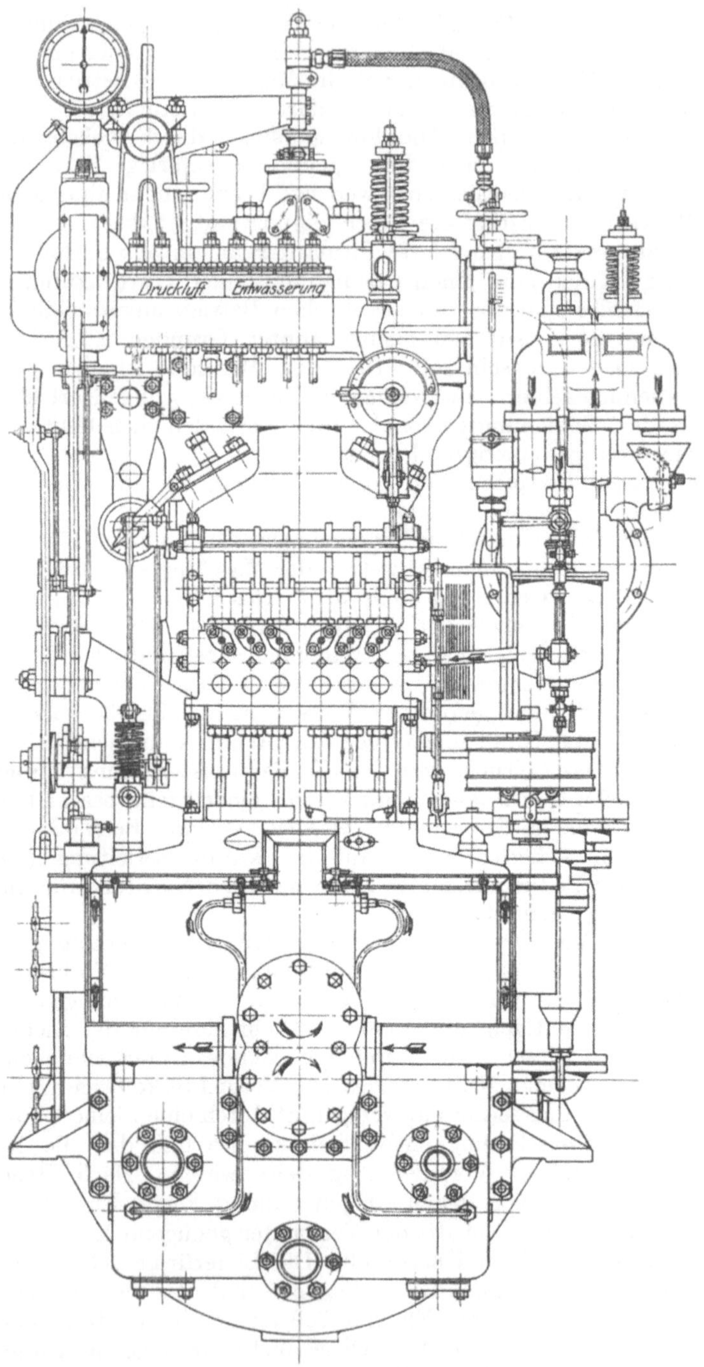

Abb. 148. AEG-Dieselmaschine, Ansicht vom Maschinistenstand aus (s. a. Tafel IV).

Oder bei einer Maschine ist der Boden eines Arbeitskolbens an der Stelle gerissen, auf die das Einspritzventil das Brennstoffluftgemisch spritzt. Nach eingehender Untersuchung aller in Frage kommenden Umstände wird festgestellt, daß sich die Brennstoffpumpe mit der Zeit verstellt hat und der betreffende Zylinder beträchtlich mehr Brennstoff zugemessen erhält als die übrigen Zylinder. Wie an anderer Stelle ausgeführt ist, kommt gerade dieser Fall in der Praxis häufig vor, ohne daß es bisher gelungen ist, eine einfache Vorrichtung zu schaffen, mit der die Brennstoffverteilung auf die einzelnen Zylinder rasch geprüft werden kann. Um die Brennstoffverteilung zu kontrollieren, müssen die einzelnen Zylinder indiziert und die Diagramme miteinander verglichen, am besten planimetriert werden, was bei einer sechszylindrigen Maschine längere Zeit in Anspruch nimmt. Die Lieferfirma kann den Beschädigungen, die durch ungleichmäßige Belastung einzelner Zylinder entstehen, vorbeugen, indem sie die Indiziervorrichtungen gut zugänglich anbringt und der Motorbesitzer, indem er sein Personal anweist, wenigstens jeden zweiten Tag einen Satz Diagramme zu nehmen. Wenn das unterlassen wird, sei es z. B. daß die Indiziervorrichtung im praktischen Betrieb nur nach großen Mühen benutzt werden kann, oder daß kein Indikator vorhanden ist, so fallen Beschädigungen der obengenannten Art in erster Linie der Lieferfirma oder dem Motorbesitzer und erst in zweiter Linie dem Bedienungspersonal zur Last.

Bei den Lieferungen für die Marine wurde die Verwertung der Betriebserfahrungen für die Neubauten durch die Tätigkeit der Unterseebootsinspektion in Kiel sehr gefördert. Jede größere Beschädigung, die an einer Dieselmaschine auftrat, wurde von den Frontstellen oder den Instandsetzungswerften an die Inspektion mitgeteilt, die ihrerseits an die Baufirma mit entsprechenden Verbesserungsvorschlägen herantrat. Da bei der Inspektion die Erfahrungen an den Maschinen der sämtlichen Lieferfirmen zusammenkamen, konnte sie die Lehren, die aus der Beschädigung an einem bestimmten Maschinentyp gezogen wurden, allen Ölmaschinenfirmen zum Nutzen bringen. Der Inspektion ist deshalb neben den Ölmaschinenfirmen ein Anteil an dem Verdienste zuzusprechen, daß der Bau von raschlaufenden Dieselmaschinen in Deutschland während des Krieges in so weitgehendem Maße vervollkommnet wurde.

Additional information of this book

(*Schnellaufende Dieselmaschinen;* 978-3-662-28251-9) is provided:

http://Extras.Springer.com

Verlag von Julius Springer in Berlin W 9

Grundzüge
der technischen Schwingungslehre

Von

Professor Dr.-Ing. Otto Föppl
Braunschweig

Mit 106 Abbildungen im Text — (157 S.) — 1923

4 Goldmark; gebunden 4.80 Goldmark

Das Buch ist aus den Vorlesungen des Verfassers an der Braunschweiger Technischen Hochschule entstanden. Es will dem Anfänger eine Handhabe geben, um sich in das Verständnis
der technischen Schwingungsvorgänge einzuarbeiten... Neu ist die Art der Zusammenfassung
des Stoffes. Mit sicherem pädagogischen Griff hat der Verfasser es verstanden, die verschiedenen
Probleme auf einige wenige Grundaufgaben zurückzuführen, was für das Verständnis der Materie
von großem Vorteil ist. *„Das Technische Blatt der Frankfurter Zeitung"*

Schiffs-Ölmaschinen. Ein Handbuch zur Einführung in die Praxis des Schiffs-
ölmaschinenbetriebes. Von Direktor Dipl.-Ing. Dr. **Wm. Scholz** in Hamburg.
D r i t t e , verbesserte und erweiterte Auflage. Mit 188 Textabbildungen und
1 Tafel. (276 S.) 1924. Gebunden 13.50 Goldmark

Ölmaschinen, ihre theoretischen Grundlagen und deren Anwendung auf den
Betrieb unter besonderer Berücksichtigung von Schiffsbetrieben. Von Marine-
Oberingenieur a. D. **Max Wilh. Gerhards.** Z w e i t e , vermehrte und ver-
besserte Auflage. Mit 77 Textfiguren. (168 S.) 1921.
Gebunden 5.80 Goldmark

Ölmaschinen. Wissenschaftliche und praktische Grundlagen für Bau und Betrieb
der Verbrennungsmaschinen. Von Professor **St. Löffler** in Berlin und Professor
A. Riedler in Berlin. Mit 288 Textabbildungen. (532 S.) 1916. Unveränderter Neudruck. 1922. Gebunden 18 Goldmark

---

**Außergewöhnliche Druck- und Temperatursteigerungen bei Diesel-
motoren.** Eine Untersuchung. Von Dr.-Ing. **R. Colell.** Mit 26 Textfiguren. (74 S.) 1921. 2.40 Goldmark

---

**Das Entwerfen und Berechnen der Verbrennungskraftmaschinen
und Kraftgasanlagen.** Von Maschinenbaudirektor Dr.-Ing. e. h. **Hugo
Güldner** in Aschaffenburg. D r i t t e , neubearbeitete und bedeutend erweiterte
Auflage. Mit 1282 Textfiguren, 35 Konstruktionstafeln und 200 Zahlentafeln.
Dritter, unveränderter Neudruck. (809 S.) 1922. Gebunden 42 Goldmark

Untersuchungen über den Einfluß der Betriebswärme auf die Steuerungseingriffe der Verbrennungsmaschinen. Von Dr.-Ing. **C. H. Güldner** jun. Mit 51 Abbildungen im Text und 5 Diagrammtafeln. (128 S.) 1924. 5.10 Goldmark; gebunden 6 Goldmark

Bau und Berechnung der Verbrennungskraftmaschinen. Eine Einführung. Von Oberingenieur **Franz Seufert,** Studienrat a. D. Dritte, verbesserte Auflage. Mit 94 Textabbildungen und 2 Tafeln. (128 S.) 1922. 2.50 Goldmark

Skizzen von Gas- und Ölmaschinen. Zusammengestellt von Professor **R. Schöttler** in Braunschweig. (Aus Schöttler, Die Gasmaschine, 5. Auflage, und anderen Werken.) Vierte, neubearbeitete Auflage. (44 S.) 1924. 2.70 Goldmark

Dampf- und Gasturbinen. Mit einem Anhang über die Aussichten der Wärmekraftmaschinen. Von Professor Dr. phil. Dr.-Ing. **A. Stodola** in Zürich. Sechste Auflage. Unveränderter Abdruck der fünften Auflage. Mit einem Nachtrag nebst Entropie-Tafel für hohe Drücke und B^1T-Tafel zur Ermittelung des Rauminhaltes. Mit 1138 Textabbildungen und 13 Tafeln. (1154 S.) 1924. Gebunden 50 Goldmark

Nachtrag zur fünften Auflage von Stodola, Dampf- und Gasturbinen, nebst Entropie-Tafel für hohe Drücke und B^1T-Tafel zur Ermittelung des Rauminhaltes. Mit 37 Abbildungen und 2 Tafeln. (32 S.) 1924. 3 Goldmark

Dieser der 6. Auflage angefügte Nachtrag ist auch als Sonderausgabe einzeln zu beziehen, um den Besitzern der 5. Auflage des Hauptwerkes die Möglichkeit einer Ergänzung auf den Stand der 6. Auflage zu bieten.

Sonderausgaben der Tafeln:
Entropietafel I für Gase. 0.80 Goldmark
Entropietafel II für Gase. (Mit den wahren spezifischen Wärmen.) 0.80 Goldmark
J-S-Tafel für Wasserdampf. Sonderausgabe in Originalgröße. 1.20 Goldmark

Kolbendampfmaschinen und Dampfturbinen. Ein Lehr- und Handbuch für Studierende und Konstrukteure. Von Professor **Heinrich Dubbel,** Ingenieur. Sechste, vermehrte und verbesserte Auflage. Mit 566 Textfiguren. (530 S.) 1923. Gebunden 11 Goldmark

Die Steuerungen der Dampfmaschinen. Von Professor **Heinrich Dubbel,** Ingenieur. Dritte, umgearbeitete und erweiterte Auflage. Mit 515 Textabbildungen. (399 S.) 1923. Gebunden 10 Goldmark

Regelung der Kraftmaschinen. Berechnung und Konstruktion der Schwungräder, des Massenausgleichs und der Kraftmaschinenregler in elementarer Behandlung. Von Hofrat Professor Dr.-Ing. **Max Tolle** in Karlsruhe. Dritte, verbesserte und vermehrte Auflage. Mit 532 Textfiguren und 24 Tafeln. (902 S.) 1921. Gebunden 33.50 Goldmark

Der Regelvorgang bei Kraftmaschinen auf Grund von Versuchen an Exzenterreglern Von Professor Dr.-Ing. **A. Watzinger** in Trondhjem und Dipl.-Ing. **Leif J. Hanssen** in Trondhjem. Mit 82 Abbildungen. (92 S.) 1923. 7 Goldmark; gebunden 8 Goldmark

Die Kondensation bei Dampfkraftmaschinen einschließlich Korrosion der Kondensatorrohre, Rückkühlung des Kühlwassers, Entölung und Abwärmeverwertung. Von Oberingenieur Dr.-Ing. **K. Hoefer** in Berlin. Mit 443 Abbildungen im Text. (454 S.) Erscheint Ende Januar 1925

Anleitung zur Durchführung von Versuchen an Dampfmaschinen, Dampfkesseln, Dampfturbinen und Verbrennungskraftmaschinen. Zugleich Hilfsbuch für den Unterricht in Maschinenlaboratorien technischer Lehranstalten. Von Studienrat Oberingenieur **Franz Seufert** in Stettin. S e c h s t e, erweiterte Auflage. Mit 52 Abbildungen. (168 S.) 1921.
3.50 Goldmark

Bau und Berechnung der Dampfturbinen. Eine kurze Einführung. Von Studienrat a. D. **Franz Seufert,** Oberingenieur für Wärmewirtschaft. Z w e i t e, verbesserte Auflage. Mit 54 Textabbildungen. (89 S.) 1923.   2 Goldmark

Beiträge zur technischen Mechanik und technischen Physik. August Föppl zum siebzigsten Geburtstag am 25. Januar 1924. Gewidmet von seinen Schülern W. Bäseler, G. Bauer, L. Dreyfus, R. Düll, L. Föppl, O. Föppl, J. Geiger, H. Hencky, K. Huber, Th. v. Kármán, O. Mader, L. Prandtl, C. Prinz, J. Schenk, W. Schlink, E. Schmidt, M. Schuler, F. Schwerd, D. Thoma, H. Thoma, S. Timoschenko, C. Weber. Mit dem Bildnis August Föppls und 111 Abbildungen im Text. (216 S.) 1924.
8 Goldmark; gebunden 9.60 Goldmark

Drehschwingungen in Kolbenmaschinenanlagen und das Gesetz ihres Ausgleichs. Von Dr.-Ing. **Hans Wydler** in Kiel. Mit einem Nachwort: Betrachtungen über die Eigenschwingungen reibungsfreier Systeme von Professor Dr.-Ing. G u i d o Z e r k o w i t z in München. Mit 46 Textfiguren. (106 S.) 1922.
6 Goldmark

Die Berechnung der Drehschwingungen und ihre Anwendung im Maschinenbau. Von **Heinrich Holzer,** Oberingenieur der Maschinenfabrik Augsburg-Nürnberg. Mit vielen praktischen Beispielen und 48 Textfiguren. (204 S.) 1921.
8 Goldmark; gebunden 9 Goldmark

Handbuch der Feuerungstechnik und des Dampfkesselbetriebes mit einem Anhange über allgemeine Wärmetechnik. Von Dr.-Ing. **Georg Herberg** in Stuttgart. D r i t t e, verbesserte Auflage. Mit 62 Textabbildungen, 91 Zahlentafeln sowie 48 Rechnungsbeispielen. (350 S.) 1922.
Gebunden 11 Goldmark

Amerikanische und deutsche Großdampfkessel. Eine Untersuchung über den Stand und die neueren Bestrebungen des amerikanischen und deutschen Großdampfkesselwesens und über die Speicherung von Arbeit mittels heißen Wassers. Von Dr.-Ing. **Friedrich Münzinger.** Mit 181 Textabbildungen. (184 S.) 1923.
6 Goldmark; gebunden 7 Goldmark

Höchstdruckdampf. Eine Untersuchung über die wirtschaftlichen und technischen Aussichten der Erzeugung und Verwertung von Dampf sehr hoher Spannung in Großbetrieben. Von Dr.-Ing. **Friedrich Münzinger.** Mit 120 Textabbildungen. (150 S.) 1924.   7.20 Goldmark; gebunden 7.80 Goldmark

L. Schmitz, Die flüssigen Brennstoffe, ihre Gewinnung, Eigenschaften und Untersuchung. D r i t t e, neubearbeitete und erweiterte Auflage von Dipl.-Ing. Dr. **J. Follmann.** Mit 59 Abbildungen im Text. (215 S.) 1923.
Gebunden 7.50 Goldmark

Verlag von Julius Springer in Berlin W 9

Die Pumpen. Ein Leitfaden für Höhere Maschinenbauschulen und zum Selbstunterricht. Von Professor Dipl.-Ing. **H. Matthiessen** in Kiel und Dipl.-Ing. **E. Fuchslocher** in Kiel. Mit 137 Textabbildungen. (89 S.) 1923.
1.60 Goldmark

Die Kolbenpumpen einschließlich der Flügel- und Rotationspumpen. Von Professor **H. Berg** in Stuttgart. Z w e i t e , vermehrte und verbesserte Auflage. Mit 536 Textfiguren und 13 Tafeln. (436 S.) 1921. Gebunden 16 Goldmark

Die Kreiselpumpen. Von Professor Dr.-Ing. **C. Pfleiderer** in Braunschweig. Mit 355 Abbildungen. (403 S.) 1924. Gebunden 22.50 Goldmark

Die wirtschaftliche Bedeutung der flüssigen Treibstoffe. Mit einer Kurve. Von Dr. **Peter Reichenheim.** (85 S.) 1922. 2.40 Goldmark

Die Treibmittel der Kraftfahrzeuge. Von Professor **Ed. Donath** in Brünn und Professor **A. Gröger** in Brünn. Mit 7 Textfiguren. (176 S.) 1917.
6.60 Goldmark

Maschinentechnisches Versuchswesen. Von Prof. Dr.-Ing. **A. Gramberg.**
 B a n d I: **Technische Messungen bei Maschinenuntersuchungen und zur Betriebskontrolle.** Zum Gebrauch an Maschinenlaboratorien und in der Praxis. F ü n f t e , vielfach erweiterte und umgearbeitete Auflage. Mit 326 Textfiguren. (577 S.) 1923. Gebunden 18 Goldmark
 B a n d II: **Maschinenuntersuchungen und das Verhalten der Maschinen im Betriebe.** Ein Handbuch für Betriebsleiter, ein Leitfaden zum Gebrauch bei Abnahmeversuchen und für den Unterricht an Maschinenlaboratorien. D r i t t e , verbesserte Auflage. Mit 327 Figuren im Text und auf 2 Tafeln. (619 S.) 1924. Gebunden 20 Goldmark

Taschenbuch für den Maschinenbau. Bearbeitet von zahlreichen Fachleuten. Herausgegeben von Professor **Heinrich Dubbel,** Ingenieur, Berlin. V i e r t e , erweiterte und verbesserte Auflage. Mit 2786 Textfiguren. In zwei Bänden. (1739 S.) 1924. Gebunden 18 Goldmark

C. W. K r e i d e l 's Verlag in München

Das Automobil, sein Bau und sein Betrieb. Nachschlagebuch für die Praxis. Von Dozent Dipl.-Ing. Frhr. **Löw von und zu Steinfurth** in Darmstadt. F ü n f t e , umgearbeitete Auflage. Mit 414 Abbildungen im Text. (381 S.) 1924. Gebunden 8.40 Goldmark

Neuere Vergaser und Hilfsvorrichtungen für den Kraftwagenbetrieb mit verschiedenen Brennstoffen. Nachschlagebuch für die Praxis von Dozent Dipl.-Ing. Frhr. **Löw von und zu Steinfurth** in Darmstadt. Z w e i t e , wesentlich erweiterte Auflage. Mit 71 Abbildungen und 28 Tabellen im Text. (96 S.) 1920. 2.50 Goldmark